普通高等教育"十一五"国家级规划教材

人机界面设计

（实践篇）

李乐山　著

科学出版社

北　京

内 容 介 绍

《人机界面设计（实践篇）》是李乐山于 2004 年出版《人机界面设计》（科学出版社）之后在该领域的第二部著作。本书主要建立了一套"以用户为本"的软件或有关产品设计过程，该设计方法主要包括三部分内容：第一，调查用户需要和建立用户模型；第二，按照用户模型建立设计指南，然后由软件人员编写代码；第三，按照用户模型建立可用性测试标准和测试方法。作者通过多年实践和研究，主要建立了第一部分和第三部分的设计方法，这些方法在国外也是近十几年才建立起来的。本书主要分析了如何进行用户调查和建立用户模型，如何建立可用性标准化测试方法，并且分析了有关国际标准和国外各种可用性测试方法的优缺点。本书没有分析如何建立设计指南，因为这里面没有复杂的理论原理，主要应该依据各个企业的惯例和要求建立设计指南。

本书适合用作有关专业的本科生或研究生教材，也可作为企业设计人员和有关研究人员的参考书。

图书在版编目(CIP)数据

人机界面设计（实践篇）/李乐山著 . —北京：科学出版社，2009
普通高等教育"十一五"国家级规划教材
ISBN 978-7-03-024494-9

Ⅰ.人… Ⅱ.李… Ⅲ.人-机系统-系统设计-高等学校-教材
Ⅳ.TB18

中国版本图书馆 CIP 数据核字（2009）第 063275 号

责任编辑：巴建芬 潘继敏/责任校对：张 琪
责任印制：徐晓晨/封面设计：耕者设计工作室

科 学 出 版 社 出版
北京东黄城根北街 16 号
邮政编码：100717
http://www.sciencep.com

北京盛通商印快线网络科技有限公司 印刷
科学出版社发行 各地新华书店经销
*
2009 年 8 月第 一 版 开本：787×1092 1/16
2020 年 3 月第五次印刷 印张：20
字数：440 000
定价：79.00 元
（如有印装质量问题，我社负责调换）

前　言

用户界面设计是一个新领域,其主要目的是把人机关系设计从"以技术为本"转向"以用户为本"。这引起了一系列变化,例如,人机关系的描述从数学模型转向心理学模型,在传统功能和结构设计基础上增加了可用性设计,设计过程中增加了用户界面设计指南,在传统质量测试标准中增加了可用性标准和测试方法。这种转变也引起信息技术领域设计思想的巨大变化。计算机应用软件设计包括三个部分:第一,调查用户需要和建立用户模型;第二,建立设计指南和编写代码;第三,完成设计后的质量测试,尤其是可用性测试。这三部分都与用户研究和心理学有关。

国外大约从 20 世纪 80 年代后期开始大力发展用户界面设计领域。1999 年,西安交通大学工业设计系开设了国内第一个人机界面设计(用户界面设计)专业方向。那时,国内企业几乎没有听说过这个专业,也没有这种工作岗位。2004 年,我校工业设计系学生到上海去寻找工作或实习单位时非常困难。幸亏他们在本科学习期间每年暑假都要实习 1 个月,已经锻炼了如何求职。有的学生打电话联系 40 多个单位,他们向一个一个企业解释人机界面设计是什么、他们能干什么、对企业有什么作用,就这样使我国许多企业知道了这个新专业,他们也把作者建立的人机界面设计方法传播到各个企业,由此国内企业也出现了新职业:用户体验工程师、用户界面设计师、交互设计师和可用性工程师等。4 年过去了,情况发生根本变化。该系每年本科毕业设计都必须到企业去完成实际课题,每年都有 80%~90% 的毕业设计项目被企业直接采用,每年上海、北京、深圳、西安都有一些单位向我系要毕业生或实习生,他们普遍反映我们学生人文素质比较高,能力比较强。若干国外大企业也反映我国用户界面设计水准比较高,甚至从美国、韩国等来同我们洽谈合作。

作者从 1989 年开始研究以心理学为基础的人机界面认识方法和设计方法,并建立了以动机心理学和认知心理学为基础的用户调查方法和用户界面设计方法,部分内容已经写入《工业设计心理学》(高等教育出版社)和《人机界面设计》(科学出版社)两本书中。

为什么写这本书?

本书第一个目的是讲述作者自己建立的用户研究方法和用户调查过程,这种方法针对当前国内外主要方法的不足之处进行了改进。例如,系统如何依据动机心理学与认知心理学的框架进行专家访谈,如何设计问卷,如何分析调查数据,如何建立可用性测试标准等,分析用户研究如何与软件设计 3 个阶段融合起来。这些内容对企业是很实用的。企业开展用户研究工作,第一步可以是建立可用性测试方法。请读者注意,问卷设计是一个高难度的工作。有人把别人问卷拿来修改一下,这种问卷无法保证结构效度,也没有测试过信度,因此是不可靠的。

本书第二个目的是分析国外用户界面研究存在的不足。20 世纪 90 年代以后国外进行了大量的用户界面研究,但是迄今仍然存在以下几个缺陷。第一,西方科学认识论经常用简化论(还原论)去认识事物,把复杂的大系统简化为简单因素和关系,然而整体因素和关系是无法简化的。西方科学得益于它，偏见也来自于它，受害也出自于它。其中一个表现是国外某心理学教授提出的用户脑力模型（mental model）太简单，国外按照这个用户模型设计调查问卷和可用性测试问卷也过于简单，低估了用户操作行动和认知特性的复杂性，不足以解决用户的可用性问题，因此他们设计的用户界面仍然存在许多可用性问题。正因为此，本书提供的调查问卷要比国外的复杂得多。西方简化论只适合认识简单事物，不适合研究人，因为人太复杂了，把人类迄今全部知识综合在一起也不足以把人的心理搞清楚。其实，自己动脑子思考一下就能够搞明白的。第二，西方文化自古受机械论影响很深，工业革命以来把人变成了机器，连醉汉喝酒时也记得定量描述："我要 0.33 升。"他们认为已经实现"以人为本"的用户界面，我们可能认为仍然是"以机器为本"的设计。例如，E-mail 的用户界面，采用的就是按键式，这是录音机按键的概念，我们日常写信不用这些操作概念。当新手用户第一次遇到这些概念时，仍然不知道如何操作电子邮件，他们日常写信发信的行为方式无法在这里得到延伸，其问题出在他们往往只调查经验用户或熟练用户，没有调查新手用户。经验用户和熟练用户实际上已经完成了基本学习阶段，适应机器了，已经成为"机器人"了。本书作者强调，调查不同用户具有不同作用，不能以专家用户和经验用户代替新手用户的需要。

本书第三个目的是对国外用户界面可用性测试标准的目的和缺陷进行深入分析。1985年出现了可用性测试的国际标准 ISO9241，它把可用性定义为：有效性、效率和满意度。实质上那是一个初级阶段的标准，因为 20 世纪 80 年代欧美计算机界才开始从"以机器为本"转向"以人为本"，作者在这里再次提醒，不要盲目跟随国外。虽然国外主要软件都经过了可用性测试，可是大家都会感到国外有些软件并不一定好用，国外甚至有人说90％网站的可用性测试是无用的。问题在哪里？问题之一是国外的可用性标准和测试观念存在问题。国外的可用性标准可以被分为"以技术为本"、"以设计人员为本"和"以人机学专家为本"的，恰恰缺少"以用户为本"的可用性测试标准和测试方法。

最后，针对国外用一个可用性标准测试各种产品，本书作者提出一个新观点，不应该用一个可用性标准衡量各种应用软件。由于各种产品的可用性含义不一样，都应该建立有针对性的可用性测试标准和测试方法，本书具体讲述了如何建立以用户为本的可用性测试方法。这是作者提出的新观点、新方法，可能是对西方可用性标准和测试观念的一个挑战，也是本书的第四个目的。作者提出的标准和方法是"以用户为本"的，应该按照用户模型提出测试依据，它不同于国外"以技术为本"、"以设计人员为本"和"以人机学专家为本"的测试标准和方法。另外，实验结果表明，国外的抽样方法也存在明显缺陷，本书也提出了可用性测试抽样的改进方法。本书总结了许多实践经验，提供了实际调查问卷案例，供读者参考。

感谢张煜参与编写了本书第二章第十二节和第十三节；此外，作者还要感谢以下人员：张若思、李江、雷淑芬、李见为、丁嫣、宗威、周熙、白明、刘静照、关鑫、万波、李海龙和王靓，他们为本书的写作做出了贡献。

李乐山

西安交通大学工业设计系主任

lileshan2@sina.com

2009 年 1 月 10 日

目　录

第一章　绪论：用户界面设计过程的要点

本章要点

本章主要面对初学者，介绍用户界面的大致设计过程，分析设计过程中的常见问题。各个企业的设计过程是按照企业实际情况建立起来的，彼此的设计过程不完全一致。本章只是给出了用户界面设计过程的一般工作要点，不可把本章介绍的方法当作死板的教条。

一、用户界面设计过程要点概述

一个产品或应用软件设计过程大致包括以下几个要点。

第一，确立设计项目。发现问题，分析设计任务，确立可行性，提出设计项目。

第二，设计调查。包括市场调查、设计人员调查、用户调查，建立用户模型。

第三，制定设计指南。调查软件人员设计规范需求，按照软件人员期待编写设计指南，软件人员根据设计指南规划应用软件功能和结构，并编写代码，当他们发现设计指南不恰当时，要与用户界面设计师沟通修改。

第四，产品测试。建立产品测试标准，进行各种测试，其中可用性测试是综合性的。

具体说，设计过程的要点大致如图 1-0-1 所示。

1. 下达设计项目

由以下几方面因素确立企业的设计项目。

第一，我国许多企业的设计项目主要是由总经理或少数几个负责人决策的。

第二，设计人员根据专业知识（主要是人机学、心理学等）、市场反馈信息、专家建议等，提出对现有产品的改进建议，作为未来新设计项目。这些信息也会被送到下面用户模型中。

第三，根据长期积累的设计数据库的信息，例如，长期积累的各种用户人群喜好的颜色、喜欢的造型、追求的生活方式等，提出对新产品的基本要求。这些信息也会被送入用户模型中。

2. 任务分析

分析该设计项目的定位和可行性。主要包括以下几方面。

第一，市场策略分析。它主要指从整体上考虑用什么方法在市场上立足，是否能够持续发展，确立企业在市场上的立足点、用户人群、地域及销售服务方式。

第二，企业策略分析。有些企业要求"做强做大"；有些企业认为"今日争强，明日必衰"，因此把企业策略立足于如何能够长期稳守一方；有些企业依赖某个企业生存；有些企业只搞设计，让其他企业进行生产；有些企业不但要搞设计还要搞生产；有些企业也许还采取其他生存方式。

第三，生产策略分析。这关系到企业如何经营生产，如何从技术和管理上扬长避

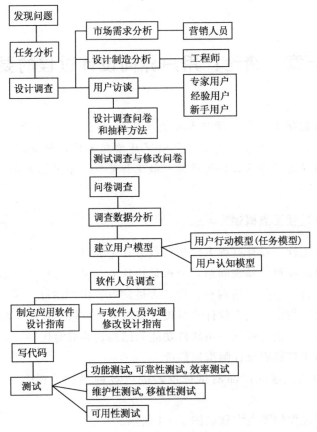

图 1-0-1　用户界面设计过程示意图

短。有些企业把提高效率摆在第一位；有些企业考虑长远目标而把内部和谐放在第一位；有些企业采取劳动密集型生产；有些企业采取高科技高附加值产品；也许要引进技术专家。

第四，产品设计策略分析。一个企业规划了若干产品，其中有主导产品，还有辅助产品，彼此能够相互弥补市场兴衰。产品策略就是考虑如何搞这些产品才能维持企业生存和发展。

第五，新概念产品分析。新概念产品是对社会价值、追求的生活方式、用户人群的审美以及各种新技术、新思想的研究结果。它有若干含义。它可能指当前市场上不存在的新产品，也许会引起新的行为方式，例如手机、电动自行车等产品改变了人的行为方式。它也可能是综合了以往的若干产品，例如把手机、MP3、数码照相机综合在一起。新概念产品也许通过采用新技术提高产品功能，例如智能手机。在汽车领域中，新概念汽车只不过是新设计的样车。有些新概念也许是分析社会核心价值体系的结果，也许是设计人员偶然发现的，也许是某个新科技引起的，也许是新材料导致的。总之，这些新概念产品仅仅是设计人员提出的新想法。

如何估计当前用户界面的普遍设计水准？设计观念受"技术为本"的机械论影响很大，把人当作机器的一部分，强调用户学习，就是让人去适应机器。用户界面设计思想从 20 世纪 90 年代才从"以技术为本"转到"以人为本"的设计观念。计算机似乎像一个畸形产品，已经按照"以机器为本"设计定型，然后按照"以用户为本"观念进行修改，这很难。不得已，人们试图通过用户界面设计来弥补这个不足。

3. 用户调查

用户调查的基本目的是了解用户需要，建立用户界面设计指南和可用性标准。按照调查形式来分，用户调查主要包括用户访谈、观察用户行动和用户问卷调查等。用户调查主要包含以下内容：①调查新概念产品与人们行动方式（生活方式、工作方式、休闲方式等）的融合程度，最终确定是否设计这个新概念产品。例如，某医院想把 CT 图和核磁共振扫描图等用计算机统一进行管理，通过对医务人员的调查，搞清楚他们有关职业的工作过程，最终用计算机去实现这些过程。②了解潜在用户的有关认知过程，构建潜在用户界面的认知的基本结构。例如，大夫或护士如何识别命令图标，如何存储图片、调取图片，如何解读图片，如何输入诊断信息等。③对现有产品进行调查，发现问题，改进设计。④向软件专家了解软件设计指南格式要求，按照他们的需要和要求，制定用户界面设计指南。它可能包括以下几个部分文件：软件系统的功能描述，软件系统的结构描述，用户界面结构描述，用户界面初始状态描述，运行过程的各个状态描述，用户界面风格描述以及设计依据的各种标准。然后软件人员编写代码。与此同时，用户界面设计人员（交互设计师等）开始设计用户界面。

4. 建立产品测试标准，进行各种测试

全部设计工作完成后，开始进行测试。按照用户观点，主要应该进行 6 方面测试：功能性、可靠性、可用性、效率、维护性、移植性。对用户界面设计师来说，最重要的是可用性测试。测试前必须先建立测试标准。

二、用户调查的基本方法

遇到问题怎么办？①翻书。②求助权威。这两种方法都不适合开发产品。在现实中，往往采用另外两种方法：①调查研究。②实验尝试。调查可以包含以下几种形式：参观，用户访谈，问卷调查，专题讨论（焦点访谈），现场观察和访谈，跟踪调查，查询资料等。这些方法有不同作用，这些调查方法的目的和针对问题不同，用来解决不同问题。下面分别进行介绍。

1. 参观

参观展览会是一种难得的学习机会。它有如下优点：①可以在一天内大致了解到国内外有关情况，在平日想参观其中任何一个企业都是十分困难的。②很快就能比较各种同类产品的特点。③可以请他们进行示范操作，拆卸产品。④可以拍照，可能得到有关资料或样品。⑤能认识有关人员，建立联系，询问实习与合作的可能性，也可以询问求职的可能性。⑥可以提出各种问题，不用担心自己是外行。所以要珍惜参观展览会的机会，因为实际上你一生很少有这样的机会和时间。

2. 访谈

访谈是一种学习方法。遇到陌生任务不会干时，最简捷的方法是访谈，详细请教那些了解情况的人。访谈谁？专家，你在设计中遇到的各种问题都可以去请教专家用户，访谈主要适合开放性的问题（问答题）、多重选择性的问题和排序性问题，而在问卷调

查中主要搞清楚量表型的问题和统计性的问题。

经常访谈的四类专家是软件专家、专家用户、新手用户和市场营销专家。所谓专家，一般具有10年专业经验，他们可以帮助解决选题方面的问题。

访谈专家用户起什么作用？①搞清楚设计目的。这并不是说，专家用户能够告诉你设计目的，而是说，他们也许一句话就能够给你提供线索，能够给你一些启发。②搞清楚行业情况，这种背景信息对决策不可缺少。③建立一个调查因素结构框架，也就是应该调查哪些因素。④通过专家用户分析和验证调查的真实性和全面性，这种分析被称为效度分析。如果不考虑这些效度，意味着调查和设计很可能不真实，不全面，很可能你不知道已经出现的严重偏差。如果一份调查报告没有效度分析，其设计数据是不可靠的。效度的分析和验证缺乏系统的数学方法，主要依靠专家的水平。

对专家访谈前，要准备一个调查提纲，或者调查框架性问题。主要从整体角度列出调查问题。访谈过程中，最好先简要讲清楚调查目的和基本调查问题，然后把话语权交给专家用户，跟随他们的谈话。遇到不清楚的问题时，可以记下来，也可以在适当时候打断对方。最好能够用录音机把交谈过程记录下来，以便事后整理资料。还要带上照相机，遇到实际演示操作情景时，能够及时拍照。

3. 新手用户调查

新手用户是那些缺乏基本操作使用经验的人，甚至没有见过该产品。对新手用户的调查可以采用访谈或问卷调查，或者观察他们的操作过程。访谈新手用户起什么作用？主要调查哪些问题？

第一，体验新手用户的行动方式和思维方式。学习计算机操作要花费大量时间和精力，强调用户学习就是"以机器为本"。改进用户界面设计的目的，就是减少用户的这种面向机器的学习花费。用户界面设计的基本思想是尽量采用新手用户的日常生活经验，尽量减少或避免计算机专业术语和机器逻辑。一个设计良好的用户界面需要用户的学习时间很短，需要记忆的新概念和操作过程很少，这主要根据新手用户去测试判断。

第二，观察新手学习的学习特性和学习过程。所谓"学习"，主要包含以下过程：①概念、命令和菜单的理解和记忆；②操作过程的理解和记忆；③如何构思一个简单操作过程，例如，开机、关机、打开文件等；④如何构思和完成一个复杂的任务链，例如，用样条曲线命令去绘一个任意曲线，然后修改这个曲线，移动和复制这个曲线；⑤如何规划和完成一个完整的项目。其中有如下两个观察重点：用户如何把一个任务计划转换成计算机操作过程；用户如何把计算机反馈信息解释为与任务有关的提示。

第三，通过新手用户学习中的出错情况，可以发现用户界面的设计问题。

根据不同目的，还可以对新手用户进行跟踪调查和实验观察。对新手的调查可以采用访谈、问卷调查和观察。

4. 一般用户调查

一般用户有时候也被称为熟练用户、普通用户或经验用户，他们的基本特征如下：①了解计算机的基本行为特征；②能够用计算机完成自己的基本任务；③不完全使用快捷操作。这个人群是产品操作使用的主要用户人群，他们对该产品的态度和接受程度往往决定你设计的成败。

5. 偶然用户调查

这种用户指偶然操作，而不是经常操作。偶然用户是针对银行提款机、家用数码照相机等设备而提出的一个用户概念。例如，银行提款机的用户特性如下：①他们可能对数字设备没有操作体验，甚至没有计算机概念。②用户按照用户界面和提示，必须能够完全顺利地完成操作。③用户提款时不能出错，不能由于操作出错而造成钱的损失。经常可能出现的错误是操作结束后取回了提款卡忘记了取钱，就匆匆忙忙走了。他们也可能在操作半途中出错，如果出现这种错误，能够查询识别出来，提醒用户纠正。④要假设他们必须独立操作，哪怕是第一次操作，他们也必须是独立操作，不能通过询问别人去学会操作。⑤完成操作后，他们很可能忘记了操作过程，下一次操作时，他们应该能够依靠用户界面和提示完成任务。⑥应该适应文化程度比较低的用户，必须适应可能的行为不便的人。⑦用户操作中可能出现各种稀奇古怪的行为，操作必须安全可靠，这种界面必须经过反复的可靠性实验。

6. 观察用户操作行动

访谈或问卷调查都属于用户主观调查方法，因此必须还要观察用户的操作行动。各种明显操作行动都适合通过观察去了解，例如，用户的学习过程、操作过程、出错情况以及非正常情景中的操作等。观察用户操作行动应该注意以下几点：①传统实验室方法。它主要有三个特点：首先它隔离了外界干扰，而实际操作环境存在各种干扰；其次实验室的设计往往是观察单一因素对行动后果的影响，实际上用户是在各个因素作用下操作计算机；最后，被测试人在实验室里进行实验时，心理状态与平时正常心理状态不一样，也许会超常发挥，也许会过度紧张而失常，这样测试的结果不同于他们的正常行为。此外还需要在真实情景中进行实验。②在真实情景中观察用户的操作行动，你的观察最好不要引起用户的注意。为了消除"实验影响"，可以让他先了解实验情况，或者放松一下。③用眼动仪观察用户的感知过程。当用户操作计算机时，我们无法观察他的认知过程，采用眼动仪可以弥补这个缺陷。国外眼动仪价格过高，我国计算机专业硕士研究生完全能够完成这个仪器的设计，大约需要 10 万元。④实验前要做好准备。例如，设计好用户操作任务，建立实验表格，其中包括实验过程、如何观察、如何记录数据等。⑤要对实验进行效度和信度分析。效度分析确认是否能够真实达到实验目的，信度分析确认数据是否可靠。没有效度和信度分析的数据无法判断其真实性和可靠性。

7. 跟踪调查

目的是了解短期调查无法了解到的信息。例如，用户在日常真实生活情景中对产品的学习过程，使用产品后操作行动和认知的变化情况，一个产品对一代人或两代人的生活方式和行动方式的影响，一个产品在长期使用中所出现的问题，一个产品对生活方式的影响或对儿童行为方式的影响等。从事跟踪调查必须事先设计一个调查表格，列出背景信息（姓名、年龄、性别、职业、联系方式等），调查内容，观察内容，访谈问题或问卷，这样才能把调查信息汇集起来，不至于口头上问一问，因缺乏系统记录而无法汇总备案。这种长期跟踪的调查信息需要花费大量资源，因此这种信息价值很高，其他方式的用户调查无法替代。我国非常缺乏这样的调查信息。

三、问卷设计

通过各种访谈只能了解个别人的观点和情况，要了解和提取用户人群的整体特性，必须进行一定数量的问卷调查。设计问卷会涉及以下几方面问题。

1）注重调查实践和积累数据。西方国家的许多计算机公司非常注重用户调查，主要依赖大量的调查实践积累了丰富的用户调查经验、调查问卷、标准格式和信息。美国公司能够在用户调查方面投入大量资金，进行系统的调查，这是作为开拓型或领头型企业必须具备的品质。他们不能依靠其他企业经验，不能从任何渠道得到廉价信息，只能依靠自己调查。如果我国企业想成为国际一流企业，就应该具有这样的眼界。积累的数据多少是衡量设计水准的主要标志之一，这些数据是无法用专家取代的。

2）用户调查的基本内容包括以下四个方面：①用户价值、工作方式、生活方式、需要等，这些内容属于社会心理学新的研究范围。②用户的行动需要和操作过程，这些属于动机心理学新的研究内容。③用户大脑活动情况，这些属于认知心理学新的研究内容。④参照社会学（或者社会心理学）的抽样方法，可以重新研究和确定用户调查的抽样方法。

3）用户调查的结构框架决定了调查水准，这是用户调查的第一个关键点，其核心问题是如何提高用户调查的全面性、真实性和有用性，这里特别强调"全面"、"真实"和"有用"，这三点决定了调查的有效性，否则会给后面设计的造成难以弥补的负面影响。

4）是否存在可以通用的标准调查问卷？不存在。不可能用一份问卷作为"普遍规律"。任何调查都有一定目的，都依据一定假设和结构框架进行了信度计算，修改别人的问卷，就失去了它的信度了。

5）设计问卷的过程需要考虑几个问题：①调查的问题能够对设计提供有用信息。②调查信息的效度分析。效度分析指调查信息的真实性和完整性的分析，调查效度可以被分为结构效度、预测效度、内容效度、交流效度和分析效度。效度分析主要依靠一定数量的有经验的专家。③对调查数据进行信度分析。主要考虑以下三个方面：用户心理稳定性、内部一致性及评价人的稳定性和一致性信度。用户心理稳定性指对待同一类问题的回答基本一致。例如，他说："我喜欢使用计算机"，但是他后来又说："我不喜欢使用计算机"。要剔除那些矛盾信息的答卷。其次，内部一致性指对各个相关问题的回答也是相关的。例如，他说："我喜欢使用计算机"，那么对"使用次数？"他却回答："每年使用 1 次"。这两个答案显然不一致。一份调查问卷的各个问题彼此是相关的，或者说，一份问卷的问题可以被分为彼此相关的几组问题。信度分析对这些问题的彼此相关分析被称为心理一致性或同质信度分析，主要通过计算 Cronbach alpha 来表现内部一致的程度。如果一名评价人对一个调查结果或测试结果的前后两次评价明显不同，或者几名评价人对一个测试结果的评价明显不一致，那么这种评价就不可靠。评价信度是通过下列系数来表示的：Gamma 系数、Spearman ρ 等级相关系数或 Kendall 和谐系数。近几年，有些人采用 Krippendorff alpha，它的优点是适合多种格式的调查问题，而 Cronbach alpha 只适合量表型的数据格式，限制了调查问题。

四、试调查

一般来说，在进行正式问卷调查之前，要进行试调查，其目的是修改问卷，改进抽样方法。试调查抽样采用如下方法：①按照小样本抽样，也就是随机抽样 30 人进行问卷调查。②按照总抽样的 10% 进行抽样，一般小于 300 人。抽样调查之后，要分析试调查数据的基本目的，试分析其效度和信度。

五、正式抽样调查

根据以上分析，修改调查问卷，然后进行正式问卷抽样调查。在正式抽样中考虑的主要问题是，如何使抽样调查人数能够比较真实全面反映该用户人群的整体情况。当前采样三类抽样方法：概率抽样方法、非概率抽样方法和 Nielsen 提出的方法。概率抽样和非概率抽样提供了一些有关的数学方法，但是这些数学方法往往太简单抽象，实际上抽样遇到的问题很复杂。Nielsen 提出可用性测试的抽样方法，这种方法也遇到问题。要想使得用户人群的抽样能够比较真实全面，一定要进行实验积累经验，知道如何实现这些数学条件，如何从实际出发考虑抽样的全面真实。

六、如何建立用户模型

1. 用户模型

用户模型是用户特性的综合描述，主要包括设计所需要的用户特性方面的信息，其目的是为用户界面提供设计信息和可用性测试标准。应该从哪些方面建立用户模型？国外有人只提出了一个智力模型（mental model）。多年设计实践表明，这一用户模型对用户估计得过分简单，不能满足"以用户为本"的功能设计和用户界面设计的基本要求。作者对这个问题思考了 10 年，提出了一个用户调查的系统结构框架，它包含用户行动模型、用户认知模型、用户学习模型和用户出错模型。为什么需要这四个模型？因为人的复杂程度远超过其中任何一个模型所概括抽象的特性，其中任何一个模型都不能全面真实反映用户的使用特性。这四个方面是从四个不同角度去描述用户特性的，从中提取有用信息建立用户界面设计指南，才能够比较真实、全面地反映用户需要和用户操作特性。用户行动模型描述了用户的需要和各种任务的操作过程。用户认知模型描述了他们的感知、注意、思维、记忆、理解、表达、交流、语言、学习、选择、决断、发现问题与解决问题等特性。用户学习模型描述了用户的学习过程及其需要。用户出错模型描述了操作过程中他们出现的各种错误。最终要建立一系列标准化表格。

2. 用户分类

用户分类是根据设计目的确定的，不存在一个死板的用户分类方法。可以按照角色把用户进行分类，他们各自具有不同的目的和任务。也可以按照对应用软件和用户界面的熟练程度，把用户分为以下几种：专家用户、经验用户（熟练用户、一般用户）、偶然用户和新手用户。他们分别具有不同的行动特性、认知特性、学习特性和出错特性。这些用户分类是有明确定义的（李乐山，2004a；李乐山，2004b）。

七、建立用户界面设计指南

用户模型是对用户调查后获取的关于用户特性的抽象综合，其目的是作为用户界面及有关功能和结构的设计依据。可能存在以下几种类型的设计指南。

1）从用户行动和认知角度看，设计指南主要依据如下内容。

第一，用户行动描述。主要包括以下几方面：①功能描述，把用户行动目的（用户任务）转换成机器功能。②操作过程说明，把用户行动计划（任务计划）转换成机器操作过程或操作步骤。③功能和操作特性说明，例如操作顺序，操作灵活性、连续性、透明性、简单性、单一性，任务链之间转换的连续性等。④操作条件说明，每一步操作应该具备的硬件和软件条件，按照人机学方法设计各种操作器件。⑤操作反馈描述，每一步操作后应该提供适当反馈信息显示操作结果及有关提示，表现用户每步操作后引起的机器反应和状态变化，此信息是供用户评价操作结果的。⑥提出评价标准，用户评价根据反馈信息评价行动结果，用户的评价标准来自最初用户的行动目的。⑦非正常情景中的操作特性描述，非正常情景包括嘈杂、黑暗、晃动以及各种突发事件等，这时用户的感知、认知、行为特性不同于正常情况，对功能和用户界面也提出特殊要求。以往设计人员在功能和界面上往往忽视了这种非正常情景，因此用户遇到非正常情景时，更容易出现操作事故。

第二，用户认知的描述。例如，用户视觉特性和视觉需要，这是屏幕显示信息的依据，如按照用户认知意图提供显示内容、符号种类、布局等，显示信息量为 7 ± 2 个信息块，信息符合用户的搜索、发现、识别等特性，颜色要符合环境对比下用户的感知特性等。信息符号符合用户对含义的理解，而不是为了好看。信息处理符合用户认知处理过程。例如，写实的图标易于表达实物，而难以表达动作。计算机命令适合采取用户生活经验进行比喻。人机互动方式要符合用户的交流期待、交流方式、人机各自角色、交流进程等。采用多种信息通道，减少视觉负担、触觉形式和机器声音等非视觉信息，符合用户评价对信息的需要。

第三，用户学习特性描述。要新手用户、经验用户、专家用户的学习特性各有特性，首先要考虑新手用户的学习特性。

2）从程序员角度看，设计指南包括以下几方面。

第一，图形界面标准。它可以大大减少程序员工作量，明显提高设计效率，然而也容易限制了发展。制定标准需要积累大量设计经验，要兼顾未来发展。图形界面标准规定了窗口的外观和结构，常用控件的标准图形，控件功能、尺寸和位置（如 edit 控件需要控制它的最大长度以及输入限制等）等。如果缺乏图形界面标准，在制定用户界面设计指南时，要逐步把各个图形趋向固定功能、固定外观、固定位置，逐步朝标准化方向发展。

第二，启动后初始界面的描述。要通过用户调查搞清楚这些描述是否符合用户期待。

第三，软件系统功能描述。用户界面主要通过几种功能表达用户的行动：键盘和鼠标、窗口控制、光标控制、对话控制、命令和控件。通过这些功能的相互配合使用来完成用户的各种行动。有时无法直接完成用户行动，只好用间接方法，要注意收集这类问题并逐步改进它们。机器的功能包含了用户期待的任务功能，也包含了面向机器行为控制的功能。后者局限了用户的行动，例如，用键盘或鼠标难以描绘渐变的颜色和线条，不符合用户的行动期待；用键盘不符合绘画方式。由于人机行为方式的差异，用户不得不打破自己正常的行动计划，然后用计算机具有的功能去拼凑自己的行动意图。这正是要通过用户调查去搞清楚的问题，也是长远设计创新的目标。

第四，软件系统结构描述，用户界面结构、位置及尺寸的描述。结构指组成因素（元素）和各个因素之间的关系。用户界面上主要有几种结构描述。①图形结构指屏幕显示各个窗口和对话框的结构，例如，主要互动窗口、对话窗口、信息窗口等。②操作结构指用什么输入输出设备（硬件），如何实施操作行动，例如，如何用键盘实现全部行动任务的操作，如何用鼠标实现全部行动任务的操作。③命令结构指每个命令的组成，例如，绘制直线的命令结构是：直线图标（宾语）＋动词（命令）。④用户每个任务的目的和作用，它对应各种菜单、命令和控件的结构，这些图形界面的形式和内容。⑤用户的各个行动（如翻书页）对应机器功能操作（用键盘操作翻书页）对应的转换的结构。⑥机器状态的变化。

第五，人机互动过程描述，又被称为交互设计。机器状态在用户界面上体现为某些元素的功能、结构、尺寸、亮度、速度、声音和颜色的变化。用户界面设计指南在描述人机互动时，要把用户的行动计划分解转换成机器的操作过程，同时要描述机器在实施每个步骤后达到什么状态。设计指南要描述各个功能、菜单、结构的操作过程（方式）以及它们在操作前、操作中、操作后的状态。前一个动作的结束状态应该符合后续动作的初始条件，或者说，后续动作的初始条件应该符合前一个动作的结束状态，这样，才能使前一种操作的操作逻辑和后续的操作逻辑保持一致。即使如此，操作中用户不得不把行动计划（如习惯的用笔画图的过程）分解，转换成机器的操作过程（用各种命令去画图的过程）。机器的操作过程试图按照用户行动计划而设计，同时又受机器行为方式的限制。这些问题是在用户调查中应该发现和改进的问题。具体说，它主要描述以下三方面。①机器初始状态和用户界面初始状态。②用户的操作过程与机器的反馈信息，用户与机器相互配合及其用户界面状态变化的描述。例如，用户每个操作行动（或任务）的目的和过程，引起屏幕状态、菜单和控件变化；再例如，图标正常颜色，鼠标覆盖的图标颜色，鼠标操作时图标的颜色等。③用户每个操作之后，机器状态的变化。这一部分的描述是程序员编程的主要依据。

第六，容错要求。为了减少用户出错，设计指南提出容错要求和容错方式。当前容错设计主要表现为：设计各种出错提示，禁止操作出错，例如，用灰色屏蔽菜单项。

第七，用户界面设计风格。例如，国外当前流行的主要风格是金属色，按键式。这个用户界面图形标准是 OSF（Open Software Foundation）1995 年公布的 OSF/Motif，它是一个美国图形用户界面工业标准，IBM、微软、惠普、西门子、飞利浦、日立公司参与该组织，该图形标准属于 IEEE1295，已经被 200 多个硬件和软件平台所采用。这个标准认为自己的主要目的是实现"以用户为本"，然而，按键本身就来自机器概念，仍然体现了"以机器为本"的设计思想。这对某些应用软件并不能实现"以用户为本"的设计思想。

八、可用性测试方法

进行可用性测试前要确定三个问题：①建立测试目的和测试任务，选择用户去完成任务或实验。②要确定这些实验或任务中要观察或记录什么内容，要确认是否存在某些问题。例如，观察用户在完成各种任务过程中，他的感知和认知存在什么问题，出现哪些操作错误。③把用户测试得到的数据进行分析，包括统计分析、相关分析、聚类分析、效度和信度分析。这些分析分别可以满足不同目的。

一般可用性测试采用以下三种方法：探索法（heuristics）、有声思维（think aloud）和认知预演法（cognitive walkthrough）。

国外从事可用性测试主要有三类人员：用户、设计人员和人机学专家。让他们完成一定操作，然后填写调查问卷。当前国内外主要采用以下几种可用性测试方法。

1）国际标准。最重要的是 1985 年建立的 ISO9241，其中在第 11 部分规定了可用性包含三个因素：有效性、效率和用户满意度。然而 ISO9241 并没有规定标准测试方法，它只在其附件列举了一些例子，说明如何测试这三个因素。实施该标准以来，人们发现它存在若干问题，例如，效率是机械论概念，带有"以机器为本"的痕迹。再例如，"用户满意度"或"舒适度"是一个模糊概念，缺乏一致的心理学概念，由此测试的条款有 90 多个不同概念。如今人们很少采用这三个参数，而采用这个标准中有关的"以用户为本"的思想。

2）国际标准 ISO9241 第 10 部分的七条标准测试可用性，包括适合任务、能够自我描述、用户可控制、符合用户期待、容错、适合个性化和适合学习。这些标准是以设计人员为本的。

3）采用固定人机学调查问卷，20 世纪 80 年代以来西方若干国家的大学或研究机构建立了可用性调查问卷。例如，美国施奈德于 1987 年在他的书中公布了 QUIS（questionnaire for user interaction satisfaction）固定问卷；20 世纪 90 年代爱尔兰的 University College Cork 的人因素研究组（HFRG）建立的 SUMI（software usability measurement inventory，软件可用性测试量表）。请注意，这些问卷都受知识产权保护，必须在得到书面允许后才能使用，为此一般要交一些费用。这些问卷都比较简单，主要用途是把若干产品都用同一测试方法进行测试，其结果可以进行横向比较，很难再有更多用途。

4）本书作者提出"以用户模型为基础"的可用性测试方法。针对以上方法的缺点提出改进措施。

第一，不再按照设计人员或人机学家单独提出测试任务，而是与用户协商后确定。

第二，不再由设计人员、人机学家单独观测测试，而是由他们合作。

第三，不再由单个用户继续操作测试，而是由两三个人合作完成。

第四，不再按照以往那种问卷，而是按照具体操作过程记录问题。

第五，不再采取死板简单的可用性标准，而由用户确定可用性标准。

第二章 用户调查

本章要点

本章主要内容是分析用户界面设计第一阶段的工作过程，用户调查的主要方法是访谈、观察用户行动、问卷调查、电话调查、有声思维、效度分析、抽样调查、信度分析、建立用户模型、制定用户界面设计指南等。用户调查是实践性很强的工作，其核心能力是人际交流、沟通能力和辨别真伪，如果缺乏丰富的实践经验就很难解决用户调查中遇到的大量具体问题。用户调查又是科学性很强的工作，最初参考了社会学的调查方法，后来按照用户界面设计目的，逐步与心理学和应用软件设计领域的思维行为方式结合起来，发展成为一个专业技术，其核心要求是从用户获取全面、真实、有用的操作行动心理信息，并能够设法验证调查的效度和信度。

访谈有多种方式，例如，一对一的访谈，多对一的访谈，电话访谈，网上笔谈，专题访谈，跟踪访谈等。对熟人还可以采取电话访谈。专题访谈（焦点访谈）就好像开座谈会，一般是把有关的若干对象找到一起进行座谈，其目的是通过多人确认某些问题。跟踪访谈是了解用户行为方式的变化情况，例如，新手用户学习使用文字处理软件一年中的变化情况，购买一个新打印机后的学习和使用情况，每周进行一次访谈。访谈前要做好准备，例如，写出访谈提纲，考虑先谈什么问题，后谈什么问题。访谈中最好有录音，同时写下要点记录。

用户观察方法主要包括实验室方法和用户现场操作观察法。

当前国内外在用户调查方面还存在一系列问题没有解决。一般来说，国外调查问卷不适合国内情况。有人把国外问卷进行修改然后用于调查，这种方法也不可行，因为这样改变了整体结构效度和信度。没有效度和信度分析的问卷调查是无用的。

用户界面设计过程也包括设计用户界面设计指南的内容，例如，用户界面的静态和动态设计要求、图形标准、用户交互操作界面的设计过程等，然而本书没有写这一章，这些内容是各个企业的具体设计要求，进入企业后比较容易掌握这些内容。

第一节 如何进行访谈

一、用户分类

在进行用户调查或可用性测试时，要按照用户分类进行。一般有如下几种用户分类方法。

第一种方法，按照用户角色对用户进行分类，不同角色类型形成不同用户界面类型。例如，对于学校使用的教学管理软件来说，用户人群被分为学生、教师、教学管理人员，因为只有这三类人群使用该软件，而且这三类人群形成以下三种用户界面类型。管理人员进行学籍管理、排课并录入任课教师名单。学生选课，查询成绩等。教师登入学生成绩。这三类人都是偶然用户，也就是说，他们每学期可能只使用一次该软件，不可能花费很多时间学习该软件的操作，因此该软件用户界面的操作应该尽量符合他们的计算机操作水平，并符合这三类人的教学活动惯例。再例如，医院管理软件的用户是医院各个科室的大夫、护士、财务人员、药房管理人员等，他们各自的职责和任务不同，因此用户分类也是按照科室职业角色进行的。企业资源管理软件（ERP）也是按照企业里的角色把用户进行分类的。后两种软件的用户都要经过培训，达到一定熟练程度，成为经验用户后才能使用该软件。

第二种方法，把用户都当作是偶然用户。例如，博物馆导游软件的对象是参观者，他们偶然使用该软件，使用该软件有以下几个目的：了解博物馆概括，查询路径，确认自己位置等。这些操作应该符合偶然用户的使用动机和操作特点，不需要学习，按照屏幕提示就应该能够顺利进行操作。自动取款机的用户也是偶然用户，他们不一定愿意操作数字键盘，但是不得不去操作，而且操作次数很少，每月只有一次。这种用户界面的设计必须使用户一看就会操作，不需要问人，按照用户界面的提示就能够理解和操作，操作概念和步骤比较简单，任何新手用户操作都不会出现问题，也不需要看使用说明书。在设计自动取款机用户界面时，应该调查这类用户，而不能调查普通用户或经验用户。

第三种方法，按照对应用软件操作的熟练程度进行分类，可以把用户分为以下几类。

1）新手用户。新手用户有两种含义。第一种含义，新手用户缺乏对计算机基本概念（陈述性知识）的了解，没有学习过如何操作使用计算机（过程性知识）。正因为他们不熟悉计算机，才能够从他们那里了解到计算机的设计是否符合人的使用目的和行动特性。如今计算机越来越普及，学习计算机操作的中小学生越来越多，他们都学习过计算机基本概念，都会操作图形界面操作系统，因此很难在大学生中找到真正的新手用户，或者说，应该在青少年中去寻找新手用户。第二种含义，新手用户指那些虽然对计算机直接操作界面比较熟悉，但对你所要设计或测试的应用软件不熟悉的人。例如，你设计智能手机用户界面时，新手用户应该是没有智能手机使用经验的人，也许他们使用过其他手机。

从新手用户可以了解到什么？

第一，"以用户为本"的设计用户界面的基本思想是延续人们日常生活经验，从而能够减少用户面向机器的学习。虽然当前还不能达到这个目的，然而比 20 年前已经有很多改进了。"以机器为本"的设计要求用户不断学习计算机操作，实际上是让用户去适应机器行为。专家用户和经验用户已经学习过计算机操作，已经适应了计算机行为，因此从他们很难了解到用户界面是否符合人们日常生活经验。新手用户对计算机没有操作经验，这正好能够检验用户界面的设计是否采用或延续了人们日常生活积累的经验。例如，是否采用人们熟悉的比喻（文件、编辑、工具等），哪些东西的设计是设计人员自己编造的、脱离了新手用户的操作心理。

第二，新手用户的学习过程反映了用户界面的设计水准。新手用户学习汽车驾驶，一般需要用 20～40h 完成认知和联想阶段，而要学会任何一个软件操作，例如，文字编辑软件、Basic 语言编程，都需要 100～120 h，远多于汽车驾驶学习时间。更严重的问题是，当前许多软件的用户界面经常更新版本，经常改变用户界面，每过三五年软件就升级换代，很重要的因素是商业利益。这种做法立即宣布你辛辛苦苦学习积累的经验几乎都作废了，由此就可能断绝你的职业生路，但是那些计算机公司却能通过这种方法赚钱。如果汽车飞机的用户界面也这样修改，那么交通事故可能会成指数增加。这样的设计思想基本不符合用户操作心理。

第三，我国新手用户的典型特点是：受机械论影响比较少，他们不知道学习计算机操作是"掌握科学水平的体现"，保持了人的传统行动心理特性，这与计算机的机器行为方式差异很大，因此观察他们操作，调查他们对计算机用户界面的看法，往往能够了解到"以机器为本"与"以人为本"设计思想的明显差别。

第四，我国大多数人口受教育程度是初中毕业，其中大多数人没有条件、环境去系统学习计算机操作。如果我们按照这个人群的特性去设计用户界面，那么我国90%以上人群就能够比较容易使用计算机，这是应该明确坚守的基本设计观念；如果你按照大学生的教育程度作为设计依据，那么你设计的东西也许只能被15%的人接受；如果你按照博士水准作为设计依据，那么你设计的用户界面也许没有什么人会去使用了，因为操作那样的软件太累了。在设计用户界面时不顾及大多数人的日常行为经验，就是要通过设计产品而制造生存特权，就是要制造弱势群体难以生存的环境。

2）普通用户。学习有三个阶段：认知阶段、联想阶段和自主阶段。普通用户大致完成了前两个学习阶段。在学习的第一个认知阶段中，他们理解并记忆了有关计算机的基本概念、功能和基本结构等，他们也学会如何操作各种功能。在第二个联想阶段中，他们能够逐步把计算机概念和功能与自己的行动任务对应起来，并按照计算机特性去完成自己的行动任务。然而他们还不能熟练掌握计算机所提供的各种功能，他们也没有达到自主阶段，缺乏"绝招"、捷径或操作技巧。他们能够用计算机去完成一般常见任务，但是不熟悉那些不常用的功能，要花费时间去摸索它。对于某个应用软件来说，普通用户可能是多数用户。调查普通用户，实际上是了解多数用户的需要和问题，了解他们在学习计算机操作之后还存在的问题，也是他们在适应计算机某些行为之后，调查他们仍然还存在着某些无法适应的问题。这本身就已经忽略了计算机用户界面设计中所存在的大量问题。从他们那里无法了解到新手用户的需要和问题。普通用户也被称为一般用户。

3）经验用户。他们仍然处于学习第二阶段，虽然比普通用户经验更多，能够熟练完成特定的任务，但是还没有达到专家用户那种水准。提出这类用户的目的，是为了弥补专家用户与普通用户之间的缝隙。专家用户要求具有10年经验。有些新领域出现还不到10年，例如，2000年投影机和数码照相机才大量进入市场，2006年才出现综合娱乐器，野营拖车迄今还没有进入家庭，因此不具有专家用户，也许存在经验用户，他们的水准比专家用户低一些，然而更高水准的人还不存在，只好求助经验用户的经验。应该注意，学习计算机操作越多，受计算机行为方式影响也越多，因此从他们那里很难发现"以机器为本"的设计问题，也很难了解到新手用户的需要和问题。调查这些人，可以对普通用户有更多了解。如果以他们的评价结果作为设计用户界面的依据，同样掩盖了他们的学习过程，甚至可能导致大多数普通用户会感到难以使用。有时可以把经验用户归入普通用户。

4）专家用户。这类用户完成了学习第三阶段，达到自主阶段。也就是说，熟悉各种功能，能够全面熟练完成各种任务，能够用捷径（快捷键）完成任务，具有计算机和任务的全局性知识，了解行业情况，了解该产品的发展历史，不仅熟悉一种产品，而且了解同类产品，具有 10 年以上经验，具有某些操作绝招，考虑过如何改进设计。专家用户并不等于高学历、高职务、名人等。专家用户对计算机操作非常熟悉，他们几乎就是"机器人"。用户调查往往不是调查这类用户的需要和问题，而是依靠他们，通过对他们的访谈建立调查框架，依靠他们去评价调查是否真实、全面、有用。

经验用户、普通用户或专家用户已经完成了一定学习阶段，已经适应或熟悉了机器的行为方式，忘记了自己学习过程中所遇到的不适应机器行为的各种问题，他们已经在不同程度上成为"机器人"了。调查这些用户，往往了解到的是他们适应机器后操作软件的体会（如已经熟悉了用计算机文字编辑软件写文章），而不是新手用户的日常固有行动特性（如用笔和纸写文章）。同样，计算机专业的人员设计调查问卷，往往也是基于"适应计算机"后的认知方式，他们设计的问卷中默认计算机技术问题和计算机的机器行为比较多，往往缺乏"如何使计算机适应人"的调查目的，对人固有的行动特性调查比较少。新手调查提纲见表 2-1-1。

表 2-1-1　新手调查提纲

举例：向一名新手用户（女）调查学习文字编辑软件中的问题。

1. 你学习多长时间？答：脱产学习了一个月。

2. 谈一谈你的学习过程，好吗？答：先学习每个命令的功能和操作，大约花费了两周。命令太多了，新概念也太多了，然后开始学习用这个软件写文章。太难了。

3. 可以问一下你的年龄吗？答：我 33 岁了，小学教师。

4. 在这个学习过程中，你觉得存在什么问题？答：我花了一个月时间学习文字编辑软件操作。前两周学习各个命令的含义与操作。当我开始学习用软件写文章时，发现已经忘记了上两周所学习的各个命令的功能和操作，但是没有按照写文章的过程去学习和记忆这些命令，因此我也不知道各个命令在写文章过程中应该如何使用，于是在学习写文章时要重新再学习一遍各个命令的用途。

5. 你觉得哪些命令不好理解？答：我觉得好多命令的含义容易被误解。例如，当我看到"剪切"时，我以为要用一把剪子。其实我们写文章时不用这个词。又例如"文件"让我联想到"官员"。如果用"文稿"或"稿件"，就容易被理解。还有"窗口"，明明是屏幕，为什么叫"窗口"？能不能用容易懂的词？（应该调查用户界面采用的哪些术语比喻不符合用户行动任务的语境。）

6. 你觉得用键盘打字有什么问题？答：用键盘打字太复杂了。我们用笔写字时，一比画就能写一个字，用计算机写字是不是也可以这样？（这是一个好建议。）

7. 你觉得用计算机写文章有什么优点和缺点？答：人家说用计算机写文章很快，我觉得不快，尤其是写信，比用纸和笔写得慢。因为计算机的准备工作要花费很多步骤。用它在银行办公快吗？我看更慢了，办理一个人业务的时间好像更多了（应该分析使用计算机的作用，这也是改进功能的途径之一）。

二、谁是专家

一般来说，专家应该有大约 10 年的专业经验。当前国内还缺乏对各行各业专家的界定，作者提出以下建议。

1）专家设计师。他们能够负责设计制造全部过程，他们有 10 年以上专业经验，并且熟悉行业。专家工业设计师能够设计任何产品外观，能够设计简单产品的结构甚至模具。专家工程师能够设计产品结构和模具，熟悉各种机械加工，能够编排车间制造工艺流程，熟悉有关标准，能够解决设计与制造中的各种问题，并熟悉该产品制造行业的历史和现状，能够评价和检验该产品。专家型的应用软件工程师应该承担过若干软件设计项目负责人，是系统结构师，熟悉有关的应用软件行业，能够设计软件测试标准，能够评价该软件。专家设计师可以帮助你了解产品策略、设计策略和生产策略方面的问题，以及该企业的设计制造过程。你最终提交的用户模型、设计指南都是供程序员使用的，你必须了解他所需要的设计指南格式和内容要求。一般工业设计专业的人不熟悉编程，很难给软件人员写设计指南，这对软件设计造成困难。然而这一障碍也是能够超越的，主要有两种方法：学习编程和了解软件人员需要什么样的设计指南。

2）市场营销专家。他们从事市场营销10年以上，他们熟悉国内各地区该产品的市场，或者熟悉国际市场。他们可能帮助你解决市场策略方面的问题。他们可能预测用户人群是谁，可能知道该产品是否有市场，市场上是否存在同类产品，什么样的产品在市场上有竞争力。他们可能帮助你了解该类产品在市场上存在什么空白或薄弱点，如何从这些地方进入市场，作为弱者如何生存，如何从弱者成为强者，如何从夹缝中拓宽生存道路，如何确立自己的产品前景。这对你是一个全局性的考虑，任何产品的设计都要考虑行业全局情况和长远规划，这方面的考虑被称为产品的市场策略分析。

3）专家用户。他们使用该产品10年以上，熟知各种同类产品的使用特点，了解许多特殊细节，积累了许多解决具体问题的经验，掌握了许多实用的套路，掌握了一些使用技巧绝招（如快捷键操作就是为专家用户提供的），能够综合评价同类产品的操作性能，知道产品的发展历史，知道设计发展过程的经验教训，当前该产品所关注的问题和今后可能的发展趋势，他们能够跳出自我角度，从广泛用户角度考虑解决问题，专家用户往往能够对一个产品进行改进创新。

4）管理专家。管理专家是按照专业划分的，例如，财务专家、人事专家、项目组长、车间主任、企业经理等。一名好的管理专家具有丰富的实际管理经验，熟悉管理业务工作，从他那里可以了解到该企业的各种资源水平，一个产品的设计和生产过程可能存在哪些方面的主要问题，以及该企业的产品策略和设计策略。他还应该熟悉行业情况，了解企业策略。这些背景信息对分析可行性起重要作用。

调查他们的最终目的是什么？从用户和市场调查能够获取用户需要方面的信息。从软件人员调查能够知道他们需要什么设计信息，把用户和市场调查信息转换成软件设计所需要的设计指南。

三、专家访谈

设计项目的决策涉及企业的整体全局性问题、领导人态度、企业策略、设计策略、生产策略、市场策略等。通过专家访谈去解决这些问题。

1）行业调查，以了解行业概况或全局情况，主要包括以下情况。

第一，国内外该行业所处的状态，例如，该行业属于新兴行业，还是老行业；整个行业处于大规模发展阶段，还是处于转产、改造、维持行业？该行业属于高端人才集中的行业，还是劳动力密集型行业？该行业是一个恶性竞争的行业，还是彼此配套合作的行业？所采用的技术属于不成熟的新技术，成熟的新技术，广泛采用的技术，还是国外已经淘汰的技术？这些技术大约能持续发展多长时间？该行业的各个企业处于生产饱和状态，提高产量状态，还是处于亏损衰落过程？你要设计的产品对该企业起什么作用？

第二，该行业的"风气"或者"行规"，也就是行业基本行为方式以及职业道德水准。例如，是一个恶性自由竞争的行业，还是彼此配套合作的行业？该行业靠自我创新，还是靠"模仿"，合同信用程度，人际关系，提倡合作，还是自由竞争，项目金额，工资水准，"跳槽"程度，跳槽人是否可能会盗窃企业公司技术等。这些因素会影响行业或职业考虑。

第三，该行业大致历史进程。我国有些行业受某些学校影响比较大，其技术力量几乎都是某几所大学的毕业生。从该行业的起源、创业、发展等历史过程，了解它的特征以及历史经验和教训。这些因素会影响选择设计项目的考虑。

第四，该行业的未来可能性。是否有发展前途，未来发展情景，大致可能持续发展多长时间，不可抗拒因素，不可预测危险等。这些因素会影响有些人的前途考虑。

2）向管理专家和工程师进行企业调查，了解企业整体情况，这也是设计决策所必需的背景信息。从企业领导人角度考虑，了解该企业的整体情况。主要包括以下四方面的策略。

第一，企业策略。它指企业生存方式和价值定位。企业领导人直接影响企业定位和决策方式。经常影响企业策略的问题如下：企业文化（价值、职责、行为准则等）是什么？如何对待员工？发展生产的目的是什么？靠什么人文因素维持企业与个人的生存和发展？如何持续生存？招聘什么样的人员？开发什么软件？如何开发软件？其中要了解国内外有关企业情况。例如，国内外哪些企业处于领先地位？它们依靠什么策略？国内哪几个企业实力比较强？国内企业与外资企业的差距是什么？各种企业文化有什么不同？各自的优势是什么？发展方向是什么？关键技术是什么？各自设计生产什么产品？国内是否掌握关键技术？关键技术是否要依赖国外企业？该企业全局性情况如何？该企业是否经营困难？产品管理方面是否顺畅？生产该产品需要什么投入（资金、设备、技术人员）？该企业有什么技术人员和设备？是否适合设计制造这个新产品？从研发设计到生产成品需要多长时间？存在什么具体问题？当地技术配套是否可行？这些问题是否能够在当地有效解决？这些问题对上新产品起重要作用？

第二，产品设计策略。它指如何规划和设计产品以维持企业生存。该企业的价值定位会直接影响到它的产品定位和设计策略。以下几方面的考虑决定设计策略。例如，设计定位是什么？定位高档产品，还是中档或低档产品？是从事自主知识产权的设计，还是"跟随策略"，进行外包？模仿哪些公司的产品？风险是什么？设计目的是什么？设计目的是为了刺激低端消费，还是为了适合高档品质？设计方案被市场淘汰很快吗？为什么？产品有固定用户人群，还是要发现用户新需要？企业是否有稳定市场的传统产品？企业是否有设计发展规划，例如，改进原有产品；跟随名牌产品，逐步发展自己特色，创造新概念，创造新生活方式和行为方式，等等。如何创新并达到高水准的设计？是否考虑制定标准？提出新概念产品？技术创新？研究新的行为方式，新的生活方式？请注意，"求新"不是目的，目的应该是弥补社会病态、心理病态和环境病态。工作环境心理如何？如何使有关人员能够安定平和地工作？如何能够持续稳步发展，而不是急功近利？如何能够使人和谐工作？企业老板干预设计项目决策，还是依靠高水准的设计群体？谁是主要设计师？他有什么特点？为什么要搞这个产品？是作为例行的产品更新，还是作为主攻项目，还是作为 5 年后的研发项目？该产品能够给企业带来什么益处？是否能够达到预期的产品目的？

第三，生产策略。它主要考虑如何经营企业的生产，这是由该企业的技术力量、管理、设备和资金等决定的。主要指产品定位和生产方式定位，例如，包括来料加工（代工）、贴牌、购买专利进行生产、高档产品、低档产品、流水线生产等。产品发展方向是什么？为什么要搞这个产品，是作为例行的产品更新，还是作为主攻项目，还是作为五年后的研发项目？该产品能够给企业带来什么益处？是否能够达到预期的产品目的？是否能够应对不可预测的问题？再例如，采取流水线方式，还是小组承包方式等。主要技术人员是谁，企业如何得到骨干技术力量，你是否能够与他们很好沟通协作。

第四，市场策略。它从整体上分析采用什么方法在激烈竞争的市场上立足？采取行业合作，还是自由竞争？立足出口（欧洲还是美国），还是面向农村市场？如何与国外客商沟通？如何获取国外客户对产品设计的需求信息和反馈信息（如通过留学生）？你是否能够与该企业的市场人员密切沟通？

第五，企业的全局性情况。企业处于什么位置？如何定位？企业是否能够可持续发展，为什么？人心稳定吗？经济效益如何？企业是否经营困难？产品管理方面是否顺畅？生产该产品需要什么投入（资金、设备、技术人员）？该企业有什么技术人员和设备？是否适合设计制造这个新产品？从研发设计到生产成品需要多长时间？存在什么具体问题？当地技术配套是否可行？这些问题是否能够在当地有效解决？是否适合设计这个新产品？从研发设计到生产成品需要多长时间？存在什么具体问题？这些问题是否能够在当地有效解决？这些问题对上新产品起重要作用吗？数码照相机的专家访谈提纲见表 2-1-2。

表 2-1-2　数码照相机的专家访谈提纲

按照因素结构框架设计调查问题：

1. 数码相机行业发展历史如何？现在所处的技术阶段是什么？新兴技术阶段，技术发展阶段，还是技术衰落阶段。由这个问题判断该技术是否成熟，是否敢于应用到实用产品上？

2. 数码相机产品技术属于什么水准的技术？高技术、中等技术，还是低技术？关键技术是什么？我们企业是否拥有这种技术人才？如何能够得到所需要的技术人才？是否能够搞好该产品？

3. 数码相机市场是否出现饱和状况？为什么？这个问题涉及我们企业是否应该再搞此产品？

4. 用户需要的主流趋势是什么？可能是提高成像质量，造型美观，小型化，专业化，多功能复合，操作简单，或者其他方面。这个问题涉及进一步发展什么技术，我们企业是否有能力？

5. 数码相机分为哪几类型？普通家庭机，还是专业机。这个问题涉及我们企业对产品定位的考虑。

6. 数码相机行业现在面临什么普遍性问题？技术难点是什么？这些问题在该企业是否存在？如何克服？

7. 该企业是否能够持续生存和发展？比其他同行企业的优势是什么？

8. 数码照相机的设计开发周期为多长？该企业是否胜任？

9. 数码照相机与传统照相机各自优缺点是什么？是否能够取代传统照相机？

10. 数码照相机价格如何？

3）了解设计项目。向专家软件人员请教如下问题。

第一，该产品用户人群是谁？什么情景中可能使用该产品，是否能够融入该人群的行动方式（如生活方式、工作方式、休闲方式、求生方式、稳定方式或变化方式等）之中？

第二，该产品的价值定位。产品的价值定位指为什么人们要追求该产品，人们应该、必须具有该产品的原因。假如一个产品符合人们的生活方式，就可能被人们接受，例如日用必需品。否则，它可能属于可有可无的多余产品，可能是过渡性产品，不会持续很长时间。假如是必需品，还要看是否有同类产品。

第三，该产品的设计可行性。产品复杂性程度如何，对设计师要求是什么？是否需要若干专业的人员一起配合设计，你们企业是否有实力去设计，设计上存在什么特殊问题？

第四，该产品的简单历史。它如何发展至今的？处于什么阶段，趋势是什么？是否要被淘汰？

第五，交互设计指南。它给用户界面设计软件人员提供设计指南。应该调查如下问题。软件设计人员编程需要什么样格式的设计指南？在设计指南中应该描述哪些事项？

通过以上问题，要搞清楚你选择的设计项目是否能够得到企业领导同意？你的产品定位是什么？是否能够在市场上立足？你们技术人员是否有能力胜任该产品的设计？用户人群是谁，是否了解用户需要？是否搞清楚了该产品的有关设计指南的要求？

4）全面理解你的设计任务。与用户访谈，或者与你的主管人访谈。你要思考以下问题。

第一，是否应该搞该项目？是否可行？

第二，你的能力和经验是否能够搞清楚用户对该产品各方面的要求？

第三，你是否会建立用户模型？

第四，你是否能够向软件人员了解清楚他们所需要的软件设计指南应该包含什么？

第五，你是否会制定可用性测试标准？

5）通过专家访谈初步建立问卷调查的因素结构框架，其目的是能够搞清楚应该全面调查的问题。对任何一个产品，可能存在若干不同的因素框架结构（理论模型），例如，从市场销售角度考虑的调查框架结构，编写软件所需要的功能结构框架结构，从用户角度考虑的框架结构。设计人员考虑的重点和细则是从用户角度考虑调查框架结构的全面性和真实性。在进行专家用户访谈时，你最好在有关的使用情景中进行访谈或问卷调查，结合具体操作使用任务，进行语境分析。通过访谈了解以下问题。

第一，用户动机。它可能包含的因素有用户与该产品有关的价值，用户对该产品是否存在需要？例如，期待、定向或定位、习惯或惯例等。这些因素属于用户的需要。

第二，用户与该产品有关的行动方式（工作方式、生活方式等），要结合具体使用情景，包括正常使用情景、学习情景、出错情景和非正常使用情景。

第三，了解用户使用该产品的各种任务行动，其中主要包括使用目的、操作计划、具体操作、评价方式以及非正常使用情景。这些功能涉及产品的功能。

第四，用户使用该产品的认知特性，主要包括感知、注意、思维、记忆、理解、表达、交流、角色等方面。

第五，该产品需要改进什么？

以上每个方面都由一些因素及其关系所组成，这些因素和关系构成了用户调查的整体结构。你要从这些方面提出各种调查问题，对每个因素要提出 3～5 个问题，通过访谈要尽量发现有关的因素，尽量找全因素，多发现一个因素，就可以减少有关方面的设计空白。最后构成一份用户调查问卷，通过 30 份小样本试调查获取数据，修改问卷，然后在用户人群中进行抽样调查。通过用户问卷调查获取的信息建立用户模型。用户模型主要包括用户的动机、行动和认知特性信息的综合。然后根据用户模型写出设计指南，它是应用软件系统结构师、分析师和程序员的设计依据，他们按照设计指南编写代码。最后根据用户模型和设计指南建立可用性标准和可用性测试方法。

6）通过这些访谈中，要达到几个目的。

第一，通过访谈使你自己具有内行的思维方式，搞清楚该项目是否立项，是否可行。

第二，知道该项目的设计过程的每一步应该如何工作，知道应该如何进行设计。

第三，基本上搞清楚大多数开放性问题（问答题），多重选择性问题，排序性问题，是非性问题（yes/no）。这些问题基本上不要在以后的问卷调查中出现。换句话说，假如你以后设计的问卷中出现很多问答性问题、多重选择问题，那么说明你的专家访谈没有搞好，要重新进行专家访谈。请注意，大多数新手进行第一次用户调查时都会出现这种问题。

第四，根据访谈获取的信息，设计调查问卷，进一步了解有关的统计信息。

第五，搞清楚程序员编程需要依据什么，能够按照程序员要求进行调查，并写出设计指南。

7）你遇到各种问题，都可以通过访谈寻找专家的帮助。你不知道如何进行访谈，找那些比较有访谈经验的人，例如，人事部门的工作人员。你不知道如何设计问卷，可以找设计过问卷的专家。你不知道设计的问卷是否文字晦涩难以理解，你可以找在设计问卷方面有经验的人，也可以进行尝试性调查。

四、如何进行访谈

1）首先要确立访谈目的，建立一个调查因素结构，也就是访谈提纲，尽量不要遗漏任何一个方面，遗漏一个方面比遗漏一个具体问题的后果要严重得多。然后考虑每个方面包含哪些因素，每个因素可以用几个问题去调查清楚，再列出要访谈的各个问题。如果你缺乏访谈经验，最好约两三个人一起进行讨论，尽量把访谈问题列详细一些。不仅要写出来提问的各个问题，还要考虑如何访谈这个问题，也估计对方对该问题各种可能的反应，要考虑你下一步应该再提什么问题。如果不考虑这一步，你在访谈中可能会冷场，不知下一步应该干什么。

2）认知预演（cognitive walkthrough）。它是指设计人员按照用户角色去演习如何操作各个任务，如何进行用户调查。最简便的方法是与两三个人进行访谈练习。例如，你扮演提问者，对方扮演被访谈的专家用户。你提问题，对方回答问题。你们双方不仅要回答问题，更重要的是说出自己听到对方说话后的感受，提出对方在人际沟通中存在的各种问题，并对这些问题进行讨论，提出改进方法，从而积累访谈经验。这种练习有以下几个目的。

第一，分析你的各个调查问题是否能够达到你的调查目的，你问的是否全面。

第二，对方是否能够接受你的访谈态度。你的态度是否融洽和蔼，存在哪些令人感觉不愉快的动作、表情、语气、气氛等？如果觉得访谈态度存在问题，讨论如何改进。这一步是为了提高你的人际沟通能力和态度。

第三，对方是否理解你提出的问题。你可以让对方并用自己的话再说一遍对问题的理解。如果不理解，通过双方沟通讨论，改进问题的表达语句。这一步是为了提高你的表达能力。

第四，你是否理解对方的回答。你可以用自己的语言复述你的理解，让对方确认你的理解是否符合他表达的含义。这一步是为了提高你的理解能力。

第五，如何跟踪提出即兴问题。即使你事先准备得很充分，也会发现需要临场提出新问题。例如，当对方回答不全面时，你可能通过提问去了解全面情况；当对方回答得不清楚，你想追问深一层的含义。这需要你能够即兴发现问题，提出问题。在认知预演中，双方要经常讨论：是否回答全面了，是否回答清楚了，应该再提出什么问题，并把这些情景和即兴问题都记下来。

3）如何联系访谈对象。2008年4月，作者在78名大学生中调查"你与熟人容易交流，还是与陌生人容易交流？"结果是，4人与陌生人容易交流，1人与熟人、陌生人都容易交流，其余人与熟人容易交流。这大致反映我国一般人在熟人面前比较能够坦率表达自己，在陌生人面前不习惯表达。如果你缺乏调查经验，就先找同学、熟人、朋友进行联系，积累访谈经验。可以采取电话访谈，也可以采取面对面访谈，若干人一起交谈。你可以事先用各种方式预约，讲明你要做什么事情，你的访谈目的，主要问题，大约多长时间，请求对方帮助支持你。对方同意后，要约定访谈地点、时间、参与的人员。有人问："如果对方不同意怎么办？"这个问题居然难倒许多人。解决方法很简单，你再寻找别人。

4）访谈中要注意的基本问题。你要做到和蔼友好，立场中性，体谅别人，严防自我中心。你的角色应该以"听"和"问"为主，你的目的不是表现自我，也不是说服对方。要集中注意，跟随对方的谈话议题，如果不理解，你可以进一步提出问题。记住，你的角色是访谈学习，对方是专家，你要虚心，说话要文雅。你的目的是从对方发掘信息，因此对每一个调查问题要尽量问到底，从各个方面搞清楚可能涉及的问题。不要一惊一诈虚张声势，不要强势压人。

5）当你比较缺乏调查经验，或者对要调查的问题比较陌生时，事先要考虑在调查过程中可能出现的意外情况，要做充分准备。例如，也许你有些问题比较唐突，你缺乏沟通能力所表现的态度也许会使对方感到尴尬，假如你冒犯了对方，这时你要马上主动向对方道歉，最好面带微笑。你也许搞不清楚对方在哪些问题上希望回避外人，也许对方不愿意回答某些问题，或遇到失控的情况时，你要考虑如何摆脱困境。

6）如何记录。最好两人一组进行访谈，一人谈，一人记录，要记录原话，不要记录你理解后的总结性语句，因为这种总结失去了大量的直观信息，限制了你的分析思路。为了记录原话，你可能想对访谈过程进行录音，这要经过对方同意。你要讲清楚你录音的目的，你承诺对录音的使用责任。如果无法录音，你可以两人一组进行访谈，一人专门做记录。

五、制订访谈提纲

在作任何调查前都要先思考调查提纲,设计一个比较系统的因素结构框架,从而能够系统、全面、深入进行调查。下面列举几个例子说明如何写专家访谈提纲。

例1 在确定一个设计项目前,要调查有关的产品策略问题。根据这些信息,才能大致确定是否要设计和制造该产品。以下是一名学生设计的某个产品策略的调查提纲。

（1）产品设计目的定位。设计一个产品可能有以下目的:提升产品质量,改变产品外观,改善可用性,降低成本,改善环境保护,改变材料,改变用户人群,寻找未开发的领域,寻找未开发的需要等。当前最大的新领域是生态产品和可持续发展的产品。

（2）哪些产品与你要设计的项目相类似?各有什么特点,哪个更有前途?弄清楚是否有哪个产品主导市场。

（3）产品在该企业的定位。该产品是主要赢利产品,还是次要产品,配套辅助产品,未来发展产品,要逐步淘汰产品等。企业的有关负责人是否对该项目感兴趣。他们当前主要考虑产品的什么问题,例如,是否能改变企业状态,是否盈利,是否能树立企业品牌,企业是否能解决技术、设备、人员、资金问题?该产品是否符合你们的企业策略?

（4）该产品的社会和市场短期、中期和长期效益可能会怎样?

（5）该产品是不是过渡性产品?属于稀少新产品,还是成熟产品;是市场饱和产品,还是要淘汰的产品,一个新产品的市场寿命是多久?

（6）用户对产品的各种需要是什么?如何满足用户需要?

（7）该产品的批量生产存在什么问题,成本如何?如何对该产品进行自我保护,维持可持续发展?

（8）怎样制定产品的相关标准、生产工艺流程、检验标准?

（9）该产品怎样打入国际市场,是否符合国际标准?是否符合欧洲标准?

（10）假如该项目搞砸了,如何收场?不可抗拒因素是什么?无法预测因素是什么?是否留有余地?

例2 下面是一名学生写的手机界面的专家访谈提纲:

（1）目前使用数码照相机的最主要人群有哪些?

（2）数码照相机会覆盖到哪些人群?

（3）数码照相机的主要用途是什么?

（4）您觉得哪种数码照相机的界面比较美观?

（5）哪种数码照相机的用户界面设计得比较符合用户需要?

（6）您觉得数码照相机的操作怎样?哪些数码照相机的用户界面较好?

（7）您觉得当前的数码照相机有什么不足之处吗?

（8）您认为一般用户对未来数码照相机的期待是什么?

（9）现在数码照相机现有的功能能够满足您的需要吗?

（10）有没有一些功能您觉得基本用不上,根本就不需要?

（11）还缺少什么功能?

（12）多余什么功能?

六、因素结构框架

为了使得调查能够比较全面，防止遗漏重要问题，提高结构效度，访谈前要写一个问题提纲。请注意，各人可能建立许多不同的用户访谈或问卷调查的因素结构框架。然而要注意，建立这种结构不但要考虑符合以后问卷调查的需要和编写设计指南的格式需要，还要考虑可用性测试的格式需要。一般来说，大致常见以下几种结构。

1）按照用户行动任务建立调查因素结构（见表2-1-3）。例如，按照"任务1"，"任务2"……顺序排列，然后调查每个任务行动的意图、计划、实施、评价和反馈信息（行动方面的问题）。在每个任务中，再调查可能存在的认知方面的各个特性，例如，感知、记忆、理解、交流等（认知方面的问题）。新手用户、一般用户、专家用户、评价人对"问题"的定义和标准可能不一致（标准不一致问题）。通过这种方法可以了解用户固有的行动特性，例如，表2-1-3是手机访谈提纲。这种方法的结构比较系统，能够包含用户全部行动任务，可以减少遗漏问题。在设计一个新的应用软件时，主要采取这种方法。如果要把医院里X射线照片和CT照片用计算机管理起来，那么就要按照这种方法调查大夫护士的工作过程，然后用计算机实现这些过程。

表 2-1-3　用户行动任务调查表

序　号	行动名称	阶　段	行动问题	认知问题	标准不一致问题
1	任务1	目的			
		计划			
		实施			
		评价			
		非正常情景			
2	任务2	目的			
		计划			
		实施			
		评价			
		非正常情景			

2）按照用户操作计算机命令菜单顺序建立调查因素框架提纲。这种方法比较适合调查用户对现有软件后的使用情况，如手机。然而，调查用户操作文字编辑软件的操作过程，就意味着了解他们通过学习把固有行为转变为适应机器之后的行为特性。如果要了解他们固有的用笔绘图的特性，那么就不能用这种方法。

七、如何访谈软件设计人员

1）手机概况。手机可以被分成三大类：固定手机、智能手机和PDA。

第一，固定手机（feature phone）。它是功能比较固定的手机，不包含智能手机（smartphone）或PDA手机。它具有操作系统固件，不能随意安装卸载软件。假如它支持第三方软件，它只能通过一个受限制的BREW或Java界面。与智能手机相比，

Feature Phone 的 Java 或 BREW 软件功能比较少，与该手机其他性能集成比较差，在手机的用户主界面上集成也比较差。当然这种现状正在改变。第三方 smartphone 软件可以比较好地与该手机集成，而 Java 或 BREW 一般被限制为界面的特定应用软件。

第二，智能手机（smartphone）。它提供了许多先进的功能。它运行完整的操作系统软件，该软件提供了标准化接口和应用开发平台。按照严格的定义，这种智能手机不同于 PDA 型的设备，后者运行的操作系统是 Palm OS 或 Windows Mobile。PDA 设备一般具有触摸屏供笔输入。智能手机一般具有标准的手机输入键区，它的屏幕比标准手机大，处理器性能也更强。为智能手机写的应用软件可以在各个厂家的智能手机上运行。它的两种主要平台是：由 Nokia 提供的 Series 60 和微软提供的 Windows Mobile。

第三，PDA（personal digital assistant）。它具有基本运算功能，比一般手机具有更高速的处理器和更大的存储器，可以运行更复杂的软件。大多数 PDA 具有标准化的操作系统，例如，Palm OS 或者 Windows Mobile。一般具有比较大的触摸屏和铁笔，并支持手写识别功能。

2）手机操作系统。手机实际上是一个袖珍计算机，它包含了计算机的基本部件，例如 CPU、存储器、输入输出设备（如键盘、显示屏、USB 和串口、空中接口等）。手机还可以通过空中接口协议（如 GSM、CDMA、PHS 等）和基站通信，既可以传输语音，也可以传输数据。

操作系统是手机的核心软件，它最基本的功能是控制电子器件的基本操作。再先进一些的手机操作系统平台，如 Symbian OS、Windows Mobile、Palm OS 以及 Linux，允许各种应用软件（如游戏、通信软件）在操作系统的顶部运行。标准化的操作系统平台还为不同硬件提供了一致的用户界面。

当前我国手机行业主要使用如下四种操作系统：Symbian、Palm OS、Windows CE 和 Linux。

第一，Symbian 公司总部在伦敦，其公司还包含了诺基亚、爱立信、索尼爱立信、松下、西门子、三星。Symbian 操作系统是一个开放的系统，还包括用户使用界面的开发平台 Series 40、Series 60、Series 80、Series 90 和 UIQ 应用开发平台。2005 年该公司推出 Symbian OS v9。其初步介绍参见 http://www.symbian.com/symbianos/index.html。

例如，Series 60（缩写 S60）是智能手机的一种平台，最初是由诺基亚开发的。在 Symbian 操作系统基础上，S60 提供标准的界面，标准的开发平台供建立其他应用软件。它提供了大的彩色显示、大量内存、标准输入和控制键。开发人员可以用 C++（从 Native Symbian OS 的 APIs 和 Open C 提供的 POSIX 标准库的一个子集），还可以用 Java™（用 MIDP 2.0），Adobe 的 Flash Lite，以及 Python。因此 S60 平台让开发人员可以从 Symbian OS 使用 C++ APIs 去写用户界面。它支持的功能包括 2 个功能键、5 个方向导航键、1 个应用与应用切换键，及呼叫和呼叫终止键，该用户界面为一个标准的 12 键的键区（包括字母），针对文本输入还设置了清除键和编辑键。它适合用户界面的屏幕尺寸（单位是像素点）为 176×208，208×176，240×320，320×240，352×416，416×352。代表性产品：Nokia 6120、Nokia E90、Nokia 6110 等。开发用户界面参考：http://www.forum.nokia.com/main/platforms/s60/。

S90 支持手持触摸屏操作模式，分辨率高达 640×320 像素，适合游戏或有关娱乐软件平台。目前只有诺基亚 7700 和 7710 两款手机。

UIQ 应用开发平台也是智能手机的在 Symbian OS 基础上的一种软件开发平台，传统上它是适合触摸屏并依赖笔输入的界面，像 PDA。新的 UIQ（版本 3）也可以用于无触摸屏的手机和单手操作。

第二，Windows Mobile。Microsoft Windows CE 是该公司为个人电脑以外的计算机产品所开发的嵌入式操作系统。用于智能手机的 Windows CE 系统被称为 Windows Mobile。该系统包括 Pocket PC 和 SmartPhone，前者针对无线 PDA，后者专为手机。2002 年底发布了专门为手机开发的操作系统 SmartPhone2002。

第三，Palm OS 在 PDA 市场占有主导地位。

第四，Linux 系统件是一个源代码开放的操作系统，目前已经有很多版本流行，但尚未得到较广泛的支持。

3）访谈软件设计人员的主要目的是学会写用户界面设计指南。

用户界面设计指南是为软件设计人员提供的设计依据，是把用户调查得出的用户模型内容转换成为软件设计人员所需要的设计信息，这些信息不仅会影响到应用软件用户界面的设计，还会影响到软件的功能和结构设计。

如果用户调查人员不懂软件设计，那么他就不了解在进行软件设计时需要哪些关于用户需要方面的信息，也不了解应该给软件设计提供什么设计指南。为了写出符合软件设计所需要的用户界面设计指南，用户调查人员应该对软件设计人员进行调查，这种调查有三个基本目的。①了解（学习）软件平台和规范对用户界面的有关规定和限制，以便与软件人员有共同语言，不至于设计的用户界面无法实现。②了解软件人员编写用户界面时在设计指南中需要什么内容，应该采用什么格式，以便满足他们的需要。③与用户界面设计有关的标准是什么，例如，是否有用户界面图形标准或有关标准？表 2-1-4 是设计手机用户界面指南前对软件 Symbian60（S60）的调查提纲。Symbian 公司成立

表 2-1-4　Symbian60 的调查提纲

一级因素	二级因素	三级因素	访谈问题
总体需求	性能	性能指标	Symbian60 有没有必须达到的规范的指标要求
			性能指标是否会作为测试的一项依据
	功能	功能列表	在需求文档中，功能列表以怎样的方式出现
			现有的功能列表形式会不会带来不便？期望看到什么样的功能列表
		功能描述	字描述需要详尽到什么程度
			是否需要流程图来描述功能？流程图需要细到什么程度
	环境	开发环境	编译工具是依据什么来选择的？目前常用的有什么样的编译工具
		运行平台	开发的程序运行在什么平台上
	品质要求	技术精度	软件遗留 Bug 有没有定级的规范？如果有，规范是怎样定义的
		可移植性	怎样做才能让产品具备可移植性
		可维护性	怎样保证今天开发的软件能够在今后所有平台和终端上运行

一级因素	二级因素	三级因素	访谈问题
界面元素	窗口	状态栏	状态栏里都包含哪些内容？能否更改
			是否需要提供状态栏里每个元素的尺寸和相对位置，以及颜色（贴图）
		主视窗	主视窗里需要显示什么内容？有没有规定的必须显示在主栏里的内容
			是否需要提供主视窗里每个元素的尺寸和相对位置，以及颜色（贴图）
		控制栏	菜单和键盘的交互方式是否需要对应说明
			控制栏的大小、位置、颜色是否需要提供
		滚动条	滚动条是否能调用标准滚动条
			是否能自定义滚动条
			自定义的滚动条需要说明什么要素
	按钮（图标）	相关要素	是否需要说明图标的颜色、大小尺寸、相对位置等
		比例缩放	同一个图标需要一次定义几个不同尺寸？分别是多大
	文字	文字样式	是否需要详细定义字的颜色、字体、样式、字号
	列表	分类	列表都分哪些种类
		要素	是否需要详细定义列表的尺寸、间隔距离、颜色、贴图等
	选择菜单	菜单结构	是否需要提供菜单的结构、所有子菜单、菜单间的跳转关系？用什么方法表示比较清晰
		交互	是否需要说明菜单不可用时的外观情况（以参数说明）
			是否需要说明菜单被选中但未展开时的颜色、样式变化情况
			是否需要说明菜单展开后的外观变化
	预览窗	交互	是否需要说明触发预览窗出现的详细条件？用什么方式表示比较清晰
		要素	是否需要说明预览窗出现后的大小、位置、颜色（贴图）、内容
	信息提示框	分类	除了信息提示、警告提示、出错提示、确认提示等提示，还会出现哪些提示框
			这些提示框的触发条件和提示内容有什么不同？是否可以调用标准的提示框
		交互	是否需要详细描述提示框出现的条件
			是否需要详细描述关闭提示框的方法
		要素	是否需要说明通知出现后的大小、位置、颜色（贴图）、内容、延迟时长
	通知	分类	除了来电提示、短消息提示和日程提示，还会出现哪些通知提示框
		交互	是否需要详细描述各类通知出现的条件
		要素	是否需要说明通知出现后的大小、位置、颜色（贴图）、内容、背景照片、延迟时长
	状态指示	信号和电量	信号与电量的图标是否有标准外观
			如果自己定义需要给出哪些参数
			信号和电量的格数有无规范？每一格代表多少是否有规范
		通用提示	除了时间、信息提示，还有无别的通用提示
			通用提示时所用的图标是否应该严格定义其外观样式

一级因素	二级因素	三级因素	访谈问题
交互方式	按键功能	按键按压	流程图中是否应该包含交互相对应的按键
			同一个按键短按和长按引起的交互方式不一样，短按的定义是多少秒之内？长按的定义是多少秒以上？有没有相关标准
			长按这种操作是否对系统产生要求
		按键声音	长按和短按是否采取不同的声音
			声音选取是否由用户研究员在需求文档里提供
		对应的功能	是否有一套标准规定了普通按键所对应的功能？在 Symbian60 中，分别是哪些按键对应哪些功能
			这套标准可否进行自定义的修改
		按键反应	是否应提供按键选中但并未按下的样子
			是否应提供按键按下但未松开时的样子
			是否应该提供按下后松开时按钮的样子
		标准键盘	标准键盘上的一些按键，如 Enter 等，是否对应了特定的功能？有无标准？分别是哪些按键对应了哪些功能
			有无热键？热键是否由程序员自定义？用户可否自定义热键
	导航	菜单结构	菜单结构是否应该显示在流程图上
			期望菜单结构怎样表示比较清晰？菜单结构应该细到什么程度
		标签导航	标签之间的切换和链接是否应该表示在流程图上？怎么表示对程序员来说最清晰
			标签最多能有几个？这是由什么决定的
		相互链接	从哪个按钮切换到哪个界面这一类问题，程序员认为哪一类表示方法比较清晰
	多任务	窗口切换	多任务牵扯到的技术有哪些？同时可开多少个任务？有没有上限？是依靠什么决定的
		延迟时间	窗口之间切换或者跳出新的窗口是否有延时？延时是通过什么定义的？有没有规范数值
	文本编辑	语言	是否支持中文？若要支持中文需要什么条件
		输入方式	是否存在对应键盘的标准？这个规范是什么
		编辑方式	标点符号如何提供？有无标准？其调用的交互方式是否要提供给程序员
			输入文字同时的联想匹配如何提供
			修改编辑文字时的交互方式由谁提供？需要提供什么
		编辑提示	光标闪烁的频率、样式是否需要提供给程序员
			剩余编辑空间的显示、显示位置是否需要提供给程序员
			在编辑这一部分还需要提供哪些详细说明
		输入法切换	切换方式是否存在标准？如果是自定义，是否需要用户研究的人来考虑切换时的交互方式

一级 因素	二级 因素	三级 因素	访谈问题
硬件	显示	屏幕尺寸	屏幕多大是否决定界面设计主屏的尺寸
		分辨率	分辨率影响什么
		色位深度	8bit、16bit、24bit 还是 32bit
	键盘	主要按键	导航键、软键、数字键是如何分布的
		其余按键	还有无侧键等其余按键
		标准键盘	是否有标准键盘
	存储卡	类型	存储卡是什么类型的
		路径名称	路径是什么

于 1998 年，当前属于诺基亚、爱立信、索尼、松下、西门子、三星等公司。它开发的 Symbian OS 是专门为移动设备设计的个人操作系统。Symbian60 是使用 Symbian 操作系统的供移动电话使用的软件平台，是当前国际上领先的智能手机（smartphone）平台之一，它包括了一套库和标准应用软件包，如电话、个人信息管理工具、多媒体等。当前它已经出现三个版本，分别在 2001 年、2004 年和 2005 年。如果软件人员采用这个平台去设计用户界面，你就需要对它进行初步了解。

应用软件用户界面设计指南主要包含什么内容？具体说，需要提供以下内容。

1）开机后用户界面的布局，也就是初始画面，包括界面全部结构。例如，某手机初始界面布局包括状态栏（显示状态图标）、标题栏（显示该界面的位置所在或功能）、主区域（显示软件内容，如用户选择条目、用户数据、消息内容）、按键栏（共分为左键标签、中键标签、右键标签，分别与硬件按键相对应）等。

2）每个静态用户界面画面的结构、图标、颜色及尺寸。

3）光标略过一个图标时，其颜色或尺寸的变化。

4）用户交互流程设计，分析用户任务链，设计用户界面动态变化过程，包括用户操作一个菜单项后它的颜色、尺寸和用户界面画面的变化，后续每个用户界面的整个画面的结构、菜单、图标和尺寸。这部分工作量很大。

5）用户界面设计，也被称为图标设计（UI 设计），也就是每个图标的图形画面设计。

对软件设计人员进行访谈时，要了解上述 5 方面的要求。

第二节　如何调查用户的行动需要

一、用户的行动需要

本节的调查方法适合访谈，也适合问卷调查。在设计访谈提纲或设计问卷时，首先要考虑用哪些方面因素能够全面系统包含所要调查的问题，这一考虑就是从结构效度角度设计调查问卷。我们现在从用户行动过程角度去调查用户需要。用户行动需要，指用户在操作行动中各个阶段所需要的行动条件和行动引导。用户行动至少包含四个阶段：建立意图，建立行动计划，具体实施和评价行动结果，见图 2-2-1。调查用户行动需要就是要调查这四个阶段用户所需要的行动条件和引导。

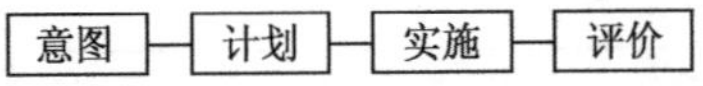

用户在启动任何一个行动时，首先要建立目的意图。在建立目的意图阶段，用户可能要考虑以下几方面（这也是调查用户意图的主要方面，见表 2-2-1）。

意图 — 计划 — 实施 — 评价

图 2-2-1　一个行动（任务）的 4 个阶段

表 2-2-1　用户目的意图

	行动目的	用户需要完成什么任务，它们对应机器的功能。机器有什么功能
目的意图	可行性	各种行动是否可行
	评价标准	任务是否完成的评价标准是什么，需要什么反馈信息
	行动单一性	每个时刻只能操作一个任务
	期待性	对功能、操作、反馈信息与目的状态的期待
	预测性	对机器行为方式的预测

1）建立行动目的意图。用户的一个目的意图构成一个行动（任务）。设计师根据用户行动目的意图去构思机器功能。目的意图的建立要考虑三方面。首先，用户提出一个动机（愿望、匮乏、需要、兴趣、社会期待、价值等）。其次，要考虑行动前的状态。最后，要考虑行动后要达到的状态（目的状态）。这些目的意图构成了用户的各种行动任务。设计师根据用户的任务，最终得出产品应该具有哪些功能。这意味着，要想搞清楚机器应该具备什么功能，就应该调查用户行动意图。

2）分析可行性。它包括如下所要考虑的事情。首先，要考虑行动前的状态和行动后要达到的状态，分析这两个状态的差距。其次，要考虑是否能够达到目的状态，估计花费和代价。最后，决定是否要选择这个行动。缺乏经验的人往往没有分析可行性，或者对可行性的分析不实际。

3）建立评价标准。评价标准是判断是否达到目的状态的依据。用户根据自己的动机（愿望、匮乏、需要、兴趣、社会期待、价值）去建立行动评价标准。评价标准是由评价因素与最终目的状态构成的。为了评价，用户需要那些能够反映操作结果的反馈信息。其中，价值观念对建立评价标准起重要作用。在行动中，用户把行动反馈信息与评价标准进行比较，判断该行动结果是否达到目的意图。

4）行动单一性。人们可能同时形成若干行动意图，然而每个时刻只能专心实施一个行动。如果环境干扰用户分散注意，或者强迫或诱惑用户同时实施两个行动，他们的操作往往会出错。

5）用户对产品的期待性（expectation）。用户期待主要包括对功能、操作过程和操作方式、反馈信息、操作结果的期待。当你要完成一个行动时，可能要借助使用一个产品，首先考虑对它的期待，并且往往从结构与功能角度考虑对它的期待。当你要进入一个房子时，你期待它有门，你期待从门能够进入室内等。如果没有这些期待，你就不知道如何进入，你可能翻窗子进去。同样，你要用一个文字编辑软件写文章时，你就期待它具有一定功能，具有一定操作方式等。假如对产品没有这种期待，你就无法用它构成你的目的意图，因此产品各种功能应该对应用户的目的意图。这是用户用产品去完成一个行动的重要特性，它影响用户意图的建立。

6）用户对产品操作的预测性（anticipation）。它指用户对机器行为方式的预测。用户操作机器，必须知道机器的行为方式。当你开门时，你能够准确知道各个操作细节。你知道房子都有门，通过门进入房子，而不会翻窗子，你知道门是围绕一个轴转动的。开门时，你知道操作什么部件，你抓住门上手柄开门时，你会预测手柄的旋转方向（右旋），你知道实施什么力（拉力、推力、力矩或滑动），你会预测开门用多大力气，你会预测手臂的运动幅度等，你不会用力过大或过小，你知道施加多长时间的力，并且在操作中通过触觉感觉到的反馈信息不断调整修正操作。这些都包含了预测因素。如果你操作各种产品时，没有预测，那么你可能把手柄左旋，你从室外要进入室内时却拉门，你使用的力气太小无法打开门，或者用的力气太大，把门搞坏了。这些期待和预测都来自长期的学习与积累的操作使用经验。计算机用户界面的设计应该考虑用户操作产品时的行动期待和预测，这也就是说，用户界面的设计要考虑用户长期积累的操作经验，要符合用户的期待和预测。然而，计算机的设计从一开始违背这些基本原则，三年一升级，五年一换代，彻底改变用户操作界面，从而宣布用户长期积累的产品操作经验被作废了，这样给用户操作造成许多困难。

用户目的意图，往往对应机器上的"功能"。产品功能应当符合用户的行动意图（动机、目的），并且应该给用户提示各种任务意图的操作。计算机操作命令名称应该反映用户行动意图，这本身就是对用户的意图引导，例如，"打开文件"、"打印"都表示用户的目的意图。在各种不同类型的产品上，人们采用不同的符号表达行动的意图。打字机的键盘上用字母表达各个键的目的意图，"A"这个键表示能够打出字母"A"或"a"，因此键上的这个字母对用户来说是意图引导，也是计划引导。

其次，要考虑调查谁？调查专家用户，还是调查普通用户，还是调查新手用户？这是由调查目的决定的。调查目的不同，所调查的对象就不同，所调查的问题也不同。例如，许多人在调查问卷上往往提出一个问题："手机应该具有哪些功能？""电视机应该具有哪些功能？"这个问题的确是设计师应该考虑的重要问题。这个问题不适合在问卷上调查，因为问卷调查的对象往往是普通用户或新手用户，他们没有考虑过这个问题。这个问题应该在问卷调查之前的专家访谈调查中提出这个问题，应该与专家用户深入讨论分析这个问题，确定该产品可能要具有哪些功能，然后在问卷把这些功能一一列出来，看对方对哪些功能打钩，最后通过统计分析，就大致了解对各个功能认同的百分比人数。

二、与专家访谈关于用户行动需要方面的问题（见表 2-2-2）

表 2-2-2　关于用户行动的专家访谈提纲

要调查用户行动需要，应该分别考虑专家访谈问题与问卷调查问题。对专家访谈问题大致如下：

1. 用户使用该产品干什么？想要完成什么任务？
2. 该产品还缺少哪些功能？
3. 功能组合是否符合用户任务链？
4. 哪些功能是多余的？
5. 哪些功能不符合用户期待？
6. 现有的哪些功能是多余的？
7. 系统各个功能是否符合用户行动目的？
8. 是否符合用户的行动过程？

9. 用户在操作前或操作中是否有期待？他们的期待是什么？哪些命令或功能不符合用户的期待？

10. 用户在操作前或操作中是否有预测？他们的预测是什么？哪些命令不符合用户的预测？

11. 用户对各种功能希望提供什么样的意图引导？例如，采用语音、灯光，还是汉字或英文，采用什么颜色，什么形状结构等。

12. 用户希望在什么位置显示意图引导？例如，在按键上、在按键旁、屏幕上部、屏幕下部等。

13. 用户如何理解界面上提供的各种操作引导？从这个问题能够构成很多具体调查问题。

14. 对于特殊功能，例如，有危险的、有时间要求的和严格操作顺序要求的任务，如何能够引起用户警觉而不至于手脚慌乱？如何弥补用户的失误操作？

15. 在非正常情景中如何提醒用户？如何使用户避免出错？例如如何在黑暗中比较容易发现房间内电源开关？

三、用户需要准备条件

在操作使用机器前，要进行一系列准备操作，使得机器处于正常工作状态，例如，为座式照相机安装座架，有些产品需要安装电池，仪表的零点需要调整，投影仪的调整等。在产品设计中应当尽量简化准备过程。过去的机械式照相机提供了曝光速度、光圈、摄影距离三个参数，每照一张相片，必须要调整这三个参数。除了专业摄影师，一般人在照相时都经常忘了一两个参数。20 世纪 80 年代傻瓜照相机能够很快普及，正是由于它省略了这种准备工作，不再让用户调整这三个参数。幻灯机是会议与讲座中经常要用的设备，这是一个相当简单的机器，但它的准备工作相当麻烦，往往难倒许多人，经常耽误很多时间，这种产品很快被淘汰了。设计中要尽量简化准备过程。

四、用户需要计划条件引导和计划辅助工具

用户计划指操作使用过程，第一步干什么，第二步干什么等。人们从事任何行动，都要进行计划。用户操作产品时的计划，主要指"何时"、"何处"、"如何"操作"何物"。这四个方面构成用户的操作计划或操作过程。用户每一步计划的实施，都需要一定条件和引导。了解用户计划，正是为了在设计中给用户提供行动条件和行动引导，这是软件功能和结构设计中必须考虑的重要方面之一，也是用户界面设计的重要方面之一。当前设计中很少考虑这方面问题，没有提供用户操作过程引导，往往只考虑如何实现机器功能。用户计划具有以下特性（见表 2-2-3），设计用户调查问卷时也是从这些方面考虑要调查的问题。

1）可行性。一个行动必须能够被实现，这是建立一个计划首先要考虑的问题。可行性指考虑如何通过每个步骤去实现计划。如果某个步骤无法实现，那么整个行动计划将失败，要重新考虑新的计划。一般在具体操作行动前，用户会在大脑里把行动计划预演一遍，他们用操作命令考虑如何能够具体实施行动过程，这种方法叫认知预演（cognitive walkthrough）。各种类型用户的计划可行性方式不同。从设计角度看，应该预先给用户明确显示计划的全部过程。当前用户界面设计都忽略了这个问题，只提供了全部菜单，而没有提供操作过程，用户仍然不知道如何操作了。

表 2-2-3　行动计划基本特性

计划	可行性	可以按照行动计划实现目的
	灵活	可以实施各种计划方式
	透明	全局感、操作感、计划感、状态感、行为感、过程感、信息感、反馈感
	简单	符合用户行动期待，没有额外步骤
	可尝试	用户可以通过尝试学习操作
	连续	各个有关命令的操作能够平稳连接起来
	可反悔	可以撤销操作
	单一性	不要同时操作不同任务
	行动链	连续性、交叉性、一致性
	一致性	可以单独用鼠标完成全部操作，也可以单独用键盘完成全部操作

2）灵活。计划的灵活性主要包含以下含义。①各种用户在操作过程中，会采取若干不同计划方式。有些人做计划时也是看三步走一步。有些用户想一步走一步，走错了再退回来从头考虑，走了一步，后悔了，要重新开始新的操作计划。有些人边走边尝试，有些人要从头到尾想好后才开始行动。各种用户有不同的操作计划，他们都要能够按照自己计划进行操作。②用户能够中断当前行动任务，开始另一个行动，计算机要记忆中断点，能够从中断处恢复操作，或从中断处返回起点。③允许可逆操作，也就是允许用户反悔等。设计用户调查问卷时，要了解用户操作计划的灵活性，例如，哪些用户或哪些操作采取走一步看一步，哪些操作容易出错而要反悔，哪些任务过程比较长难制订计划等？

3）透明。骑自行车时，我们时刻能看到它的传动过程，能看到它的行为，也能看到操作对它的运行状态的影响，这就是我们所说的机器的"透明性"。计算机是不透明的认知工具，我们希望在计算机用户界面上能够达到这样的效果，这是很不容易的。如果缺乏透明感，就容易加重用户认知负担引起焦虑。具体说，透明性主要包含以下几方面含义：

（1）全局感。用户需要全面掌控计算机的状态和操作，为此用户必须在界面上能够看到全部操作功能和全部有关事件，这包括操作感、计划感、状态感、行为感、过程感、信息感和反馈感。全局感指用户通过界面对全局的感受程度。

（2）操作感。每一步操作都能立即得到有关的反馈信息以判断操作的后果。

（3）计划感。从用户界面能够看到每一步操作和完整操作过程。

（4）状态感。机器的行为方式是状态变化，只能从当前状态变化到下一个连续状态，不能跳跃，用户能够从界面感受到机器的状态特性。人的行动方式是由动机引导的，动机与状态不同，用户需要能够感受到机器的状态，从而判断自己的行动。

（5）行为感。榔头和自行车的行为是机械运动，是可见的。马达的行为感是转动和"嗡嗡"声。人可以感受到计算机键盘的机械行为，但是感受不到其结果，计算机的行为是电和数字行为，是不可见的，计算机内的一切行为都要被可视化后才能被人感知，人的行动特性与机器行为特性不同，这两者互动过程中必须转换其特性。

（6）过程感。机器运行的过程感主要包括用户操作后机器滞后的时间和用户在一定操作范围内机器没有反应的操作死区。机器滞后时间应该越短越好，操作死区应该越小越好。过程感包括屏幕画面的切换、指示灯的亮灭、机器反应滞后时间、键盘操作过程等。这些运行效果使用户能够感受到机器的行为过程，否则，用户不知道机器是否在运行，不知道运行到哪一步了。

（7）反馈感。反馈感指用户行动的感知意图的需要。用户每一步操作前都要寻找有关信息确定如何开始行动，用户每完成一步操作后都要从机器反馈信息判断自己的行动结果。

（8）信息感。信息感指硬件和软件界面提供的与用户行动任务有关的各种信息，它使用户能够感受到任务目的、操作语境、行动过程和结果等。从今后长远发展看，重点任务之一是给用户提供多感官通道的自然信息。

当前，计算机用户界面设计中，往往把透明性理解为提供命令菜单，各种软件都没有给用户提示复杂命令和任务的操作过程和运行过程，没有给用户提供计划辅助工具或计划引导条件，这是设计中的一个严重问题。例如，应该给新手用户提供扫描仪的操作过程，发送 E-mail 的过程和样条曲线的操作过程。

4）简单。操作简单主要包含以下两层含义。①操作步骤比较少，或者操作步骤符合用户期待。②不要让用户代替机器的行为。引起操作复杂主要有以下几个因素。首先，计算机的操作被称为"微操作"，它每一步只能完成很琐碎的一点事情，用大量的操作命令才能完成用户的一个很小的任务。我们用笔很容易画一条曲线，但是在计算机上画曲线变得很复杂。用户希望能够把这些"微操作"集成为"宏操作"（符合用户行动意图与计划），例如，给用户提供"一键通"、"一笔通"等简化计划的操作。其次，应该由机器完成的操作步骤，却迫使用户去完成这些步骤。最后，提供的操作过程（计划）不符合用户的计划步骤。在用户调查中应该了解这些问题。

5）尝试性。计划都是面向未来的行动，往往存在没有预料到的情况。当遇到一个新问题时，用户往往不知道各种功能或各种操作计划的操作结果，因此他们需要尝试。产品应该给用户提供尝试方式，使用户可以了解各种计划的尝试结果。这种尝试不应该破坏用户文件或系统软件。

6）连续性。设计的计划特别要注意各个步骤之间的过渡，应当保持用户的动作、感知和思维流畅过度，不要引起动作冲突、视觉冲突或思维冲突。

7）反悔性。允许用户后悔改正错误，为了实现这个目的，要提供可逆操作。

8）专一性。人每个时刻只适合干一件事情，而不适合同时干两件事情，不适合两手同时干两件不相关的事情，这被称为行动专一性。这是人行动的一个最基本特性。设计的机器操作也应当符合这些特性。不应该迫使用户两手同时完成不同操作行为。

9）行动链特性。用户经常会连续操作或者交叉操作某些任务，这些任务构成了一些行动链。行动链的基本特性如下。①连续性。行动链内的各个行动经常组合在一起，并且按照一定先后顺序进行操作。②交叉性。当一个行动实施到半途中，可能要转到另一个行动。③一致性。当完成交叉任务后，往往要再返回到第一个行动的断点继续第一个行动。这叫返回行动的一致性。设计中必须要保证返回点的一致性。例如，打手机过程中会查询电话号码或记电话号码等，然后再回去接着打电话。应该搞清楚各种可能的任务链，当用户从一个任务跳转到另一个任务，是否能够再回到原任务。

10）操作一致性。用户可以用鼠标完成全部操作，用户也可以用键盘完成全部操作，而不需要交替使用鼠标和键盘。

设计人员要根据用户计划的这些特性调查他们各种可能的计划方式，在设计中尽量综合用户上述计划心理特性，考虑各种计划。用户界面设计目的是，给用户计划过程提供他们所需要的计划条件、计划引导或计划辅助工具。设计人员还要考虑怎样使用户能够比较容易寻找、发现、识别这些条件？这关系到要向用户调查计划条件应当符合用户的感知意向性和感知经验，要调查用户在建立计划时，看哪里、寻找什么、如何寻找、如何容易发现、怎样识别等心理过程。用户计划调查提纲见表2-2-4。

表 2-2-4　用户计划调查提纲

根据上述特性，设计调查中对于用户计划应该了解如下问题：

1. 用户每个任务有哪些计划方式？分别调查各个行动任务。

2. 在每一步行动中，用户"何时"、"何处"、"如何"操作"何物"？

3. 各个操作命令中，哪些步骤可以省略？哪些步骤设计得不合理？哪些用户操作应该由机器完成？这个问题十分复杂，要调查用户每一步的感知、计划和动作，需要花费很长时间。

4. 用户在操作哪些命令时，由于不了解该命令的过程而出现反悔？

5. 哪些操作可以简化为"一键通"？（把计划简化为一步操作）

6. 各个操作步骤之间的过渡是否流畅，是否有动作冲突、视觉冲突或思维冲突？是否不适当地要求用户双手操作不同任务？是否不适当地要求同时操作两个任务？是否引起用户顾此失彼？

7. 用户操作时，要把行动计划转换成机器的操作步骤。哪些转换比较烦琐？是否能够把机器操作直接采用用户的行动方式？这个问题是用户界面设计的根本问题。这种考虑是对用户界面的彻底革命性的突破，不可能在短期内实现。然而如果不积累思想，就永远无法改变。

8. 用户需要系统提示哪些任务？

9. 用户需要系统提供哪些命令的操作过程？如何在屏幕提示这些操作过程？

10. 如何在系统里记忆和显示用户的操作过程，以供新手学习或监督操作过程。

11. 操作计划是否灵活。是否允许用户在操作过程中反悔？例如，后退几步。

12. 操作计划是否灵活。具体说，是否允许用户放弃当前的计划，不需要进行许多状态转换的过渡操作，而能够立即开始另外一个新的任务或新的计划？

13. 操作计划是否灵活，是否允许用户任意改变计划？

14. 各个任务的操作步骤是否琐碎太长？是否能够再减少操作步骤？

15. 用户是否能够完成行动链？各个任务是否保持一致性？用户在操作有关任务链时，是否能够返回所期待的状态？例如，打手机时，要查询电话号码，然后是否仍然能够返回去接着打电话？

16. 应该由机器完成的操作任务，是否要求用户去完成？

17. 操作方式是否适合该产品使用的场合？

18. 从用户的职业思维方式考虑他们期望怎么的操作过程？

19. 操作过程是否符合用户的预期的计划方式？

20. 是否提供了多种计划？为什么？能否只提供一种计划？

21. 怎样使用户知道操作顺序（操作过程）？操作过程是否明显可知？

22. 哪些事情需要用户决策？能否简化或取消用户决策？

23. 用户是否可以用鼠标完成全部任务的操作？

24. 用户是否可以用键盘完成全部任务的操作？用户是否要交替使用鼠标和键盘？

五、用户需要操作条件和引导

行动计划指行动包含哪些步骤、哪些过程，采用哪些计划。一个行动的第三步是具体实施，它指每一步的具体动作、每一步具体的心理处理过程。这些动作具有如下基本特性。

1）行动专一性。每一时刻，用户只适合专心从事一个行动，他们只能专心一个动作、一个信息、一个认知过程，用户的动作只能专心在一个行动意图上，不能同时专心完成若干行动意图。

2）感知、认知与动作的一致性。在具体实施每一步操作时，用户感知、认知、动作应该从属于同一个任务目的意图，不应当分别归属不同目的意图。例如，手操作方向盘时，眼睛应该注意车的转动，而不应当强迫用户去看车内收音机。

3）动作协调性。要尽量简化操作动作，避免双手同时操作。如果要求双手操作，那么双手的动作应该归属于同一个行动或任务，双手动作要协调，而不能分别实施两个无关的行动动作。这一原则要符合下一原则。

4）最小工作量原则。一般动作设计原则是要尽量减少用户正常操作时的思维工作量和体力工作量。要尽量使用用户储备脑力（智力）、体力、动作能力，以备应对突发事件。

5）动作单调性。用户操作认知工具时，注意力应该集中在认知，手的动作应该成为无意识的、自动化的、不容易出错的动作，这种动作被称为动作的单调性。

6）在用户具体进行每一步操作时，需要一定的引导和条件。例如，键盘上的每一个按键都做成凹形的，使手指头在依靠触觉定位时容易识别中心位置；钥匙孔都有一个圆锥槽，使得钥匙容易定位插进去；飞机跑道在夜晚由灯光引导降落方向。这个问题大多属于20世纪50～70年代传统人机学考虑解决的问题，本书不再分析这些问题。

用户具体操作的调查提纲见表2-2-5。

表 2-2-5　用户具体操作的调查提纲

在调查用户具体操作时可以参考下列问题：

1. 用户期待怎样的菜单结构？菜单结构是否符合用户的任务链？是否符合用户的行动计划（按照一个任务的过程分组和排列命令顺序）？命令格式是否具有一致性？
2. 体力操作困难度高不高？体力工作量（体力负荷）是否合理（应该留有储备）？
3. 在操作一个任务动作时，用户是否还要分心去操作另外一个无关的并行任务动作？例如，两手分别去从事不同任务（一手操作方向盘，另一手旋转收音机旋钮）；手操作时，眼要注意其他无关的信息（手掌握方向盘时，眼要看地图）。
4. 各个操作步骤的衔接是否符合平稳连续性，是否存在动作冲突或顾及不暇？
5. 命令图标是否都采用象形图形？哪些图标采用了象征，这些象征是否符合用户知识文化传统？用户是否理解这些象征？
6. 脑力工作量（脑力负荷）是否高？是否预留充分脑力储备以供紧急情况使用？
7. 各个操作命令是否能够成为无意识的自动化的连续动作？
8. 各个操作工具是否符合用户手形？用户是否能够通过盲找（不用眼看）稳固在手形位置？
9. 哪些操作命令容易出错？
10. 关于鼠标操作，用户是否能够区分什么时候点击一下与点击两下？
11. 用户是否清楚鼠标右键的功能？如何操作鼠标右键？

12. 用户是否清楚屏幕显示的用户界面上，哪些部位具有操作功能，哪些部位没有操作功能？

13. 是否能够使用一种输入器件完成一个行动任务？在操作一个任务时，要交换几次键盘操作与鼠标操作？命令的分类及菜单结构是否符合用户期待？哪些命令分类不符合用户期待？

14. 用户在记忆菜单结构上存在什么困难？

15. 用户从菜单上难以找到哪些命令？

16. 各个操作工具的命名是否符合用户经验？用户是否容易理解这些工具？

17. 用户的哪些操作命令没有配备可逆操作命令？允许可逆几步？

18. 是否允许用户尝试比较复杂的命令？如何尝试？是否提供了这些命令的演示？

19. 他们期望什么形状的键钮杆柄？

20. 用户怎么理解操作键钮的形状与操作的含义？

21. 操作中出现多重选择时，怎么进行选择和决策？是否感到困惑或厌烦？

22. 操作动作是否采用最简单的无意识的动作？是否需要学习操作动作？

23. 用户的知觉与操作动作是否容易形成自动链？动作或认知是否协调？

六、用户需要评价条件和引导

当用户完成每一步操作后，都要评价操作结果。用户评价过程是把机器的操作结果与事先建立的行动目的进行比较，与事先预期的标准进行比较。用户通过系统的反馈信息了解操作结果。因此，设计人员要调查如下几方面的问题。

1）评价标准。用户的评价标准来自用户的行动目的和价值观念。

2）多感官通道。我们骑自行车时，如何判断速度？我们是根据多种感官通道判断多种信息的，眼睛判断风景向身后运动的速度，双手判断车把抖动强度，耳朵判断风的声音频率，身体判断车的颠簸强度。计算机用户界面的设计经常忽视了人的这种多感知通道的特性。要调查用户期待的用哪些信息内容表现操作结果。例如，用软件绘画曲线时，用户希望显示什么信息才能够比较容易进行修改曲线。

3）感知特性。要调查用户观察反馈信息的感知特性。当前计算机用户界面的反馈信息几乎都是视觉信息，这不符合人的感知特性，也容易使得用户视觉过度疲劳。应该了解用户在各个任务评价时，用户主要依靠什么感官？如果依靠听觉，那么听什么，听多长时间，何时听？如果依靠视觉，那么看什么，看多少，看哪里，何时看？

4）符号形式。符号是信息载体，经常采用的符号形式包括示意图（如图标）、象征（如国旗）、信号（如交通灯）、比喻（如寓言）等。要调查用户期待用什么形式的符号表现反馈信息，什么时候显示文字，什么时候显示图形？这是最经常要考虑的问题。

5）信息感。用户通过各种感受去判断反馈信息，这些感受被称为信息感，主要包括。①物感。包含体量感、重量感、材料感、表面质感；②机器感。包含机器的行为感（行为过程）、状态感（温度，声音，振动，是否正常运行等）、传动感、运动感（如速度感、加速度感）、力感；③操作感。包含平衡感、安全感、控制感、操作感、状态感、和谐感（与机器的协调性）。

表 2-2-6 列出了用户评价调查提纲。

表 2-2-6　用户评价调查提纲

机器对于用户每一步操作都应当提供反馈信息，而且都要适合用户的评价意图。具体问题如下：

1. 用户评价每一个命令的操作结果时，需要什么感官的反馈信息？是否需要多通道感官？

2. 用户怎样评价操作结果？设计的信息是否符合他们的评价认知方式？

3. 设计的信息是否符合节省原则？

4. 用户在每一步操作后，都要评价操作结果，用户都会预测出现一个结果。对每一步都要了解用户希望采用什么感官评价反馈？视觉评价，还是触觉，还是听觉？对每一步都要了解用户需要什么形式的符号表达信息。需要声音反馈（语音，还是音乐），还是闪动光点，还是振动，还是文字符号，还是图形？提供的反馈信息符号是否符合用户期待？用户是否能够直接感知，而不需要思考反馈后才能理解？

5. 提供的反馈信息是否符合用户期待？是不是最少必需信息？用户希望感知什么内容？

6. 提供的反馈信息（如反馈信息框内）的描述是否符合用户的思维方式？

7. 用户觉得缺少哪些反馈信息？

8. 用户期待反馈信息出现在什么位置？用户希望在哪里感知反馈信息？

9. 用户希望何时看到反馈信息？反馈信息都是由设计人员规划设计出来的，他们应当按照用户期待的时刻、位置提供用户期待的反馈信息，并用用户期待的符号形式表达反馈信息的含义。

10. 如果用户操作后没有完成任务，是否希望反馈信息应当提示如何去弥补？如果完成了当前任务，用户希望得到什么反馈信息？

11. 哪些反馈信息过多？

12. 当用户需要依据反馈信息进行快速操作时，用户往往期待直接感知，那么要了解用户从总体上对反馈信息是否满意？是否需要与现实类似的自然信息？用户对哪些信息需要自然信息的形式？

七、用户在非正常情景的需要

　　非正常情景包含两方面：①突发事件。例如，突然断电，感染病毒等。②恶劣环境条件。例如，黑夜、暴雨、大风、大雪等恶劣天气，又例如，高速、高温、高压等环境。要了解在这些情景中，用户如何操作使用计算机？这时用户需要什么操作条件？非正常情景中用户的操作，是调查必不可少的一部分内容。许多设计人员忽视了这个问题，因此他们设计的产品也无法在这些非正常情景中使用。

　　如果你设计的是新概念产品，市场上从未出现过这种产品，那么就不存在其用户了，也无法进行用户行动调查或任务调查。在这种情况下，要调查价值观念和有关的生活方式。

　　1）该产品使用中会遇到哪些突发事件？用户界面设计是否考虑了这些情景？

　　2）该产品使用中会遇到哪些恶劣环境条件？用户界面设计是否考虑了这些问题？

　　3）设计时是否给用户预留行动能力储备，使他们在非正常情况下，能够动员储备能力应对意外困难而不会过分超过认知工作量？

　　4）操作过程中出现中断或故障时，用户如何反应？他们期望怎样解决这些问题？

　　5）解决问题后，怎样返回到中断点？

　　6）出现紧急情况时，他们有什么反应？怎样避免慌乱引起的操作失控和安全问题？

　　下面列举了几个学生设计的访谈提纲或问卷，其中有些还列出了初稿和修改稿。对照两稿，你可以从中得到一些启发。

　　例 1　数码照相机普通用户调查问卷（见表 2-2-7）。

表 2-2-7　数码照相机普通用户调查问卷

数码照相机普通用户调查问卷

用户行动阶段	调查问题	很赞同……很反对					放弃
		5	4	3	2	1	0
目的	1. 希望开机开关是旋钮式开关						
	2. 希望开机开关是按钮式开关						
	3. 希望有打开或关闭成功提示，如绿灯（指示灯）亮起或绿灯熄灭						
	4. 期待开机后显示屏处于取景状态						
	5. 期待开机后显示屏显示电量						
	6. 期待开机后显示屏显示剩余张数						
	7. 期待开机后显示屏显示储存器类型（如 SD、MMC）						
	8. 期待开机后显示屏显示现在的拍照模式						
	9. 期待开机后显示屏显示时间、日期						
	10. 期待开机后显示屏显示现在将拍照片的大小（如 1024×768）						
	11. 期待开机显示屏幕保护图片						
	12. 期待有开机声音提示						
	13. 期待有开机振动提示						
	14. 期待界面提示你的拍照操作步骤						
	15. 希望成像后停顿几秒钟让用户观察照片						
	16. 希望有闪光灯充电完成的声音提示						
	17. 希望有对焦完成的屏幕画面提示（屏幕一段时间变清晰）						
	18. 希望有成像声音提示						
	19. 希望有成像信号灯闪烁提示						
	20. 可对照片进行亮度调整						
	21. 希望有使用取景器拍摄的功能						
	22. 按下快门之后有引导告诉用户延迟正在进行，如指示等闪烁						
	23. 期待界面提示你的设置操作步骤						
	24. 希望在屏幕上显示现在照片的尺寸设置结果						
	25. 希望有快捷方式直接查看						
	26. 希望有连续播放的功能						
	27. 希望对图片进行放大缩小的操作						
	28. 放大过程中屏幕上显示放大倍数						
	29. 期待界面提示设置操作步骤						
	30. 在查看影像目录下有快捷键直接删除图片						
	31. 希望按键的大小符合手形						
	32. 希望相机外形符合手形						

数码照相机普通用户调查问卷

用户行动阶段	调查问题	很赞同……很反对					放弃
		5	4	3	2	1	0
	1. 希望有自动关机的功能						
	2. 按键上有 ⏻ 标志						
	3. 开关按钮做成红色						
	4. 开关较别的按键大						
	5. 按键旁有 ON/OFF 提示						
	6. 按键旁有中文提示						
	7. 对应的菜单中的拍照模式便于寻找						
	8. 通过模式拨盘方式选择拍照模式是合适的						
	9. 理解自动对焦的半按操作						
	10. 希望一键完成拍照任务						
	11. 有数字变焦的快捷键						
	12. 理解微距拍摄						
	13. 有微距拍摄的快捷键						
	14. 理解定时拍摄						
	15. 有定时拍摄的快捷键						
	16. 自动模式下的闪光灯根据光线强弱开启						
计划	17. 有闪光灯设置的快捷键						
	18. 对应的菜单中的调节尺寸方式便于寻找						
	19. 通过四方向键完成对照片的前后切换						
	20. 通过另设的快捷键对图片进行放大、缩小						
	21. 在其他按键（如调焦键）上设置放大、缩小的功能						
	22. 放大后的图片移动到边界时此屏幕边界上的可移动箭头消失						
	23. 按下删除图片快捷键时，出现确定删除询问以减少误操作						
	24. 提供可逆操作						
	25. 按键排布顺序与显示屏上图标显示顺序一致						
	26. 按键尽量少						
	27. 按键所交代功能明确						
	28. 按键操作具有单一性，不存在具有双重含义的按键						
	29. 按键符合操作习惯，常用和少用的分开						
	30. 按键旁有中文或者提示						
	31. 与常用的电脑图标、手机图标有一致性						
	32. 安排顺序与按键排部有一定的一致性						
	33. 需要有动态图标						

数码照相机普通用户调查问卷

用户行动阶段	调查问题	很赞同……很反对					放弃
		5	4	3	2	1	0
实施	1. 提示没有装电池						
	2. 希望的开机键不会因为轻微的碰触而开/关机						
	3. 对应的屏幕界面显示信息与拨盘上一致						
	4. 有对焦成功或失败的提示,如图像或颜色的指示等						
	5. 半按时有一定的反馈力度						
	6. 快门按下后拍照反应快						
	7. 快门很大						
	8. 快门容易按下						
	9. 快门摆放明显,容易识别						
	10. 拍照完成后有"保存/删除"的选项提示						
	11. 事先需要对定时拍摄的滞后时间进行设置						
	12. 只要进行定时拍摄就会弹出时间设置的对话框						
	13. 能在菜单里找到插入时间和日期的命令						
	14. 取消插入时间和日期的选项与选择过程互逆						
	15. 快捷键的图标和一些英文缩写用户不易理解,需要学习						
	16. 放大过程中通过四方向键进行图片的移动						
	17. 有一次性删除多个或全部删除的命令						
	18. 通过方向选择键来操作旋转命令可满足用户的期望						
	19. 有一次性旋转多个或更改多个的命令（群体操作）						
	20. USB 传输线和充电器方便携带,大小合理						
评价	1. 旋钮式开关的旋转方向符合使用习惯						
	2. 旋钮有防滑处理						
	3. 指示灯位置恰当,不容易引起误解						
	4. 自动关机功能时间可调					⏹	
	5. 在拍照的过程中调节方便						
	6. 不用拨盘选择的时候,从菜单中选择依然简捷						
	7. 不能理解显示窗口中的对焦符号						
	8. 快门按键过小,不好按						
	9. 相机外形的设计不符合手形,无法或不容易进行单手拍摄						
	10. 理解定时拍摄、微距拍摄的相应图标提示						
	11. 操作过程中有不理解的菜单名称						
	12. 需要经过学习才能完成操作						
	13. 在相机上进行照片修改是有必要的						
	14. USB 传输线和充电器方便携带很重要						

数码照相机普通用户调查问卷

用户行动阶段	调查问题	很赞同……很反对					放弃
		5	4	3	2	1	0
出错	1. 旋转按钮缺乏方向指示						
	2. 按钮开关没有做相应处理导致误开/关机						
	3. 指示灯不明显，不知道是否开机成功						
	4. 找不到开关键						
	5. 对图标的不理解造成拍摄方式选择错误						
	6. 无法找到需要的拍摄方式						
	7. 照片质量不符合理想要求						
	8. 拍照时相机容易滑落						
	9. 缺乏希望的拍摄方式						
	10. 不理解快门半按对焦的方式						
	11. 对菜单的不理解造成影响尺寸选择错误						
	12. 无法找到调节尺寸的方式						
	13. 菜单分级过多，无法识别菜单中的功能						
	14. 误删照片						
	15. 无法恢复误删照片						
	16. 无法确认是否拍到了照片						

例2 关于 IE 浏览器对普通用户的调查问卷（见表 2-2-8）。

表 2-2-8　IE 浏览器对普通用户的调查问卷

关于 IE 浏览器对普通用户的调查问卷（软件专业学生设计）

调查问题	很不符合	不符合	一般	符合	很符合
	1	2	3	4	5
1. 浏览器的功能能够满足要求					
2. 浏览器的各个功能区域容易区分					
3. 希望浏览器能提供更多功能					
4. 浏览器中有很多不知道如何使用的功能					
5. 浏览器中的字体大小调整功能有作用					
6. 能很快地找到所需要的功能					
7. 浏览器中的收藏夹功能有作用					
8. 经常使用浏览器的搜索功能					
9. 浏览器的菜单分类很难理解					
10. 浏览器的很多功能都没有使用过					
11. 浏览器使用时操作不便					

关于 IE 浏览器对普通用户的调查问卷（软件专业学生设计）					
调查问题	很不符合	不符合	一般	符合	很符合
	1	2	3	4	5
12. 浏览器经常出错					
13. 浏览器经常突然自动关闭					
14. 打开一个新网页比较困难					
15. 浏览器的主体色调看起来舒适					
16. 希望浏览器有更改界面风格的功能					
17. 当遇到停电等突然情况浏览器被关闭时，希望下次打开仍能够返回到中断的地方					
18. 关闭浏览器时，希望有提示是否确定关闭					
19. 不希望他人知道您上网浏览的信息					
20. 您对插件式浏览器很熟悉					
21. 如果您现在想改变主页，您觉得哪个选项下会有改变主页的功能 A. 文件 B. 编辑 C. 查看 D. 收藏 E. 工具 F. 帮助					
22. 如果您现在想改变字体大小，您会从哪个选项寻找你所需的改变字体的功能 A. 文件 B. 编辑 C. 查看 D. 收藏 E. 工具 F. 帮助					

有些问题的调查不得不采用多重选择式的问题，否则无法搞清楚。在上述问卷中，21、22 题也采用多重选择的形式。应该注意的是，这种问题的调查结果只能采用简单的计数统计方式，无法进行信度分析。这种问题的调查最好不要同列在李克特量表型的调查问题中。对于这些问题应该进行一次专门调查。

第三节 用户任务模型

一、用户任务模型的内容

通过用户访谈和问卷调查后，获得了比较全面的用户需要以及用户的操作行动特性，设计人员的下一步工作是建立用户模型，它包括用户行动模型和用户认知模型，后面将分析用户认知模型，本节只分析用户行动模型。按照动机心理学，用户任务模型应该描述用户行动的四个阶段（意图、计划、实施、评价）以及非正常情景。描述用户任务模型，最终是为了提取用户任务中所需要的行动引导操作条件，作为用户界面的设计指南和软件功能及结构参考等。用户任务模型也叫用户行动模型。用户任务模型主要包含如下内容：

1）描述用户各个行动任务意图、计划、实施、评价以及非正常情景。任务目的包括目的状态及输出结果。任务计划指用户在实施每个任务时的操作步骤或操作过程，要描述各种用户和任务的不同计划。实施指用户的具体操作动作。评价涉及用户评价什么，评价标准是什么，评价需要什么反馈信息。

2）每个任务要达到的最终状态以及评价标准。

3）任务链描述。

4）可能出现的非正常情景：非正常情景描述用户在该情景中的特殊行动方式，用户所需要的特定操作条件。

5）用户在各个阶段的操作都需要一定的有利条件，主要包括任务条件和任务目的引导，计划引导和计划条件，实施条件和引导，评价条件等。通过用户模型，最终目的是能够提取出用户所需要的这些行动任务条件和引导，并把它们作为设计指南。

用户任务模型应该包含设计人员在设计用户界面和有关功能与结构中所需要的关于人机互动特性的信息。

二、用户模型不写什么

建立用户模型时，可能写很多文字内容。要记住，写用户模型的基本目的是为下一步提供设计指南，因此在用户模型上只写对用户界面设计和功能结构设计有关的东西。用户行动具有很多特性，哪些用户特性不必写在用户模型中？

1）现有用户界面已经满足的用户特性，就不必写在用户模型中。

2）与用户界面设计无关的用户特性，就不必写在用户模型中。

总之，设计用户界面时用不到的信息不要写在用户模型中。这两句话似乎很简单，你在具体写用户模型时就能体会到这是很不容易的事情。

三、用户任务模型举例

表 2-3-1 是一个仪表的用户模型的模板，供读者参考。

表 2-3-1　用户任务模型调查参考表举例

序号	任务名	行动阶段	存在问题	如何改进（设计指南）
1	准备	目的：准备仪器		
		计划：打开仪器包装，插好各种接线	准备工作比较复杂	
		实施：将电压线按照颜色插入相应的插孔，将电流线插入电流孔		
		评价：各个插孔的颜色与接线的颜色相同，便于识别		
		非正常情景：在黑暗中准备		
2	开机	目的：接通电源		
		计划：在后面板上发现电源开关按键并按下	在前面板上寻找很长时间，未发现电源开关	
		实施：按下电源开关按键，打开机器		
		评价：主机发出一声鸣响，屏幕点亮，出现主界面		
		非正常情景		

序号	任务名	行动阶段	存在问题	如何改进（设计指南）
3	测量	目的：测量参数		
		计划：寻找测量功能并按下对应按键		
		实施：按下屏幕上测量功能按键		
		评价：主机发出一声鸣响，出现等待画面，在 2s 后到达测量界面，同时测量的数据在细微变化		
		非正常情景		

第四节　如何调查用户的认知需要

一、用户需要的感知和认知条件（也可以把感知看作是认识的一部分）

调查用户的认知需要的目的是为下一步建立用户认知模型。主要通过访谈和问卷调查和观察法去了解用户的认知特性。

1）用户感知过程。感知是非常复杂的过程。

第一步，感知。启动一个行动后，用户第一步就是感知。在形成行动意图之前，感知活动的目的是寻找行动条件或行动目的。如果用户想启动一个行动，并发现外界具备了这个行动意图的各个条件，就会选择这个意图作为行动意图，见图 2-4-1。

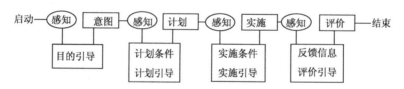

图 2-4-1　用户感知过程

第二步，启动该行动意图。用户又投向感知，寻找发现外界的行动条件，从而制订行动计划。

第三步，启动具体动作。用户再把注意投向感知，寻找具体实施条件和实施引导，从而能够实施各个动作。

第四步，评价行动结果。用户完成一个动作后，把感知又投向外界，寻找反馈信息，以判断行动结果是否符合自己的标准。

例如，用户想打开计算机电源，首先要感知外界，要观察电源部分是否正常，电源开关在哪里。使用结束后要关机，最后要看一下是否关机了。在心理学各个领域中，感知是最复杂的，因为人的感知活动太复杂，太随机，形式太多。我们几乎无法深入到每一个细节去了解用户什么时候预测出现什么，观察什么，朝哪里看，期待什么形式的信息？因此用户界面的感知设计往往也是最复杂的。要想使人机界面符合用户的感知需要，设计人员要耐心进行细致全面的用户调查。用户的感知受生理条件影响，这些因素包括光线的波长、亮度、持续时间、视场、距离和视角等。

2）用户认知过程。认知包含感知、注意、记忆、思维、选择、判断、理解、表达、交流、学习等心理过程。用户行动过程的每一步都可能存在认知。在整个操作过程中，用户都与机器进行交流，都需要注意力。在每一步的感知中，都可能存在对外界信息的理解过程，对每一步操作命令都可能存在记忆过程。在行动的 4 个阶段中还存在如下认知过程（见图 2-4-2）。

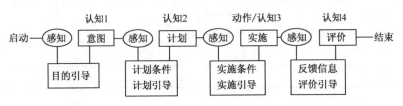

图 2-4-2　用户认知过程

认知 1：建立意图阶段的认知。建立意图的过程就是一个认知过程，主要是通过感知寻找外界存在的行动目的引导或条件，通过思考可行性及紧迫性去选择、判断、建立目的意图。这一阶段的用户认知需要调查，主要是了解用户所需要的目的引导。

认知 2：计划阶段的认知。主要通过感知寻找、发现、选择、思维、判断用户界面上的计划条件和引导，建立行动计划，并转换成机器可接受的操作过程。其中后者是给用户造成困难的主要问题之一，也是用户界面设计的重点之一。这一阶段的用户认知调查，主要是了解用户所需要的计划条件和计划引导，如何直接实施用户计划，消除转换过程。

认知 3：在实施过程中的认知。理想的方法是用户通过感知直接控制动作，形成感知动作链。然而，如果用户界面设计不好，就可能迫使用户无法直接形成感知动作链，只有通过复杂的思考才能进行操作，这样就变成了认知 3。这一阶段的用户认知需要的调查，主要是了解哪些操作需要复杂的认知过程，并消除这些过程。

认知 4：评价过程的认知。这一过程中用户主要有以下四个任务：感知反馈信息，翻译成与行动有关的含义，按照标准评价行动结果，确定下一步目的意图。其中第二个任务对用户往往比较困难。这一阶段的用户调查，主要是了解用户所需要的反馈信息，用户对可用性的评价标准及评价过程。

二、用户感知特性及需要

1）用户的行动意图决定他的视觉意向性（视觉意图）。在没有行动意图时，人的视觉是随意的没有目的的。这时容易受外界的刺激吸引，形成刺激反应的行动模式。用户确定了行动意图后，也会确定视觉意向性，按照行动目的控制视觉、触觉等感知，其视觉意图是寻找行动条件和行动目的，这决定了朝哪里看，何时看，看什么，怎么看，看多长时间。因此最基本的调查任务是了解用户目的以及需要什么目的引导？用户在启动各个任务前，需要寻找什么行动条件信息？用户完成各个任务后，需要感知什么反馈信息以能够评价行动结果？

这还意味着，用户往往只关注与自己行动有关的信息，外界其他信息被称为干扰。为了了解用户关注哪些信息，就要调查用户视觉意向性，它主要包含四方面的问题：用户在每一步行动前朝哪里看（方向），看什么（内容），何时看（时间），怎么看（感知方式）？调查这些问题的目的，通过用户界面设计，提供符合用户目的需要的信息，在用户期待的位置、期待的时间、显示用户期待的信息，既不多一点，也不少一点。

为了达到这些目的，至少要调查用户有关的特性：需要的行动条件是什么，需要的反馈信息是什么，用户期待在屏幕上什么位置去观察，希望各种信息为什么形式，希望信息量多大等。

用户只关注与自己行动有关的信息，也意味着，往往看不到与他行动无关的信息，因此，设计人员应该只提供用户所需要的。有些设计人员在屏幕上总喜欢显示大量信息，以为显示的越多，用户看到的越多，实际上，用户往往把这些当作信息垃圾，根本不看。

2）视觉过程。主要包括寻找（visual search）、发现（detection）、区分（discrimi-nation）、识别（recognition），搜索记忆（memory search）与识别的东西进行比较，最后确认（identification）。例如，你在屋子里寻找你的一本书，你的视觉和其他行动就可能按照这几个过程进行。其他感知活动，例如，听觉过程、触觉过程等，也存在类似过程。设计人员需要积累一定的观察经验，这样才可能知道你应当观察哪里，应当注意什么现象，应当测试什么参数。如果没有任何知识和经验，就根本了解不到任何用户感知心理。在调查用户行动中，或在观察用户操作时，要调查用户感知的这 6 个处理过程，并了解各个处理过程存在什么问题，需要什么有利条件，通过用户界面设计给用户提供这些条件。

3）美国人机学在军事领域主要测试以下三个感知参数。可探测性（detectability，又叫可见性）：在探测时，可以从信息品质上发现与其他东西不同；确认性（identifi-ability）：刺激信号的属性使得可能区分或确认它与其他东西不同；可识别性（recog-nizability，又叫可读性）：信息属性使得可以识别它的内容或（文字、图标、信号的）含义，即符合视觉造型原理。

4）用户视觉受知识经验影响。人往往只能看到理解的东西，忽略不理解的东西，以为那些东西与自己无关。这被人们称为"熟悉感"，对于熟悉的东西，一下就能识别出来；对于不熟悉的东西，也许会盯着看半天也搞不清楚。这意味着要调查用户的感知经验，给用户提供他们熟悉的东西。对于那些用户不熟悉的但是危险的东西，要设法使用户能够了解含义。因此，要调查你所设计的各种信息符号是否符合用户经验，用户对哪些符号缺乏经验，如何弥补？例如，当计算机感染上病毒时，往往看到了病毒图标符号，却不明白那就是病毒。要向用户调查这类问题，搞清楚如何能够提醒用户。

5）符号形式影响用户感知。信息载体（符号形式）不同，用户的感知方式也不同。人们从实际场景中感知图像信息时，一个视角内的场景信息是被同时感知的，也就是并行感知输入，感知速度快。对于逻辑信息，人们感知文字数字信息，是一个字一个字串行输入，感知速度慢。如果一个场景中失火了，你一眼就能看到这个全部场景，就能够发现哪里失火了，各个部位情景，是否有人受伤等。如果一篇文章写道："2006 年 8 月 9 日上午 11 点，我们家属院内 7 号楼东侧第一个大门失火了。"你读到文章结束才知道"失火"，而且你只能知道这一点信息，其他现场信息都不知道，信息量远小于图像信息。设计用户界面时，要了解各种显示的信息应当采用什么符号形式，用户希望得到文字表达形式，还是图形表达形式？

6) 信息形式的感知敏感性。人们在长期生活中积累的大量的感知经验，在区分和确认相似信息（如区别你的手套与我的手套的差别）时，往往从各种物理量角度敏锐地区分不同对象，这叫视觉形式感知敏感性。例如，你的父母从你脚步声就能识别你来了，而其他人往往不能，他们对你的脚步声音很敏感。你能够从颜色上区分你的手套与我的手套，这是对颜色的感知敏感性。类似地，人们还会从功能、形状、表面机理、结构、光线、位置关系、高度、相对快慢等物理量敏锐区别类似的对象。由此形成了以下特定的视觉形式敏感性。

形状感知敏感性：当用户观察某些对象时，特别注意形状，各个形状的彼此相对位置关系，通过形状或位置关系理解对象含义与特征。

颜色感知敏感性：通过颜色理解和确认对象含义和特征。

结构感知敏感性：通过结构理解和确认对象含义和特征。

功能感知敏感性：通过功能理解和确认对象含义和特征。

表面机理感知：通过表面机理理解和确认对象含义和特征。

生态感知敏感性：观察任何对象时，人们处于该环境中，都是从特定视角观察对象。不同位置观察的视角不同，获得的视觉信息也不同。在教室讲台看教室里的全体学生，那是从一个特定视角看到的"特写镜头"，由此形成透视。如果你任意移动一步，透视发生变化，你看到"特写镜头"的内容就发生变化，有些进入镜头，有些退出镜头。这意味着，人与他的观察环境合为一体，这就叫感知的生态感。人们日常看到的东西都属于这种感知活动。

了解这些视觉意向性的目的在于，调查用户对于各个信息采用什么形式意向性，以便提供符合用户需要的形式。尤其在屏幕上出现大量的图标信息，为了使用户能够比较发现所寻找的信息，要调查用户对这些信息的形式感知意向性。特别对于那些造成感知困难的信息，要调查用户对什么形式比较敏感。对形状敏感，还是对结构、功能、表面机理敏感？这个问题是当前人机界面设计调查中的一个缺陷。

7) 用户视觉注意分布在屏幕上具有一定的概率。Staufer（1987）通过研究发现，人眼观测计算机屏幕时，视觉注意并不均匀，往往对左上角比较敏感，占40%，它明显高于其他区域；右下角最不敏感，只占15%。这二者相差两倍多。这意味着在左上角应当显示比较重要的信息。要调查用户希望把什么信息显示在左上角？右上角？左下角？右下角？见图2-4-3。

8) 视觉短期记忆量为 7 ± 2 个信息项（Miller，1956），例如，7 ± 2 的单词，7 ± 2 个数字，7 ± 2 个图标等。然而这些信息可

| 40% | 20% |
| 25% | 15% |

图 2-4-3 视觉注意在计算机屏幕上的分布（Staufer，1987）

以被记忆保留的时间很短，由于后续信息不断涌入视觉，占据了视觉记忆，使得原来记忆的信息被冲掉了，造成原有的视觉信息的短期记忆时间仅为"秒"数量级，很少能达到1min。这意味着尽量减少无关信息的显示，减慢操作速度，也许能够促进用户的短期记忆时间。针对当前出现大量的"信息垃圾"，作者提出"核心信息"（关键信息、简化信息）的概念，给用户只显示他们意图所关注的含义，而不要添加细致的形式描述信息。设计菜单结构时，要调查用户：如果最多只显示7项，你希望第一级菜单如何把各种信息分类，显示哪些项？显示几个？希望第二级菜单显示哪

些项？如果最小只显示 5 项，你希望显示哪些？

9）感知动作链。人们在长期生活中，对开门、使用筷子、穿衣服、骑自行车、打球等进行的大量的反复练习，已经把感知与动作直接联系起来，遇到什么具体需要，就能直接发出相应的行动，而不需要大脑思维这些活动。这些感知动作链是每个人长期学习所获得的宝贵知识库。如果失去这个知识库，将寸步难行。在用户界面上采用用户的这些宝贵经验，就能够明显减少用户对操作使用的学习时间。要调查用户的哪些感知动作链可以被用来作为操作动作？在用户界面上进行尝试，看是否能够把这些用户感知动作链作为用户界面设计的重要参考。例如，鼠标操作，就是运用了人手最简单的感知动作链，使用户能够把注意集中在大脑思维上，使手的动作成为无意识的随动行为。2000年以后有些公司把三维鼠标的功能添加到普通二维鼠标上，例如增加滚轮等，用户必须用大脑思维控制滚轮动作，加重用户的认知负荷，在紧急情况可能引起操作动作失误。这不符合"无意识动作"设计原则。

10）从自然信息直接感知行动意图。人们在长期生活中积累了大量的感知经验，从颜色、形状、重量等就能直接判断对象的状态，例如，从颜色判断蔬菜是否新鲜是否能吃，从车胎形状判断是否需要打气等。这些自然信息与行动意图的联系，也是人们宝贵的知识库。如果你没有这个知识库，就看不出来什么东西能吃，什么能喝，什么能穿等，那么你干任何事情都要用说明书，连吃饭也要用。要减少用户学习操作，最主要的方法之一，是采用用户熟悉的自然信息，减少美工创新的陌生图形语言；因此要调查用户不习惯哪些设计的符号？希望把哪些符号改为他们熟悉的什么自然信息？有时仅显示自然信息还不能满足用户需要，还要叠加人工设计的物理信息等。例如，在显示的自然风景中要叠加距离、高度、运动速度等。用户感知调查问题提纲见表 2-4-1，网页感知特性调查问卷见表 2-4-2。

表 2-4-1　用户感知调查问题提纲

根据以上感知心理基本特性，应该调查如下问题：

1. 整体屏幕布局是否符合用户期待（用户任务链、用户计划、用户操作方式、用户评价方式）？
2. 用户在各个操作步骤的知觉方向和位置在哪里？他们朝哪看、听、触？
3. 是否设计了同时需要用户对几个方向、几个互不相干的信息的知觉？
4. 环境对知觉有什么影响？影响知觉的最恶劣的环境状态是什么？
5. 整体显示的信息量是否超过 7 ± 2 个信息块？是否可以减少？
6. 信息的分类、图标的分类、命令的分类，是否符合用户期待？
7. 重要信息、一般信息的显示位置是否符合用户期待的位置？哪些信息显示的位置不符合用户的习惯？
8. 是否为用户行动的每一步（建立意图、建立计划、实施、评价）都提供了所需要的信息？
9. 哪些显示的信息符合用户的行动需要（意图、计划、实施、评价）？哪些不符合？
10. 哪些显示信息太烦琐，可以被简化？
11. 哪些显示信息不符合用户行动需要，应该被删除或修改？
12. 哪些显示信息符合用户行动需要，但是不完整？
13. 用户在信息寻找、发现、区分、识别和确认时有什么困难？
14. 哪些符号用户不理解？哪些容易产生误解？
15. 哪些信息符号用户需要记忆？总共有几个？
16. 用户希望哪些信息是文字信息，而屏幕上却提供了图形信息？用户希望显示什么文字？
17. 用户希望哪些信息是图形信息，而屏幕上却显示了文字信息？用户希望什么图形？
18. 各种信息的颜色是否符合用户喜好？

19. 命令操作应当能够被用户形成感知动作链，其标志是达到盲打水平。哪些命令操作很难达到盲打水平？哪些命令操作容易出错？

20. 哪些快捷命令不容易记忆？

21. 缺少什么快捷命令？

22. 哪些快捷命令容易操作出错？

表 2-4-2　网页感知特性调查问卷

举例：网页感知特性调查问卷。

对于以下问题请进行 1～5 的选择，1～5 依次代表非常不符合、不符合、不确定、符合、非常符合。

1. 我觉得我最适应的网页样式是论坛首页（如兵马俑 bbs）	弃权	1	2	3	4	5
2. 我觉得我最适应的网页样式是新闻类网站（如新浪首页）	弃权	1	2	3	4	5
3. 我觉得我最适应的网页样式是搜索页面（如百度）	弃权	1	2	3	4	5
4. 我喜欢网页上文字多一点	弃权	1	2	3	4	5
5. 我喜欢网页上图片多一点	弃权	1	2	3	4	5
6. 我希望可以自己选择底色	弃权	1	2	3	4	5
7. 我希望可以自己选择字体	弃权	1	2	3	4	5
8. 我喜欢可以自动弹出的对话框对我进行提示	弃权	1	2	3	4	5
9. 我喜欢动态的界面	弃权	1	2	3	4	5
10. 我喜欢可以有颜色的自动改变对我进行一些信息的提示	弃权	1	2	3	4	5
11. 我希望按钮都是可以隐藏的，并在需要时可以便捷地找出它们	弃权	1	2	3	4	5
12. 我希望不同的按钮使用不同的外形	弃权	1	2	3	4	5
13. 我希望在阅读同一类的内容时，所有内容都出现在一个页面上，不要分页	弃权	1	2	3	4	5
14. 我希望按钮的功能提示在鼠标移动到该按钮时可以自动提示	弃权	1	2	3	4	5
15. 我希望所有的按钮功能介绍都出现在"帮助"菜单中	弃权	1	2	3	4	5
16. 我希望鼠标在不同功能的区域时样式不同	弃权	1	2	3	4	5
17. 我希望可以有几种鼠标样式供自己选择	弃权	1	2	3	4	5
18. 我希望"常用软件推荐"在我最容易找到的地方	弃权	1	2	3	4	5
19. 我希望"软件使用次数排行"在我最容易找到的地方	弃权	1	2	3	4	5
20. 我希望"软件搜索"在我最容易找到的地方	弃权	1	2	3	4	5

三、用户对注意的需要

注意具有以下特性：

1）注意是一个有限的资源，受精力、范围、数量、速度等影响。注意不可能持续很长时间。作者对大学生大约进行过 10 次注意持续时间的调查，大多数人的注意大约能够持续 5～15min。上课时，他们似乎都安安静静坐在那里，其实心早飞了。

2）注意包含四种方式：聚焦注意（专心注意一件事情）、选择注意（如从一群人说话中分辨某一人的说话）、分割注意（划分时间，分别注意几件事情）、持续注意（长时间监督雷达屏幕或监视物流）。人适合聚集注意自己行动意图中的有关事物，适合聚集注意一个对象，注意时间不要过长。

3）如何改善注意特性。第一种方法，如果想要吸引他们注意，那么大约每过15min就要放松一下，通过强烈刺激，或者幽默一下，大家一笑，又能注意15min了。要引起用户操作注意，采用的也是这三种方法：放松、刺激、幽默。第二种方法，主动参与，而不是被动地听、被动地服从。主动参与可以延长注意时间，但是付出的代价是增加体力、脑力消耗。

4）如何降低注意耗费的精力。在操作计算机时，在从事监督控制任务时，长时间要求用户高度集中注意是不可能的，他们必然会放松注意。为了解决长时间监督观测时的松懈漏报问题，要采取一些方法提醒感知注意。例如，平时不要求用户持续集中注意，而在出现火警时，屏幕上显示闪光红色，同时蜂鸣器拉响报警声音，以引起注意。用户注意调查提纲见表2-4-3。

表 2-4-3 用户注意调查提纲

对用户注意特性需要进行下列调查：

1. 各种操作任务对用户要求什么类型的注意（聚集注意、选择注意、分割注意、持续注意）？是否能够通过设计把用户的持续注意、分割注意、选择注意等改变为聚集注意？

2. 是否采用了持续注意？对持续注意是否提供了声音提示？是否能够在用户界面设计中降低持续注意的要求？例如，当对象出现时系统提供声音提示，从而可以降低视觉疲劳。

3. 各个操作需要采用什么注意形式？

4. 是否存在分散注意的干扰源？

5. 是否需要用户持续注意？能否通过设计减少对用户注意的需求？

6. 是否存在注意透支？

7. 对那些要求用户长时间高度注意的任务，在持续感知疲劳情况下，如何能够引起注意警觉？

8. 对于可能引起危险的操作，可能损坏参数、损坏文件的操作，是否提供了警告？是否提供了双保险操作？

9. 计算机是认知工具，用户希望把主要精力集中在脑力活动上，手的活动变成无意识的随动，不需要花费大量时间学习手动操作，不需要专心注意，因此要采取单一的、重复性的动作。这是设计计算机操作的一个重要原则。手机越来越小，按键也越来越小，操作越来越费劲，有些人要用眼镜腿去操作手机按键，可能有些人还希望提供一个放大镜。按照惯例的手机概念，已经不适合用户的使用，因此需要建立新的手机操作概念。是否能够取消手机按键，而采用别的操作方法？

10. 使用计算机的大多数用户几乎都是数小时连续操作计算机，引起精神高度紧张，因此应当调查哪些操作容易引起高度紧张？

11. 如何能够使用户放松休息？如何设计放松形式？例如，火警监督是一项高度紧张的任务，可以通过设计声音报警降低视觉注意。当出现火警时，屏幕上显示火警现场及位置，同时用蜂鸣器报警。

四、用户对辅助记忆的需要

1）人的记忆包含两种形式：回忆与识别。回忆指"背诵"，要靠你自己搜索大脑中存储的东西。识别指当你再看见一个对象时能够认识，并知道曾经见过，能够区分不同对象。回忆比识别困难得多。减少用户记忆负担的主要方法是，把回忆变成识别。过去计算机操作系统为 DOS 系统，它要求用户靠回忆命令去操作，你必须在大脑里搜索

100 多条操作系统命令。根据"识别比回忆容易"这一原理，苹果机和 PC 机把操作系统变为直接操作界面，它不要求用户从大脑里回忆命令，只要求在屏幕上识别图形菜单命令，这样就大大减少记忆负荷，但是也引起了新的问题。用户虽然不必记忆命令的名称，然而当前用户记忆困难之一在于要回忆命令的结构和位置。由于命令过分多，菜单被分为 3 层甚至 4 层。例如，中文编辑软件，一级菜单只有 9 项，它们的二级菜单数量如下：文件（16 项）、编辑（17 项）、视图（17 项）、插入（18 项）、格式（18 项）、工具（16 项）、表格（16 项）、窗口（4 项）和帮助（9 项），二级菜单一共为 131 项操作。三级菜单至少有 102 项操作。用户必须记忆这 131 项和 102 项操作的菜单结构和位置。要减少记忆，就需要减少功能，减少菜单项目，简化菜单结构的层数。

2) 短期记忆是大脑工作时使用的记忆，一般可以保持几十秒，有时可以达到几分钟。短期记忆能够保存 7 ± 2 个信息项（7 ± 2 的单词、数字、图标等），这就是屏幕上显示多少信息量的依据。该记忆保持时间不长的主要原因是后续感知的信息冲了记忆中保存的 7 ± 2 个信息项，因此要保持有用的记忆，就要尽量减少显示的信息量。

3) 用户操作计算机时可以直接操作菜单而不需要回忆命令，但是他们不得不回忆菜单结构和每个菜单项的位置。例如，"调整行距"是一个很简单的操作，该软件提供了三种方法改变文字的行距，第一种方法是操作"格式"—"段落"—"行距"；第二种方法是操作"文件"—"页面设置"—"文档网格"—"每页行"；第三种方法是右键中的"段落"中的"行距"。很多用户不知道后两种方法，因此有时候无法改变行距，在这样一个简单问题上花费很多时间。要设法减少用户记忆负担，给用户提供辅助记忆工具等。可以用若干方法减少用户记忆负担，例如，采用用户命名，按照用户习惯建立任务过程，采用用户熟悉的图标，采用用户熟悉的菜单结构等。总之，采用用户熟悉的东西，能够明显减少他们的记忆负担。再例如，把菜单项合理分组可以减少记忆负担。要向用户调查如何将菜单项分组？你可以与专家用户进行讨论，建立几个方案，再通过实验调查一般用户倾向哪种组合。用户记忆调查提纲见表 2-4-4。

表 2-4-4 用户记忆调查提纲

对于用户记忆特性应该了解下述问题：

1. 为了减轻记忆负担，软件设计提供了记忆辅助工具。调查用户在什么情况下需要记忆辅助工具？采用什么方式辅助记忆？

2. 通过用户调查尝试减少用户记忆量。首先要调查用户在操作中不得不记忆哪些东西？哪些记忆符合用户意图？哪些记忆不符合用户意图？

3. 哪些是新概念术语？例如新功能，要调查采用什么比喻词汇比较适合用户人群中学习最困难的那部分人？是否能够取消这些新概念？

4. 哪些是新图标？其中哪些用户不理解？图标是一种语言。新图标是一种新的陌生语言，不应当经常创新图标，而应当调查用户熟悉哪些符号。

5. 哪些是新的图形菜单操作结构？例如，下展式菜单和多媒体操作符号。当前新出现的用户界面总增加许多新功能、新操作，这不符合用户基本需要。如果总这样变化汽车操作，你还敢开汽车吗？事故和死亡记录可能会成倍增加。要调查用户的基本任务和基本操作需要，把用户界面操作稳定在一个基本结构上。

6. 哪些是新的操作方法？一般用户只知道鼠标操作时要单击按键，没有想到什么情况下要双击。你知道什么时候要双击鼠标？类似地，新手用户往往不知道鼠标右键里还隐藏了许多命令，不知道什么情况操作右键。调查用户，什么命令不要放在右键？可以采用其他什么方法？

7. 哪些是新的操作过程？例如，样条曲线的绘制过程和修改过程等。用户是否有理解或操作困难？
   另外，记忆与学习过程紧密相连。

五、用户对阅读理解的需要

你知道含义是什么意思？你知道理解是什么意思？似乎人们都知道"含义"与"理解"的意思，然而却很难说清楚。这两个问题迄今没有人能够解释清楚。理解是人间最困难的事情之一，它是哲学和认知心理学当前研究的一个难题。从 19 世纪后期，不少人就开始研究这个问题了，甚至出版了不少书，然而，如今还没有搞清楚它。这个问题的困难程度往往被设计人员忽视了。

1）名词指具体对象或抽象概念。人们如何理解含义？不能笼统谈这个问题，应该按照陈述性知识和过程性知识来分析。对于陈述性知识，例如，具体名词，人们把该词与对应的实际对象联系起来，就认为是理解了这个名词了。例如，把"太阳"这个词与太阳实体联系来。凡提出一个新名词，必须用定义描述对象或概念的含义。所谓"解释清楚"指解释词语应该采用基本生活常识中的词语与概念。

2）人们如何理解过程性知识？过程性知识指思维过程、理解过程、操作过程、交流过程等，它们的核心是动词。理解过程性知识，关键是理解这些动词含义。只有自己会实施一个动作，才理解了该动词，一般通过模仿去学会骑自行车、操作键盘等。大多数操作命令是动词，必须描述动作及动词涉及的主语和宾语。复杂命令必须描述行动过程。理解一个动词或行动，就是自己会实施这个动作或行动。

3）阅读文字时，读者可能处在以下五种状态：①视觉感知状态，分辨符号或字句。②反复阅读复杂词语或句子，从符号、词汇和句法去解释理解含义。③记忆文字、含义。④熟悉到一定程度时能够达到直接感知含义与快读状态。⑤体验文字感情的审美状态。用户界面设计希望能够使用户阅读达到第四种状态。当前存在的问题是，一位程序员写的程序，另一位程序员往往都不理解，更何况一般用户，因此用户操作计算机产品时经常出现挫折感，甚至经验用户和专家用户也不例外。在进行用户调查时，要分析用户在阅读文字时处于什么状态？

4）"理解"在用户界面设计中指用户是否明白计算机上各种符号与自己行动任务的关系的含义，是否明白进行什么操作，如何进行操作？这些符号指概念、语句、机器状态、机器反应、图形结构、操作命令、图标等各种符号、反馈信息和互动信息等。理解的基本条件是，各种符号应当在用户的经验和知识范围内，符合用户对因果关系的经验解释，不要生造图标符号。对于必要的新概念新操作，要从用户知识经验出发，从用户任务行动角度进行解释。

5）几种形式光标的含义是什么？鼠标双击操作的含义是什么？什么时候使用？鼠标右键的含义及如何使用？用户不得不记忆这三个基本符号的含义。应该对用户调查如下问题：是否理解这些含义，是否能记忆这些含义，应该如何被简化。

6）屏幕上直接操作界面是为了给用户提供形象的对话方式，减少用户对计算机专业技术的理解和记忆。它的基本方法是用各种几何图形、结构和颜色来表达不同功能。然而也引入了新问题：这些图形结构都是设计人员自己创造的，并不是来自用户日常生活经验，屏幕上显示的文章，与通常纸介质的书不同，各个区域具有很多功能可以被操作，因此新手用户往往存在以下问题：①不理解这些图形、结构、颜色的功能和含义，他们不知道屏幕上哪些区域具有操作功能？哪些区域没有操作功能？哪些符号具有操作功能？这些功能并不透明，新手用户往往不敢操作。②无法区分屏幕上显示的操作命令（如打印）、参数设置（如选择视图显示格式）。③不知道在屏幕上阅读时自己处于文章（或书）的什么位置？缺少文章或书的整体感觉？要把这些问题对用户进行调查。

7）符号可以被分为白描画（icon）、象征（symbol）、索引（index）、信号（signal）、比喻（allegory），这些符号表达不同类型信息，表达含义的方式不同。每一种符号都具有四个组织因素：符号形式、所指对象、理解的含义、表达语境。设计一个符号，必须考虑这四方面。计算机屏幕上的符号是用户的操作语言，应该采用用户所熟悉的语言和符号，而不应该生造符号。人们通过符号理解它所表达的含义，而不是理解记忆符号的细节图案，因此符号设计应该着重考虑如何设计含义，如何通过最简单、最基本的形式表达用户所能理解的含义。用户理解调查提纲见表 2-4-5，用户理解调查问卷见表 2-4-6。

表 2-4-5　用户理解调查提纲

对于用户理解方面，最起码要对用户调查下列问题：

1. 用户对哪些图形、颜色、结构不理解？是否知道哪些部位具有操作功能，哪些部位不具有操作功能？

2. 运动员打球时每一步动作都很连续，这是技能动作的基本要求。操作计算机的每一步命令之间也应该保证用户动作连续。新手用户或普通用户是否能够用计算机操作命令去直接实现自己的行动计划，而不需要用命令拼凑或采用间接方法？计算机命令是否与用户每一步计划相对应？每一步操作的起始条件是否符合用户行动的起始条件？每一步操作的终止状态是否符合用户行动的终止状态？各个连接操作的命令之间的过渡条件是否连续？

3. 直接用户在阅读时是否清楚自己所阅读的文字在该文章中的位置？是否清楚如何前进，如何后退？

4. 用户是否知道哪些操作需要双击鼠标键？

5. 用户是否知道各种光标形式的含义？

6. 计算机屏幕上采用了许多比喻，例如文件、编辑、垃圾箱等。用户不理解哪些比喻？希望采用什么比喻？

7. 给用户展示全部图标，调查他们能够理解哪些图标，并写出含义。不理解哪些图标？不了解哪些符号？最好在操作情景中调查这个问题。

8. 屏幕上哪些符号难以感知，难以理解，难以记忆，难以快读？

9. 若干图标表达同一个含义时，用户倾向采用哪种图标？

10. 用户阅读时处于什么状态？哪些符号难以感知？哪些符号含义难以理解？哪些符号难以记忆？哪些符号难以快读？

11. 不理解哪些命令的词义或功能？

12. 不理解哪些命令操作过程？

13. 当一个任务需要多条命令去完成时，是否了解应当由哪些命令构成过程？

14. 不理解哪些操作概念？

15. 屏幕上经常用图形结构模拟操作键。数码照相机等产品的外观，用各种线条、图形、机械结构给用户表达各种操作含义。要了解用户不理解哪些线条？不理解哪些曲线曲面？不理解哪些操作结构？旋钮结构、转换开关结构、图标结构、任务结构、命令结构、任务的计划结构，还是阅读操作结构等？

16. 不理解哪些任务中用户与计算机的角色（下面分析此问题）？

表 2-4-6　用户理解调查问卷

举例：对普通用户的电视遥控器的理解调查问卷。

注意：每题后的选项，由 1 到 5 是由"十分不符合"到"非常符合"的不同程度！

1. 您会将红色按钮理解为关机键	弃权	1	2	3	4	5
2. 您会将向上的三角符号理解为方向向上	弃权	1	2	3	4	5
3. 您会将向上的三角符号理解为增加	弃权	1	2	3	4	5
4. 您会将向下的三角符号理解为方向向下	弃权	1	2	3	4	5
5. 您会将向下的三角符号理解为减少	弃权	1	2	3	4	5
6. 您会将红色指示灯理解为关机状态	弃权	1	2	3	4	5
7. 您会将红色指示灯理解为开机状态	弃权	1	2	3	4	5
8. 您会将闪烁理解为有错误	弃权	1	2	3	4	5
9. 您会将闪烁理解为待定	弃权	1	2	3	4	5
10. 您在切换频道时会注意遥控器的中间部分	弃权	1	2	3	4	5
11. 您在切换频道时会希望寻找电话拨号的数字排序	弃权	1	2	3	4	5
12. 您在切换频道时希望屏幕出现相应标示	弃权	1	2	3	4	5
13. 您在调整音量时寻找上下排列的一体按钮	弃权	1	2	3	4	5
14. 保持按下意味连续改变状态	弃权	1	2	3	4	5
15. 您在调整音量时寻找增减的数字作为标准	弃权	1	2	3	4	5
16. 您在调整音量时寻找变化的方格作为标准	弃权	1	2	3	4	5
17. 您在调整音量时寻找变化的阶梯作为标准	弃权	1	2	3	4	5
18. 您希望菜单占据整个屏幕	弃权	1	2	3	4	5
19. 您希望菜单覆盖电视图像	弃权	1	2	3	4	5

六、用户对角色交流条件的需要

交流是一个复杂过程，包含人际交流和人机交流。用户操作计算机实际上就是与计算机交流的过程。用户是否能够控制计算机，首先在于是否能够与计算机进行交流。如果用户不能与计算机沟通，就难以控制计算机。调查这些交流过程的目的，就是为了建立用户的交流模型。建立交流模型是一个非常复杂的工作，因为交流不是由单方面决定的，而是由双向决定的，构成流畅的双向交流通道是非常困难的，主要考虑以下内容。

1) 交流行动的第一步是形成交流意图，它包含自己的交流愿望、态度和对别人的交流期待。如果缺乏交流愿望，就无法建立交流。

2) 根据交流意图建立各自角色，各种角色有各自的行动模式以及对别人的交流态度、交流方式以及交流内容的预测。在操作计算机时，系统给用户设定若干角色，例如，控制角色（用户主动控制计算机去干事情）、跟随角色（按照计算机规定用户去操作）、互动角色（"你变，我也变"。事先无法确定干什么，必须按照计算机的反馈确定如何干下一步）、分工合作角色（用户与计算机各自完成一些步骤，综合起来才能完成一个任务，例如打印文件）。然而计算机并不提醒用户何时采用什么角色，计算机只会等，而新手用户并不知道计算机在等待自己。计算机偷换角色时不提醒用户，这是计算机给新手用户带来的主要困难之一。所谓"学习操作计算机"，实际上很多内容是用户必须记住各个操作任务时自己的角色，要记住计算机的各种运行状态，要记住遇到计算机什么状态时自己要干什么。

3）除了角色外，双方还建立复杂系统的交流约定，例如，互通联系方式，交流时间，如何进行正常交流过程，如何表达交流内容，采用什么交流符号，交流权限与责任等。

4）交流过程。包括了表达、理解、询问、解释等复杂过程。当用户不理解计算机命令、状态、反馈等时，系统应该怎么办？

5）遇到不一致时如何协调，如何协调冲突。

用户交流调查提纲见表 2-4-7。

表 2-4-7　用户交流调查提纲

要调查交流方面的问题：

1. 各个任务中的人机交流过程或用户之间的交流方式有哪些类型？用户期待的交流方式是什么？这实际上是要建立用户与计算机的交流模型。这个问题很复杂，然而这个问题是设计的关键问题之一。最起码要了解交流的关键步骤：如何建立交流约定？用户希望表达什么，希望从计算机得到什么？

2. 当用户感觉计算机不运行时，如何能够知道计算机的状态（是否死机，是否在运行等）？

3. 在每一个操作任务前，是否希望计算机告知行为角色？是否要提示新手用户应该干什么？如何干？例如，在打印时，软件是否可以提醒新手用户把纸放到打印机上。

4. 用户在各个任务中的角色是否一致？哪些地方不一致？

5. 当计算机或用户角色改变时，用户是否需要提示？

6. 当计算机改换角色时，用户是否希望有提示？提示什么，如何提示？

7. 用户是否理解各个对话框？用户是否会操作各个对话框？倾向于操作对话框、填写、选择，还是画钩等？

七、选择与决断

在确立行动意图时，人们会想到若干意图，最后要确定一个意图时，你需要进行选择与决断。在制订计划时，都会发现不止一种可能的方法，你也需要进行选择与决断。凡出现选择，都会出现决断。

在设计用户界面时，往往要给用户提供若干选择可能性，例如微波炉用户界面上提供了食品选择与加热时间选择。然而，如果洗衣机、微波炉的菜单选择项太多，也会增加用户认知负荷，甚至无法决断，因此要调查如下问题：

1）用户是否需要选择？哪些操作中需要选择项？需要什么选择项？

2）如何减少选择时的用户认知复杂性？是否能够取消不必要的选择操作？

3）如果存在选择操作，用户是否有选择困难？如何解决？

4）如果存在选择操作，用户决断是否存在困难？用户决断需要什么支持条件？

八、用户的学习需要

1) 什么叫学习？学习是通过理解、记忆转变价值观念和行动方式的过程。

2) 学习什么？人生价值和行动方式，主要包括生存、认识、做人、做事、共存。人生行动的系统经验就是知识。知识是能够改变价值观念、道德、思维和行为的那些东西。知识分为哪几种？陈述性知识、过程性知识、全局性知识。陈述性知识指计算机上各种概念、原理、结构等，这些知识可以被写在书上。用户界面应该采用用户熟悉的陈述性知识（概念、术语），不要采用面向机器的专业术语，设计人员不要故意制造新概念，它会增加用户的理解困难和记忆量。过程性知识指机器操作过程等。机器的操作过程应当符合用户的行动计划，也就是说，在用户界面上要把机器的行为方式转换成用户的行动方式，这一转化是用户操作困难的最主要来源之一。全局性知识指计算机的概貌、用户界面的概貌、操作的概貌。用户操作计算机时必须了解操作的整体概貌，因此要调查用户是否清楚用户界面的整体特性，是否知道哪些问题可以解决，哪些问题无法解决？是否知道它操作到什么地方了，是否知道当前计算机处于什么状态？

3) 学习过程是怎样的？学习包含三个阶段：认知阶段、联想阶段、自主阶段。每个阶段需要一定的学习条件。例如，在认知阶段，主要心理活动是理解和记忆，因此要调查这两种活动的困难度以及所花费的时间。用户希望学习与任务有关的概念，不希望学习面向机器的陌生专业概念、原理、公式等。在联想阶段，用户希望能够直接（或很容易）按照自己行动计划进行行动，不希望把用户行动语言翻译成机器操作语言。当前用户界面设计中存在的一个普遍问题是，提供的操作命令往往不符合行动的行动任务，尤其是不符合用户的计划，用户在操作中不得不把自己的行动计划转换成机器的操作过程。为此，在学习时，要设法把机器操作命令转换成自己的行动计划。例如，过去用手操作笔在纸上写字，现在要用各种命令去操作键盘在屏幕上写字，他们必须把笔写字的方式翻译成操作机器命令，为此要花费大量时间和精力。为了解决这个问题，机器的用户界面应当采用用户的行动任务语言和用户行动计划，这就是说，机器操作符号应该与用户思维使用的话语行动词汇概念一致，机器操作过程应该与用户行动计划一致，用户完成操作后机器提供的反馈信息应当与用户期待的信息（载体符号、信息内容、信息量）一致。新手学习调查提纲见表 2-4-8。

表 2-4-8　新手学习调查提纲

对新手用户要调查以下问题：

1. 哪些概念是面向机器的？哪些概念是面向用户行动的？

2. 哪些概念不理解？哪些概念需要记忆？是否可以采用用户语言代替这些概念？

3. 用户要花费多少时间去理解和记忆新概念？

4. 用户感觉哪些概念是多余的？用户不希望理解记忆哪些概念？

5. 理解和记忆各需要多少时间？

6. 哪些命令比较难操作？

7. 哪些操作是应该由机器完成的？哪些操作是面向用户任务的？

8. 理解和记忆各个任务的操作过程需要多少时间？

9. 用户能够独立完成基本任务的操作需要多少时间？

10. 哪些操作过程比较难记忆？是否可以简化这些任务的操作步骤？

11. 哪些概念、图标、操作过程容易引起误解？什么误解？改为什么比较容易理解（例如，是否理解"文件"、"编辑"、"视图"、"插入"等概念）？

12. 哪些图标采用的比喻不符合用户的理解？可以改为什么比喻？

13. 哪些概念可以被省略？哪些命令和操作可以被简化或被省略？

14. 哪些命令和任务过程的操作不符合新手用户的期待？是否理解反馈信息？这些反馈信息是否符合他们期待？改为什么比较好（还要按照以前的图标调查进行全面调查）？

15. 调查新手用户是否清楚计算机能够干什么事情？是否清楚操作计算机的基本方法是什么？是否清楚屏幕上会显示哪几类信息？

16. 用户认为哪些知识必须学习，哪些不应当学习？

17. 采用什么训练和学习方法比较好？一般有两种方法。第一种方法（也是当前一般的训练方法），先教概念和命令，再教任务操作，许多新手用户往往在学习任务操作时，早已经忘记所学习过的概念和命令了。学习任务操作时，是否需要重新理解记忆命令和图标？又需要多少时间再理解记忆命令和图标？再需要多少时间理解记忆任务操作？第二种方法，先教会简单的开机关机等例行操作，然后用直接学习用户的各个任务的操作，遇到什么命令就学习什么命令。调查用户比较适合哪种方法？

九、用户对纠错的需要

用户操作出错是由两方面原因造成的。一方面，设计的概念、功能和操作不符合用户期待和操作特性，而是面向机器行为，容易导致用户操作出错，这些错误被称为设计错误。设计人员往往不愿意很爽快地承认这些错误，而把这些错误归结为用户问题。另一方面，人的本性就容易出错。用户界面设计应该尝试发现和避免这些错误。粗略一想，就能够列出以下几种出错方式。

1）意图出错。例如，想用一般黑色的喷墨打印机去打印彩色图片。如何提醒用户避免这类错误？

2）计划出错（操作过程错误）。例如，没有插上 U 盘，却要给其中转录东西。首先应该调查用户在操作计划上出错往往由哪些因素导致？作者多年调查发现以下四个因素：用户对操作步骤陌生，操作过程太长，操作步骤太琐碎，选择项过多。要减少用户计划出错，就应当从这四方面改进。通过用户调查去思考如下问题：如何提示计划？如何减少或避免出错？是否能够给用户显示复杂任务的操作过程？是否可以简化操作步骤？是否可以实现"一笔通"、"一键通"、"一字通"等？是否可以实现"傻瓜型"操作？是否在设计操作过程时，减少选择项或者无选择项，只能按照软件规定的步骤去进行操作，从而使用户无法出错？

3）评价出错。没有完成文件的下载，却以为完成了。当用户评价时，如何提示和反馈评价结果？用户评价出错时，如何提醒用户再进行考虑？

4）记忆出错。没有操作过的计划步骤，却误以为操作过了。如何提供记忆辅助工具？

5）理解错了。把"剪切"理解成用真剪子去剪东西。对用户可能不了解的概念进行调查，征求用户建议，采用用户熟悉的概念。

6）视觉出错。看错了，例如，视错（视觉幻觉）。可以把容易误操作的操作键分开。

7）短期记忆量出错。因为它仅为 7 ± 2 个信息块，所以减少信息显示的量。

8）动作失手。应该撤下"A"键，去误操作"S"键。在设计中应当减少误动作，应当减少误动作引起的事故和损失。

9）注意力不集中。似乎在阅读计算机的反馈信息，实际上脑子走神了。如何提醒用户？

10）角色出错。你操作计算机时，遇到困难，不知道应该如何操作，于是你沉默，于是它也沉默。减少角色多重性，尽量采用单一角色。

11）表达出错。说错了，例如，给计算机输入错了，于是它将错就错。是否能够使计算机拒绝错误操作？是否能够减少操作出错造成的事故和损失？

12）思维出错。你有时候脑子糊涂，把东当作西。设法使计算机拒绝错误操作，减少操作出错造成的事故和损失。

13）操作动作出错。哪些命令操作容易出错？

14）转换出错。把用户行动转换成计算机操作时出错。

15）错误解读计算机显示信息。

16）出错无意识。有时候你出错了，你还以为自己正确。计算机应当拒绝执行错误操作，或提醒出错。

17）出错后，用户往往不知道如何纠操作错误。用户界面应当提醒纠正错误的方法。

18）出错后，不知道自己的操作错误造成什么严重后果或损失。把后果告诉用户。出错后，用户往往都会很自然按照自己即兴的想法或日常经验处理，往往会错上加错。

19）用户操作出现哪些错误？统计各个任务出错率、各个命令出错率。

20）用户操作出错后，怎样纠正？

21）误操作会引起什么后果？

22）用户在操作中往往容易忘记什么？怎么提示？

23）如果用户没有注意、糊涂、思维失误而引起操作出错，是否会伤害人身安全？是否会引起责任事故？如何从设计上避免这些问题？

你再想一下，还可以列出一些出错例子。为什么要列出这些出错的例子？是为了让读者明白，应当如何了解用户出错？用户界面设计要求"容错"意味着设法包容用户出错，能包容哪些？如何包容？

在用户调查中，操作出错是一个调查重点。许多工程师不熟悉心理学，他们觉得用户调查十分困难。在这种情况下，调查用户操作出错是一个比较简单的方法。一般采取如下方法：给用户设定若干操作任务；观察用户在操作这些任务时的出错情况；记录和统计出错：在哪一步操作发生错误；分析出错来源：是用户无意识的失误，还是由于设计不当而引起用户出错；分析如何通过用户界面设计去避免或减少用户出错。

第五节 用户认知模型与出错模型

一、认知模型概念

在完成用户访谈和问卷调查后，设计人员要建立用户模型，它包括用户行动模型和认知模型。认知包括感知、注意、思维、理解、表达、交流、语言、学习、记忆、发现问题和解决问题、选择和决断等大脑活动。用户认知模型主要包含用户在各个任务操作过程中的大脑活动过程以及所需要的外界操作条件，因此用户认知模型从属于用户任务模型，一般不单独建立认知模型。具体说，先建立用户行动模型，去描述用户每一步行动。用户在每一步行动中，都存在认知过程，这些认知过程构成了用户认知模型。例如，在每一步行动中，用户都要建立行动意图，然后通过感知寻找外界条件，依据这些条件通过思维去建立行动计划，操作中遇到困难时，要发现问题、解决问题，操作后要寻找反馈信息去评价操作结果。这一过程中的感知、思维、发现问题、解决问题、寻找反馈信息、评价等都属于认知过程。用户认知模型就是去描述这些认知过程以及所需要的条件。

用户认知模型主要包含如下内容。

1）用户在各个任务中的感知过程，如何发现、区分和识别对象，如何从形体和颜色上理解操作对象，如何选择行动目的，哪些因素妨碍用户感知。由此分析感知所需要的条件，这就是下一步设计指南的内容。

2）用户在构思计划阶段的认知过程，如何发现计划条件，构思行动计划，如何选择和决断，如何拼凑计划，如何把行动转换成计算机操作。

3）用户需要什么操作条件，如何从形体识别操作条件，操作出错时如何纠正。

4）用户的评价标准是什么，用户如何评价产品可用性。

5）用户与机器的交流过程，用户通过机器与另一用户的交流过程，以及所需要的交流条件。

6）用户需要什么形式的反馈信息，如何解释反馈信息。

7）用户的知识领域是什么，采用什么词语表达有关概念和行动？

8）用户希望学习什么，不希望学习什么？

用户认知模型应该包含用户操作行动过程、认知过程以及所需要的条件和引导。这些信息是下一步建立设计指南的基础。

二、用户认知模型举例

表 2-5-1 为一个秘书文字处理软件的调查提纲中的一部分。与用户任务模型相比较，用户认知模型的内容比较复杂，不容易观察，因此要深入分析的问题也比较多，比较难。

表 2-5-1　认知模型调查提纲

序号	行动名称及情景	用户模型		设计指南	
		行动模型（任务模型）用户行动需要的条件	认知模型用户认知需要的条件	用户出错与要解决的问题	如何改进（设计指南）
任务 1	秘书从大量文件中打开一个文件	意图：打开某文件	寻找文件夹，按照图标和名称识别文件夹。在正确的文件夹内寻找文件名。如何使得文件结构符合用户对文件操作的需要	在建立和寻找发现文件过程存在什么问题	这个问题涉及文件组织结构
		计划：具体观察理解用户操作顺序，以及出现的计划问题	文件在哪里？视觉过程如何寻找、发现、识别该文件？存在什么不便问题（忙乱，随意寻找）	用户根据什么去寻找、发现、识别文件？如何使用户知道文件在哪里？文件图标的识别和理解存在问题吗？如何区分各种图标？如果文件很多，如何快速发现该文件	这个问题涉及文件组织结构，还涉及图标设计和屏幕布局等
			在哪里寻找"打开文件"命令？如何操作该命令？几步完成操作？是否困难	命令图标、结构是否妥当	
		操作：用鼠标双击文件图标用鼠标点击文件名，击右键"打开文件"	如何使用户是否知道"双击"如何使用户是否知道"右键"命令	采用"双击"鼠标是否恰当采用"右键"是否恰当？是否有更好的操作方法	在设计操作过程时，不要经常交换使用键盘和鼠标。能够单独用鼠标（或单独用键盘）完成整个任务操作过程
		评价：文件是否被打开了	从哪里看到反馈信息	打开文件后显示什么信息	
		非正常操作情景	打不开，怎么办？用户需要知道为什么打不开文件	哪些情况下无法打开文件？如何备份	告诉用户各种无法打开文件的问题及如何改进操作
			如何从大量文件中很容易发现一个文件	如何检索文件名称？例如，秘书如何很快能够从 1000 封来信中查询到一封信	这个问题涉及文件如何命名，如何排序，如何检索等问题

三、用户出错模型

表 2-5-2 是一个用户出错调查表。

表 2-5-2 用户出错调查表

序号	用户模型			用户出错记录	
	行动名称及情景	行动阶段调查 用户行动需要的条件	用户认知特性 用户认知需要的条件	设计不当造成的出错	用户固有的出错
任务 1	打开文件	意图			
		计划			
		操作			
		评价			
		非正常操作情景			

第六节 如何设计问卷

一、设计调查问卷主要过程

1）首先要明确调查目的和对象。概括说，设计调查的基本目的是为具体设计项目提供设计指南信息，提供可用性标准和测试方法。设计调查水平高低表现在是否能够达到这些目的。如果在分析调查目的和调查对象时没有真正搞清楚这些问题，就可能给后期设计阶段造成难以克服的困难和混乱，那么后续接手的软件人员就会把前期的工作看作垃圾。更糟糕的是，有些人不知道自己水准不高，不知道软件人员需要什么样的信息，也不知道去了解软件人员设计中需要什么样的设计指南。有些人以为"编程太难，因此我搞用户研究"。实际上了解用户比编程更难。如果你没有能力编程，可能更不适合用户研究。要达到设定的调查目的，必须要分析调查方法和调查对象。访谈谁？访谈什么问题？进行深入访谈后，你会发现从每一位访谈对象得到的信息都不完全相同。问卷调查对象是谁？能够解决什么问题？一般来说，用户需求关系到用户的价值观念和生活方式，用户使用动机，用户对质量和价格的反馈，用户操作和认知特性，用户操作后的评价等。

2）根据访谈设计调查问卷。在之前的访谈中，你已经建立了调查结构框架，它主要包括要调查的整体因素、各个子因素以及子因素之间的关系。现在你可以依据访谈得到的结构框架，把其中的各个因素和子因素转化成为调查问题，这是设计问卷要考虑的主要方法。如果缺乏结构框架，很难系统全面设计调查问题，很容易遗漏某个因素。一个因素可以被转化成几个调查问题？简单因素可以被转换成 3～5 个问题，复杂因素可能被转换成 8～10 个问题。为了全面真实了解用户需要，调查问题可能要采用多种形式，从不同角度进行了解，下面具体分析各种形式的调查问题。

3）试调查。问卷设计之后要进行试调查，其目的是发现问卷设计的问题，例如，调查的问题是否全面，是否对设计有用，用户是否理解这些问题，是否容易回答，问卷是否过长，试调查可以采取两步。首先让同事、同学、亲朋好友试填写问卷，并了解他们的修改建议。如何选择试调查对象？最好兼顾各种用户人群类型，各选择一两名新手用户、专家用户和一般用户进行试调查。

4）调查效度和信度。获得试调查结果以及反馈的修改建议后，还要进行效度分析和信度分析。调查效度关系到三个问题："我了解的真实吗？我了解的全面吗？我了解的对设计有用吗？"简单地说，也就是"真实、全面、有用"。按照这三方面对调查问卷的整体结构和每个具体问题进行分析，对调查方法进行分析。同时还要分析调查信度，信度主要指用户心理在调查过程中"稳定、一致"的程度。

5）小批量抽样试调查。修改后，采取小样抽样调查，一般抽样30份，或者抽取正式取样的10%，一般不要超过300份。对调查结果再进行效度和信度分析，修改调查问卷。

6）正式抽样调查。抽样包含以下步骤：确定抽样人群，描述取样方法，确定取样量大小，实施取样计划，收集取样数据，评价取样过程。当前一般常用的抽样方法如下。①简单随机抽样（simple random sampling）。从总体中不加任何分组、分类、排队等，完全随机地抽取调查单位。这种方法一般用于总体单位之间差异程度较小和数目较少。②等距抽样（systematic sampling）。例如，将学生总名册排队，抽取第10号及其倍数，也就是按相等的距离或间隔抽取样本单位。目前我国城乡居民收支等调查，一般采用这种方式。③分层抽样（也叫分类抽样，stratified sampling）。将总体按阶层或用户类型分为若干类型或层，然后在各个类型或阶层中随机抽取样本单位。其优点是保证各个特殊人群能够适当体现在抽样中。④整群抽样（cluster sampling）。在某个范围某个时间从总体中成群地抽取，不是每次抽取一个样本。这种抽样方法减少了抽样花费和抽样旅途，它往往是多级抽样中的一级。例如，第一步选择抽样范围；第二步在某范围中采取整群抽样。其缺点是调查单位在总体中的分布不均匀，准确性要差些。各个整群间差异性不大时，可采用这种方式。⑤配额抽样（quota sampling），首先把总体划分为若干独立的组（就像分层抽样那样），然后根据比例在每组抽取一定数量。例如，在45～60岁抽取300名男性和200名女性。它不是随机抽样方法，而是选择对调查有用的，能够代表各方面典型观点的人。人们对这种方法有争论。其实，把调查目的搞明确了，就可以根据需要进行抽样。⑥随意抽样（convenience sampling），又叫机会抽样和强行抽样，它采取任意的、无结构的抽样方法。在进行简单尝试中一般不采用这种方法。社会学中的滚雪球抽样法就是一种类似方法。此外还有许多其他抽样方法。

7）问卷调查能够解决什么问题？问卷调查大致可以被分为两种类型。第一种调查问卷是用户对自己操作某个软件后的评价问卷，写出整体性感觉或操作后的评价。这种问卷调查可以分别对新手用户、普通用户和专家用户进行调查。例如，可以了解新手用户的学习情况；可以了解专家用户对快捷键的操作情况。第二种调查问卷是用户需要的调查问卷，看用户对某个软件的功能、操作过程、反馈信息等方面有什么要求。然而问卷调查只能解决设计调查的一部分问题，并不能搞清楚用户的全部需要，其他无法用问卷调查解决的问题，还需要通过观察用户操作、用户有声思维、专题座谈等方式进行调查。

8）问卷设计整体策略。为了提高效度，在访谈或设计问卷的最初阶段，要尽量多提出问题，这样总比遗漏问题好。为此目的，作者要求学生在第一稿专家访谈或问卷设计时都要提出 100 个问题。当然其中会有多余问题、无关问题等，在调查逐步深入过程中可以删除这些问题。

9）分析讨论问卷时要考虑以下五个基本问题。是否遗漏调查因素了？对每一个因素所提的问题是否能够把该问题调查全面？所提的问题是否可理解、可答、愿意回答？问题形式是否符合要采用的分析方法，例如，是否符合 SPSS 软件要求的格式？设计人员从每个问题的答案能够获得什么有用的设计信息？

二、问卷的常用格式

设计问卷格式时，要考虑用户填写方式，不但适合手工填写，也适合计算机网络填写，最好采用格式（　　），这样可以在其中填写（√）或（×）。不要采用格式①②③或□□□，因为计算机在它上面无法填写选择符号。各种信度计算方法对问题格式有确定要求。如果采用其他格式，那么就无法进行信度分析，因此要尽量按照数据格式的要求去设计问题回答的格式。调查问题经常采用如下格式。

1）二分变量。例如"是/否"，可以把回答的格式设计为：①是；②否；③不知道。对于答案为 yes/no 的问题，用 Kuder-Richardson 系数可以计算内部一致性信度。

2）李克特量表（Likert scale）。在许多情况下，观点不能只用两种极端描述，例如"完全同意"或"完全反对"。即使你同意对方观点，往往你也是"有些同意，有些不同意"，"比较同意"，"基本同意"。即使你反对，也存在各种程度不同的态度，例如"基本反对"，"有些反对"，"不很反对"，或"不知可否"等。在社会调查中，用李克特量表法表达这种程度，它是采取分级计量方法去调查对问题的同意或反对的程度。根据你的调查目的需要，把可能的答案从"不同意"到"同意"分为若干等级，例如，分为 5 级（刻度为 1～5）。例如你提出的问题是："这个手机容易操作"，把答案可以分为如下 5 级：①完全反对；②有些反对；③不置可否；④有些同意；⑤完全同意。当然也可以分为 7 级（刻度为 1～7）或 9 级。刻度越多，内部同质信度越高。然而，刻度越多，用户越费心，越难回答，因此要通过尝试来确定几级刻度，把其中间值作为"中立态度"、"不置可否"。假如 90% 的回答都选择了"中立态度"，那么你也许很难分析调查结果了。如果你不希望"中立态度"，你就可以把等级分为偶数（如 6 级），这就意味着强制被调查人进行选择倾向性态度。建立分级时，最好与其他人进行讨论，看别人如何理解含义，以便使得以后在调查时分级能够被别人理解。采用这种回答方式，也可以用数学分析各个问题答案的内部同质信度，这是通过计算 Cronbach alpha 系数表述的。李克特量表格式见表 2-6-1。

表 2-6-1　李克特量表格式

问题	是					否	放弃
您觉得网站必须有信息检索功能	6	5	4	3	2	1	0
您认为您单位网站的安全性有很高要求							

3）等级变量。按照等差设计变量的数值。例如，你每天使用计算机多长时间？把使用时间分为 5 挡：①0 小时；②2 小时；③4 小时；④6 小时；⑤8 小时或更多。这种

问题可以按照 Spearman ρ 等级差数法公式求相关系数进行信度分析。它的计算公式为：Spearman $\rho = 1 - 6 \sum d^2 / (N^3 - N)$。其中，$d$ 为两个量之间的等级差，例如上述问题中，每两个之间的差都为 $d = 2$。N 为项数，上述问题中 $N = 5$。

4）关联性问题。例如，对手机调查中可能有这样一题：你是否使用过手机？答案为：是，否。如果回答"是"，转到题目 A "你使用过几个"，或者请回答问题 $10 \sim 16$。如果回答"否"，转到题目 B "你为什么不使用手机"，或者请回答问题 $20 \sim 26$。当然后续问题也采用上述三种格式。

三、测试量表的类型

为了进行数学统计计算，调查量表采用下列格式。

1）定类量（categorical scale）。用数字代码作为标号代替类别名称，它也被称为名称量（nominal scale）。一般有两类定类量。①标记（label）。数字仅用来作为编号，不做数量分析，例如公路编号、身份证号码等。②类别（category）。用数字代表物体类别号码，例如职业编号。

例 1 性别（1）男，（2）女。

例 2 职业状况（1）有职业，（2）下岗，（3）无职业。

例 3 你喜欢什么牌子的电视机？

（1）海尔，（2）长虹，（3）创维，（4）海信，（5）康佳，（6）TCL。

2）定序量（ordinal scale）。按照某种判断标准，将选项进行顺序排列，这样得到的是排列等级或比较顺序。在这种比较顺序中，可以比较重要程度，"大于"或"小于"，"好于"或"差于"，"高于"或"低于"。一般采用李克特量表标定顺序。

例 1 按照对高档产品影响的重要程度把下列选项排列顺序：（1 为最重要，2 为次重要，依次类推）。然后统计得分。

（ ）功能，（ ）价格，（ ）外观，（ ）质量，（ ）高科技，（ ）品牌商标。

例 2 可以按照表 2-6-2 的方法让用户在问卷上给各个因素打分，最后统计各个问卷的分数，就能够得出因素重要性的排序。

表 2-6-2 对各个因素重要性的排序调查

	很重要				不重要	放弃
你认为功能对高档产品重要吗？	5	4	3	2	1	
你认为外观对高档产品重要吗？	5	4	3	2	1	
你认为质量对高档产品重要吗？	5	4	3	2	1	
你认为高科技对高档产品重要吗？	5	4	3	2	1	

3）定距量（interval scale）。由一系列连续的、同单位的、按顺序排列的选项所组成，且每两个邻近选项之间的距离都是相等的。在等距量表中，加减运算反映数目的大小差距。这些数值不仅显示大小的顺序，而且数值之间具有相等的距离。其主要功用则在于采用连续且等距的分数说明变量特征或属性的差异情形。

例如，你认为高档手机属于什么价格范围？（1）$100 \sim 999$ 元，（2）$1000 \sim 1999$ 元，

（3）2000～2999 元，（4）3000～3999 元，（5）4000 以上。

4）定比量（ratio scale），也叫比例量。符合比例的数值之间有相等的比例，比例量具有等距量的全部特征，而且通过该比例坐标系的"零点"。人的体重可以采用比例尺度来测量，体重 100kg 为体重 50kg 的 2 倍。身高、年龄也可以采用比例量测量，然而在实际测量的应用上却不多见。心理特征的测量大体以等距量为主。

以上四种量的比较见表 2-6-3。

表 2-6-3　4 种量的比较

问题类型	用途	统计处理方法
定类量	分类	统计次数、计算百分比、卡方检验
定序量	分类、排序	中位数、百分位数、等级相关系数、肯德尔和谐系数
定距量	分类、排序、比较	平均值、标准差、积矩相关系数、T检验、F检验
定比量	分类、排序、比较	可以采用上述各种统计方法处理

四、如何设计调查问卷的整体结构

问卷设计是一种经验性、系统性很强的工作。外行人误以为设计问卷是很简单的事情。要想能够设计比较高质量的问卷，应该具备以下条件。①掌握抽样和数据统计方面的基本知识。②掌握效度和信度分析方面的方法。③具备社会心理学关于人际交往和社会调查方面的知识。④具有丰富的实际调查经验。这些经验主要通过设计问卷和实际调查获得。问卷一般被分为四部分。

第一部分：调查问卷标题及说明。调查问卷应该有简明扼要的说明，说明调查人的单位和身份，并描述你的调查目的，以引起人的配合，打消戒备心理。还要写明调查时间、调查人姓名、调查地、问卷编号。

第二部分：调查问题。在设计调查问题前，首先要考虑调查目的，调查整体框架结构，要调查哪些因素，每个因素被分解为哪些调查问题，然后再具体设计调查问题。计算机用户界面的调查因素和调查问题，应该维持整个设计过程的一致性，其调查出来的信息同时能够满足以下几方面的要求：能够调查出用户需要，能够提供设计指南，能够提供可用性测试，还能够提供改进信息。例如，可用性调查问卷不仅应该发现使用方面的问题，还应该能够为改进设计提供一致信息。当前国外的可用性调查问卷往往只考虑可用性测试，而没有考虑为改进设计提供有用信息。

第三部分：验证性问题。问卷的填写可能很认真，也可能匆匆忙忙，也可能弄虚作假。如何判断问卷的真实性？可以通过许多方法判断。最经常关注的问题是重复信度和同质性信度。为了验证重复信度，往往在问卷中间隔一定数量问题后插入一个重复性问题。如果用户在这些问题的答案都一致，说明重复性比较高。其实，这种方法往往显得很幼稚，因为一份很短的问卷中有一个问题重复出现几次，很容易被感觉到。因此最好不要用完全相同的问题去验证重复信度，而用文字不同而内容相同的问题。其次，要验证内部同质信度，也就是列出一些彼此相关的问题。在统计调查结果时，一定要先分析用户对重复性问题和相关问题的回答是否一致，如果不一致，那有可能作为废卷被剔除。

第四部分：被调查人背景信息。例如，被访人的性别、年龄、家庭人口、婚姻状况、教育程度、职业、收入、所在地区等。对企业调查时，应该包括企业名称、地址、主管部门、员工人数、产品销售量等。这一信息的作用在于有助于资料分析，判断问卷的有效性。

五、如何设计调查问题

1）要考虑的问题是整个问卷的结构效度，也就是设法建立完整的因素结构。具体地说，该问卷要调查哪几个因素？每个因素要通过哪几个问题调查清楚？这些问题之间有什么关系，先调查哪些问题，后调查哪些问题？这些问题是否能够真实全面了解到用户的情况？通过调查这些问题是否能够为设计提供有用信息？搞清楚结构框架的主要方法有两种：①按照用户行动任务（任务链），逐一调查用户的各个意图、计划、实施、评价和非正常情景中的行动特性。然后设计人员把用户行动特性转换成设计指南。对于一个新概念产品，没有参照时，一般采用这种方法。②按照一个产品的各个功能逐一进行调查。实际上每个功能都对应用户一个行动任务。改进产品设计时可以采用这种方法。

2）提问题的内容和方式使人愿意讲真实情况，提出的问题不会让人感到不愉快，不会给对方带来负面影响。如果对方回答问题时要担心回答这个问题可能给他造成什么不良影响时，就可能不会如实回答了。例如，你是一名领导，近来工作不顺利，你想了解下属对你有什么建议，你又担心下属不能如实交谈，这时可以采用匿名问卷方式和打印格式。

3）每一次提问只要求回答一个问题，例如，"你是否喜欢 PC 机？"如果一次提问中涉及两个问题（因素），用户就很难集中思维，例如，"你喜欢 PC 机和苹果计算机吗？"

4）在设计答案时应该包含全部答案，多重选择的答案要把全部答案列举完全，而不是只列举一部分答案。如何能够包含全部答案？理工科学生知道一个逻辑：本体 X 加上反本体 $\overline{X}$ 等于全体，全体＝X＋$\overline{X}$，这个逻辑在社会心理方面往往不正确。他们在设计答案时，只提供两种选择。例如，"你喜欢使用计算机吗？1 喜欢，2 不喜欢。"其实还存在其他情况："3 有时喜欢，有时不喜欢，4 过去喜欢现在不喜欢，5 不知道自己是否喜欢，6 没有考虑过自己是否喜欢。"如果很难列举全部答案时，可以列出一项"其他"，供对方填写各种没有被罗列进去的可能答案。例如，"你使用什么厂家的手机？1 中兴，2 TCL，3 爱立信，4 诺基亚，5 摩托罗拉，6 其他厂家的，7 没有使用手机。"

5）需要倾向性回答时，提供的选择答案中不要有中性态度的答案，设法使对方不可能回答含混答案。例如，"你认为这个软件是否好用？非常好用，一般好用，无所谓，不太好用，很难用。"这一问题的答案提供了五种选择可能性，凡提供 3、5、7、9 等奇数选择方式时，其中必定有一个"中性态度"的答案。如果不允许中性回答，就应该取消"无所谓"，提供答案提供数量为 4、6、8 等偶数种选择方式。

6）定序型问题要谨慎。如果采用简单的排序回答，往往难以进行统计分析。根据喜欢程度把下列颜色排序：红，蓝，黄，白，黑。一般把这种问题转化为 5 个量表型问题，这样可以比较容易进行统计分析。

7) 你的陈述文字要尽量保持"态度友好，立场中性"，不要对别人施加观点诱导，不要暗示选择什么答案，不要使用情绪化词语。

8) 提问题时，不要假设不符合事实的前提。例如，"你使用过几个手机？1个，2个，3个，4个及以上"。这个问题实际上假设每个人都使用过手机，其实有些人还没有用过手机。

9) 使用准确数量词语，不要使用夸张性的模糊的文学词语，例如用"很多"、"大量"、"多数"等模糊数量词，而要使用准确的数量词（见表2-6-4）。尽量用直白的大众词语表达含义，不要使用只有自己明白的词汇，不要使用只有特定人群明白的概念性词汇。尽量不要用形容词修饰，万一出现形容词时，特别要搞清楚含义，例如要深入询问"好"是什么含义，"好看"是什么含义。不要使用"差不多"，"还行"等。

表 2-6-4 常见的文学式夸张性文字代替科学论述

夸张模糊的文学表达方式	比较准确的科学表达方式
你阅读过大量资料吗	你阅读过几篇资料
你是否调查过大量的用户	你访谈过几名专家用户？问卷调查过多少人
我调查过许多工厂	我调查过杭州附近3个乡镇服装工厂的制作过程
我进行了长期调查	我进行了两周用户跟踪调查
我调查过许多产品	我到5个厂家调查过15个型号的电视机的外观设计
我对国外管理进行了大量调查	我从网上了解过美国2家计算机企业的生产管理
由此得出了许多重要结论	得出了如下3个结论……（读者自己判断重要程度）

六、设计调查问题中的问题

1) 问卷调查并不能解决全部用户研究的问题。用户研究的方法很多，问卷调查只是用户研究的方法之一。目前问卷中的调查问题主要是李克特量表问题，有些人经常误把访谈的问题当作问卷调查的问题。访谈中基本上都是提出开放性问题，请对方回答。例如，表2-6-5中的问题都属于访谈性的问题，这些问题在问卷中很难回答。这些问题应该在早期访谈中解决。问卷中的调查问题应该采用李克特量表形式，这样才能够对调查结果进行信度分析。如果采用开放式的调查问题，其结果无法进行信度分析。

表 2-6-5 访谈性问题

1. 目前数码相机还缺少哪些功能？
2. 哪些功能是您不经常使用或不使用的？
3. 哪些功能并没有达到令您满意的效果？
4. 数码相机的功能是否可以顺利达到您想要达到的目的？
5. 如果在您使用的过程中有哪些功能使用起来不方便？
6. 希望数码相机的操作是怎么样的？
7. 现有的操作符合您的希望吗？

2) 调查的问题要能够挖掘设计信息。要避免脱离调查目的，防止提出无关的问题。例如，价值观念或生活方式是涉及范围很广的概念，无论从什么角度，都能收集到大量精彩的故事，但是大多数信息对挖掘设计信息没有什么用，对设计制造新产品和设计外观以及用户界面不起什么作用。我们只关注与产品设计有关的价值和生活方式，只有从这个角度才能获取对设计有用的信息。为了解决这个问题，最好在用户使用现场进行情景调查和操作语境调查分析。

例如，表2-6-6中的调查问题与用户需要没有明显关系。从这种问题也很难获得设计信息。在问卷中要删去这些与目的无关的问题。

表 2-6-6　与设计无关的调查问题

1. 您能长时间集中注意力吗？
2. 您平时通过网络来获得信息的比例大吗？
3. 您通过网络获得学习知识的次数多吗？
4. 您喜欢学习中与网上的网友探讨吗？
5. 您认为您有多感性？
6. 计算机网络这门课程和其他专业课程的区别大吗？

3）用户调查是发掘用户需要，而不是让用户给你提供设计方案。有些人误以为给用户提出一份完整的调查问卷，用户就能为你进行创新设计，用户就能给你一个完整的设计方案，给你一份外观造型图、用户界面设计指南、全部设计方法和信息。例如，提出如下问题："您能简要介绍你所使用过的手机的界面吗？"用户不是设计师，甚至专家用户也不会像设计师那样系统完整深入地考虑设计过程。用户调查只能提供用户动机，包括价值、需要、追求、与产品有关的生活方式、对产品的某些想象、以往的操作经验、以往产品的优缺点，他们能够提供使用体验等。这些信息并不等于新产品设计的直接信息，而是间接信息。用户调查信息不是设计方案，用户调查更不能代替创新。用户调查是为了发现用户在使用中存在的问题，设计师要进行系统分析，解决现存各种问题，经过自己的设计或创新，以符合用户提出的各种需要，并与有关工程师协商讨论解决结构和制造方面的问题，才可能得到新的设计方案。用户调查或设计调查不能代替设计师的设计创新，而是发现问题激发创新。

4）有许多问题不需要在问卷中进行调查。哪些不需要进行调查？①肯定要搞的设计项目，就没有必要再调查"该项目是否应该搞"。例如，一个项目是设计公交车查询系统，目的是给乘车人提供查询行车路线和时刻表的方便。这是肯定有人要使用的，不论用户有多少，都要搞这个项目，这是市政服务部门的职责，因此就没有必要再提出如下调查问题："你觉得是否需要提供公交车查询系统？""您认为这个项目是否有实施的必要？"②肯定存在的问题，就不需要调查了。例如，"你觉得文字编辑软件存在问题吗？"调查这种问题没有意义。③肯定要提供的功能，就不需要再调查了。例如，"你认为手机是否应该具有发短信的功能？"再例如，某个手机设计项目中，有人提出如下问题："是否需要菜单？"这个问题早就有了结论：专家用快捷键，一般用户用菜单。凡符合用户动机心理学和认知心理学的特性，例如，7 ± 2 等，一般都没有必要进行调查了，在设计中都应该遵守这些设计规则。④必须给用户提供的行动固有特性，就不必调查了。例如，在设计用户操作过程时，必须提供计划的灵活性，因此这个问题不必进行调查，如果没有提供灵活性反而是一个问题了。

5）不应该在问卷中提综合性问题。例如，问卷中不应该调查"你认为洗衣机应该具备什么功能？"因为一般用户不考虑这个问题。如果你想提这个问题，最好在与专家访谈时提出这个问题。再例如，问卷中不应该提出如下问题："你认为什么是高档电冰箱？""你认为高档电冰箱应该是什么颜色？"

6）缺乏效度分析。效度指调查的真实性、全面性和有用性。这是在进行调查时必须始终担心的最重要的问题。如果设计问卷时缺乏对调查效度的考虑，调查结果是无效的。在调查报告中应该专门写一节效度分析，要分析结构效度、内容效度、交流效度、分析效度。

7）缺乏信度分析。信度指用户心理的稳定性，内心的同质性，评价人的一致性和稳定性。这些问题关系到调查结果的一致性或可靠性。信度分析是设计调查问卷中所必须考虑的，没有信度分析的调查结果是无效的。

8）缺乏人机学知识。例如，有人提出一个调查问题："你觉得计算机键盘布局是否合理？"这个问题似乎很简单，实际上国外已经进行了一个多世纪的研究了。进行用户研究，就要学习人机学。20 世纪 80 年代以后，微电子产品和计算机成为主要研究对象，有关的感知和认知问题是研究的主要问题，例如，命令格式对操作的影响，显示一致性对用户视觉的影响。

9）如果你缺乏问卷设计经验，可以多参与设计问卷的讨论，多看别人设计的问卷，多听别人对问卷的分析，从而能够使自己起步。

10）如何设计多重选择问题。有两种方法：第一种方法是采用量表方法。例如"你喜欢什么课程？数学，物理，社会学，心理学"。这个问题应该转化成"喜欢程度"（李克特量表，见表 2-6-7）问题。第二种方法是把每两门课程进行比较，每次只能选择一门比较喜欢的。都比较一遍后，把每门课程得分统计一下，这个分数可以作为权重分数，也可以作为排序依据。

表 2-6-7　李克特量表形式

问题	非常喜欢	比较喜欢	喜欢	不喜欢	很反感
你喜欢数学吗					
你喜欢物理吗					
你喜欢心理学吗					
你喜欢社会学吗					

11）有些人从网上或其他地方把别人问卷拿来，修改几个问题，然后作为自己的问卷。这样做存在几个问题。首先，使用别人的问卷要得到作者许可，使用时要注明作者和出处，否则就是缺乏职业道德和违反知识产权法。其次，成功的问卷都经过了试调查、效度分析和信度计算，你随意修改问卷，就改变了其结构效度和信度，改变了信度，可靠性往往不高，用这样的问卷进行调查是白白浪费时间、精力和资源，这种方法不可取。

12）如何确定加权值。各个因素的权值指各个因素的重要程度或影响程度，通常用以下两种方法确定权值。第一种方法，假如要确定 5 个因素的权值，可以每次取出两个因素让用户进行比较，重要的设值为 1，次要的设值为 0，经过 10 次比较后，计算出的每个因素的数值就是该因素权值。这种方法适合确定单人的权值。第二种方法，把这 5

个因素设计成 5 个问题，例如，你认为因素 1 有多重要？要求用户按照李克特量表回答，然后计算全部用户回答的数值的平均值就是权值。这种方法适用于某人群的权值。

七、定量性问题的统计调查

这种问题可以通过问卷或当场提问统计这两种形式进行调查。

例 1 在座谈调查会上调查喜好显示屏背景的颜色。如表 2-6-8 所示，把通常见到的 10 种颜色逐一进行调查："喜欢显示器屏幕背景为蓝色的举手。"通过这种方法，调查到的数据如下。参与调查一共有 60 人，其中男 50 人，女 10 人。喜欢背景色为蓝色的有 31 人，喜好灰色背景色的有 25 人，橙色的有 3 人，白色的有 8 人。没有人喜欢显示器屏幕的背景色为红色、绿色、黑色、白色或紫色。这种调查中允许一个人多次举手。当然，在其他人群中的调查结果不一定与此相同。

表 2-6-8 喜欢显示器屏幕背景什么颜色

色彩	蓝	灰	白	橙	黄	棕	红	绿	紫	黑
人数	31	25	8	3	0	0	0	0	0	0

注：总人数为 60 人，其中女生 10 人。

例 2 在小型计数器外观设计中有一个问题：是否要配置时钟？在 42 人的座谈会上提出问题："喜欢在小型计算器上带时钟的人举手。"35 人举手。"不喜欢在小型计算器上带时钟的人举手。"有 7 人举手。这表明多数人喜欢有时钟，那么在设计中如何决定这个事宜呢？有同学说："既然多数人同意，那么就设置时钟。"这种一刀切的处理方式太简单化。人们的需要是多样化的，因此产品设计也应该多样化。比较恰当的方法是按照人数比例，5/6 有时钟，1/6 无时钟。

八、设计问卷中要注意的问题

1）语气友好，态度中性。这是进行用户调查时最基本的行为方式。

2）使用通俗语言或口语，使用简单的字句，语句要简练，不要使用生僻的专业术语，避免进攻性语言冒犯别人，避免粗鲁无教养表达方式，晦涩的用词会让人感到出冷汗。

3）准确表达问题。例如，在调查公交车查询系统设计时，提出如下问题："您有时会随机查看公交路线（即查看随机的某一路公交路线）?"许多人不清楚在问什么，不知道"查看公交路线"指"公交车站牌"还是"城市地图"。再例如，"您希望自己能够在地图上进行标注？"用户也不知道其含义。

4）避免一般化的抽象的估计，避免无法比较的判断回答。例如："请问您多久逛一次商店？不曾，偶尔，不常去，常去"。各人的这种估计是不同的。有人把每周去 1 次认为是"偶尔"，而有人认为是"常去"。应当把上述答案改为："每月 1 次，2 次，3 次，4 次，4 次以上"。

5）避免诱导性答案。例如，"多数人认为，会操作计算机是现代人的特征之一。你会操作吗？"

6）避免双重判断问题。例如，"你是否喜欢并经常使用计算机？"应该把"喜欢"、

"使用"作为两个问题。

7）要考虑在什么场合进行调查。访谈一般需要1~4h。访谈应该在心情好时进行。一般问卷填写需要5~15min。要选择放松无事的人进行调查，而不要在街头匆匆忙忙进行调查。问卷调查可以在办公室、宿舍或公园进行。

8）别人是否理解问卷中的各个问题，这将直接关系到调查效度与信度。因此设计完问卷后要进行尝试性调查。边调查，要边问："这个问题是否容易理解？""如何改进？"调查中不能简单发放问卷，而要一对一，解释别人不理解的语句，帮助对方填写。

9）网上问卷调查，调查对象只是那些上网的人群。哪怕你调查了1000人，那也只是那段时间上网人群中的某个部分。如果调查目的是针对其他人群，就要通过其他途径进行调查。

10）什么时候追问？简单说，你搞不清楚对方含义时就要追问。遇到模糊词语"还行吧"，"凑合了"，"好"时，要再问："还行是什么含义"，"凑合是什么含义"，"好是什么含义"，对方沉默不答而你不明白时要问："我是否冒犯您了？"追问的情况还很多，要逐渐积累经验去判断。

11）问卷应该修改几次？修改次数不是目的，修改问卷的目的是为了消除问题，提高调查效度和信度，最终使得问卷本身不应该存在设计问题。基本方法是反复试调查，反复修改。作者注意观察过这个问题。2007年11月作者在西安交通大学软件学院四年级代教软件设计心理学时，教学生设计问卷，要求每人设计100个问题调查用户操作行动，然后同学彼此通过试答问卷，再修改问卷。第一次修改问题的平均数量为66.7%，也就是说在设计的100问题中，66.7个问题被修改了。然后各人修改自己问卷，再相互试答问卷，发现问题，第二次修改问题平均数量为27.8%。因此作者要求每人至少要修改4次调查问卷。

以上只列出了初学者经常遇到的几个问题。其实在实际调查过程中，遇到的问题要多得多。解决问题的主要方法不是看书，而是在实践中想办法，进行尝试，积累经验。

九、如何改进问卷

设计好调查问卷后，要进行尝试性调查，这是改进的主要方法。改进方法有以下几种。

1）让同行或熟人试答问卷。如果你的调查对象是新手用户，那么你最好在熟人中找新手用户去试答问卷。试答中要关注的问题是：哪些问题难理解？哪些问题难回答？最好一边填写问卷一边进行讨论。你要看他们如何填写，及时发现他们的各种问题。如果他们说不理解某个问题，你最好说出你的含义，然后请他们帮助你设计问题。你还要关注他们能够耐心填写的时间为多长，失去耐心后所填写的东西缺乏效度和信度。问卷太长，可以改为两份问卷。

2）除了以上问题外，问卷还存在的主要问题是：不能提供设计信息，类似或重复，与调查因素不相关，水准比较低等。这些问题应该被删掉。初学设计调查问卷时经常提出许多与设计无关的问题，这些问题不能提供设计信息。对于新手来说，大概要把这种修改过程反复进行三四次。

第七节 设计调查中经常遇到的问题

一、从调查问题中无法获得设计信息

例如，"如何说服人们使用电子邮件管理系统管理自己的邮件？""您是否经常阅读电子文档？""您阅读时有什么习惯？""您阅读时有没有固定的姿势？""您有笔记本电脑吗？"从这些问题无法发掘设计信息。首先要明确调查目的，用户调查是为了获得对设计有用的信息，并不是只为了了解用户的行动和认知，如表 2-2-1 所示的调查是无效的。

表 2-7-1 无效的调查问题

有人设计了如下家电控制系统调查问题，通过这些得不到设计信息：

1. 经常有在外控制家电的想法吗？
2. 此系统实现后，会天天使用吗？
3. 经常会在下班时想使用此系统吗？
4. 经常在回家路上想使用此系统吗？
5. 经常在离开家忘关某家电时想使用该系统吗？

二、缺乏效度分析

调查效度体现在以下两个方面：哪些问题能够比较真实全面包含可用性的内容？哪些问题能够为软件用户界面设计提供有用信息？这个问题往往表现在以下几方面。

1）"用户满意度"测试缺乏效度。1985 年建立国际标准 ISO9241 时，人们不知道如何从心理学角度了解用户如何评价可用性，因此以"用户满意度"作为一个评价指标，确立了"以用户为本"。因为"满意度"是指用户，不是指设计人员，这意味着应该由用户来评价，而不是由设计人员来评价。然而心理学对这个因素并没有进行过研究。实际上这个问题十分复杂，无法用它概括可用性。

2）调查问题是否涵盖全部设计因素？如果遗漏某一个因素，例如，未调查图标，那么整个调查报告就缺乏这方面的信息，设计方案也会缺乏这方面的依据。许多人在调查中往往遗漏了对非正常情景中用户操作的调查，这样当用户遇到意外情景时，用户界面当然也没有给用户提供应急处理方法。

3）调查问题是否被分类？调查用户行动需要时，对调查问题要进行分类，把相关的问题放在一起，这样有利于用户进入思维语境，全面深入考虑问题。如何分类？可以按照若干方法进行分类，方法之一是按照用户行动过程分类，调查用户意图（任务目的、系统功能），操作计划，具体实施，评价操作结果。这样使得用户回答这些调查问题时，能够形成思维连续性，容易进入操作语境，可以提高调查效度。如果按照软件用户界面上的功能分类，那么就不符合用户的行动过程和思维过程，可能会降低调查效度。

4）用户的操作和认知是非常复杂的，要按照用户实施每个任务中的认知特性去进行调查，否则很多细节搞不清楚，这样就无法提出设计指南。

5）脱离实际的假设无助于了解真实情况。有些人在设计调查问卷时提出一些脱离实际的假设，导致错误结论。例如，"假设用户知道了各个图标，那么他们对图标的识别就比文字要容易。"这种假设实际上说"先让他们把不认识的图标都通过学习进行理解和记忆，然后……"，而实际上用户在图标操作中首先遇到的问题正是理解和记忆要花费大量时间，会出现许多错误，这些操作正是由于设计人员设计图标时的错误观念造成的，他们没有采用用户熟悉的符号语言，而是"创造"了一些新符号语言，这给用户造成理解困难。实际上，在设计用户操作命令时，应该采用图标与文字的混合，如果用户熟悉该图形，可以把这种图形作为图标；如果用户不熟悉该图形，设计中就不要采用该图形，而采用文字表达命令。

三、缺乏信度分析

信度指调查的重复一致的程度。缺乏信度分析就是没有考虑调查结果的一致性或重复性。进行信度分析，主要包含了稳定性分析、一致性分析和评价信度分析。其中，一致性分析是必须进行的，主要方法是进行 Cronbach alpha 计算。假如设计问卷缺乏信度考虑，就意味着可能存在以下问题：设计的问题由于格式不当而无法进行信度统计分析，设计的各个问题之间缺乏整体的相关性，缺乏对被调查人的选择标准，缺乏对评价人的判断标准，因此没有办法判断那些调查到的信息的一致性和稳定性。这样的调查是没有什么用处的。

四、如何估计当前西方软件用户界面的可用性测试

主要存在两种估计。第一种观点认为，现在西方的软件用户界面设计已经比较成熟，基本没有大问题，误以为只调查少数几个问题就能搞清楚产品的可用性。例如，用 10 个问题去调查用户，这 10 个问题是：人机对话简单自然；用户界面采用用户语言；用户记忆负担最小；保持操作一致性；反馈信息符合用户需要；"退出"标记清楚；提供了快捷操作；出错信息对用户有用；提供了预防出错功能；提供用户帮助和文件。这种观点把复杂问题估计得太简单了。第二种观点认为，从西方进来的软件可能都经历过用户调查，也许都经受过 ISO9241 的可用性测试，因此不存在什么大问题。实际上这些软件好用吗？学习这些软件容易吗？不。为什么？①因为西方普遍存在机械论观点，认为人就是机器，可用性的国际标准 ISO9241 也受机械论影响。②因为西方科学方法论存在问题，采用"还原论"（简化论）方法去认识用户操作心理，把人估计得过分简单，建立的用户模型似乎与 3 岁儿童一样简单。③进行用户调查时，他们往往以经验用户为对象，这种用户已经完成了基本学习阶段，适应了计算机行为后形成了操作行动，因此他们的操作特性已经不是人固有的行动心理，而是"机器人"操作心理。

不同用户人群对可用性的理解是不同的，他们所发现的可用性问题也有区别。简单地说，测试产品可用性时，应该选择各类用户，并以新手用户为主。

五、用户调查不是让用户给你提交设计方案

有些人误以为给用户输入一份问卷，就可以从用户输入设计方案，误以为可以从用户得到现成的外观造型图、用户界面设计指南、全部设计方法和信息，例如表 2-7-2 中的问题。

表 2-7-2　向用户索取设计方案的问题

在普通用户调查问卷中应该提出用户的使用问题，而不应该给用户提出这些设计问题，设计师应该根据用户的使用信息归纳总结出设计信息。以下问题属于设计师考虑的问题，而不属于用户考虑的问题：

1. 手机应该有哪些功能？
2. 希望开机开关是按钮式开关？
3. 希望有打开或关闭成功提示，如绿灯（指示灯）亮起或绿灯熄灭？
4. 期待开机后显示屏处于取景状态？
5. 期待开机后显示屏显示电量？
6. 期待开机后显示屏显示已拍张数？
7. 期待开机后显示屏显示内存量？
8. 期待开机后显示屏显示储存器类型（如 SD、MMC）？
9. 期待有开机声音提示？
10. 期待开机打开镜头？

用户不是设计师，甚至专家用户也没有像设计师那样系统完整深入地考虑设计过程。用户调查主要提供用户动机，包括价值、需要、追求、与产品有关的生活方式、对产品的某些想象、以往的操作经验、以往产品的优缺点，他们能够提供使用体验等。这些信息并不等于新产品设计的直接信息。进行用户调查或设计调查，是为了发现用户在使用中存在的问题，设计师把这些问题转化为解决方案，为设计师的创新提供目的性。设计师根据用户这些行动特性，为他们提供行动条件和行动引导，这就是设计用户界面。用户调查不能代替设计师的分析总结，更不能代替设计。

六、不要给用户提出专业技术问题

专业技术是设计人员考虑的问题，用户不是程序员，技术问题不是他们考虑的问题，如表 2-7-3 中所提的问题就是不恰当的。

表 2-7-3　给用户提出的不恰当的技术问题

给普通用户提出以下问题是不恰当的，其中很多问题应该去调查技术专家：

1. 阅读器的存储容量为多少你觉得可以满足您的基本需要？
2. 阅读器是否有必要有支持存储扩张卡的功能？
3. 你需要密码输入框提供防木马盗号功能吗？
4. 阅读器应该设置的基本按键应该有什么？
5. 您觉得什么操作应该是一步完成的？
6. 哪些命令应该采用图标？哪些命令应该采用文字标记？
7. 一项菜单应当包含多少条选项比较合理？
8. 菜单的级数不应当超过几级？如何才能简化菜单？
9. 您希望邮箱大小是多大？

七、关于功能调查

设计人员都要考虑产品应该具有哪些功能。系统功能、用户行动、用户任务,这三个词汇往往指同一概念。在问卷中不适合调查用户对功能的看法,可以在访谈专家时讨论有关问题,例如,这个产品还缺少什么功能?哪些功能应该集中在一起?哪些功能不符合你的期待?你使用哪些功能?你不使用哪些功能?列出你最经常使用的几个功能。

八、关于用户操作计划的调查

如何调查用户操作计划?不能抽象空洞地提问,要结合具体功能、具体行动、具体任务,主要调查操作过程是否符合用户期待的行动过程,是否符合用户出错的修改计划方式。这些特性被概括为灵活性、简单性、透明性、尝试性、连续性、任务链一致性等。

九、对图标调查

用户界面设计需要图标,这主要包括两方面内容。①图标的视觉特性:用户是否容易寻找、发现、识别、区分和确认。②图标的交流特性:图标是用户操作语言,其含义应该被用户掌握,不应该让用户在图标学习上花费过多时间和精力。在飞机上,在汽车上,在军用上,在财务软件上,在股票市场上,任何操作理解错误都会造成无法弥补的损失和危险。

应该采用用户熟悉的符号作为图标,设计人员不应该创造只有自己懂的符号语言,还需要调查用户对图标的认知特性,包括对图标含义的理解,以及图标符号形式是否符合用户对该符号的解释。一般来说,图标调查主要包含以下问题:是否容易感知图标?是否理解图标?图标分类是否符合用户操作过程?图标结构及位置是否符合用户期待?哪种输入方式适合用户操作:菜单选项或输入框?

十、表述不清楚

表 2-7-4 中的问题没有表述清楚,会降低调查效度。

表 2-7-4　对用户提出的不清楚的问题

调查问题	问题分析
觉得操作界面采用浅色看得舒服	调查目的表述不清楚
	第一,浅色包含很多颜色 第二,应该从颜色所起的作用考虑,浅色是否与图标容易混淆
控制界面的功能链接采用图标链接方便	表述不清
	控制界面的功能链接采用点击图标链接好
控制界面的功能链接采用文字链接方便	表述不清
	控制界面的功能链接采用点击文字链接好
控制界面的功能链接采用图标文字组合方便	表述不清
	控制界面的功能链接采用点击图标文字组合好

调查问题	问题分析
希望界面提供当前位置提示	表述不清
	希望界面提供当前操作步骤的位置提示
希望反馈信息以新页面替换旧页面给出	表述不清
希望反馈信息框为弹出新页面，并保持旧页面	新页面是指类似浏览器点击链接弹出的页面，旧页面类似原点击页面
希望界面提供主题选择设置	表述不清
	希望界面提供背景、风格等主题选择设置
希望界面提供板块设置自定义	表述不清
	希望界面提供位置结构选择板块设置自定义
希望鼠标提供风格选择	表述不清
	希望鼠标提供如漏斗、手形等风格选择

十一、如何排列调查问题

设计问卷时，要尽量按照用户真实操作情景和操作过程提出调查问题，这样能够使用户进入操作语境，按照真实操作过程进行思维，问卷调查也应该尽量按照用户操作顺序进行调查。具体做法如下：

1）按照用户各个操作行动过程去排列问题，依次调查用户意图、计划、实施、评价。例如，用户界面是否符合用户意图，是否符合用户计划，是否容易实施，是否容易评价操作结果？调查问卷的缺陷，往往是按照设计人员抽象出来的概念去调查问题，例如，调查可控制性、可学性、可记忆性、使用效率、出错、主观满意度等。这些问题结构存在三方面问题：①这些问题的概念不符合用户操作行动过程，用户操作中思考的不是这些问题，而是如何建立意图、如何建立计划、如何实施、如何评价等问题。②这些问题只是抽象了若干孤立的问题，例如，没有调查软件操作是否符合用户的行动过程。③由于这些问题不符合用户操作行动中的真实思维过程，各人对其概念的含义理解不一致，在填写问卷过程中很难进入操作语境，所填写的回答往往缺乏真实性和全面性。

2）如何排列用户认知方面的问题？简单地说，调查问卷应该以用户操作行动为主，用户认知问题、学习问题、操作出错问题等都穿插在用户操作行动问题的顺序中。

十二、修改问卷

问卷设计后如何进行分析修改？最简单的方法是进行尝试性调查，寻找几位有关人员尝试回答问卷问题，在这一过程中，你的目的不是分析调查结果，而是注意发现和记录问卷设计中存在的问题，尤其是要分析问卷的效度。2006年西安交通大学软件学院学生设计一份问卷《用户操作行动的调查》，最初每人设计了30个调查问题，经过一个月学习后，修改问题的比例见表2-7-5。

表 2-7-5　问卷修改情况（总共设计 30 个问题）

修改问题的数量（占问题比例）	人数	占总人数比例
修改问题少于 10 个（≤33%）	2	7%
需要修改 10~14 个问题（33%~47%）	10	36%
一半问题需要修改（50%）	5	18%
需要修改 16~20 个问题（53%~67%）	4	14%
全部重新设计问卷（100%）	7	25%
总计	28	100%

第八节　调查效度分析

一、如何评价调查结果

1) 调查目的是什么？是寻找因果关系，寻找"用户需要"与"用户界面设计"之间的因果关系。因果关系（causality）指"如果 X 是因，Y 是果，有 X 才有 Y；无 X 就无 Y；只要出现 Y，肯定是 X 引起的而不是别的引起的；X 变化引起 Y 变化。"研究任何科学问题，都试图要搞清楚因果关系。然而搞清楚因果关系是非常困难的，甚至日常似乎简单的问题中的因果关系都难以搞清楚。例如，什么原因导致用户学习好坏？如果你能说出原因，那么这些原因对任何人都应该引起同样的后果。实际上这是非常困难的。不得已而求其次，我们搞不清楚因果关系，退而研究影响因素，所谓"影响因素"，就不一定是严格的"因果"关系。一个因素 X 变化会影响 Y 的变化，也可能是 Y 引起 X 变化。X 也可能引起另一个因素 Z 的变化，而 Z 又影响 Y 变化。用户调查中能够找到用户界面的各个影响因素，也能够对设计改进起很大作用。"影响因素"也被称为"相关因素"，它指"X 变化会影响 Y 也变化，Y 变化也可能影响 X 变化，Z 也可能同时引起 X 和 Y 变化，X 变化可能引起 Z 变化，Z 变化又引起 Y 变化，那么 X 与 Y 相关。"这样，用户调查目的是了解与用户界面设计相关的因素有哪些。

2) 当我们设计调查问卷，分析用户答案时，都要分析调查的全面程度和真实程度。用户调查的结果会受各种各样因素影响，它可能包含三个量：①真实信息（真实值）。②偶然误差，也被称为随机误差。主要受用户心理稳定程度和同质程度的影响，也受评价人心理影响，因为这三个因素是不稳定的。例如，一份计算机可用性调查表的答案被分为五级："很简单，比较简单，一般化，比较复杂，很复杂"。一名被试者测试时心情不好，因此对每次测试的评价都附加了他的坏心情，原来他会写"很简单"的，今天写了"不简单"，原来会写"比较复杂"的，今天写了"很复杂"，然而下一次测试时也许他心情好了，表达的程度也不同了。③固有的系统误差。例如，调查问卷依据的理论存在固有片面性，人人对某一个问题的理解都存在共同的误解，这些因素就会使调查的真实程度普遍下降，由此对每次调查都附加了一个比较固定的偏差，这种误差就是系统误差。调查结果可以简单表达为

调查结果＝真实值＋随机误差＋系统误差

如何分析或评价调查结果的误差呢？一般要从两方面进行考虑：效度（validity）

与信度（reliability）。效度这个概念类似于测试准确度，准确度受系统误差影响。例如，你打靶时每次都中了靶心（10环），准确度高，也就是效度高。如果枪的准星歪了，那么每次打靶都有固定偏差，这就系统误差，它对每次射击的准确性引起固定的误差。在用户调查中，我们不用准确度这个术语，而用效度表示。例如，你问对方："你吃早点了吗？"甲、乙都吃了，甲回答："我吃了。早上7点吃了一个鸡蛋，一杯粥，一个馒头。"乙回答："我吃了。"那么甲回答的效度就比乙高，因为甲回答得真实全面，而乙回答得真实而不详细。

调查的信度指概率统计中的精度，在这里指该调查的重复性或一致性，它受随机误差影响。例如，你问对方："你吃早点了吗？"他回答："吃了。"你把这个问题问了三遍，他都回答："吃了。"这三次回答重复性高，也就是信度高。如果实际上他并没有吃，那么他没有反映真实情况，这三次回答的效度就为零。由此看出，调查效度比信度重要。而信度属于效度的一个侧面表现。

一个测试可以是可靠的（reliable）然而却无效（invalid）。假如你用温度计测试一个人的烦躁程度，那么这个温度计重复测试的结果是可靠的，也就是说信度比较高。然而你用温度计去测试烦躁程度是无效的，因为温度与烦躁程度不相关。信度是效度的必要条件，却不是充分条件。信度是效度的一种相关形式。许多原因可以使相关系数变小，例如把7分量表变为3分度，也会降低相关性。信度可以被看作一个变量与它自己的相关性。

分析调查报告的效度主要依靠专家水准，迄今为止数学方法对效度分析不起决定性作用。

二、效度是什么含义？

调查的效度（validity）指三个方面：①调查结果真实程度。②调查结果全面程度。③调查结果有用程度，是否能获得对设计有用的信息。提出效度这个概念，是担心科学研究工作能否调查到真实全面的内容，也是为了减少和防止有意无意的弄虚作假。

调查中效度分析的含义表现在以下八个问题：

1）"我怎么能验证我了解的是真的？"理论脱离实际，缺乏实际经验，都搞不清楚调查数据是否真实，由此出现纸上谈兵，真题假做等滑稽现象。例如，有的学生调查住房时，其调查结果竟然是：多数人希望的卧室面积是$50\sim100m^2$。这起码说明他们不知道"$1m^2$"是什么概念。最简单的验证方法是设法推翻它，设法推翻的方法主要有两种：是否符合逻辑推理；是否符合实际经验和事实（请教有经验的人）。

2）"我怎么能够知道我的调查依据的结构框架是否恰当？"结构指包含的因素和各个因素之间的关系。任何调查都要首先建立严格因素结构框架，它包含要调查的因素以及各个因素之间的关系，因素结构框架也就是通常所说的模型或理论依据。例如，ISO9241提出可用性包含三个因素：有效性、效率和用户满意度。这就是一种可用性的结构框架。这个结构框架是否恰当呢？最简单的判断方法是寻找它存在的问题。进行用户调查或设计调查，往往可以建立多种因素结构框架。例如，描述行动动机就存在若干理论框架。不同的理论框架针对不同的问题，具有不同目的，适合不同情景。如果结构框架错了，那么一切后续工作都白费了。因此，在一开始建立或选择结构框架时要很严谨，不要盲目套用别人的结构，哪怕是非常著名的权威的结构，也不要随意套用。而要通过各种专家访谈，建立初步模型，补充它，用案例验证等方法，直到确认这个结构的确适合你的应用。

3）"我怎么知道我考虑的因素不全面？"科学研究和用户调查中往往会出现片面性，甚至把片面性误当作科学认识方法，例如，只考虑最重要的因素，而忽略其他许多因素。设计一个产品必须全面考虑，忽略任何一个因素，设计出来的就是低档产品。换句话说，市场上普遍存在的低档产品，是我们老师有计划教学生搞出来的东西，因为许多老师把设计只理解为效果图了。为了弥补这个问题，我带领学生专门调查了"高档产品的影响因素是什么？"大家发现许多高档产品的影响因素往往有20多个，任何细节都不能忽略。通过大量用户调查还发现，如果只按照学生的个性去设计，往往设计的是"卡通"，更属于儿童型产品；具有"视觉冲击"的造型，也往往属于低档产品。在调查中要考虑："我很可能遗漏什么因素了？如何可以发现遗漏的因素？用什么方法可以验证是否全面？"有人说，数理逻辑有一条规则：A＋非A＝全体。这条规则在社会学和心理学中往往不成立。例如，作者曾对74名同学调查交流情况，其中，55人在熟人面前容易表达（这是A）；11人在陌生人面前比较容易表达（这是非A）；还有9名同学没有举手，其中有些人在熟人和陌生人面前都不善于表达。因此这个问题起码包含3种结果。只有积累经验后，才能逐步明白如何考虑全面。

4）"我怎么知道我调查的数据是否符合实际分布情况？"例如，调查一所大学的学生的颜色喜好，首先要进行抽样。例如，可以用2种随机抽样方法：按照学号抽样和按照宿舍抽样。如何知道抽样结果是否符合实际情况？可以按照另外一个因素去进行验证。例如，看抽样人数的男女比例是否符合全校学生男女比例。

5）"我的调查是否符合预期目的，我应该向用户调查什么信息？"用户调查不是问用户如何设计，而是了解用户需要，调查用户如何完成一个行动或一个任务，然后考虑通过设计如何给用户提供任务的条件、行动引导。在用户调查中往往存在两种问题：①有些设计人员把自己无法确定的设计问题交给用户调查，例如"应该有什么功能"等。②在设计产品之前的用户调查是为了发掘用户需要和设计信息。当制造出来产品样品后，也要对用户进行调查，这时的用户调查目的是对该产品进行可用性测试，发现和改进问题。这两种调查目的不同，调查方法不同，调查问题也不同。有些设计人员把这两种调查搞混淆了。

例如，表2-8-1是一名学生设计的网络电视的调查问卷，调查问题比较全面，了解情况比较真实，然而它的主要缺陷是从这些调查问题中无法发掘出设计信息。

6）"我怎么知道我设计的调查问卷是否存在问题？"什么是问题？问卷中的各种问题可以被概括为效度不高、信度不高。

7）"我怎么能够区分表面现象与事实？"当前，形式主义猖獗，对设计也有不少负面影响，例如，有些设计人员把浮躁的夸夸其谈当作调查。在调查"什么是高档产品"时，而有些同学却只从表面现象得出如下结论："有品牌商标的是高档产品"，"价格高的是高档产品"，"富人用的是高档产品"。判断表面现象的基本方法之一是寻找各类不同专家相互验证调查结果。

表 2-8-1　很难提取设计信息的调查问卷

价值观	您觉得您的人生应该是个什么样的人生
	能不能简要说一下您的理想
	您认为在您的生活中什么是最重要的
所处环境	能否简要介绍一下您的职业
	您工作的压力大吗
	您工作时经常使用计算机吗？能上网吗
	您的周围娱乐设施齐全吗？最缺什么
生活方式	您平时在什么情况下使用计算机
	您平时是通过什么方式来获得信息的
	您一般上网都干些什么
	您经常旅行或外出吗？会带上电脑吗
能力	您的经济情况允许您经常上网吗
	您操作计算机有什么障碍吗
	您喜欢操作计算机吗？觉得好操作吗

8）"我怎么能够知道我调查得很肤浅，水平不高？"判断方法主要看调查对象和调查数量。如果你不知道自己调查水准是否能够满足课题要求，那么你可以去找高水准的人去请教。在效度分析中，专家是重要依据，而不是数学分析方法。一般，只调查一两位专家是不够的。到底应该调查多少位专家？要根据具体问题的复杂程度和专家水准。如今，还没有在这方面进行过系统研究。

系统误差影响调查效度。引起系统误差比较大的原因可能如下：理论依据片面或过时，教条地搬用的外国理论框架不适合国内情况，只抓了重要调查因素而忽视了复杂性和全面性，对因素的调查问题比较片面，抽样不符合要求等。

三、关于真实性

1）真实的复杂性。我们希望了解的情况是真实的。真实在这里主要关系到两个过程：在设计的前期所了解的用户需要的真实性，在完成原型测试后所了解的可用性问题的真实性。真实性是一个非常复杂的问题。可以从以下各个方面去判断真假性：

第一，语言往往不表达动机，有时候语言甚至掩饰动机和真实。当对方语言与你完全不一致时，你很容易发现问题。然而当对方语言与你完全一致时，对方却不一定真的与你一致。要注意动机、目的、眼神、语气、背景、态度。

第二，价值确定态度。价值十分重要，如果价值一致，对真假的看法可能一致；价值对立，可能对同一事件的描述完全相反。叛逆是一种现代流行病，你说白，他偏要说黑。当前在社会核心价值方面最主要的问题是用物质取代精神和感情，忽视精神方面的存在，只看到物质方面。

第三，一致性判断。看前后是否一致，对己对人是否一致。比较典型的验证方法是逻辑实证主义，依据可观察的事实的逻辑推理。同时还要承认，许多真实无法被验证。

第四，目的动机判断。假如涉及利益、需要和立场等因素时，可能态度和表述不同，对待事实的立场也不同。

第五，效果判断。实用主义认为要从实际效果去判断一个概念的真实含义，而不能从文字描述去判断。

第六，换位判断。只会从自己角度看，就是以自我为中心，极端的主观导致看不清楚真相。摆脱以自我为中心的方法之一是换位思考，例如，从自我换位到他人，从局部换位到全局，从富人换位到穷人，从青年人换位到老年人，从当局换位到旁观，从获利换位到失利。

第七，是否符合经验或常识，用经验去判断所陈述的事情是否可能、合理。当你缺乏经验时，你很难理解别人，对方也很难使你理解。

第八，证伪判断。如果对方采取归纳方法总结了一个结论，你很难列举全面实例去验证被归纳的观点，这时如果你能列举一个反例，那么就能推翻它。

第九，反证。如果不能判断是否真实，那么就去判断那些情况可能导致虚假。

第十，表达心理判断。当调查涉及个人利益时，可能引起真假态度；不涉及个人利益时，也可能存在真假问题。这时也许处于对立情绪、自卑、自信、平和心态，也许处于好斗、喜欢张扬、进攻性、自我保护、虚心求教、友好交流，也许只是为了征服对方，只是为了表现自己，只是搞文字游戏，只是夸夸其谈，那么对事件的陈述会差异很大。例如，悲观者与乐观者对同一事件的陈述可能完全相反。

第十一，表达方式判断。不同表达方式所表达的含义不同。应该采用坦诚陈述，但是也可能存在说反话、借口托词、转移话题、以攻为守、假装糊涂、假装聪明等。

第十二，对比差别。结构主义认为含义是通过对比差异而发现的。对于同一个事件，不同人群、不同时代、不同价值、不同利益等往往描述的真实完全不同。当你无法判断真假时，就尽量寻找差异，例如，调查不同职业的人、不同态度的人、不同看法的人、不同经验的人等。

第十三，许多命题既不能被证实，也不能被证伪，这些命题超越了人类的认识能力。

2）访谈中哪些因素影响真实性。调查中要时刻思考这个问题，影响真假的因素太多了，以下仅是一些举例：

第一，自我中心使人难以判断真假。一名同学说："我来自农村，城市的敬老院比我们家乡的房子好。"他得出结论："敬老院比我家乡好。"房子好坏不是判断敬老院的最主要标准，而是这名同学自己想象的标准。摆脱以自我为中心的方法是换位思考，让对方自己评价。

第二，对方感到你缺乏友好态度，不善良，麻木不仁时，怀疑你的动机，不告诉真实情况。调查中你应该表示友好诚意。这只是一个良好开端，紧接着就会遇到下一个问题。

第三，如果对方感到你缺乏社会经验、职业经验，不能体会所陈述的情况，可能不会给你谈真实情况。当对方感到你幼稚或无能时，不会同你谈社会上的复杂事情。这时，你要告诉对方，我虽然缺乏经验，但是很愿意理解对象。

第四，如果对方感到你能力比较差，搞不清楚真假，不能解决问题，这时你要思考自己是否适合该任务。

第五，不能只凭语言判断真实，要注意表情、态度、眼神、语气等。第一次调查敬老院时有的同学问老人："你喜欢敬老院吗?"老人回答："还可以。"这个同学马上就得出结论,老人喜欢到敬老院,然而他忽视了那位老人流泪的表情。第二次又去找那位老人谈,对方说由于子女不孝顺才不得不来这里。

第六,对方在陌生人面前有些胆怯,或者对方不友好,不愿意开诚布公进行交谈。我们大多数人在陌生人面前不容易谈个人感情受伤害的事情。

第七,缺乏安全感时,你所谈的情况可能涉及他的同事和上下级,可能影响他的职业岗位、工作关系、邻居关系、同事关系等,可能受到不公正对待,这时不容易真实全面进行交谈。

第八,对方有意保密,可能不愿意距离太近,可能受到感情伤害,可能损害他的利益或权势,可能触及恶行等。

第九,缺乏充分准备,对所调查问题没有系统思考,或者不自信时,陈述就会比较笼统,含糊不清。

第十,迫于权威压力等,不敢说不同的观点和情况。

第十一,不懂装懂,虚荣心驱使,评比时掩饰落后状态,是非调查中有意掩饰劣行或家丑。

第十二,无心回答你的问题,十分劳累,过分紧张,注意力不能集中,或者匆匆忙忙赶着去干其他事情。

四、结构效度或框架效度 (construct validity)

1) 什么叫结构?结构指整体特性、包含的因素和因素之间的关系。结构=整体特性+因素+关系。这也是一个模型所包含的最基本的成分。一种结构是对该问题的整体框架的描述。对用户进行调查,都要依据一定的整体模型描述。分析结构效度,要搞清楚以下三方面:

第一,整体因素不可分解。这句话似乎很简单,然而一到具体设计访谈提纲或设计问卷时,最经常出现的问题就是钻到某个具体点上,而忘记了全局。例如,瞎子摸象的错误正好在于忽略了整体特性,只搞清楚局部因素。

第二,各个因素之间存在什么关系。人们可能用各种不同的关系去描述,有些因素之间可能存在层次关系,有些因素之间可能存在网状关系。遗漏一个重要关系,也会导致片面性甚至整体出错。

第三,是否存在若干不同结构描述同一个对象?它们各自目的是什么,针对问题是什么?不要盲目模仿别人的模型。

2) 什么叫结构效度?结构效度指一个结构所包含的整体特性、元素和关系的完整程度和真实程度以及对设计的有用程度。进行结构效度分析,主要依靠丰富经验、全局综合能力、战略能力。

结构效度的含义是指建立的全局构思框架是否能全面真实地反映用户的操作心理,是否符合设计目的,是否能达到设计目的要求。

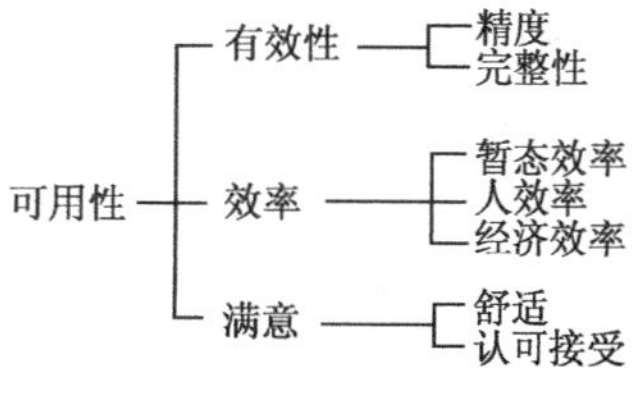

3) 国际标准中的可用性的结构效度(见图2-8-1)。可用性包含什么结构?也就是可用性可以用哪些因素表

图 2-8-1 国际标准 ISO9241 第 11 部分的可用性结构

示。国际标准 ISO9241 中把可用性的结构归结为三个因素：有效性、效率和满意度。这三个因素又包含了七个因素。这个可用性结构的有效程度多大？我们现在分析一下这几个因素。有效性实质上是指一个产品的功能是否有效，功能的质量如何。效率指什么含义？是否对任何产品都要求效率？休闲的效率是什么？节日送给亲人的礼品的效率是什么？人们对购物软件是否要求购物效率？如果你能列举出一个例子推翻"效率是任何产品可用性的因素之一"，那么上述的"三因素"可用性结构就不成立。

可用性结构并不是唯一的，而是根据目的和需要建立的，也受人们的认识理解的影响。国际标准 ISO9241 第 10 部分建立了如图 2-8-2 所示的因素结构。

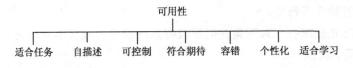

图 2-8-2　ISO9241 第 10 部分提出的可用性结构

4）国际标准 ISO9241 中可用性结构效度所存在的基本问题。ISO9241 建于 1985 年，虽然后来不断进行改进，但是基本的观念一直保持没变，这个基本观念就是：处于"以机械论为本"转向"以人为本"的开始阶段，当时美国计算机界才开始提出"对用户友好"观念，而动机心理学和认知心理学还在萌芽阶段，还没有深入系统建立"以人为本"的设计观念和系统，用矛盾的混合观念建立了这个可用性标准，还没有形成系统的用户界面设计方法，还缺乏可用性测试的经验。它存在下列基础性问题。

第一，"效率"是衡量机器特性的参数，用效率衡量用户的操作特性本身就是机械论的表现，把人当作机器了。效率不是衡量用户界面可用性的基本参数。衡量用户界面可用性的基本方法是看是否符合用户的行动特性，在诸多目的之中，有些软件可能把效率作为其中一个目的，而且在许多情况下效率不是主要目的。例如，电子游戏的衡量标准可以有兴趣、困难度（复杂性）、效率等，但是购物是一种生活过程或享受，网上购物的衡量标准可能包含生活方式、购物动机、价值观念、用户期待等。

第二，"有效性"是衡量计算机功能是否有用，功能是否健全。假如一个剪刀没有有效性，就意味着无法剪东西。1985 年提出这个标准时，许多软件的功能还很差，那时还没有大众用的文字处理软件，计算机绘图软件仅仅在单色显示器上能绘制二维图形和简单的三维框架结构图，还没有公开的网络信息系统，许多硬件和软件的功能性还不健全。例如，缺乏格式化的打印；没有图形化的用户直接操作界面；查询功能的速度非常慢。操作系统采用命令行，用户很难使用。完成一个系统设计和软件设计后，人们并不能确定它是否可用，因此衡量软件的第一条标准就是"有效性"。如今，把它作为可用性标准，"可用性"的水平就太低。

第三，"满意度"是 ISO9241 的可用性三条标准之一。这个概念主要存在以下几方面问题。①满意度缺乏心理学的定义，迄今在心理学中没有被系统进行研究。估计至少能提出 100 多个定义，由此造成如今可用性的各种测试中对满意度的含义描述五花八门。②满意是一个相对心理量，参照标准不同，满意程度也不同。朱元璋皇帝逃难时饥寒交迫，吃了"珍珠翡翠白玉汤"（馊米饭、烂菜叶、臭豆腐）后十分满意。而如今娇生惯养的孩子能吃下它吗？③满意度是一个不稳定的心理量，与心情有关。④测试满意度并不能发现可用性的问题在哪里，因此也无法提出改进建议。

第四，国际标准 ISO9241 第 11 部分的可用性因素（有效性、效率、满意度），往往不是彼此独立的变量因素，而是彼此相关的因素。例如，当有效性不高时，也影响效率，用户满意度也下降。改进有效性后，也可能提高了效率和用户满意度。这样造成的问题是有时候不知道哪一个是独立自变量，不知道应该改进哪一个因素。ISO9241 第 10 部分把可用性表述为七方面：适合任务、自描述、可控制、符合用户期待、容错、个性化、适合学习。这些因素之间往往不是彼此独立的，而是彼此相关的。例如，提高用户对软件的可控制性，也就符合用户期待，也适合任务了。作者建立的可用性结构框架如图 2-8-3 所示。

5）为了解决这些问题，需要重新建立可用性结构，重新定义可用性因素及关系。按照一致性原则，作者总结出来下面的可用性测试结构框架。在用户调查阶段，最后的成果是建立用户模型，主要包括用户行动模型和用户认知模型。通过测试还可以建立用户学习模型和用户出错模型。这只是第一级结构的四个因素。其每一个因素又是复合变量，又能够被分解成许多二级因素、三级因素等。详细分析见其他有关章节。

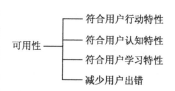

图 2-8-3　作者建立的可用性结构框架

6）结构效度考虑的主要问题。

第一，采用什么整体结构才能够使调查变得真实、全面、有用？

第二，是否遗漏整体因素、或任何一个因素或关系？

第三，是否还存在其他可能的结构框架？

第四，谁能够帮助分析结构效度？

第五，用户模型由哪些部分组成？由用户任务模型和认知模型组成。用户任务模型是主干，认知模型附属任务模型的各个部分。

如何建立用户调查的结构框架呢？简单说有两种方法。第一种方法是按照用户行动建立，主要包含用户的意图、计划、实施、评价以及非正常情景中的操作过程。然后对其中每个因素提出要调查的问题。这样设计，一般不会遗漏重要因素和重要问题。第二种方法是按照一个软件的各个功能或菜单项建立一个系统结构，然后对每一个功能或菜单设计调查问题。这种方法比较适合调查一般用户或经验用户所发现的软件问题，学习后所存在的问题等。

五、预测效度

1）预测效度指一项调查对未来预测的正确程度。假如一架飞机的设计制造周期大约 5 年，从一开始设计起就要预测 5 年后的情况，否则 5 年后就可能被淘汰了。这个问题可以被分解为如下几个问题：

第一，哪些调查因素能够预测未来，或者预测是否有效？什么因素可以预测，什么因素不能预测？例如，价值观念是比较稳定的因素，一个人的价值观念 5 年不会变化，用这个因素可以预测他 5 年后的有关情况。然而在剧烈变化的时代，社会群体价值观念是不稳定的，或者缺乏核心价值观念，这时就不能用价值观念去预测了。然而人们普遍追求的生活方式（而不是现有的生活方式）是比较稳定的，因此可以通过调查所追求的生活方式去预测有关的情况。

第二，哪些因素可以为未来设计预测有用信息或指南？

第三，预测因素是否有一定典型性和代表性？

第四，应该谨慎思考：科学是否具有预测能力？能够预测到什么程度？设计或预测不是算命，设计师不是算命先生，创新不是占卜未来。

调查现有市场上服装的销售情况，是否能够预测未来用户的需要？如何设计未来服装？不能，市场调查无法调查未来产品，市场调查可以告诉设计师不要设计什么，却不能预测应该设计什么。在迅速变化的社会环境中，例如，我国当前经济迅速变化，核心价值可能不稳定，无法用核心价值预测未来，然而追求的生活方式是比较稳定的，可以用它预测未来一段时间。

设计调查希望能够预测未来的新设计项目，所谓预测未来用户需要，实际上是调查了解那些当前存在的、比较稳定的、能够持续到未来一定时间的用户心理因素。这样就把预测效度所考虑的问题归结到：

第一，要思考哪些社会心理因素是比较稳定的？哪些因素当前的情况可以延续到未来不变或变化不大？

第二，从这些因素中如何发现与设计有关的信息，如何提取对设计有用的信息？

从每一个具体设计项目来说，调查什么因素能够预测未来，能够为设计提供所需要的信息，这是一个十分复杂的问题。例如，一位研究生要设计城市人用的野营旅居车，调查什么因素才能够预测未来野营车的造型？这种车在国内很少能够见到，当前可能只有石油野外勘探人员使用过，几乎找不到使用过的用户，调查什么？调查谁？他思考了很久，提出应该调查城市人出游的旅行生活方式，调查有车族追求的生活方式，通过这些调查最终了解到设计所需要的基本信息。

2）预测效度考虑什么问题？首先要考虑通过用户调查是否能够预测未来的设计概念。实际上是考虑调查是否能够预测未来用户对某个产品的需要，要预测他们的审美观念、生活方式或工作方式，如何确定新设计产品的概念。这个问题实际上是很困难的。当前各个领域往往用新技术去构想未来可能出现的新的需要、新的行为方式。这些预测实质上类似于科幻小说的思维方式。

例如，大约从 2004 年起各国手机和计算机领域都在探索一个新的未来产品：个人娱乐器（personal entertainment player）。2004 年 10 月份甚至召开了全国性的讨论会。作者有一位研究生 2004 年 2 月承担了综合数字娱乐产品的设计任务。2004 年 7 月她已经完成了概念设计，并在系里进行了讨论，全体研究生都参加了，提出了一些建议，例如，把各种功能采用模块化概念等。那时市场上不存在这种产品，其他设计师也不知道这到底是一个什么东西。2004 年 5 月，一个北京的著名公司的 CEO 在一个月内飞来 4 次，问我这个产品到底是个什么东西？没有人知道，也没有人能够预言，因为这是一种新概念。2005 年 5 月，那名研究生设计的新概念产品被投入市场，与国外大企业设计的新概念产品同步，不少人说"其实很简单"，这正是创新的艰难和价值所在：事先人人都不知道，事后人人都觉得很简单。用简单方法解决大家的问题，满足大家的需要，这正是创新艰难的地方，这是市场调查无法胜任的。

预测效度首先是一种思想，是为未来新概念产品操心的虚心态度，如今依赖新技术的新产品，是各行业许多人密切配合辛勤劳动的结果，预测未来新产品不能只依靠某一个专家或天才，而要依靠一个有经验的群体，一个专家群体，从头到尾与各个有关群体进行密切配合和艰苦细致的工作。他们的"经验"首先在于具有以下预测思想：

第一，设计调查人不是算命先生，创新不是凭空的灵机一动的无中生有；

第二，他们知道哪些事情要靠他们自己独特的艰苦的创新能力；

第三，他们知道哪些事情要靠合作和讨论而不是个人独断；

第四，他们知道哪些事情要靠大量用户调查而不是自己的空想编造；

第五，他们知道哪些事情要依靠结构设计师、模具设计师或程序设计师的独特创新能力；

第六，设计师在整个设计开发阶段从头到尾每一步都要十分操心，肯定会出现许多预测不到的问题。

因此他们要协调各个环节，齐心协力解决每一个具体问题后才能搞出一个新产品，这样他们才能够提出更多新概念产品，能够进行深入讨论，又能够进行用户调查，彼此友好合作，还能够解决制造过程中各种预测不到的大量问题。

预测效度所考虑的主要问题是：什么社会心理因素可能预测未来一段时间用户的需要？如果能够抓住这些影响，就有可能预测未来一段时间人们的需要。然而，我们并没有预测未来的能力，而是寻找当前比较稳定的因素，这些因素在未来一段时期是稳定不变的。如果我们能够找到这些因素，并搞清楚它们的特性，我们就能够在一定程度上预测未来了。在这种思想下，我们可以从以下几方面进行考虑。

第一，社会的核心价值观念是比较稳定的社会心理元素。一般在成人时期形成价值体系，在 20～25 岁，此后其大方向基本稳定，多数人的核心价值不会在短期内变得彻底相反。一般来说，在具有文化传统的稳定的环境里，社会核心价值体系也是稳定的。例如，中国农耕社会几千年的社会核心价值体系基本保持稳定不变。在社会发生剧烈变化时期，例如，战争、巨大自然灾害、经济剧烈变化、政治动荡等，使得传统的核心价值体系会受到剧烈冲击，由此造成人们的价值观念分散，甚至会出现价值匮乏或价值真空。如今大多数人不知道什么是自己的核心价值观念，所以应该重新建设我国社会的核心价值体系。

第二，分析"未来追求"（而不是"当前已有"）可以预测未来。在经济迅速发展变化的时期，人们的"生活方式"并不稳定，而"追求的生活方式"是比较长远稳定的因素，这时也许调查"追求"比较有预测性。回顾近 20 年可以明显看出我国人民的生活方式变化很大，这种变化是表现在 20 多年前的"追求"中，因此应该调查的是人们"追求的生活方式"，而不是"现有的生活方式"。

第三，调查人们的需要可以预测未来的设计。马斯洛的需要理论基本不适合于设计未来产品，因为他调查了大约 30 人，全是西方社会的精英人物，像华盛顿、爱因斯坦等，因此马斯洛总结的"需要"是反映了美国极少数精英的追求个人成功的人生观念。社会上绝大多数人并不追求这些价值，也没有能力达到那样的成功。如果把这些它作为社会上普遍追求的目标，就会造成绝大多数人的失败，20 世纪 70 年代美国的社会历史表明了这一点。作者把需要分为"两种类型三个层次"。两种类型指目的需要和方式需要。目的需要主要包括如下三个层次：①人与自然和谐共存的生态需要；②人类社会和谐持续生存的需要；③对具体产品的操作使用需要、认知需要、审美需要等。人类的目的需要是很有限的，而方式需要可能是无穷的。由这三方面可能组合成无穷多的方式需要。

第四，人们的审美观念是比较稳定的心理因素。审美观念受文化传统的价值观念影响，也受时代变化的影响，当前我国人民的审美观念融合了这两方面的因素。如果设计符合用户审美观念，那么不需要经常改变造型与颜色设计。作者进行了 8 年调查，发现年轻人其实对造型的审美观念上更喜欢传统的柔和，而不是西方的纯粹几何造型和机器感。

第五，用户的行动和认知方式可以预测未来。成年人的行动和认知是比较稳定的因素，可以在一定程度上预测未来情况。例如，模拟汽车测试的得分被用来作为预测变量，而马路测试得分是直接判断变量。

第六，从现在的青少年追求的方式可以大致预测未来社会主流人群的有关行为方式。

预测效度也许是某些设计项目担心的第一个大问题。怎么检验预测效度是否比较高？这个问题的确难以解决。最终的真实的检验只能依靠用户测试和市场检验了。

六、内容效度

1）内容效度指一个调查因素应该转化成哪些调查内容（调查问题）才能够比较真实全面。在设计访谈提纲和调查问卷时，就要把每个因素转化成调查问题，每个因素要通过若干调查问题去搞清楚。一般来说，简单因素用 3～5 个问题就能够调查得比较清楚，用 8～10 个问题能够描述一个复杂因素。内容效度指调查问题所包含的内容是否能够清楚描述一个因素的程度，能够挖掘出全面真实信息的程度。在设计调查问题时应该考虑如下问题：

第一，一个因素可能包含哪些调查内容？

第二，这些调查内容是否足以全面、真实反映情况？

第三，你设计的问题是否能够获取与设计有关的信息并转化成设计指南？

第四，什么问题适合访谈，什么问题适合问卷调查？

第五，谁能帮助我分析内容效度？专家。

2）内容效度分析举例。以喜好颜色的调查为例，这仅仅是一个因素。一般很容易想到以下四种调查方法：

第一，提问："你喜欢什么颜色？"如果被调查人没有认真考虑这个问题，匆匆忙忙回答的也许并不是他的真实情况，回答很即兴，他说"我喜欢白色"，因为看到你穿白色衣服。

第二，提问："你喜欢红色吗？"这种问题可能造成诱导。

第三，如果在问卷上列出各种颜色，例如"你喜欢如下什么颜色？棕、红、橙、黄、绿、蓝、紫、灰、白、黑。"这样调查容易引起诱导。作者曾在 30 名学生中问："你觉得这样调查会诱导你举手吗？"90%的人都举起手。

第四，画出色块具体颜色进行调查，问：“你喜欢其中什么颜色？”同样，这种方法可能也引起诱导。另外，所列的色块是极有限的，不可能全部包含被试者的喜好颜色。各种相近的颜色放到一起，你也许就糊涂了，不知道自己到底喜欢什么颜色了，也许感到各种颜色都令人喜欢。

这几种方法都存在内容效度不足之处。具体地说，每一种方法都不能用一个问题调查清楚，在每种方法里都要准备三四个进一步深入甄别性的问题。

例如，对于第一种方法，要根据具体情况，可以进一步提出下列问题：

“你在什么情况下喜欢这种颜色？”如果他说喜欢这种颜色的衣服，那么你就告诉他，现在要调查的不是喜欢衣服的颜色，而是引起你心情平和的颜色。

“你是即兴回答的，是否经过认真考虑了？”你告诉他可以再认真思考一下。

“你的回答能不能真实全面反映你的情况？你还喜欢其他颜色吗？”

“你平时是否思考过这个问题？”

在调查喜好颜色时，还要注意提出如下问题：

“你心情的好坏是否与喜欢颜色有关系？”

“你所说的喜好的颜色，是不是与你心情有关？是你平和时喜欢的，还是激动时，或者悲观时所喜好的颜色？”

内容效度关注你的调查问题是否属于“真实问题”，是否可问、可答？你觉得有些问题似乎应该搞清楚，但是并不符合调查询问的因果关系。例如，“你为什么喜欢黑色？”要求回答理由，绝大多数人无法回答这个问题。应该问：“在什么情况下，你喜欢黑色？”或者“黑色引起你什么心理感受，在什么心情时喜欢黑色？”

内容效度关注调查内容对设计的有效程度。在设计一个项目时，例如，手机，往往要了解用户的生活方式，而生活方式涉及的范围很广，你可能调查了大量的内容，但是这些问题却对手机设计没有什么作用，该调查内容就缺乏内容效度。在建立调查内容时，要紧密围绕设计目的，全面了解“用户与手机相关的生活方式”内容，要调查“对改进和设计手机有用的信息”，而不是泛泛的“用户的生活方式”。

3）如何检验内容效度？检验内容效度主要依赖专业水平。首先你要成为该产品的专家用户，能够从专家用户的高度去全面思考调查目的。你还应该请教专家用户、专家设计师、对该产品具有全局经验、具有丰富调查经验的人，请他们分析你的调查提纲、具体调查问题及提问方式。

第一，我对一个因素的调查是否全面？

第二，我调查的这些问题是否能够提供设计信息？

第三，我的调查内容遗漏了什么？

七、交流效度

1）交流效度指调查者与被试者之间的沟通程度。调查过程实质上是沟通过程，彼此的交流情况直接关系到调查结果。交流效度的核心问题是：你提出的问题是否可以被理解，是否可以被回答，是否愿意回答，是否能够真实全面回答，也就是“可懂，可答，愿答，能答”这四方面问题。交流效度主要如下考虑几方面：

第一，你提的问题是否可答？是否由于你的缺陷导致对方不愿意配合？

第二，对方感到你的善意友好，还是冷冰冰的、带有偏见的，甚至是强势或者进攻性的态度？

第三，你提的问题是否以中性方式表达准确，而不引起对别人的诱导？

第四，对方是否能够明白你要问什么问题，而不是仅围绕问题的字面意思？

第五，对方是否能够回答？你是否理解对方表达的含义？

2003年暑假我们工业设计系4名同学设计了一份日用口杯的调查问卷，他们花费了一个下午设计这份问卷，还请老师参与修改。通过试调查后才发现，他们设计的每一个问题别人都不能直接读懂，因此在调查中，他们无法进行简单的发放问卷。他们只好拿着一份问卷，对每一个问题进行解释，然后对方才能理解含义进行回答。设计问卷时要考虑如何使别人能够理解你提出的问题，这本身就是一个很困难的问题。

2) 影响交流效度的因素。

第一，友好善意的态度促进交流。如果你表现出忠厚、善意、友好、态度中性，别人就可能愿意接受调查。用户调查属于心理调查范围，往往会触及别人的内心深处。如果对方缺乏安全感和理解感，就不愿意交谈，甚至反感交谈，因此你要尊重对方。当对方回答后，你"忍不住想笑"、"惊奇"、"反感"，也许会在无意的情况下伤害对方。任何手势、表情、语气和姿势，都会引起对方注意，影响对方对问题的思考和回答。对于超出自己经验的解释，决不要脱口而说："这不可能"，而是提出一个相关的问题进一步搞清楚它。有一次学生们在调查手机使用时提问："你使用过几部手机？"对方说："我一部手机也没用过。"他们很惊奇地喊了声："啊！"事后这名被调查的同学说："我好像在受审，当时我真想逃走。"

第二，与调查对象的熟悉程度影响交流效果。我们许多人在家庭和熟人环境中比较容易表达，面对陌生人时往往感到拘谨胆怯，思维封闭，甚至有猜疑和戒备。在用户调查中，"性格内向"的含义是"缺乏表达交流愿望"。你应该有善意微笑，语气缓和，随和开朗，带动气氛等，从容易活跃的聊天话题开始。2007年9月12日作者曾对63名工科三年级学生进行调查，他们之中能够与陌生人一起健谈的有9人（14%），能够与熟人一起健谈的有43人（占68%），与熟人、陌生人都能健谈的1人，与熟人、陌生人都不健谈的10人（16%）。其中只有3人认为自己属于外向。这意味着，假如让他们到外面大街上进行调查，绝大多数，也就是大约1-14%=86%的人不善于同陌生人打交道，他们也许调查得很认真，但是他们从陌生人那里调查回来的信息可能搞不清楚真假。在缺乏沟通能力或经验时，可以先与熟人交谈，先调查熟悉的同学、好友等。与他们进行尝试性调查时要及时了解彼此的沟通情况。例如，我提出的这个问题是否妥当？我应该提什么问题？你是否理解我说的？请你用自己的话来解释一下。我的语气是否恰当？我的态度是否得当？这个问题是否容易回答？我的理解是否正确？我不理解你的意思，你是否能再解释一下？最好通过熟人环境的无拘束交谈，逐渐积累经验，然后再同陌生人打交道。

第三，自我中心阻碍交流。以自己为价值中心判断他人，用自己经验判断别人，用自己态度理解别人，用自己观点解释别人，缺乏换位思考，缺乏理解别人的愿望，不体谅别人的感受，不容忍别人的不同想法，不会采取跟随方式与别人交谈，缺乏体谅和宽容态度，不会从别人角度看自己，不考虑别人的期待。

第四，沟通能力影响调查效果。良好的沟通能力表现在如下几方面。①进行调查时，要面带微笑，让对方感到你友好开朗，容易接近。称呼要礼貌，对年长者最好尊称等。②如果在大街上调查，要选择那些不太匆匆忙忙的人，他们行走不太急促，没有手拿很重东西，他们行为不太紧张。当你眼神寻找时，要注意能够回应你眼神的人，也许对你的调查比较感兴趣。③主动表达自己的调查目的，要简单扼要表达自己的调查目的，例如，"我是一名学生，为了设计一个项目而进行这次调查，大约只需要 5 分钟"。或者"我想了解一下你对手机的使用情况，这些调查资料对以后改进设计可能会起一些作用。"自我介绍时，最好一句话就讲清楚，不要啰嗦。④不要纠缠。假如对方不愿意接受调查，就改换其他人。⑤反应要敏捷。调查中最忌讳双方搞不清楚对方的含义或目的。遇到这种情况时，马上要改变话题，跳出被动局面。作者曾调查过 54 名从事过用户调查的学生，19 名学生感到在调查时，双方经常绕来绕去谈不到一起。有时候双方似乎对答如流，可是全是阴差阳错。你每提出一个问题后，可以根据具体问题问对方："这个问题容易理解吗？""你觉得这样提问的方法是否妥当？""我不知道是否说清楚了，你理解吗？""你愿意回答这个问题吗？""这个问题好不好答？""怎样提问你觉得更合适？"。

当对方回答过你的问题后，你要让对方确认你的理解是否正确，这时你可以问："我对你的回答是这样理解的……，是否符合你的意思？""你觉得我是否理解你的含义？""你基本表达了自己的真实情况？还是即兴回答，没有深入思考？或者从未考虑过这个问题"。

第五，偏见影响效果。如果你提问时表现出倾向性态度，就可能对别人起"诱导"作用，别人可能按照所理解的"暗示"进行回答。你表现出对某事物的反感态度，被调查人也许会按照你的口味回答问题。在分析我们学生的初次调查体会时发现，24%的学生感到被调查人只是按照自己调查的意图去附和而没有谈出实际情况。

第六，概念不清楚，影响交流效果。在表达态度时，人们会说："还行"，"差不多"，"无所谓"，"一般般"等。这时需要更深入问一句："还行是什么含义？""差不多是什么意思？""无所谓是什么意思？"这样也许能够把对方简略的话引申出来。

第七，被调查人思维活跃程度影响交流。调查时，对方没有任何精神准备，突来其临的询问往往使有些人"想不起来了"，或者仅仅是随和。你要先让他"热脑"，通过聊天或举例，最好在实际情景中进行调查。

第八，注意表达方式。有些人常常说："最后说一点，其实并不重要……"。实际上最后这一点才是他表达的最重要的内容。例如，谈合同时，往往把钱的问题放到最后谈。再例如，在交谈中，人们往往还思考一些问题，直到最后把这个问题考虑清楚后才提出来进行商谈。有些人习惯于引证权威，借别人的话表达自己观点。

第九，区分托词与真实原因。当别人说"因为……"时，要进一步思考这是"原因"还是"托词"，深入调查这些"原因"背后的原因，不要猜测。

第十，调查时应该记录别人的原话，而不要记录自己思考后所理解的含义，也不要记录自己思考后的总结。

3）如何检验这种内容效度？影响交流效度的两个主要因素是：人际交往态度是否友好善意和沟通能力的强弱。通过下列几个方面去判断或验证交流效度。

第一，判断交流是否流畅，对方是否在思考，是否能形成交流链。效度不高的基本标志是：所答非所问、经常跑题、戒备、反感等。如果对方出现拘谨、冷淡、脸红等现象，你要立即设法态度谦和扭转局面，例如，"不知道我的问题是否恰当？"，"对不起，我不是有意这样的。"

第二，结合情景进行调查。在实际情景中进行调查的效度比较高。实际情景能够激活被试者主动思维。脱离实际情景的问题往往比较空。

第三，判断对方是否理解你的问题，你可以问："我问的是什么问题？你怎么理解这个问题的含义？"当对方回答后，你也可以再说："我对你刚才的话的理解是……，不知道理解得对不对？"也可以把同一问题在不同情景重复问两三次，看对方的回答是否一致。

第四，让对方评价。例如，你可以在适当时候问对方："你觉得我们交谈的是否深入？是否比较全面？""你的回答是否比较符合你的一般情况？"

交流效度的实质是人际交流的水准。人际沟通的核心问题是搞清楚对方的心理感受，搞清楚别人对自己调查问题和调查方式的感受，掌握提问题和自我表达含义的态度与火候，能够自如达到："该询问时就询问，该解释时就解释，该停顿时就停顿，该退让时就退让，该回避时就回避，该直率时就直率，该含蓄时就含蓄，该微笑时就微笑"。

人的各种认知能力的提高是有一定年龄阶段的。失去这个阶段后，也许需要花费几倍精力和代价的。在大学学习阶段，彼此没有利害冲突，没有角色隔阂，大家都缺乏经验，同学之间彼此比较容易坦率交谈，通过彼此的沟通，比较容易了解对方的感受，也比较容易搞清楚自己的不足，要抓住这个机会很快提高交流沟通能力。如果在大学阶段没有很好提高自己的交流沟通能力，离开大学学习阶段后再学习问卷设计和用户调查是很困难的。

在工作中要学习用户调查，必须要克服以下障碍。因为职业压力，彼此竞争，人际关系冷漠等原因，你很难了解到对方的心理感受，很难知道自己的不足。也许人人都很忙，没有闲暇坐下来仔细讨论各人的经验教训。也许彼此能力和经验差距比较大，无法在一起交谈。也许你怕别人说你能力差而不敢说"我没搞清楚这个问题"。也许由于对方年龄比你小而不好意思请教，也许对方学历比你低，也许你职位比他高，各种原因都可能使你难以开口说："我没搞清楚你的含义，你能够再解释一下吗？"也许你很谦虚地请教对方，但是对方可能因为不愿意得罪你，时间匆忙，彼此不熟悉等，没有直接告诉你的不足是什么。这样，就可能由于自己某一方面缺乏经验而影响到调查的全局性。

八、分析效度

分析效度指分析调查结果和对数据分类的有效程度，包括如下几方面。

1. 认知效度

指分析调查结果的真实程度和有用程度。认知效度高意味着以下几点。①你能够从一些特征上判断一份调查报告的调查问题是否妥当，调查结果是真是假，是否有用，是否全面，是否高水准。②大致粗看一下调查数据的数量级，就能够发现是否存在明显的错误。例如，一个调查报告得出结论"我国人民喜好蓝色的人为90％"，你马上能够判断这是很明显的数量级错误。③建立适当的认知框架。例如，如何把人们的审美观念进行分类？这个问题很少被考虑过，需要进行各种尝试，再通过尝试调查。在调查我国人民服装审美观念时，作者把审美观念分为传统、现代、后现代，这就形成一种认识框架。

2. 分类效度

指调查数据的聚类分析对推导调查结论的有效程度。分类是一个高难度问题。分类的实质是在各个调查因素之间建立明确的关系，从而能够简化复杂问题。这些问题是在建立调查结构框架时就必须搞清楚的问题，否则在最后统计分析时会出现难以对调查数据进行分类的问题。按照什么变量进行分类？例如，在分析服装审美时，可以把审美观念分为3种类型：传统、现代、后现代。有人在对用户人群的审美观念进行聚类分析时，按照这3种类型把人群分为传统人、现代人、后现代人，但是无法得出聚类。为什么？因为这是3种审美观念。然而在具体调查分析每个人服装审美观念时发现，实际上各人的审美观念几乎或多或少都包含了一些传统的和现代的，从个体上看，有些人不属于单一的审美观念的个体，因此必须建立另一个认知框架，必须要区别："审美观念"的类型与"审美个体人"的类型含义。我们可以换一个角度进行分类：具有传统审美观念的人群比例，具有现代审美观念的人群比例，具有后现代审美观念的人群比例，这3个人群有交集，也就是说，一个人可以具有两种或三种审美观念。宏观框架是按照种审美观念列出框架，微观审美是按照人列出各人的审美观念。

3. 评价人效度

在用户界面设计领域，评价人有两种含义：

第一，用户操作软件后对其可用性进行评价，这时用户是评价人。

第二，专家和设计人员对用户的操作进行评价，这时专家和设计人员是评价人。评价人效度指他们能够全面正确评价的程度。认知心理学对专家（或专家用户）有确切描述。专家用户具有如下10条基本特征：能够熟练使用一种产品；能够比较同类产品；有关的新知识容易整合到自己的知识结构中；具有10年专业经验；积累大量经验并且在使用经验方面具有绝招；了解有关的历史（该产品设计史、技术发展史等）；关注产品发展趋势；知识链或者思维链比较长，他们能够谈出大量的有关信息；能够提出改进或创新建议，其高水平体现在采用简单方法解决复杂问题；具有全局性能力、规划能力或评价能力。影响专家评价效度的因素主要如下：①各个专家的价值观念不一致，导致评价结论不同。②各个专家评价的内容不一致，分别测试了不同任务，得出不同结论。

第三，各个专家评价的方法不一致，他们各自的能力和经验不同，采取的方法也不同，有的专家采取观察用户操作，有的专家采取访谈，因此得出结论不同。

第四，各个专家评价的标准不一致，有的专家认为的问题，其他某些专家并不认为那是问题，或者认为问题的严重程度不同。评价人是否敢于正视自己的效度，是否敢承认自己的评价效度，成为专家效度的关键问题。

高学历不等于专家，名人不等于专家，高职称和高职务不等于专家。

第九节　如何改善调查效度

一、如何验证效度

建立评价表格，列出每一个影响因素，然后要列出各个因素的每一个观察点，并给出判断方法。例如，要验证一个用户界面的功能是否符合用户需要，就设计一个验证表格，列出用户的各个任务，以及每一个任务的四个阶段（意图、计划、实施、评价），列出每一个阶段的观察点：例如图标是否符合用户期待，操作过程是否符合用户期待，操作动作是否符合用户期待，最后看评价方式、反馈信息等，看每一个观察点是否符合用户期待。最后要规定评价方式，例如，打分1（用户无法独立完成操作）、2（用户需要提示）、3（用户能够独立完成操作）。在评价时，让用户进行操作，请专家观察用户操作情况，然后专家在一起进行讨论，确定大致评价标准，然后专家按照这个表格去填写每一个观察点的判断结果。一般可以采取以下办法：

1）多种方法相互验证，例如，把访谈、问卷、观察结果相互验证。

2）多种参数相互验证。

3）多名专家相互验证。

4）多种用户相互验证。

5）多种人员相互验证。

6）大量调查数据相互验证。

二、如何验证和改善结构效度

1）如何检验或提高结构效度？验证结构效度包括验证以下几方面含义：

第一，整体因素是否全面、恰当，是否能挖掘设计信息？

第二，遗漏什么因素了？

第三，是否存在更适当的因素结构？

2）如何改善结构效度？可以另外再请没有参与该项目的专家，或者选择不同人群进行二次验证。例如，你要调查"手机存在什么问题？"应该分别调查经验用户、新手用户、专家用户。

三、如何检验预测效度

要想提高预测效度，就应该问：

1）这些因素具有预测能力吗？是否有数据验证过？

2）能预测什么？能预测多长时间？能预测到怎样的细致程度？

3）预测的东西能够为设计提供信息或指南吗？

如果发现预测程度低，要考虑以下几个问题：①是不是没有找到真正的预测因素，或者预测的因素选择得不恰当。②是不是预测的内容不恰当。③是不是选择的预测专家不合适。

预测未来是科学中最难解决的问题。能够预测什么？不能预测什么？能够预测到什么程度？这些问题都必须有科学根据。请注意，设计调查不是算命，设计师不是算命先生，创新不是占卜未来。在设计调查中必须实事求是。

四、如何改善内容效度

内容效度指调查问题的内容的真实、全面、有用程度。一般从下列几方面考虑：
1）一个因素可以分解成哪几个问题？
2）调查问题是否能够全面真实反映一个因素？
3）哪些问题不能挖掘设计信息？
4）哪些调查问题超过用户经验范围？
5）什么问题适合用户访谈什么问题适合问卷调查，什么问题适合观察用户操作？

五、如何改善交流效度

用户调查方法有访谈、问卷调查、现场操作观察等。交流效度指各种调查中双方沟通的程度，主要问题是理解很难。作者在5所大学对大约600名本科生进行过调查，能够与父母彼此理解的学生人数大约为10%。与陌生人交谈中能够理解的可能更少。调查过程中要时刻注意三个问题：对方是否能够明白你提出问题的含义？对方是否能够回答你的问题？你是否理解对方的表达？一般从下列几个方面去改进：

1）哪些方法适合调查哪类问题？

2）被调查人首先需要安全感。善良友好使人有安全感。哪些问题可能使别人缺乏安全感呢？①态度冷淡，强势或者进攻性，过分严肃，高深莫测，急躁，说话很快，声音很高。交谈时要表现出对别人的尊重和友好，例如善意的微笑、随和、开朗等。②询问陌生人敏感问题可能被当作不尊重人。例如，"这么低的工资，你会不会接受？"而应该采用第三人称，"这么低的工资，你觉得是否会有人接受？"遇到不同看法时，不要说："我不同意你的观点。"不要用开玩笑式的态度说："这样小儿科的观点。"不要脱口而说："这不可能"。③你边说要边看对方表情。如果发现对方脸色变暗，就马上停止，改换话题。④对于别人的任何回答表现出突然很惊讶、反感、好笑、不屑等，都会直接伤害对方。⑤态度中性。如果你有倾向性态度，也许会伤害别人，或引起对方的戒备心情，也可能对别人起"暗示"和"诱导"作用。

3）采取倾听态度，不要独白。假如对方说了很多客套话，你马上要思考这是为什么？要从对方发现线索，鼓励对方进一步表达，例如，说："你的观点很有意思。"要注意话语背后的语气、情绪、表情和态度。以自我为中心阻碍交流，它以自己为价值中心判断他人，缺乏理解别人的愿望，不容忍别人的不同想法，缺乏体谅和宽容态度，不会从别人角度看自己，不考虑别人的期待和感受。

4）如何表达强调性语气呢？有些人用高声表达强调，有些人重复两三遍，有些人用反话表达强烈语气。

5）沉默的含义。当你提出一个新问题时，对方却沉默不语。这时你要注意，可能他并不同意你，而用这种方式回避争论。而你却没有明白，反而误以为他听得津津有味。

6）搞清含义。不要用自己的解释代替别人的含义。需要注意三点：①深入询问。当对方说："这个图标挺好。"你要问："好是什么含义？好在哪里？"②搞清楚原因。当别人说："因为……"时，可能表示事情的原因，也可能表示借口，你要进一步深入搞清楚含义。③调查时应该记录对方的原话，而不要记录自己所理解的含义，也不要记录自己的总结。

7）人们有各种不同的表达方式。有些人直截了当，有些人比较含蓄，有些人把最重要问题放在开头讲，最重要的事情放在最后讲。他可能说："我认为有三点比较重要。……最后，还想顺便说一下，其实这不重要……"其实前三点并不重要，而"顺便说"的事情才是最重要的。有些人习惯用比较重的口气表达，这种表达是为了引起注意。如果你误解，可能会认为此人很极端片面。有些人习惯用反话表达，这也是引起注意的一种方法，你可能得出相反的结论。

8）避免流利的阴差阳错式的对话。例如，你问："你是否使用过计算机？"对方回答："我不喜欢计算机。"交谈很流畅，却没有任何意义。一般来说，可能有两种原因导致这种情况。①缺乏交流经验，或者还没有集中注意力。你可以用陈述方式重新问一次："我想知道你是否使用过计算机。"提醒对方集中注意。②对方不愿意正面回答问题，例如，感到陌生，反感这个问题，缺乏自信等。这时，你可以尝试用善意解脱对方，例如说："的确，不少人都不喜欢计算机。我调查这个问题，正是想改进计算机。"如果对方表达交流时采用模糊语言，如果不善于表达，如果缺乏认真考虑，如果匆匆忙忙，如果缺乏调查经验，都可能导致类似情况。你要学会用不同方法调查同一个问题。有时，对方不喜欢直截了当的询问方式，那么可以采用比较间接的问法。有时，一个问题的问法对方不理解，那么换一个问法。为了验证调查的可靠性，你可以在调查前后，提出同一个问题，或从不同角度询问同一个问题。

9）如果对方不愿意接受你的调查，怎么办？很简单，你寻找其他人。

10）不善于在陌生人面前进行交谈。作者曾对56名工科三年级学生进行调查，41人说自己在熟人面前比较容易表达，占73%。只有15人认为自己在陌生人面前能够表达自己观点，占总人数27%，其中男生6人（占17.6%），女生9人（占41%）。初次进行访谈或问卷调查时，最好与熟人、亲戚、朋友、同学进行尝试，积累一定经验后再对陌生人调查。

11）在调查中通过如下问题进行验证。当你提完问题后要问对方："请问你是否理解我提出的问题？""你如何了解我提出的这个问题？"当对方讲述完，你可以问："我所理解的你的意思是……，我的理解对不对？""你的意思是不是……？"

六、如何改善分析效度

分析效度包含三方面，其中重点问题是认知效度和专家效度。经常遇到的问题之一是：如何认识或判断一篇调查报告或论文的真实性和可靠性？最简单的方法是看调查报告或论文的最后一部分。下面举例比较两篇论文的写法。

国外一篇文章《Effects of keyboard tray geometry on upper body posture and comfort》，发表在《Ergonomics》1999 年 Vol. 42，No. 10，1333-1349。它是一篇人机学的调查研究报告，一共 17 页。第一部分为引言，占 1 页，综述了以往有哪些论文对该问题进行了调查研究，各得出什么结论。第二部分描述和分析自己的调查方法、调查问题，描述使用的实验设备，如何测试各个因素，以及数据分析。这一部分占 3 页。这两部分在我们一般的论文中也存在，然而该论文的最后一部分在国内大量的论文中往往不存在。该论文的第三部分为"结果与讨论"，占 4 页，占到全文的一半，这一部分论述了该文章的发现和研究问题。该调查中发现两组测试人群的差异很大，对此进行研究，一共发现和研究了 7 个问题。这篇论文的特点在于：敢于揭短，把测试中差异很大的问题揭示出来进行深入研究，这是从反常事情中发现了问题，并进行的研究。揭短，说文雅一些，叫做发现问题和解决问题，这是科学研究应该做的正常事情。

下面比较作者手头的一篇论文，它是《某软件系统的用户界面设计过程研究》，共 90 页。该论文自称是"研究"设计过程，实际是一个外行学习了一点东西，然后参与别人的设计项目，完成了一部分用户界面的设计任务，采用的设计方法全是套用别人的，自己并没有研究什么，这篇文章把"学习"当作"研究"。该论文最后一部分写的是"论文的总结与展望"，只有一页半，而不是"讨论与结论"，全部是对自己论文进行的主观评价。例如，"在整个开发过程中都注重可用性"（废话），"将可用性设计方法融入产品开发流程中是非常必要的"（空话），"……从而保证了调查的全面完整性"（大话），它敢说"保证"，它敢说"全面完整性"，而实际上该论文没有进行效度分析，也没有进行信度计算分析。论文不是散文，科学逻辑不是抒发激情，科学评价不靠形容词，而靠科学方法和数据。坚持这四条极简单的道理，就能够明显提高分析效度。专家评价的基本内容是描述该论文或设计所完成的工作，而不是用形容词或文学词汇或非专业语言评价其水平、重要性或意义。

第十节　调查信度分析

一、有关概念

1. 方差

方差是概率统计中最基本的一个量，它与调查信度有关。如果一个变量 x 一共有 n 项，这些项的平均值为 $\overline{X}$，每一项与平均值的差为 $x_i - \overline{X}$，那么方差 σ 为

$$\sigma^2 = \sum (x_i - \overline{X})^2 / n$$

这些变量是什么含义？下面举例说明。

第一，评价某人打靶能力。如果 x 是每次打靶的环数，$\overline{X}$ 表示打靶总环数除以打靶次数，得出平均环数 $\overline{X}$，它表示打靶能力，由此决定各人打靶名次。

第二，评价某物真实测值。如果测试某物质量 x，$\overline{X}$ 表示"真值"（实际上不是真值）。假如没有系统误差存在（例如枪的准星偏了），求平均值后，各项随机误差就被全部抵消了。这意味着要想得出真值，就要设法减少系统误差使它为零。减小系统误差的基本办法是提高测量工具的精度，用高一级的标准进行比对，这样把误差减少一个或两个数量级，从而实用中认为系统误差可以被忽略。

2. 信度与相关性

被试者在填写问卷或观察实验中，对各个测项打分，该打分被称为"观察得分"。这些分数包含两部分，真实应该得到的分数为"真实得分"（通常记为 T，或者 τ），和由于各种失误而引起的"误差得分"，这个误差记分可以被分解为系统误差和随机

误差：

$$观察得分＝真实得分＋误差得分$$

$$误差得分＝系统误差＋随机误差$$

测试误差得分包含两种形式：第一，系统误差，它影响调查效度。调查效度指调查的真实、全面和有用的程度。如果遗漏某些调查因素，测试方法错误，理论结构偏差等，这样就降低了调查的全面程度，那么就会引起系统误差，也降低了调查效度。第二，随机误差，也被称为偶然错误。一般它指被调查人的心理稳定程度和一致程度。例如，某个被调查人心理不稳定，对问题的回答也不稳定。随机误差影响调查信度。信度指调查或测试的"重复性"和"一致性"。假如用同一方法、在同一人群中、测试同一变量，能够得到同样的结果，那么就认为被调查在这次测试信度很高。信度的含义可以被理解为（误差得分中包含随机误差 E）

$$信度＝（真实得分 T）/（真实得分 T＋随机误差得分 E）$$

影响调查重复性的因素主要有三种：被调查人的心理稳定性、心理一致性以及评价人的一致性。例如，你问对方："你喜欢使用计算机吗？"他回答："喜欢。"你把这个问题问了三遍，他分别回答："喜欢"，"一般"，"无所谓"。这三次回答都不一致，我们就说这三次回答的稳定信度很低。如果三次都回答"喜欢"，就是稳定信度高。如果实际上他并不喜欢计算机，那么这个回答的效度就很低。由此可以看出，效度更重要，信度属于它的一个侧面。

心理一致性指被调查人对各个方面的看法是否相关一致。例如，你用以下三个问题调查对计算机的态度。

"你喜欢计算机吗？"被调查人回答："喜欢。"

"你用了几年计算机？""我从不使用计算机。"

"你在生活中需要计算机吗？""我需要 10 台。"

这三个相关问题的回答彼此不相关，从中无法判断他对计算机的态度。这样的回答信度不高。要搞清楚信度分析，首先要了解以下有关的数学概念。

实际上我们无法得到真值或真实得分，因此也无法根据上式计算真实得分的信度。我们不能直接计算信度，那么就考虑如何采用间接方法去评估它，而不是去进行准确的计算真实值和信度。因此建立另一个概念：信度指数（index of reliability），并通过变化程度（方差）去度量它，这样信度指数的定义如下（注意，分母中没有包含系统误差）：

$$信度指数 ＝真值得分方差 / 观测得分方差$$

$$＝\sigma^2_{(true\ score)} / \sigma^2_{(total\ observed)}$$

$$＝稳定方差 / （稳定方差 ＋ 不稳定方差）$$

信度指数是真实得分的方差在获得的观测得分（总得分）的方差中所占的比例。这意味着，假如采取真正的随机抽样，那么随机误差会会相互抵消。因此，一个因素的调查问题越多，那么所加的题项也越多，真实得分（相对与误差得分）所占的比例越大，信度指数也越接近 1，那么信度越高。同样，如果进行两次测试，它们之间的相关性越高，信度越高。因此信度的分析也可以变为两次测试之间的相关性分析，两次观察结果之间的相关性也就是它们的信度计算方法。

通常依据以下几种信度的理论结构进行评价。

1）稳定性信度。评价被测试人对调查问题回答的稳定程度，可以采用两种测试方法。第一，折半信度。通过评价两个等效形式的调查问卷，评价稳定性，典型的是Spearman-Brown 系数。第二，重测信度。把一份问卷重复调查两次，判断其稳定性，典型的是计算 Spearman-Brown 系数。

2）内部一致性信度。通过被测试人对各个测题答案之间的相关性去评价内部一致性，典型的是计算 Cronbach alpha。

3）评价人信度。通过两位或多位评价人对同一测题的评分的相关性，典型的是组内（intraclass）相关性，它有若干种类型。本书不分析这些方法。

二、如何判断变量线形相关

在进行相关分析时一般采用线形相关的数学方法，因此遇到一个相关问题时，首先要判断是否线形相关。如果变量之间是非线形相关，那么就不能用线形相关的处理方法。如何判断非线形关系？解决办法是，绘出相关变量之间的散点图（scatterplot），SPSS 软件中提供了绘制的方法。该图显示了这两个变量的分布情况，从中比较容易看出是否属于线形关系，从而可以大致判断这两个变量之间关系的类型。假如回归线能够通过散点图上每一点，那么它就能解释所有的变化，然后就可以进行简单线形关系的定量分析了。

Pearson 相关系数（Pearson's correlation coefficient）表示两个变量之间的简单线形关系的程度，一般用字母 r 表示，写为 Pearson r，又被称为积矩相关系数（product-moment correlation coefficient）。计算 Pearson r 积矩相关系数的方法如下：

$$r = \sum (xy)/[(N-1)(\text{SD}_x)(\text{SD}_y)]$$

式中，x 为各人得分减去偶数测项的平均值；y 为各人得分减去奇数测项的平均值；N 为人数；SD 为标准偏差，$\text{SD}_x = \sqrt{\sum x^2/(N-1)}$，$\text{SD}_y = \sqrt{\sum y^2/(N-1)}$。Pearson r 测试的仅仅是两个变量之间的线形关系。假如变量之间的关系是非线形的，那么 Pearson r 的线形测试方法就不适用了。相关系数 Pearson 相关系数 r 的平方（r^2），被称为决定系数，它代表两个变量共同变化的部分，也就是关系的强度或者关系的大小，它代表了能够被独立变量解释的因变量的方差的百分数。变量之间的关系是双方向的，因此也代表了因变量能够解释独立变量的方差百分数。假如 x 与 y 线形相关，相关系数为 $r=0.90$，那么决定系数为 $r^2=0.81$，意味着 y 中总变化中的 81% 可以用 x 与 y 之间的线形关系进行解释，y 中剩余 19% 的总变化无法解释。决定系数是度量回归线表现数据的好坏程度。也可看出，相关系数为 0.9，实际上并不高。

以上求相关性的方法假设存在的相关关系是线形关系。实际上很可能两个变量的相关性很强，却是非线形的，例如二次曲线，实际上没有简单方法去判断非线形关系。解决方法是，通过计算打印出各点关系散点图，在图上很容易看出变量之间的关系是线形的、非线形的或者彼此无关。另一种方法是把这些变量分成等宽度的若干段，例如 4 段或 5 段（参见 http://www.statsoft.com/textbook/stbasic.html#correlationsb）。

下面具体分析这三种信度。

1. 稳定性信度

稳定性信度（stability reliability）也叫再测信度（test-retest reliability）。稳定性指被试者或被调查人对同一个问题的若干次回答的稳定一致程度。这反映被试者心理状态的稳定程度。影响稳定性信度的因素很多，例如比较陌生、紧张、匆忙等。一般用重复测试或复本测试检验稳定性信度。

（1）重复测试

测试方法是，对同样被试者（或被测试人群），在不同时间重复进行两次相同的调查，得到的结果一致的程度，被称为稳定性信度。根据两次测试分数，用 Pearson 积矩计算其相关系数（pearson product moment correlation），得到的相关系数也被称为再测信度。两次测试的间隔时间是影响稳定信度的一个关键因素。如果间隔时间很短，第一次操作对第二次来说是一个学习和适应过程，第二次的熟练程度可能更高。如果两次测试间隔时间太长，同一被试者的生理和心理因素可能发生很大变化，实际上可以被看作"两个不同的人"，因此要选择适当的间隔时间，其目的是尽量减少时间因素对测试结果的影响。如果测验是用于长期预测，则测量间隔长一些。选择两次测试的时间间隔的主要依据是：他们要遗忘第一次测试的内容和学习体验。一般的间隔时间是若干周。

影响稳定性信度的因素，可能是由于被测试者的心理不稳定，他们对同一问题的答案有时给分高，有时给分低。这个问题被称为调查信度或评价信度。也可能由于被测试者的心理因素不稳定，对同一问题的回答不一致，这种不一致的程度被称为稳定性信度。

Pearson r 被用来度量相关性，也被称为简单线形相关，是确定两个变量的值相互成"正比例"的程度。相关系数 r 代表两个变量之间的线形关系。假如可以用直线表示这个关系，说明其相关性很高，其值为 -1～$+1$。如果它为 0，说明这两个变量没有关系。如果为 $+1$，说明这两个变量是"x 增加，y 也增加，反之亦然"。如果为 -1，说明"x 增加，y 减少，反之亦然"。这条直线被称为回归线，或最小二平方线，因为各个测试数据点距离该直线的二平方距离最小。

从统计角度看，重测信度也可以被看作为折半信度的不同表达形式，因此也用 Spearman-Brown 系数表达它。假如再调查的时间间隔太短，被试者仍然记忆测试方法和结果，那么重复测试就会得到很高的信度，这实际上是不真实的。假如再调查的时间间隔太长，被试者本身特性会发生变化，这样再调查效度也很低。

（2）复本测题（parallel items on alternate forms）

测试方法是，采用语义相同而不同表达形式的问题或实验去测试同一个因素，这两次测试的结果应该稳定一致。这两份分数的相关系数为复本系数或等值系数（coefficient of equivalence）。假如测题是真正同等的（是完全并列的复本），那么它们具有同样的得分和误差。实际上不可能完全相同，它们之间还会存在随机涨落偏差，而不是系统误差。

如何设计复本问卷呢？对每个调查的问题都设计两个类似的问题，其语义相同而形式不同，然后把这些问题分为两份问卷形式。这两份问卷的问题表达不同，但是调查的问题内容相同。把这两份问卷用于同一被测试人群样本。这种测试可以在同一天进行。从理论上说，这组人群对这两份内容一致的问卷的回答应该一样。这种方法的主要问题有以下两个：①很难设计出如此大量的调查问题。②很难通过随机方式把这些问题分为相同的两组，实际上很难比较两份测试的同等性。这种方法与下面所叙述的折半信度有些类似。这二者的区别在于复本信度构成的两份问卷彼此可以独立使用，也是彼此等效的测试。什么因素影响复本信度的高低？有人认为，再测信度系数高于复本信度系数。

2. 内部一致性信度

它关注同一因素下各个测题之间的相关程度。如果被测试人对同一个因素下各个测题的打分高低比较近似，就表明对同一因素的态度或看法比较一致，那么内部一致性就高。例如，他说："我喜欢自行车""我经常骑自行车"。内部一致性（internal consistency）也被称为同质性（homogeneity）。同质性是指一个因素下所有测试题目间含义的一致程度，看它们是否反映同一种心理特质或行为。

内部一致性用来评价各个测题反应的心理状态的一致程度，也就是各个测题所获得的心理或行为特性彼此密切相关的程度。测题答案间呈比较高的正相关，表明其同质性比较高。如果相关很低或是呈负相关，则题目为异质。

什么问题引起用户测试心理不一致？除了用户本身的心理状态外，测试也可能引起用户心理不一致。例如，测试方法脱离用户真实任务和真实操作情景，提出的问题不符合用户的思维方式等。提高内在一致性的主要方法是，保持用户思维自主性和连续性，在真实情景中进行用户测试，使被试者主动独立思维，由他们自己设置操作任务，完成真实任务（而不是由测试人提出的任务），按照用户的操作过程提出有关测试，而不是脱离用户操作去提出问题，这样能够提高各种相关问题的一致性。运用 SPSS 软件提供的信度分析（reliability analysis），主要是看 Cronbach alpha 系数，折半信度检测。可以用以下四种方法测试一致性：

（1）折半测试（split-half testing）信度

折半信度系数"Spearman-Brown 系数"（Spearman-Brown split-half reliability coefficient），也被称为"Spearman-Brown 预测系数"（Spearman-Brown prophecy coefficient）。折半测试信度是用一份完整的测试问卷进行调查，然后把调查结果随机分成两组，例如可以按照奇数、偶数题号分半，然后用 Spearman-Brown 公式进行计算，$\rho = (2r_{xy})/(1+r_{xy})$，其中 r_{xy} 为这两半的相关系数。看其答案的重复性或一致性，也被称为类似问卷信度或一致性信度。"等效问卷"指两份问卷调查因素一样，对每个因素的调查问题的数量也一样，每个调查问题的语义也一样，然而每个问题的表述不一样。其目的是看被调查人对同样问题的回答是否相同，由此判断心理状态是否稳定或一致。如果用 SPSS 软件计算折半分析，那么它会产生四个系数：为每一个问卷生成 Cronbach alpha，为两份等效问卷生成 Spearman-Brown 系数、Guttman 折半系数和 Pearson 相关系数。

假如调查项目分类形成两个折半表格的方法不同，Spearman-Brown 信度系数会明显受其影响，因此最好采用随机二分法，其他折半量度同样也直接影响该信度系数。随机二分时，要保证其两个折半表格的方差相等。

（2）测题间一致性（inter-item consistency）信度

在设计调查问卷时，首先考虑要调查哪些因素，例如，要通过四个问题去调查用户对该任务的意图，那么这四个问题应该彼此相关一致。也就是说，每个调查因素中的各个调查问题之间要保持密切相关性。Kuder-Richardson 方法就是用来测试一个因素中各个调查问题（测题）之间的一致性。对于答案为"yes/no"二分型的问题，可以计算 Kuder-Richardson 系数，这个公式被称为 Kuder-Richardson 公式 20

$$\rho_{KR20} = \frac{N}{N-1} \Big[1 - \sum (pq) / \sigma^2 \Big]$$

其中，σ^2 为该测试的总得分的方差；N 为对一个因素的调查问题（测题）的数量；p 为被试者通过了一个给定测项的比例；q 为被试者没有通过一个给定测项的比例。

Kuder-Richardson 公式 21 为

$$\rho_{KR21} = k/(k-1) \big[1 - M(k-M)/k\sigma^2 \big]$$

其中，M 为测试平均值；k 为测项数量；σ^2 为方差，其值如下：

$$\sigma^2 = \Big(\sum X^2 \Big) / (N-1)$$

（3）同质信度（内部一致信度，internal consistence reliability）

Cronbach alpha 是最常用的内部一致性信度系数形式。它是"Kuder-Richardson Formula 20"（通常缩写为 KR20）的延伸和发展。

Cronbach alpha 是什么含义呢？从数学定义看，Cronbach alpha 被定义为信度系数的最小值（下限值）。它测试一组测项（或变量）符合一维潜在结构的程度。如果该数据具有多维结构，Cronbach alpha 通常比较小。这个系数被广泛用来评价各个测项的内部一致性，这是最经常使用的一种方法。它适合采用李克特量表方法调查问题。Cronbach alpha 的计算公式形式之一为

$$\text{alpha} = \frac{Nr}{1 + (N-1)r}$$

其中，N 是同一个因素的测题（题项）的数量；r 是同一因素下各个测题之间的（Pearson）相关系数平均值。必须强调，使用 Cronbach alpha，只能计算同一因素下各个调查问题之间的相关性。有些人把一份问卷的全部问题答案计算出一个 alpha 值，这是错误的。

如何提高 alpha？从上式中可以看出两个因素影响 alpha 大小。①提高一个因素的各个调查问题之间的相关性 r，用户对各个问题的答案之间的相关性也高，那么可以提高 alpha。如果各个调查问题之间相关性高，而用户的回答相关性不高，那么 alpha 就不高。假如各个问题之间的相关性不大，即使回答很稳定，得到的 alpha 值也不大。从这个角度讲，设计水准高，反映在一个因素下各个调查问题之间的相关性应该高。②增大一个因素的调查问题数量 N，也可以提高 Cronbach alpha。如果调查问题数量过多，也可能形成虚高 alpha 值。在分析调查问题时，取消语义相近的调查问题，只保留语义差别比较大的那些问题。这还说明，假如不同调查所包含的因素数量不同，只比较 alpha 大小是不适当的。抽样样本中被试者反应越一致，而且各个被试者之间的差异越大，Cronbach alpha 值越大。如果同质性越高时，Cronbach alpha 也越大。对于初学者或探索性问题，调查数据的 Cronbach alpha 大约为 0.70 或更高。对于一般设计调查来

说，Cronbach alpha 至少应该大于 0.80。

Cronbach alpha 的另一公式形式如下：

$$\text{alpha} = \frac{N}{N-1}\Big[1 - \sum (\sigma_i^2)/\sigma_{\text{sum}}^2\Big]$$

其中，N 是对某个因素提出的调查问题的数量，也就是该因素下的测题数量；σ_i^2 表示第 i 个测题的方差；σ_{sum}^2 表示各个测题的方差的总和。假如不存在真值得分，只有误差存在，那么就不存在相关性，方差和 σ_{sum} 等于每一项的方差 s_i，这时 alpha 就为零。假如所有题项都完全可信，而且都是真实得分，$1 - \sum(\sigma_i^2)/\sigma_{\text{sum}}$ 就会等于 $N-1/N$，那么 alpha 系数为 1。

（4）等值信度（equivalence reliability）

如果改变调查问题的表达形式而不改变调查内容，并且这两次调查结果一致，就认为是等值的，又叫复本形式（parallel form）信度。另一种同等信度的特殊分析方法是做评价人之间信度（intercoder reliability）的分析，其目的是验证不同的观察者彼此间意见一致程度。复本测试的具体方法如下：建立内容等效但题目形式不同的两个测试问卷，测试后计算两组数值的相关性。复本信度避免了重测带来的记忆效应和练习效应。复本测试方法的缺点是有些测验的复本很难找到。如测量的内容很容易受练习的影响，复本信度也无法清除这种练习效应。重测复本信度，即在不同的时间里实施两个等值的测验（复本），得到的相关就是重测复本信度，也叫稳定等值系数。它比单一的重测信度或复本信度都要严格、全面一些。

3. 评价人的等效性信度

评价人的等效性信度指各个评价人采用不同形式去调查同样内容，得到评价结果的一致程度，也被称为调查信度、评价人信度、观察人信度或计分人信度。一般采用下列方法：

（1）Spearman ρ 等级相关系数

等级序列数据的相关系数计算公式为

$$\text{Spearman } \rho = 1 - 6\sum \frac{d_i^2}{(N^3 - N)}$$

其中，d_i 为第 i 个等级两个变量的差；N 为成对的等级数目。

（2）肯德尔和谐系数（Kendall's coefficient of concordance）

很多用户心理测验是由评分者来给被测试者打分，因此，这样的测验的可靠性取决于评分者评分的一致性和稳定性如何。如果评分者在二人以上，而且是等级评分，则可以用肯德尔和谐系数来求评分者信度。肯德尔和谐系数是按照被评估对象各构成因素所获得的等级及它们之间的差异大小，来衡量评价人打分一致性程度。肯德尔和谐系数 W 为

$$W = 12\Big[\sum R_1^2 \big(\sum R_1\big)^2/N\Big]/K^2(N^3 - N)$$

其值在 0 和 1 之间。R_1 为被评价对象的 K 个等级之和，K 为评价人数，有 N 件被评定的东西。也可以是一个评价人先后 K 次评价了 N 个东西。

评分者信度受评价人的人数影响，如果评分者人数不同，那么采用不同的评价方法。

如果是两个评分者，各自独立对被测试者的反应评分，则可以用积差相关来计算，或用 Spearman-Brown 等级相关法计算。

$$\text{Kendall tau} = \frac{\text{Con} - \text{Dis}}{\text{总的数据对数}}$$

其中，Con 和 Dis 分别为和谐的与不和谐的数据对。

而 Kendall tau-b 为

$$\text{tau-b} = \frac{P - Q}{\sqrt{(P + Q + T_x)(P + Q + T_y)}}$$

其中，P 和 Q 分别为和谐与不和谐的数据对；自变量 T_x 是约束 x（不是与 y）的对数；T_y 是约束 y（不是 x）的对数。

Kendall tau-c 为

$$\text{tau-c} = \frac{2m(P - Q)}{NN(m - 1)}$$

其中，P 和 Q 分别为和谐与不和谐的数据对；m 是最小的行数或列数；N 是总案例数。

（3）Gamma 系数

$$\gamma = (P - Q) / (P + Q)$$

其中，P 是总的和谐数目；Q 是总的不和谐数目。从式中可以看出 Gamma 的含义是，和谐减去不和谐（$P-Q$）占总数（$P+Q$）的比例。当和谐对 P 大于不和谐对 Q 时，Gamma 值为正，否则为负。当和谐对 P 等于不和谐对 Q 时，Gamma 值为 0。Gamma 等效于 Spearman r 或 Kendall tao，它更类似于 Kendall tau。

（4）百分比一致性（percentage agreement）

测试评价人之间的一致性或信度。计算方法是他们一致的评价次数除以总评价次数。当前有人对此方法提出质疑，不同意采用这种方法。

信度概念见表 2-10-1。

表 2-10-1　信度概念

信度包含的内容	测试方法	测试过程
稳定性信度：重复测试产生相同结果的程度	重复的再测试。对同一人群在不同时间、地点对同一量度所进行的两次调查的相关性。典型情况下采用 Spearman Brown 系数	1. 间隔一定时间对同一人群进行两次重复测试或调查 2. 用简单相关性（pearson r）比较这两组得分：$r = \sum(xy)/[(N-1)(\text{SD}_x)(\text{SD}_y)]$ 3. 两次测试的间隔时间是为了消除第一次测试的记忆
	复本测试。采用语义相同而形式不同的复本问题进行测试	1. 对于同一个测试采用两个不同版本，其语义相同，问题表述形式不同。它们应该具有同样的得分和误差 2. 采用可比较的测项 3. 实际上很难比较两份测试的同等性 4. 这种测试可以在同一天进行，可避免再测试的缺点

信度包含的内容	测试方法	测试过程
内部一致性信度（同质性）	一个因素的全部测题的相关性	测试一个因素中每个问题与总测试的相关性
	折半测试：依据该量度的两种等效形式，分析 Spearman-Brown 系数	折半测试：把一份总测试问题等分为等效的两半，把这两份问题的得分进行比较或相关分析。最常见的分法是把奇数问题分为一份，把偶数问题分为第二份。折半测试用 Spearman-Brown 公式进行计算，$r = (2r_{hh})/(1 + r_{hh})$。其中 r_{hh} 为这两半的相关系数
	Kuder-Richardson 测试：一致性测试	对于答案为 yes/no 的二分法记分的问题，可以计算 Kuder-Richardson 系数，$R_{kk} = k/[k-1(1-\sum \sigma_i^2/\sigma_t^2)]$。$R_{kk}$ 为测试的 α 系数，k 为测题的数量，σ_i^2 为测题的方差，σ_t^2 为总测试的方差
	Cronbach alpha：测试一个因素中各个测题之间的相关性，测试内部一致性	对于李克特量表方法的问题，可以计算信度系数 Cronbach alpha：$$\text{alpha} = [N/(N-1)] \times [1 - \sum (\sigma_i^2)/\sigma_{sum}^2]$$ 其中，N 为一个对因素的调查问题（测题）数量；σ_i^2 表示第 i 个测题方差；σ_{sum}^2 表示各个测题的方差的总和
	等效性：又叫复本格式	有人把复本测试也看作是内部一致性或等效性的测试方法
等效性信度：两个测试的评价是等效的	评价人信度	1. Gamma 系数 2. Spearman ρ 等级相关系数 3. Kendall 和谐系数
	等效形式的测试	测试等效性。对同一被测人群连续给出两个不同形式而内容相同的测试
	等效形式的再测试	测试稳定性和等效性。对同一被测试人群在比较长的时间间隔给出两个不同而内容相同的等效形式的测试

第十一节　如何改善调查信度

一、影响信度不高的若干情况

1) 低估了用户的心理结构的复杂性，低估了用户操作心理的复杂性。这是在用户调查中最经常出现的问题之一，这可能是由于调查人缺乏经验，也可能是西方科学方法论中的"简化论"导致的。简化论（还原论）思维方式是"简化复杂问题的因素"，"只看主要因素"，"采用简单的比喻"等，其基本缺陷是忽略了整体因素。目前在国内能够见到的国外大部分软件都经过用户测试，可是其用户界面都不太好用，部分原因是由于国外可用性测试观念存在结构性缺陷。

2）调查人没有按照用户的操作过程进行调查，而把无关的问题集中在一起。

3）缺乏人际沟通能力。

4）对用户调查定位不当，调查方法不恰当或调查问题不合理，超越了用户的经验，或者对复杂问题缺乏系统准备，其回答往往是非一致性的。例如在调查中问："你认为手机应该有哪些功能？""你认为今后10年手机的发展趋势是什么？"往往会发现他们的答案不一致。

5）低估了调查问题复杂性。有些问题可能存在多种答案，或者用户对有些问题的回答是变化的，你以为只有一个固定答案，或者调查时他只想到一个答案，下一次调查他又想到另外一个答案，这样的答案似乎也在变化。例如调查用户"用什么词语表达'除一个文件'命令？"第一次，用户说："用'删除'为命令词语"。过一段时间后，他又说："用'清除'"。

6）心情不好、过分疲劳、过度紧张、注意力不集中等影响用户操作稳定性。

7）实验室环境容易引起用户紧张，导致用户超常发挥。

二、如何改善稳定信度

一般来说，比较稳定的心理因素，可以进行重复调查，例如价值观念、追求的生活方式、心理能力、一般感知能力和认知能力是比较稳定的因素。不稳定的情况大致如下：

1）"先入为主"的影响。例如，测试用户对 A、B、C 三个用户界面的操作评价，用户在测试界面 A 时，就存在一定学习过程和适应过程，这种"先入为主"的印象对他操作和评价 B 和 C 有影响。①在用户测试之前，先让他们学习几分钟，学会各个操作任务都要遇到的共同东西，熟悉共同的基本操作。②同一用户人群操作不同软件的测试，必须间隔一定时间，使他们基本忘记了原有的操作经验。③为了消除"先入为主"的影响，可用选择两组同类人群，分别进行不同任务的操作测试，然后比较这两组人的测试结果。这种方法又引起新的问题，两组测试人员的经验和能力差异会引起不可比较性。改进方法是在真实环境中进行这种测试，选择用户数量比较多，测试时间比较长（如40天），也能够发现不同用户的操作特性，而不受实验室的测试局限。

2）让用户操作结束后回顾思维细节。用户操作后，会忘记自己经历过的细节过程，会忘记先后顺序，会添加不存在的新内容，事后回顾复述是不真实的过程。测试时，要用各种方式记录过程，也可以使用眼动仪，还可以与有声思维结合起来。有声思维只适合某些短小片段测试。

3）设法使得用户处于正常心理状态。例如，调查前先活跃气氛，采用用户真实现场进行实验，不让用户觉察到在观察他等。

三、如何改善评价者信度

1）从行业角度看，评价标准受以下三方面影响：

第一，评价规则或评价过程影响效度和信度。当前存在两种不同的评价过程。①评价人的身份不公开，由评价人提出候选对象进行评选。②由本人提交评奖材料，自己报材料，往往有不符合事实自我夸张的嫌疑。为了弥补其缺陷，往往只提供实物，请第三方专家进行评价。

第二，各种调查和评审往往受"行规"影响，这些行规没有写在调查和评审标准上，没有出现在调查和评审话语中，但是行业内都熟悉它。行规可能合理，也可能不合理。

第三，每个行业都有一些主导性人物或主导企业，也可能是他们的弟子占行业主流，别人无奈，但并不合理。

2）评价信度影响因素。从每一个评价人看，评价信度或调查信度可能受下列因素影响：

第一，受评审人价值、动机、情绪、眼界、经验、态度、利益等因素影响。在极端情况下，不同评审人可能得出完全不同的结论。

第二，形式主义的评价过程，实际上事先已经确定了目标。例如，评价人都认为"势头"大的人应该被选中。权势确定评价过程和结果。外行充当专家。这几种情况下，评价信度和效度不高。

第三，评价人采用不同标准，导致系统性偏差，降低评价信度。首先要认同统一标准，进行尝试性评价。

第四，评价人的水准影响它的评价水准。因此要选择符合水准的评价人。

第五，时间对评价稳定性的影响，时间过长会导致注意力不集中，放松评价标准，看错或看漏。如果评价时间比较长，例如，4小时，也许最初1小时比较严格，最后3小时比较松，而且越来越松。

第六，真实的内行专家，应该具有比较一致的评价标准。什么是内行专家？作者在德国经历过几次中国武术比赛大会，所请裁判都是国内的武术冠军。运动员登场表演两三个动作，他们立即能够打出分数，而且各人从头到尾一致性很高。他们在剩余时间放松休息，从而使得自己一直能够保持比较好的精神状态。从他们的裁判过程，作者体验到了什么叫专家评价。

如何解决这些问题？在体育比赛中，对裁判的打分要取消一个最高分和一个最低分，这种方法并不可取。一般英语考试中的多重选择题形式也不合适。在心理学测试或调查中，解决办法是建立评价协议，包含以下几方面：评价人应该是有比较高的人文品质的专家，公开各个专家评价结果，或进行一定监督或淘汰。首先进行试验性打分，讨论打分标准。选择适当的打分评价方式。

第十二节　可用性测试的抽样问题

一、概述

用户抽样主要包含以下问题：如何选择调查对象？抽样人群和抽样数量对调查效度和信度有多大影响？实际情况中哪些因素影响抽样人数？如何设计合适的抽样方法？由抽样引起的误差跟哪些问题有关？

抽取的样本量，应该尽可能反映总体情况。在用户抽样调查之前，可以通过各级统计局资料，搞清楚目标人群的构成和分布，例如，性别、年龄、受教育程度、职业，以及相关产品的使用经验等。所选取的样本要尽量涵盖总体的特征，能够反映总体的一般水平和差异情况。

其次，根据调查目的选择抽样方法，有概率抽样方法和非概率抽样方法。概率抽样有比较严格的数学条件限制，往往不符合实际情况或无法实现。也并不是说概率抽样的数学方法就一定能保证调查效度。实际的抽样过程，都不是严格意义上的概率抽样。

采取概率抽样的前提是，首先要建立一个庞大的用户数据库，从中根据随机数抽取样本。企业一般委托调查咨询公司，其抽样是无法被验证的。另外咨询公司不能很好地理解其研究目的，不熟悉用户，往往招募的用户不能完全符合实际用户测试研究的需要。企业有必要建立符合自己需要的用户数据库，这也是衡量设计水准的一个重要因素。

经常使用的抽样方法是配额抽样和目标抽样。配额抽样是根据总体的特征分布，例如男女比例、年龄层比例、教育程度比例等确定各种特征属性的用户的人数比例。目标抽样是视项目目的而定，选取合适的用户。例如，对一个软件更新版本的测试，希望在改进的同时，保持产品的延续性，以一般经验用户为主。而对新产品的测试，基本上所有用户都是新手用户，主要目的是了解用户的学习、出错情况。

总之，抽样人数的影响因素有测试时间、测试任务量、测试方法和抽样人群等。

二、可用性测试用户人数估计

在人机界面的可用性测试中，"一个软件用户界面的可用性测试需要多少用户"这不是单纯的数学问题，测试人数受诸多因素影响：用户类型、测试方法、测试任务、测试问卷等。国外有人提出了一些可用性测试的抽样方法，但多是简化因素之后的数学模型。事实上，不存在适用普遍情况的唯一标准，在每次可用性测试时，都必须分析各种因素对测试的效度信度产生的影响。

1. Nielsen-Landauer 公式

Nielsen 和 Landauer（1993）通过实验提出一个公式，在一次可用性测试中发现的可用性问题的数量为

$$\text{发现问题的数量} = N(1-(1-L)^n) \tag{1}$$

其中，N 是设计中的可用性问题总数；L 是测试一个用户时发现可用性问题的概率；n 是参加测试的用户人数。

通过大量项目测试后得出 L 典型值是 31%。$L=31\%$ 时得到图 2-12-1 所示的曲线。

假如第二个用户可以发现同样数量的问题，去除他与第一个用户发现的同样问题，他新发现的问题少于 31%。第三个、第四个用户也类似。从曲线上可以看出，测试 3 名用户，大约可以发现 65% 的问题，测试 9 名用户大约可以发现 90% 的问题。

出于可用性成本和收益的考虑，Nielsen（2000）提出，每次可以测试 5 个用户，就能够发现大约 85% 的问题，如此进行 3 次测试，一共测试大约 15 个用户就可以发现几乎全部问题。设计改进所发现的问题后，再进行第二次测试，可以再测试 5 名用户，他们会发现第一次没有发现的那 15% 问题中的大部分（85%）。这样，最初没有发现的问题大约只剩下 2% 了。第三次测试可以继续发现这些问题中的大部分。他认为进行 3 次测试，其效果好于一次测试 15 名用户。其实，从图 2-12-1 中就能看出，1 次测试 15 人，或者 3 次测试 15 人其中每次测试 5 人，这两种方法的效度基本一致。

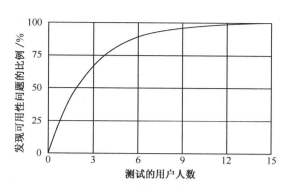

图 2-12-1　用户数量与发现的可用性问题数量的关系（Nielsen，1993）

　　Nielsen（1993）指出，L 值的大小取决于以下几个因素（如图 2-12-2 所示）：①系统及其界面的特性。②可用性生命周期的阶段。例如，某个案例中有大量显而易见的可用性问题，在设计的最初阶段很容易被发现；而另一个经过 n 次改进的产品并非如此。③真实界面和纸原型有区别。④使用的评估方法。例如，基于用户交互日志分析的评估需要的用户数量多于有声思维所需的用户数量。⑤评估经验。Nielsen（1992）发现在探索发现式评估中，可用性专家发现的问题比新手发现的问题多，"双专家"（可用性和某类界面的评估经验都具备）能够发现更多问题。我们在实验中发现的结果不同，新手用户发现的问题要多于一般用户和专家用户发现的问题，新手用户往往发现的是概念、学习、理解等认知方面的问题，而专家用户往往发现的是全局结构、交互策略等方面的问题。另外，测试的用户相对于实际用户是否具有代表性，也影响 L 值的大小。

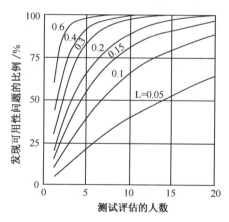

图 2-12-2　不同 L 值下，测试评估的人数与发现可用性问题
数量的关系（Nielsen，1993）

　　而实际情况是，很难准确计算发现可用性问题的概率，同时，由于每个用户的差异，每个人对应的 L_i 值也是不同的，L 不应该是一个固定值。Grosveror（1999）和 Woolrych（2001）等认为发现可用性问题的概率受到问题严重性、用户个体差异、产品原型、任务的复杂程度、测试的用户人数和测试工具等因素影响。也就是说，Nielsen 的公式简化了这些因素，在实际中变得不可用，不适用于任何一个具体的测试。

　　Woolrych（2001）指出 Nielsen 的 5 名用户的假设只有在 L 等于特定值 0.31 并且

每个用户的差异很小时适用。如果因为用户或者系统因素任务变得复杂时，这个结果就变得不可信了。Nielsen 忽略了提取可用性问题时可能出现的错误，使得与实际发现可用性问题数量之间的关系更加复杂化，这需要更加严密的提取可用性问题的步骤（Cockton et al., 1999）。另外，他们指出这个公式无法确定可用性问题的频率和严重性，可用性问题的发生频率跟测试用户的人数有关，问题的严重性只有通过分析单个用户遇到问题的困难程度来确定。

Laura Faulkner（2003）指出 Nielsen（2000）得出"5 名用户是足够的"这一结论依据的是最初对 13 项研究数据关于用户出错率的计算。在计算置信区间时，使用了适合大样本量的 z 分布，而不是适合小样本量的 t 分布。使用 z 分布夸大了其结果的预测能力。这个结论要求遇到的可用性问题是相互独立的，也就是说，遇到其中一个问题不会增加或减少遇到其他问题的可能性。她提出小样本用户测试在信度方面存在问题，测试者的差异对发现可用性问题有重大影响：不同组别的 5 名测试者，可用性问题的发现率从 55%～99%。她的研究表明，增加用户人数，数据的置信度能够得到极大提高。用户增加到 10 人时，可用性问题的最低发现率增加到 80%，测试 20 名用户达到 95%。她同时指出了遗漏问题的危险性，明显问题被发现的概率较高，而一个微小问题被发现的概率较低；但微小问题可能存在更严重的隐患，导致灾难性的事故发生。这需要测试更多的用户，小样本的测试可能会遗漏这些问题。

大多数可用性从业人员很乐于接受这种简单的结果，并以为 8 个用户能够发现网站或软件几乎所有的可用性问题。为了验证这一结论，Perfetti（2002）对电子商务网站进行了可用性测试。而与其期待相反的是，整个测试过程都有新的可用性问题出现，每个用户都有 5 个以上的新的可用性问题。第一次测试的 5 个用户只发现了所有可用性问题的 35%。他们估计该网站所有的可用性问题超过 600 个，需要测试 90 个用户才能发现所有问题。为什么差异如此悬殊？其原因是：如今的电子商务网站比普通的应用软件复杂得多，例如，在该研究中要求用户完成购物任务，没有两个用户寻找相同的产品，也没有两个用户以相同的方式使用网站。因此，需要更多的用户来发现更多的可用性问题。但是他们并不主张一次测 90 个用户，而是每星期测一两个人的连续测试收益更大，他们能够尝试新的想法。

2. 局外人（outlier）

各种统计分析都假设数据符合正态分布曲线。不符合正态分布的个别人被称为局外人。例如，操作速度极快或极慢的用户，这些人往往是指专家用户与新手用户。在 Nielsen（2006a）测的 1520 个用户中，87 人属于局外人，大约占总用户的 6%。这些人的数据会严重影响平均值。他在测试中，把这些人剔除，也就是说，只取剩余 94% 的用户的测试数据作为分析用，这些人往往指经验用户、普通用户或中间用户。实际上，应该考虑这 6% 局外人的需要和操作特性。

3. 测试人数与置信区间的关系

Nielsen（2006b）分析了许多网站和局域网上 70 个不同的时间任务（time-on-task），通过 1520 名用户进行了测试。他得出结论，他们的标准偏差为平均值的 52%，也就是说，假如完成一个任务花费的平均时间为 10min，那么标准偏差为 5.2min。计算标准偏差时，他首先剔除了非常慢的局外人。需要注意的是，其假设前提是用户之间的差异很小。实际情况中，这样的用户属于经验用户，不是新手用户。他认为这样得到的完成任务时间的统计数据，可以和其他同类产品的统计资料相比较来评价设计的好坏。

对若干次观察结果求平均时，平均值的标准偏差 SD 是每次测试值的 SD 除以观察次数的平方根。我们知道对于网站或局域网来说，SD 是 52%。假如你测试 10 次，那么平均值的标准偏差 SD 是 1/sqrt（10）＝原 SD 的 0.316 倍。测试网站和局域网的 SD 是均值的 52%，那么如果测试 10 个用户，平均值的 SD 就是 $0.52 \times 0.316 = 0.16$。

假如测试的一个任务要花费 5min 去完成。那么其平均值的 SD 是 $300s \times 0.16 = 48s$，这对于一个正态分布来说，它三分之二的情况都处于均值的 ±1SD 内。

图 2-12-3 表示各种数量用户测试时的极限出错率。它有两条曲线分别表示 90% 的置信度和 50% 的置信度。假如希望有 90% 的置信区间，那么意味着在 90% 时间内都处于误差允许的范围内，5% 的时间过低，5% 的时间过高。这种精度区间在实际上是够用的。

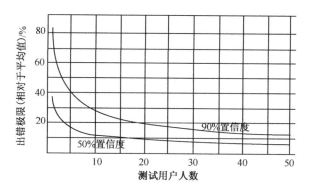

图 2-12-3　测试用户人数与误差极限的关系

假如测试 10 名用户，希望有 90% 的置信区间。按照这张图，出错极限为均值的 ±27%，这意味着，如果平均任务时间为 300s，误差极限为 $300s \times 27\% = \pm 81s$。置信区间从 219～381s。90% 的时间处于这个区间内，5% 的时间低于 219s，5% 的时间超过 381s。这是相当宽的置信范围，因此 Nielsen 一般推荐测试 20 名用户进行可用性的定量测量。在这 20 名用户中，大约有 1 人是局外人（因为有 6% 的用户是局外人），那么数据是 19 名用户的平均值。因为 19 名用户的误差极限为 ±19%，那么置信区间为 243～357s。假如你想把误差极限值降低到 ±10%，那么你就需要从 71 名用户获得调查数据，由此你要调查 76 人，因为可能 5 人是局外人，这要花费很大资金，而且没有必要。从实际需要来看，对于大多数的调查目的，置信区间为 ±19% 是适当的。因为实际上网站的平均差别为 68%，远超过这个数值。误差在 ±19% 是最坏的情况，90% 的时候要好于它，50% 置信度的曲线显示，一半的时候，误差在 ±8% 范围内，这些结果适用于非学术性的项目。

实际测试中，局外人数量各异，不能盲目套用 6% 这个数字。

4. 简单随机抽样公式

在可用性的任务测试中，可以以任务完成率作为变量，来估计测试所需要的样本量。可以使用简单随机抽样估计样本量的公式：

$$n = \frac{t^2 p(1-p)}{d^2} \tag{2}$$

其中，n 是抽样的样本量，即参与测试的人数；t 是任务成功率符合标准正态分布，样本量为 n，置信度为 α 时的上侧分位数；p 是任务完成率；d 是任务完成率的估计误差。

设定置信区间为 95%（$\alpha = 0.05$），首先根据预测试来估计式 2 中 d。例如：在 2008 年作者指导研究生的一项对触屏手机管理系统可用性的测试中，预测试 5 人，统计 5 位用户的任务完成率，其结果见表 2-12-1。

表 2-12-1　5 位用户任务完成率统计表（完成＝1，未完成＝0，p 代表任务完成率）

任务号	用户 1	用户 2	用户 3	用户 4	用户 5	完成率/%	总体估计	估计 p/%
1-1	1	1	1	1	1	100	0.5～1	85.7
1-2	1	1	1	1	0	80	0.5～1	80
1-3	1	1	1	1	1	100	0.5～1	85.7
1-4-1	0	1	1	0	1	60	0.5～1	60
1-4-2	0	1	1	1	1	80	0.5～1	80
1-4-3	0	1	0	0	0	20	<0.5	28.6
1-4-4	1	1	1	1	1	100	0.5～1	85.7
2-1	1	1	1	1	1	100	0.5～1	85.7
2-2	1	1	1	1	1	100	0.5～1	85.7
2-3	0	1	1	1	1	80	0.5～1	80
2-4	0	1	1	1	1	80	0.5～1	80
3-1	1	1	1	1	1	100	0.5～1	85.7
3-2	0	1	1	1	0	60	0.5～1	60
完成率/%	53.85	100	92.3	84.62	76.92	81.5	—	—

通过计算得出 5 个用户任务完成率的标准偏差 $d = 0.177$，如表 2-12-2 所示。

表 2-12-2　用户任务完成率统计

任务完成率最小值	任务完成率最大值	任务完成率均值	任务完成率标准偏差
0.539	1.000	0.815	0.177

然后，估计任务完成率 p。Sauro 和 Lewis（2006）讨论了在不同情况下，对任务完成率 p 值采用不同的估计方法。如果一个测试者对任务完成率 p 没有预期，那么使用 Laplace 估计法（$p = (x+1)/(n+2)$），其中，x 是完成某任务的人数；n 是参加测试的人数。如果已经能够粗略预计 p 在 0.5～1.0 的范围内时，根据 x/n 的值选择最佳的估计方法。①如果 $x/n \leqslant 0.5$，使用 Wilson 法（$(x+2)/(n+4)$）；②如果 x/n 在 0.5～0.9，使用最大似然估计法（x/n）；③如果 $x/n \geqslant 0.9$，但是小于 1.0，采用 Laplace 法（$(x+1)/(n+2)$）或 Jeffreys 法（$(x+0.5)/(n+1)$）；④如果 $x/n = 1.0$，使用 Laplace 法（$(x+1)/(n+2)$）。

这里根据预测试结果，对每个任务的完成率的初步估计，分别采用最大似然公式和 Laplace 公式估计出任务完成率（见表 2-12-1）。

因为设定的置信区间为 95%，因此 $t=1.96$，将 $d=0.177$，$t=1.96$ 和 $p=0.857$，0.80，0.60，0.286 分别带入式（2），结果 n 的取值如表 2-12-3 所示。

表 2-12-3　各任务完成率估计的样本数

任务完成率	$p=0.857$	$p=0.80$	$p=0.60$	$p=0.286$
计算样本数	15	20	29	20

根据公式估计测试需要的人数范围在 15～29 人，因此，在该项目测试中抽取 30 用户。假设用户分布符合正态分布，本例测试的 30 个用户中，选取一般用户 20 人，新手用户 7 人，专家用户 3 人。

5. 可用性评估样本量的修正模型

Haidar（2007）等提出在估计样本量的模型中使用两个因子：因子 1 是从历史数据中估计问题发现率（λ_1），因子 2 是根据使用的软件产品的复杂性估计问题的发现率（λ_2）。λ_2 通过对具体软件的预测试得到。这个模型的目的是为了平衡历史的问题发现率和特定软件产品的问题发现率。根据以下计算，可以得到一个修正后的样本量。

（1）计算 λ_1

λ_1 或者采用常数（0.31）或者由类似软件产品的一组可用性问题发现率计算。

$$\lambda_1 = \frac{1}{2}\left(\frac{\lambda_0}{\left(1+\frac{O}{N}\right)} + \left(\lambda_0 - \frac{1}{n}\right)\left(1 - \frac{1}{n}\right)\right) \tag{3}$$

其中，λ_0 是所有用户问题发现率的平均值；O 是仅由一个用户发现的可用性问题数量；N 是测试的人数；n 是所有用户发现的可用性问题的数量。

仅由 λ_1 计算得到的所需用户数量，采用如下公式：

$$\text{发现问题的概率} = 1 - (1-\lambda_1)^n \tag{4}$$

（2）计算 λ_2

λ_2 由预测试估计。在预测试中，选择完成时间最长的任务，以此代表软件的复杂度，选择两三个用户参加预测试，一般取总样本量的 25%。首先计算任务完成时间的平均差值：

$$\Delta t = \frac{\sum_{i=1}^{n}|t_i - R_t|}{n} \tag{5}$$

其中，t_i 是每个用户完成任务的时间；R_t 是最长时间和最短时间之差的绝对值。一个特定任务的置信区间小于或等于 Δt。

这里采用连续数据的样本量的计算公式

$$n = \frac{t^2(\text{sd})^2}{d^2} \tag{6}$$

其中，sd 是预测试的样本标准差；t 是 t 分布下 $\alpha/2$ 的上侧分位数；d 是置信区间。

在 90% 的置信度水平下，使用如下公式计算：

$$\lambda_1 = 1 - \sqrt[n]{0.10} \tag{7}$$

（3）计算 λ

$$\lambda = \frac{1}{2}(\lambda_1 + \lambda_2) \tag{8}$$

（4）计算修正的样本量

$$n_{修正} = \frac{-1}{\log(1-\lambda)} \tag{9}$$

下面代入一组历史数据，举例计算需要的样本量（见表 2-12-4）。

表 2-12-4 用户发现可用性问题的数量

任务号	用户 1	用户 2	用户 3	用户 4	用户 5	用户 6
任务 1	1	1	1	0	0	1
任务 2	0	0	1	1	1	0
任务 3	0	0	0	1	0	1
任务 4	1	0	0	1	0	1
任务 5	1	1	0	1	0	0
任务 6	0	1	1	0	0	1
λ	0.5	0.67	0.67	0.5	0.2	0.5

计算：（1）估计 λ_1

6 名用户问题发现率的平均值

$$\lambda_0 = \frac{0.5 + 0.67 + 0.67 + 0.5 + 0.2 + 0.5}{6} = 0.51$$

由式（3），计算得到

$$\lambda_1 = \frac{1}{2}\left(\frac{0.51}{\left(1 + \frac{1}{6}\right)} + \left(0.51 - \frac{1}{6}\right)\left(1 - \frac{1}{6}\right) \right) = 0.36$$

仅由 λ_1 计算得到的所需用户数量，采用式（4）：

$$发现问题的概率_{(0.90)} = 1 - (1 - 0.36)^6 = 0.93$$

其值 0.93，对应以往软件测试的用户数量 6 人，被认为是足够的。

（2）估计 λ_1

我们预测试了 3 个用户，完成任务时间分别为 $t_1(192)$、$t_2(344)$、$t_3(143)$。带入式（5），得到

$$\Delta t = \frac{|143s - 201s| + |192s - 201s| + |344s - 201s|}{3} = 70s$$

任务的置信区间是 70s，我们选择 60 作为置信区间。

通过尝试法来达到合适的置信区间，如果得到的置信区间大于我们设定的 60 的置信区间，那么就增加用户人数，直到置信区间小于等于 60，此时的 n 值就是仅由 λ_2 计算得到的用户样本量。

尝试 1：由预测试的数据可以得出样本标准差 sd 等于 105，此时抽样人数 n 是 3，对应的 t 值（t 分布下的 $\alpha/2$ 的上侧分位数）是 2.353，带入式（6），得到

$$d = \frac{2.353 \times 105}{\sqrt{3}} = 142 > 60$$

尝试 2：sd 等于 105，n 增加到 4，对应的 t 值是 2.132，得到

$$d = \frac{2.132 \times 105}{\sqrt{4}} = 112$$

以此类推，直到 n 增加到 10，sd 等于 105，对应的 t 值是 1.812，得到

$$d = \frac{1.812 \times 105}{\sqrt{10}} = 60.04$$

这时得到的置信区间近似等于 60，那么在只考虑 λ_1 时，用户样本量为 10 人。

我们需要估计 λ_1 值，带入式（7）：

$$\lambda_1 = 1 - \sqrt[10]{0.10} = 0.20$$

（3）计算 λ

把得到的 λ_1 和 λ_2 带入式（8），得到

$$\lambda = \frac{1}{2}(0.36 + 0.20) = 0.28$$

（4）计算修正的样本量

由式（9）得到

$$n_{修正} = \frac{-1}{\lg(1 - 0.28)} = 7.1$$

因此按照该修正模型估计，对于该软件产品认为样本量的最优估计是 8 名用户。

需要注意的是，Nielsen（1993）、Lewis（2005）和 Haidar（2007）计算样本量的方法都是假定每个问题被发现的概率相同。Nielsen 假定了每个用户发现的问题概率也相同，为一个固定常数。其他人对此进行了修正，考虑了用户的差异，但对于用户取样数量的估计仅给出了总人数，缺乏对用户典型性和代表性的考虑。目前的可用性测试多选择具有一定使用经验的一般用户。事实上，不同类型的用户发现的问题数量和类型可能不同，每个问题被发现的概率并不是相等的。如何估计各类用户所需要的样本量？下文中将进一步讨论。

三、用户类型对抽样的影响

按照使用经验对用户进行分类，分类因素主要包含对计算机的使用经验，对产品的使用经验和对任务的经验。由此可以把用户分为新手用户、一般用户（平均用户或经验用户）、专家用户。

在可用性测试中，各种用户发现的可用性问题的数量、问题类型和严重程度有所差别，因此，要研究各类用户分别要抽样多少才能比较全面地发现产品的可用性问题。

在对校园 ATM 机的可用性测试中，大多数用户属于偶尔用户，不存在专家用户，当前很少有熟练用户，因此根据需要，将用户分为新手用户、偶尔用户和经验用户，见表 2-12-5。

表 2-12-5 用户类型定义

新手用户	有一定的类似设备的使用经验，但从未使用过 ATM 机
偶尔用户	有一定的类似设备的使用经验，有偶尔使用过 ATM 机的经验
经验用户	有较多的类似设备的使用经验，有经常使用 ATM 机的经验

1. 用户类型与发现的可用性问题数目的关系

在作者指导研究生的一项可用性的测试中发现，平均每个新手用户和专家用户发现可用性问题的数量高于一般用户。在作者指导的另一项可用性测试中发现，新手用户发现可用性问题的数量明显高于其他两类用户。

2. 用户类型与发现的可用性问题类型的关系

在可用性测试中，每类用户都有单独发现的可用性问题，因此，可用性评估需要三类用户都参与，而不是仅仅依靠经验用户或者专家用户。

为了分析用户发现的可用性问题的特点，按照用户行动过程的四个阶段：功能（目的）、计划、实施、评价对三类用户发现的可用性问题进行分类，见表 2-12-6。从表中看出，新手用户和一般用户都能发现各类可用性问题。专家用户能够发现更多的反馈与评价问题。

表 2-12-6 不同类型用户发现问题数量

	计划问题	行动问题	评价问题	功能问题	共计
新手用户	6	2	4	3	15
一般用户	6	2	4	11	23
专家用户	3	0	7	0	10

3. 用户类型和发现可用性问题严重程度的关系

在可用性测试中，往往要评估可用性问题的严重程度，对可用性问题进行排序。Nielsen（1995）认为问题的严重程度包含三个因素：问题出现的频率、问题对用户的影响（用户是否容易克服）和问题的持续性（一旦用户知道了这个问题是能够克服还是会重复出错）。给问题的严重性定义了 5 个等级：0＝我不同意这是一个可用性问题；1＝这只是表面问题，不必修改除非项目有额外的时间；2＝较小的可用性问题，修改它的优先级较低；3＝主要的可用性问题，修改它是很重要的，较高优先级；4＝灾难性的可用性问题，在产品发布之前必须修改它。当用户完成可用性测试后，列出问题清单，由可用性专家或测试人员来评估问题等级。

从问题严重性的角度来分析每类用户对发现可用性问题的贡献。在对 google 图片搜索功能的可用性测试中，对问题的严重性定义了三个等级：

严重性问题：导致用户操作无法进行，必须借助观察员的帮助才能够继续进行下去。

一般性问题：刚开始出现问题导致用户操作中断，需要返回主界面重新尝试，并且尝试多次以后成功。

不严重问题：用户在出错后马上可以知道自己错在哪里并且可以迅速改正。测试中共存在 15 个可用性问题，如表 2-12-7 所示，可以看出新手用户发现问题数量最多，且发现了全部的严重问题和不严重问题。由于本次测试只有 7 人，结果无法作进一步推论。但是可以明显看到新手用户对发现问题的贡献。

表 2-12-7　问题严重程度分布情况

	严重	一般	不严重	合计
问题数量	3	10	2	15
新手用户	3	8	2	13
一般用户	2	6	1	9
专家用户	1	3	0	4

4. 估计各类用户所需要的样本量

1）用公式计算不同类型的用户发现可用性问题的概率。Lewis（2005）和 Nielsen（1993）都认为可以根据单个可用性问题被发现的概率 p 来估计样本量。Nielsen 认为 p 是一个经验值，可取 0.31；而 Lewis（2006）认为 p 应该通过预测试的数据估算，然后估计样本量。

$$p = \frac{该类用户发现问题次数}{该类用户发现问题个数 \times 该类用户人数} \tag{10}$$

已知数据，如表 2-12-8 所示。

表 2-12-8　触屏手机管理系统可用性测试案例结果

变量	次数或个数
新手用户发现的可用性问题次数	195
一般用户发现的可用性问题次数	378
专家用户发现的可用性问题次数	63
新手用户、一般用户和专家用户三类共同发现可用性问题的次数	473
新手用户和一般用户共同发现可用性问题的次数	326
一般用户和专家用户共同发现可用性问题的次数	32
新手用户发现的可用性问题个数	91
一般用户发现的可用性问题个数	104
专家用户发现的可用性问题个数	53
三类用户发现的可用性问题总数	133
新手用户个数	7
一般用户个数	20
专家用户个数	3

把表 2-12-8 中数据带入式（10），得到各类用户发现可用性问题数量的概率，如表 2-12-9 所示。

表 2-12-9　用户发现可用性问题数量的概率

新手用户发现的可用性问题数量的概率	30.61%
一般用户发现的可用性问题数量的概率	18.17%
专家用户发现的可用性问题数量的概率	39.62%
一般用户和新手用户共同发现可用性问题数量的概率	41.00%
一般用户和专家用户共同发现可用性问题数量的概率	56.29%

2）计算根据每类用户发现可用性问题的概率估算样本量，采用如下公式（Lewis，2006）：

$$\text{Goal} = 1 - (1 - p)^N \tag{11}$$

$$N = \log(1 - \text{Goal}) / \log(1 - p) \tag{12}$$

式中，N 为样本量；Goal 为期望发现的可用性问题占所有可用性问题的比例，一般取 98%；p 为用户发现可用性问题的概率。

将上述值代入式（12），得出计算结果，如表 2-12-10 所示。

表 2-12-10　根据用户发现可用性问题概率估算用户数

根据新手用户发现可用性问题概率估算用户数	11
根据一般用户发现可用性问题概率估算用户数	20
根据专家用户发现可用性问题概率估算用户数	7
新手用户发现的可用性问题数占总数的百分比（91/133）（记为 A）	68.42%
一般用户发现的可用性问题数占总数的百分比（104/133）（记为 B）	78.19%
专家用户发现的可用性问题数占总数的百分比（19/133）（记为 C）	39.84%

表 2-12-10 中新手用户、一般用户和专家用户有部分人数彼此重合。为了计算这部分重合的人数，将新手用户与一般用户共同发现的可用性问题的概率 41% 代入式（12）计算，得到人数为 7 人。同理，将一般用户和专家用户共同发现的可用性问题比率 56.29% 代入式（12）计算，得到人数为 5 人。减去各类用户的彼此重合部分，得到发现 98% 的可用性问题所需要的用户总数为 26 人。本例可以采取的抽样策略是：优先测试新手用户 11 人，然后测试专家用户 7 人，最后测试一般用户 8 人。

四、测试方法对抽样的影响

常用的可用性测试方法包括用户有声思维、观察用户出错、设计人员的认知预演法（cognitive walkthrough）和专家的探索发现式评估（heuristic evaluation）。这些方法都存在明显不足。

1. 各类人群单独测试存在的不足

人机专家、设计人员和经验用户实际上都已经学习并适应了计算机操作了，难以发现新手用户所遇到的很多概念和学习问题。

用户在操作后填写评价问卷，实际上只能得到用户的总体印象，无法得知用户在哪个阶段具体遇到了什么问题，对进一步改进设计没有什么帮助。

专家评估遵循的若干设计原则和测试用例是根据理性用户模型建立的，并没有考虑在非正常操作情景（如环境和情绪变化）时用户的出错情况，遗漏很多测试情景。

每个测试评估人员对可用性问题的定义不同，受自身的背景知识、对系统的理解和对可用性概念的理解影响。不同的人员评估相同任务，发现的可用性问题差异很大，一般只有 20%～30% 是一致的（Hertzum，2001）。

实际用户在真实使用时，仍然会遇到很多可用性问题，因此，选择合适的测试人员及相应的测试方法对于全面发现可用性问题是至关重要的。不同的测试方法，所选取的测试人员类型和数量也不同。

2. 集体测试与单人测试方法比较

一个可用性研究项目在教务软件可用性测试中，比较了集体测试和单人测试两种方法。共招募 8 名一般用户，男女各 4 人，随机分为两组，均为不具备可用性测试知识背景且仅仅具有一年接触经验的大学一年级学生。集体测试，顾名思义是让参与该组 4 人小组的方式参与测试，以互助学习的方式不断尝试各个功能，发现可用性问题。作为对比组，招募的另外 4 名用户按照常规的单人测试方法，每个用户单独进行测试。

测试结果表明，4 人集体小组测试中共发现 47 个可用性问题，而采用常规单人测试的 4 名用户共发现 33 个可用性问题，该组所发现的问题都被包含在上述 47 个问题中，没有发现新问题。其中重复频率最高的问题有 5 个，占可用性问题总量的 10.63％，这些也可以被看作是最难以被忍受的可用性问题。这可以很好地说明，采用集体学习小组方式可以在测试人员数目相同的前提下发现更多的可用性问题。同时，在集体学习小组方式的测试中，测试时间为 1 小时 15 分钟，而单人测试的 4 名用户共耗费的 2 小时。

另外，集体学习小组参与测试的人员均为普通用户，不要求大量的专家用户或者熟练用户。在学习小组中，由于用户水平能力相当，心理状态比较稳定，更愿意在看到别人正确的操作之后，说出自己遇到过的失误，同时和操作成功者一起分析问题原因，是反复体会的学习过程。这种类似于集体讨论学习的方式，可以提高测试人员的兴趣和注意力，提高交流效度。今后的研究中，还需要对学习小组的测试方法进一步确定适当的参加人数。

3. 如何设计可用性测试评估记录表格

在可用性测试中，为了要保证迅速记录实验数据为，需要建立统一记录表格，这可以依据之前建立的用户模型，按照用户行动的四个阶段，评估相关的设计元素和交互过程是否符合每一行动阶段用户的心理特性，从而找到问题原因，见表 2-12-11。

表 2-12-11　可用性测试记录表格

序号	测试日期	测试所用时间	测试用户								评估人员
任务编号	任务描述	观察点									问题描述与分析
1	例：将桌面上的"音乐文件夹"传到自己的手机上，并为这个文件夹命名为"3 月铃声 back-up"	行动		认知特性				严重程度（由低到高）			
			期待	感知	注意	记忆	理解	1	2	3	4	5
		意图									
		计划									
		实施									
		评价									
		非正常									

五、大样本抽样举例

人口在 10 万、30 万或百万以上的总体，需要抽取多少样本量？许多书上把一些数学公式抄来抄去，实际上无法使用。作者带领学生对这个问题进行了 6 年研究和实验，并在西安市以色彩调查为例进行反复尝试，其人口总体为 300 万。其抽样方法采取概率抽样，采用两阶段概率抽样，具体抽样方法是 PPS 不等概抽样，详细抽样过程参见李乐山著《设计调查》（中国建筑工业出版社，2007 年）。其中最关键的问题是如何确定样本量。在此问题研究中，采用了理论计算和模拟实验方法确定样本量。

1. 计算方法

先根据简单随机抽样公式计算出样本量，此时按照样本方差最大来估计抽样人数，即当 $P=0.5$（P 为喜欢某种颜色的人数占抽样总人数的百分比），样本方差 $P(1-P)$ 达到最大值 0.25。设本次调查的置信度水平 95%，估计误差 $d=\pm5\%$，也就是说，允许样本观测值在真实值的 $\pm5\%$ 范围内波动。因为总体人数在 300 万以上，抽样人数/总体人数为高阶无穷小（一般取 $\frac{n}{N}<0.01$），可以忽略总体人数对样本量的影响，按照简单随机抽样公式 $n=\frac{t^2s^2}{d^2}$，计算得到 $n=384$ 人。因为多阶段抽样的误差要比简单随机抽样大，因此要达到同样的精度需要更多的样本量，一般多阶段抽样要把样本量增加到 2.0～2.5 倍，这里取增大 2.5 倍，最后确定调查的样本总量为 $2.5\times384=960$ 人。简单随机抽样公式见表 2-12-12。

表 2-12-12　简单随机抽样公式

抽样方法	抽样人数	使用本公式的条件
有放回抽样	$n=\frac{t^2s^2}{d^2}$	总体为无限总体或者被调查总体足够大（实际调查中要根据具体情况确定总体多大时，才适合使用该公式），有放回的简单随机抽样（就是抽出的样本在下一次抽取时放回待抽取的总体之中，仍然与其他未被抽中过的个体有同样的抽中率）
无放回抽样	$n=\frac{t^2Ns^2}{d^2N+t^2s^2}$	有限总体，无放回简单随机抽样（就是抽出的样本在下一次抽取时不放回待抽取的总体之中）当 $N\gg t^2s^2/d^2$（一般取 $\frac{n_0}{N}<0.01$）时，使用两个公式结果一致。可以等价地使用第一个公式，n 的具体大小需要根据 d、t 和 σ 的大小来决定

当 $N\gg t^2s^2/d^2$ 时，$n=\dfrac{t^2Ns^2}{d^2N+t^2s^2}$ 被简化为 $n=\dfrac{t^2s^2}{d^2}$。

问题是在什么情况下 $N\gg t^2s^2/d^2$？这要求 N 远大于 n。N 是总体人数，n 是抽样人数。当总体人数于抽样人数 100 倍时，就可以人为满足上条件，这时可以等价地使用公式 $n=\dfrac{t^2s^2}{d^2}$。也就是说，当总体人数远大于百万时，按照公式计算的抽样人数仍然只要求大于 960 人。这个结论还需要通过实验进行验证。

2. 实验方法

作者带领学生用计算机模拟方法对 3 万和 30 万人总体进行抽样实验，结果见表 2-12-13，可以看出，实验的结果和公式计算的理论值存在一定差距。一般来说，对于人口数 10 万或百万以上的城市，允许样本观测值与真实值相差±5％时，我们的实验结果是抽样人数最少在1500人以上，而理论计算结果为960人。这个结论的含义是：当总体大到一定程度时，例如，10 万、50 万、100 万或者更多，抽样数量都可以是960人或1500左右。这两个值可以供抽样参考。抽样实验结果见表 2-12-13。

表 2-12-13　抽样实验结果

进行 2000 重复抽样的实验	总体 30 万人		总体 3 万人	
所需要的最小样本量	抽样结果误差 真值±10％之内	抽样结果误差 真值±5％之内	抽样结果误差 真值±10％之内	抽样结果误差 真值±5％之内
完全在误差范围内	480	1400	420	1560
2000 次中有 1 次超出误差范围	360	1360	300	1220

小结

当前抽样方面主要研究的问题是抽样人数问题，这些研究不适应实际需要。为什么在抽样上会出现这些问题？主要因为每次测试只有1～2h，无法测试全部任务，对不同类型用户发现问题的能力估计也不很恰当，因此也无法发现全部问题，甚至难以发现大多数问题或主要问题。假如每次测试能够测试全部任务，那么与抽样有关的主要问题也不是这些问题了，而是用户类型、测试时间、测试任务这三个问题，这也是今后要研究的问题。

第十三节　数据统计分析

一、预备知识

1. 确定数据的测试量

为了能够进行定量分析，在设计问卷或调查方法时，首先要考虑采用什么测试量，这关系到适合采用什么统计方法。

测试量类型包括定类变量、定序变量、定距/定比变量。前一种变量可以包含后一种变量的全部特性，可以把前一种变量转化为后一种，但测量精度会降低。

数据录入之前，首先要定义变量名称，指定变量属性。SPSS 中为每个变量指定了10 种变量属性，主要有变量类型、测试量、变量标签和缺失值等。SPSS 中有三种基本的变量类型是数值型、字符型和日期型。测试量为定距/比、定序和定类。变量标签是对数据进行编码，把定类或定序变量的数据用数值代替。例如，1 表示男，2 表示女。

2. 统计的基本概念

1) 个体与总体。个体是指被调查的用户个人。总体是指一类用户人群的全体，有限个总体中个体的数目一般用 N 表示。

2) 样本。从某用户人群中抽取的一部分个体叫做该总体的一个样本。假如从总体中抽取的一部分个体为 X_1，…，X_n，如果满足：①每个抽样的分布与总体的分布一致，例如抽样用户的年龄分布要符合整体的年龄分布；②每次抽样的 X_1，…，X_n 相互独立，彼此没有影响，例如，用户1回答问卷不受用户2的影响，则称为容量为 n 的简单随机样本。通常我们先了解一个应用软件的用户人群的年龄、职业分布，然后根据这些分布特性去寻找各个年龄段的用户人数或各个职业的用户人数。

3）标准误。多次重复抽样，每次抽取数量为 n，一般最小值必须 $n \geqslant 30$，每次抽样都可以获得一个样本均值，其每次抽样的样本均值也呈正态分布，标准误指多次抽样得到的样本均值的标准差。该量被用来描述这些样本均值差异情况，用于衡量多次抽样的样本均值与总体均值之间的误差大小。理论计算公式：$\sigma_{\bar{x}} = \sigma / \sqrt{n}$。实际上往往不是采用多次抽样，而是用一次抽样的样本标准差 S 估计总体方差 σ，多次抽样得到的样本均值的标准差，即标准误为 $s_{\bar{x}} = S / \sqrt{n-1}$。

4）置信水平与置信区间。置信水平表示样本抽样的精确度，例如，它指样本均值落在整体均值某一误差区间内的概率为 95%、99% 或 99.9%。再例如，它也可以指样本方差落在整体方差某一误差范围内的概率 95%、99% 或 99.9%。其置信水平也可以表示为落在某误差范围外的概率为 0.05、0.01、0.001。上述的误差范围就是置信区间。当置信水平为 68% 时，该置信区间为 $\pm\sigma$；当置信水平为 95% 时，该置信区间为 $\pm 2\sigma$；当置信水平为 99.9% 时，其置信区间为 $\pm 3\sigma$。

5）秩（rank）。数据按照从小到大的顺序排列后，每个观测值的位置称为秩。这是处理定序变量数据最常用的概念。

3. 概率论描述方法

统计上，由样本观测值推论总体情况，为此要满足几个基本假设条件：样本必须从同一个总体中抽取；样本是简单随机抽样得到的；数理统计计算时只考虑抽样误差，而没有考虑非抽样误差，这些非抽样误差需要用定性方法去分析。

采用概率论描述，不同于传统的描述方法。概率论的描述方法是用置信区间和概率去描述，其含义如下，当置信度（概率）为 95% 时，假设抽样误差为 10%，进行 100 次抽样调查，其中有 95 次的抽样误差在 10% 之内，有 5 次的抽样误差在 10% 之外。这里主要存在两个问题：

第一，实际模拟测试结果表明误差大于 10% 的结果可能多于 5 次，也可能少于 5 次，但是现实中抽样我们只进行一次，而对于一次确定的抽样来说，不知道这一次抽样的误差是大于 10% 还是小于 10%。

第二，概率论只告诉了出现误差的概率（次数），没有告诉每次准确的误差值是多少。实际上，如果抽样的误差过大，其研究结果就没有用了。这是概率统计方法的缺陷。

什么叫结果的显著性？英文中显著性（significance）在概率论中是指"可能是真实的，而不是偶然出现的"，显著性表示真实出现的概率，显著性用"p 值"表示。significance 在这里不是指"重要的"。在概率中，"一个结果是很显著的"，其含义是指"这个结果很可能是真实的，而不是偶然出现的"。

二、如何描述统计数据

调查中经常遇到测试量有定类变量和定序变量，单个变量主要用频数、百分比、累计百分比等统计量描述，两个或两个以上变量用二维或 n 维的列联表联合描述。对于定距、定比变量的描述统计量有众数、中位数、平均值、极差、四分差、方差（标准差）等，详见表 2-13-1。通常以图表的形式直观地呈现出来。定距变量常用直方图、盒形图、茎叶图、散点图等描述，定类、定序变量等常用饼图、条形图等描述。描述性统计可以在 SPSS 中选择 Descriptive Statistics 功能模块完成。离散趋势描述统计量见表 2-13-2。

表 2-13-1　集中趋势描述统计量

指标	众数	中位数	平均值
定义	出现频率最多的值	将数据从小到大顺序排列，则取值于 $(N+1)/2$ 处的变量值	算数平均数
适合的变量类型	所有变量类型	定序及定序以上的变量	定距及定距以上变量，但有时也可用于定序变量，如求平均等级
适用的情况	当需要很快估计出集中趋势或需要知道最多的典型情况时，适合使用众数	当数据中有极端值，或数据不全、分布不对称时，适合使用中位数	当没有极端值影响，数据分布比较对称，适合使用均值
注意问题	对个别值的变动很敏感	对极端值不敏感	受极端值影响较大
三者的关系	分布与三值的关系：正态分布时，三值重合；偏态分布时，三值不重合；在正偏态时，平均值＞中位数＞众数；而在负偏态时则相反，平均值＜中位数＜众数		

表 2-13-2　离散趋势描述统计量

概念	异众比率	极差	四分差	方差（标准差）
定义	非众数的各变量值的总频数在观察总数中的比例	最大值与最小值之差	把一组数据按序排列，然后分成四个数据数目相等的段落，各段分界点上的数叫作四分位数。第三个四分位数（Q3）和第一个四分位数（Q1）的差	偏差平方的平均值 $$\sigma^2 = \frac{1}{n}\sum_{i=1}^{n}(X_i - \overline{X})^2$$ 标准差是方差的正平方根
适用变量	所有变量类型	适用于定序及定序以上的变量。易受两极端值的影响	可避免两极端值的影响，定序及定序以上的变量	只适用于定距变量

三、假设检验

显著性假设检验方法分为参数检验和非参数检验两大类。参数检验指总体分布已知，检验样本均值、方差是否有差异。非参数检验指总体分布未知或无法确定，检验总体分布符合假设或多个样本是否来自相同总体。与参数检验相比，非参数检验不受总体正态分布等假设条件的限制，特别适用于分析定类、定序变量。本书着重介绍参数检验方法，非参数检验可参考相关数理统计书籍。参数检验与非参数检验方法对应表见表 2-13-3。

表 2-13-3　参数检验与非参数检验方法对应表

参数检验	非参数检验
t 检验（独立样本）	Mann-Whitney U 检验
t 检验（配对样本）	Wilcoxon 秩和检验
单因素方差分析	Kruskal-Walllis 检验，Median 中位数法等
多因素方差分析	Friedman 检验，Kendall 和谐系数，Cochran 检验

1. 卡方检验

卡方（χ^2）检验是常用于定类变量的显著性检验，属于非参数检验。其基本思想是，首先假设 H_0 为观察频数与期望频数没有差别，H_1 为观测频数与期望频数有差别。统计量 χ^2 值表示观察值与理论值之间的偏离程度。当卡方分布的自由度固定时，每个 χ^2 值对应一个显著性概率 p 值。如果显著性 p 小于或等于用户所设定的显著性水平，则拒绝 H_0，接受 H_1。计算 χ^2 值时，要列出一个频数表，该表由若干行列构成，卡方分布自由度＝（行数－1）×（列数－1）。

卡方检验用于以下情况：

1）检验某个定类变量各类出现的概率是否等于指定概率。

2）检验某两个定类变量是否相互独立。例如，某个可用性问题是否存在跟测试环境有关？或检验控制某个或某几个因素后，另外两个定类变量是否相互独立。

3）检验某个连续变量的分布是否和某理论分布一致。例如是否符合正态分布，是否符合二项分布等。

4）检验两种方法的结果是否一致。例如用两种方法对某软件可用性进行评估，其结果是否一致。

卡方检验在 SPSS 中选择非参数检验（nonparametric tests）中的卡方检验（Chi-square test）命令项。

例 1　在对网上购物现有用户的抽样调查中，得到用户的数据如表 2-13-4 所示。该抽样结果是否符合互联网网民的男女比例？

表 2-13-4　男女的抽样人数

性别	男	女
人数	1263	1037

首先，提出假设 H_0：网上购物用户的男女比例和互联网用户男女比例一致；H_1：网上购物用户的男女比例和互联网用户男女比例不一致。

计算男女的理论期望人数，如表 2-13-5 所示。

表 2-13-5　男女抽样的理论期望人数

性别	男	女
网上购物用户的观察人数	1263	1037
互联网网民比例	56.7%	43.3%
网上购物用户的期望人数	1304	996

计算卡方值为

$$\chi^2 = \sum \frac{(f_0 - f_e)^2}{f_e} = \frac{(1263 - 1304)^2}{1304} + \frac{(1037 - 996)^2}{996} = 2.977$$

本例中自由度为 1，卡方值为 2.977，通过 Excel 的函数 CHITEST 返回卡方分布的 p 值，对应的 p 值为 0.084＞0.05，我们不能拒绝 H_0 假设，即认为对网上购物用户的抽样结果符合互联网网民的男女比例。以上计算也可以用 SPSS 完成，其步骤如下，首先对频数变量加权（Data 菜单下 Weight Cases 命令项），然后选择卡方检验，输入理论期望男女比例值 0.567 和 0.433，点击确定，输出计算结果。见图 2-13-1。

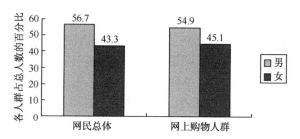

图 2-13-1　网上购物人群和网民总体构成对比

［数据来源：新生代市场监测机构 "中国市场与媒体研究（CMMS）" 2007 年秋季数据］

例 2　调查不同年龄段用户每周的上网时间，数据见表 2-13-6。

表 2-13-6　不同年龄段用户每周上网时间

年龄	1 h 以内	1～2h	2～3 h	3～5 h	5～8 h	8～12 h	12 h 以上	人数
18 岁以下	13	60	42	45	20	10	5	195
18～24 岁	11	65	98	73	46	36	22	351
25～30 岁	15	75	72	79	51	45	38	375
人数	39	200	212	197	117	91	65	921

问题：用户的上网时间与年龄段是否有关？

解　假设 H_0：不同年龄段用户在上网时间上无差异；H_1：不同年龄段用户在上网时间上存在差异。

各年龄段用户上网时间的理论期望分布，如表 2-13-7 所示。

表 2-13-7　各年龄段用户上网时间的理论期望分布

年龄	1 h 以内	1～2 h	2～3 h	3～5 h	5～8 h	8～12 h	12 h 以上
18 岁以下	8.26	42.35	44.89	41.71	24.77	19.27	13.76
18～24 岁	14.86	76.22	80.79	75.08	44.59	34.68	24.77
25～30 岁	15.88	81.43	86.32	80.21	47.64	37.05	26.47

通过 Excel 的函数 CHITEST 返回卡方分布的 p 值, 以确定原假设是否被接受。得到计算结果: $p=0.0001$ (Chi-square $=38.19$, $n=12$)。

因此, 拒绝原假设, 认为不同年龄段用户在上网时间上存在显著差异。

2. t 检验

t 检验属于参数检验。当样本量 $N<30$ 时, 用 t 检验两个小样本均值之间的差异显著性。当样本量 $N>100$ 时, 用 Z 检验两个样本之间差异的显著性。

t 检验适合处理以下几类问题: ①单样本 t 检验, 比较用样本均值和已知总体均值是否有差异。例如, 获得一组年龄数据, 分析其均值与普通正常人群的年龄均值之间是否有差异。②独立样本 t 检验, 比较两组独立的样本均值之间是否差异。例如, 男生和女生各10 人, 看他们在计算机使用水平上是否有差异, 这时要用 t 检验。独立样本 t 检验的条件是要求两组样本方差相等, 那么在 t 检验之前, 首先判断这两总体方差是否相同, 这时要用到 F 检验。③配对样本 t 检验, 比较相关样本、同一组样本接受两种不同处理或处理前后均值是否存在差异。例如, 如同一组被测试人分别在 A、B 两种条件下进行操作, 问该同一组被测试人在 A、B 两个不同条件下操作是否有显著差异, 这时要用 t 检验。

使用 t 检验的前提条件是, 若是单样本, 必须服从正态分布; 若是配对样本, 每对数据的差值必须服从正态分布; 若是两组独立样本, 必须两组数据均服从正态分布, 并且这两组样本的方差相等。

例1　调查某校园 ATM 机的使用情况, 共调查 15 名用户, 15 名用户的年龄分别是: 18, 19, 20, 21, 21, 20, 23, 19, 22, 22, 21, 20, 19, 18, 23。已知本校学生的平均年龄是 20.7 岁。看其平均年龄与本校学生平均年龄之间是否有差异?

假设 H_0: 样本年龄均值＝已知总体年龄均值。把数据输入 SPSS 中, 选择 Analyze——Compare Means——One-Sample t Test, 输入 test value 20.7, 点击确定。输出结果如表 2-13-8、表 2-13-9 所示。

表 2-13-8　单样本的描述性统计

	N	均值	标准差	均值标准误差
年龄	15	20.4000	1.63881	0.42314

表 2-13-9　单样本 t 检验

	检验值＝20.7					
	t	自由度 df	显著性概率 p 值 (双尾)	平均值之差	置信度为 95% 的置信区间	
					下限	上限
年龄	−0.709	14	0.490	−0.30000	−1.2075	0.6075

得到样本均值 20.4，标准差 1.639，标准误 0.423，与总体均值 20.7 比较，得到 $t=-0.709$，$p=0.490>0.05$，因此不能拒绝 H_0，样本均值与总体均值的差别无显著性，不能认为此样本来自不同总体。

例 2 将 20 名用户随机分成两组，每组 10 人，在对某教学管理软件的可用性测试中，实验组采用集体讨论的方式发现可用性问题，对照组使用传统单一用户测试，记录每个用户发现的可用性问题数量（见表 2-13-10）。比较两种方法下的测试结果有无差别？

表 2-13-10　两个测试组用户发现可用性问题的数量

实验组	34	25	46	35	28	20	21	29	38	30
对照组	18	15	23	29	10	22	17	20	25	14

假设 H_0：实验组均值＝对照组均值。数据输入 SPSS 中，定义变量 number（可用性问题数量）和分组变量 group（1 代表实验组，2 代表对照组），选择 Analyze——Compare Means——Independent-Samples t Test，将分组变量 group 选入 grouping 窗口，将 number 选入 Test 窗口，确定。输出结果如表 2-13-11、表 2-13-12 所示。

表 2-13-11　两个测试组数据的描述性统计

group		N	均值	标准差	均值标准误差
number	1.00	10	30.6000	7.94705	2.51308
number	2.00	10	19.3000	5.65784	1.78916

表 2-13-12　独立样本 t 检验

	Levene's 方差齐性检验		均值相等的 t 检验						
	F	显著性概率 p 值	t	自由度 df	显著性概率 p 值（双尾）	均值之差	标准误之差	置信度为 95% 的置信区间	
								上限	下限
number 假设方差相等	0.845	0.370	3.663	18	0.002	11.30000	3.08491	4.81885	17.78115
number 不假设方差相等			3.663	16.259	0.002	11.30000	3.08491	4.76873	17.83127

从表 2-13-12 中可以看到，得到两组的均值分别是 30.6 和 19.3，标准差分别是 7.947 和 5.658，标准误差分别是 2.513 和 1.789。Levene's 方差齐性检验：$F=0.845$，$p=0.370$，可认为方差相等。选用方差相等时的 t 值（equal variances assumed），两独立样本 t 检验，$t=3.663$，$p=0.002<0.05$，拒绝原假设，认为两种方法下的测试结果有显著差异。

例 3 在某智能手机管理软件的可用性测试中，测试 10 名用户，使用传统经验型提纲记录每位用户遇到的可用性问题数量（测试 1），经过 2 周后，再使用用户模型提纲进行测试（测试 2）。调查数据见表 2-13-13。比较两种测试提纲下平均发现的可用性问题数量是否有差异。

表 2-13-13 两种测试提纲下发现的可用性问题数量

经验型提纲	11	12	9	8	14	16	10	11	12	13
用户模型提纲	22	20	25	17	28	24	23	26	21	27

假设 H_0：测试 1 均值＝测试 2 均值。数据输入 SPSS 中，定义变量 first（经验型提纲测试）和 second（用户模型提纲），选择 Analyze——Compare Means——Paired-Samples t Test，将两变量选入 Paired Variable 框，确定。输出结果如表 2-13-14～表 2-13-16 所示。

表 2-13-14 配对样本描述性统计

	均值	N	标准差	均值标准误差
对 1	11.6000	10	2.36643	0.74833
对 2	23.3000	10	3.40098	1.07548

表 2-13-15 配对样本的相关系数

	N	相关系数	显著性概率 p 值
对 1～对 2	10	0.486	0.154

表 2-13-16 配对样本 t 检验

	配对样本之差					t	自由度 df	显著性概率 p 值（双尾）
	均值	标准差	均值标准误差	置信度为 95％ 的置信区间				
				下限	上限			
对 1～对 2	11.70000	3.05687	0.96667	−13.88675	−9.51325	−12.103	9	0.000

从表 2-13-16 中可以看出，测试 1 和测试 2 的差值的均值是 −11.7，标准差为 3.057，标准误为 0.967。$t = -12.103$，$p < 0.05$。认为两种测试提纲下平均发现的可用性问题数量具有显著差异。两次测试的相关系数为 0.486，$p = 0.154 > 0.05$，两次测试之间相关性很低，不具有显著性。

3. 方差分析

t 检验（和 Z 检验）适用于两个样本均值是否存在差异，但对于多个样本的均值，不适合用 t 检验两两比较，因为会增加出错概率。我们用方差分析来比较多个样本的均值是否存在差异。方差分析的假设 H_0 为各样本来自均值相等的总体，H_1 为各总体均值不等或不全相等。基本思想是将总变异分解为由研究因素所造成的部分和由抽样误差所造成的部分，通过比较来自不同部分的变异，利用 F 分布作出统计推断。方差分析属于 F 检验的一种应用。方差分析用于多个样本均值间的比较；分析两个或多个因素间的交互作用；回归方程的线性假设检验等。方差分析的适用条件为：每组样本是相互独立的；各样本符合正态分布；各种条件下的组内方差皆相等；因变量为定距变量。这些适用条件可以使用统计描述进行观察，也可以使用相应的检验方法。例如，Levene 法、Bartlett 法、Hartley 法、Cochran 法等可以检验 3 个或 3 个以上的样本的方差是否相等。F 检验只能说明在 α 水平下至少有两组均值差异有显著性，并不能知道到底哪两组均值间有差异。因此方差分析之后进行组间两两比较，检验方法有 LSD 法、Bonferroni 法、Scheffe 法、Dunnett 法等，其中 LSD 法最灵敏。

例 1 比较用户操作 3 种键盘的出错情况，每组 5 人，记录了 3 组用户的出错次数，见表 2-13-17。问键盘类型对打字错误有无显著影响？

表 2-13-17　使用 3 种键盘用户出错的次数

使用键盘的类型	各人出错次数				
A 型	0	4	0	1	0
B 型	6	8	5	4	2
C 型	6	5	9	4	6

本例为单因变量单因素方差分析，在 SPSS 中定义两个变量 group（分组：键盘 A、B、C 分别用 1、2、3 代表）和 times（出错次数），输入数据。选择 Analyze——Compare Means——One-Way ANOVA，在 Dependent List 框中输入变量 times，Factor 框输入变量 group。在 Options 中可以选择方差齐次性检验。结果如表 2-13-18、表 2-13-19 所示。

表 2-13-18　方差齐次性检验

Levene 法检验统计量 F	自由度 1	自由度 2	显著性概率 p 值
0.240	2	12	0.790

表中所示 Levene 法检验统计量为 0.240，p 值为 0.790，可以认为样本所来自的总体满足方差齐性的要求，也就是各组方差相等。

表 2-13-19　方差分析表

	平方和	自由度	均方	F	显著性概率 p 值
组间	74.133	2	37.067	10.393	0.002
组内	42.800	12	3.567		
总和	116.933	14			

如表 2-13-19 所示，检验统计量 F 为 10.393，p 值为 $0.002 < 0.05$，因此 3 种键盘类型对打字出错有显著影响。

例 2 对新手用户采取不同的学习方法，看他们经过学习之后使用某软件的操作时间。为了消除受教育程度对学习效果的影响，同样都选取 24 名大一的学生，采取随机分组的方式分为 8 组，每组 3 个学生，分别采用三种不同学习方法 1、2、3。一周后测试他们操作某任务所使用的时间。问经过三种学习方法后的软件使用效果有无差异。见表 2-13-20。

表 2-13-20 采用三种学习方法下用户完成某任务的时间/s

组号	学习方法 1	学习方法 2	学习方法 3
1	100	116	127
2	83	110	124
3	105	102	116
4	98	120	140
5	78	122	102
6	80	95	100
7	105	100	120
8	92	84	98

本例是单因变量多因素方差分析，单因变量指操作任务的时间，多因素指如下三个因素：group 表示分组，method 表示不同的学习方法，time 表示完成任务的时间。在 SPSS 中输入数据，选择 Analyze—General Lineal Model—Univariate，在 Dependent Variable 框中选入 time，Fixed Factors 框中选入 group 和 method，得到如表 2-13-21 所示的方差分析表。

表 2-13-21 多因素方差分析表

独立变量：时间

变异来源	Ⅲ型方差平方和	自由度	均方	F	显著性概率 p 值
校正的模型	4264.292*	9	473.810	4.279	0.008
截距	263970.375	1	263970.375	2383.736	0.000
method	2181.000	2	1090.500	9.848	0.002
group	2083.292	7	297.613	2.688	0.055
误差	1550.333	14	110.738		
总和	269785.000	24			
校正的总和	5814.625	23			

* $R^2 = 0.733$（修正 $R^2 = 0.562$）。

在上述计算中采用线性模型（general linear model），第一行校正的模型（corrected model）检验是否存在一个线性模型，通过检验说明，$F = 4.279$，$p = 0.008 < 0.01$，由此认为所用的线性模型是存在的；第三行（method）中，$F = 9.848$，$p = 0.002 < 0.01$，具有显著性，因此认为经过三种学习方法后的完成任务时间上有显著差异。

采用 LSD（least significant difference，最小显著性差异）法对不同学习方法两两比较的结果如表 2-13-22 所示。表中 * 号表示相应组间的均值存在显著差异，即方法 1 和方法 2、3 之间有显著差异，方法 1 优于方法 2 和 3；方法 2 和 3 之间无显著差异。

表 2-13-22　不同学习方法的两两比较

独立变量：时间

LSD（最小显著性差异法）

(I) method	(J) method	均值之差 (I−J)	标准误差	显著性概率 p 值	置信度为 95% 的置信区间	
					下限	上限
1	2	−13.5000*	5.26161	0.022	−24.7850	−2.2150
	3	−23.2500*	5.26161	0.001	−34.5350	−11.9650
2	1	13.5000*	5.26161	0.022	2.2150	24.7850
	3	−9.7500	5.26161	0.085	−21.0350	1.5350
3	1	23.2500*	5.26161	0.001	11.9650	34.5350
	2	9.7500	5.26161	0.085	−1.5350	21.0350

基于观测的均值。

* 均值之差在 0.05 的水平上具有显著性。

四、相关和回归分析

1. 相关系数

相关性是指两个变量间存在一种连带关系，即变量 X 变化时，另一个变量 Y 相应地发生变化，当 Y 变化时，X 也发生变化。相关分析的基本方法有绘制散点图和计算相关系数，由于从相关系数的数值中只能看出简单的线性关系的强弱，无法看出两个变量之间的复杂关系，例如，两个变量之间的关系是一个圆时，其相关系数也可能为 0，因此要绘制两个变量的函数关系图，被称为散点图。在 SPSS 中提供了 4 种散点图：简单散点图、重叠散点图、矩阵散点图和三维散点图。用相关系数来表示两个变量之间的关联程度，通常大多数相关系数取值在 0 与 ± 1 之间，0 代表无相关，相关系数越大，表示相关程度越强，1 代表相关性最大，X 与 Y 完全符合线性关系。相关系数为负值表示负相关，一个变量增大，另一个变量变小。

如何理解相关系数的含义？相关性只关注了这二者之间存在连带关系，并不是因果关系。这二者之间也许存在直接关系，也许存在间接关系。同时由样本推论总体时，相关系数必须经过显著性假设检验；样本人数的多少也会影响相关性的显著性；相关系数间比较只是程度差别，没有倍数关系。相关系数的值只能表示线性相关性，当两个变量之间存在复杂关系时，相关系数的值不能反映其关系，因此要结合散点图分析。

相关系数计算方法大多数是利用成比例减少误差（proportionate reduction of error，PRE）的思想构建出来。假设在不知道 X 的情况下，对 Y 进行预测的全部误差是 E_1，在知道 X 的情况下，由 X 预测或解释 Y 的总误差为 E_2，那么已知 X 时，Y 所减少的误差为 $E_1 - E_2$，成比例减少误差 PRE $= (E_1 - E_2)/E_1$。

在进行相关分析时，要根据变量类型以及研究目的（是预测、一致性检验，还是测量相关关系）选择合适的相关系数计算方法，尽量用多种方法计算相互比较，结合定性分析讨论变量间的关系。各种相关系数计算公式详见附录。

对于定类变量，常采用基于卡方值得出的列联系数、Phi 系数、Cramer's V 系数、λ 系数等。

对于定序变量，常采用 γ 系数，Kendall τ_b 系数、Kendall-Stuart τ_C 系数、Somers d 系数等。最常用的 Kendall 系数适用于检验评价人之间的信度，常用于 K 个评委去评定 N 件事物，或 1 个评委先后 K 次评定 N 件事物。

对于定距变量，一般采用 Pearson 积差相关系数，当数据不满足积差相关分析的条件时，采用 Spearman 等级相关系数。积差相关系数的适用条件如下：①只适用于线性相关的情况；②样本中存在非正常值对积差相关系数的影响极大，要再进一步分析散点图取消非正常值后再重新计算；③要求变量呈双变量正态分布，并非简单的要求两变量服从各自的正态分布。积差相关系数要同时配合散点图或直方图判断适合线性相关分析。Spearman 等级相关对数据条件的要求没有积差相关系数严格，只要两个变量的观测值是成对的等级数据，不要求两个变量的总体分布形态和样本容量的大小。

2. 相关系数的假设检验

相关系数一般都是利用样本数据计算的，需要对其进行检验，以确定其不是来自一个相关系数为 0 的总体，假设 H_0：$\rho = 0$，两变量间无线性相关关系；假设 H_1：$\rho \neq 0$，两变量间有线性相关关系。

检验方法主要是 t 检验，公式为 $t = \dfrac{r - \rho}{s_r}$，自由度 $= n - 2$，求得统计量后可根据自由度得到 p 值，通过 p 值与临界值比较进行判断。

在 SPSS 中，通过 Analyze——Descriptive Statistics——Crosstabs 过程可以进行相应的相关系数计算；Correlate 模块中也提供了几种相关分析过程：①Bivariate 过程：用于进行两个或多个变量间的参数或非参数相关分析。对于多个变量可以给出两两相关分析的结果，是最为常用的。②Partial 过程：偏相关分析过程。③Distances 过程：对同一个变量内部或多个变量间进行距离分析，该过程作为因子分析、聚类分析等的预分析。对于两组变量间的相关分析，SPSS 中有典型相关分析的功能可以调用。

例 1 计算完成任务的时间和任务的难易度等级（定义了五个等级：1 是最容易，5 是最困难）之间的相关性。见表 2-13-23。

表 2-13-23 任务难易度等级与完成任务的时间

任务的难易度等级	完成任务的时间/s				
5	170	121	92	96	97
4	58	72	85	110	109
3	37	48	55	38	38
2	29	35	46	36	46
1	17	35	33	31	31

因为任务难易度和完成任务的时间是两列对应的等级变量，因此采用 Spearman 等级相关系数。在 SPSS 中选择 Analyze——Correlate——Bivariate，选择两变量，计算 Spearman 相关系数如表 2-13-24 所示，$\rho = 0.917$，并且呈现显著相关性。

表 2-13-24　任务难易度等级与完成任务时间的 Spearman 等级相关系数

			time	grade
Spearman 相关系数	time	相关系数	1.000	0.917*
		p 值（双尾）		0.000
		N	25	25
	grade	相关系数	0.917*	1.000
		p 值（双尾）	0.000	
		N	25	25

* 在 0.01 水平下相关系数具有显著性（双尾）。

例 2　分析用户对某软件的可用性评分、用户的年龄、受教育程度（1 表示初中及以下，2 表示高中，3 表示本科，4 表示硕士及以上）、计算机使用时间之间的相关关系。见表 2-13-25。

表 2-13-25　用户调查数据

用户编号	年龄	受教育程度	计算机使用时间/a	对软件可用性评分（平均得分）
1	29	3	14	8
2	30	3	6	8
3	25	3	8	7
4	28	4	8	7.5
5	34	3	5	8
6	25	3	9	8
7	25	3	4	8.5
8	26	4	7	8.5
9	17	2	4	8.5
10	40	3	5	6.5

受教育程度是定序变量，可采用 Kendall's 系数，在 SPSS 中选择 Analyze —— Correlate —— Bivariate（选择两变量），计算 Kendall's 系数结果如表 2-13-26 所示，可用性评分与年龄之间存在负的弱相关性，$\tau = -0.405$，$p = 0.027 < 0.05$，因此认为可用性评分和年龄存在相关性。

表 2-13-26　Kendall tau_b 相关系数

			age	education	years	score
Kendall τ_b 系数	age	相关系数	1.000	0.225	−0.024	−0.405*
		p 值		0.248	0.893	0.027
		N	20	20	20	20
	education	相关系数	0.225	1.000	0.354	−0.120
		p 值	0.248		0.070	0.555
		N	20	20	20	20
	years	相关系数	−0.024	0.354	1.000	−0.228
		p 值	0.893	0.070		0.216
		N	20	20	20	20
	score	相关系数	−0.405*	−0.120	−0.228	1.000
		p 值	0.027	0.555	0.216	
		N	20	20	20	20

* 在 0.05 水平下相关系数具有显著性（双尾）。

3. 一元线性回归分析

一元线性回归分析是用方程表达两个变量之间的线性关系。它不仅可以描述两个变量的线性关系，还区分了自变量与因变量之间的因果关系，而且通过控制变量 x 的取值范围可以相应得到变量 y 的上下限。用回归方程 $y = a + bx$ 来描述两者的关系。x 为自变量，y 为因变量，即 x 的变化导致 y 变化。其中 a 是常数项，即当 x 取值为 0 时 y 的平均估计量。b 称为回归系数，是回归方程的斜率，即因变量 y 随自变量 x 变化的倍数。y 的估计量与测量值之间的差被称为残差。a 和 b 是通过最小二乘法估计出来的，也就是满足残差平方和最小的条件。

一元线性回归分析在以下条件下适用：①自变量和因变量的关系是线性的，这可以通过散点图直接看出。②因变量 y 的取值相互独立，即残差间相互独立，y 不存在自相关。③y 残差服从正态分布。④y 残差的方差相等。定类、定序变量不是连续变量，因此不适合使用回归分析。

对一元线性回归方程要进行如下检验。检验 x 与 y 这两个变量是否线性相关，可以用 t 检验或者 F 检验。假设总体回归系数 b 为 0，当 t 检验显著时，拒绝原假设，即总体回归系数不为 0，两个变量呈线性关系，当 t 检验或 F 检验不显著时，不能拒绝原假设，两个变量不是线性相关。

应当注意的是，应用回归方程来预测因果变量时，一般不应使用超出已知数据所包括范围的自变量的数值，因为回归线段以外未观察到的点可能出现非线性的趋势。此外，预测的回归方程式只能反映一定时期内变量间的相互关系，随着时间的推移，这种关系会起变化，因此回归模型也要作相应的修改，如果这时还使用原来的模型作预测就会得到错误的结论。回归分析在应用时有许多假设前提，例如其关系是线性的，自变量无测量误差等。回归分析是一种单向因果关系模型，变量的因果关系不能颠倒。

在 SPSS 软件中，可以选择 Analyze——Regression——Linear 或 General Linear Model 模块进行一元或多元线性回归分析。具体的计算过程可参考 SPSS 统计分析相关教程。

在实际中，一个因变量往往受多个自变量影响。因此多元线性回归分析比一元线性回归分析更常用。

例 1 多元回归分析。Fethi（2004）对企业资源管理系统（ERP 系统）用户满意度的分析中，选取调查样本 24 人，其中男性 52%，女性 48%，平均年龄 29.4 岁，平均使用 ERP 系统 3.2 年，包括企业中各个职位的人。这个目标人群是 ERP 系统的终端用户，每天多次使用该系统。被测试人来自 24 个企业。收回有效问卷 21 份。问卷分为 3 部分：第一部分是用户的个人信息；第二部分是对 ERP 系统的满意度，这部分问题使用李克特 5 分量表；第三部分测量界面的可用性特性，即系统性能、兼容性、灵活性、用户引导、可学习性、最小记忆负荷、感觉到的有用性和感觉到的易用性，这部分问题使用李克特 7 分量表。

使用多元回归分析来确定哪些变量对预测用户的满意度有显著影响。表 2-13-27 的多元回归分析结果中包括 b 系数，t 统计量，每个独立变量的显著性水平，R^2 叫做决定系数，R^2 等于"由回归方程得到的因变量 y 的估计值的方差"除以"y 的真实值的方差"，R^2 表示回归直线和真实数据点的接近程度。可以看到，用户满意度可以由感觉到的有用性和可学习性两个显著因素来预测，$R^2 = 0.477$，表示满意度 48% 的变化是由于感觉到的有用性和可学习性的变化引起的。由 b 值的大小可以看出，感觉到的有用性比可学习性对用户满意度的预测力更强。由于感觉到的有用性能最好地预测用户满意度，那么使用多元回归分析确定影响感觉到的有用性的变量。还可以看到，感觉到的易用性、系统性能和用户引导 3 个显著因素影响感觉到的有用性，$R^2 = 0.540$，表示感觉到的有用性的 54% 的变化是由于感觉到的易用性、系统性能和用户引导的变化引起的。其中，感觉到的易用性对感觉到的有用性的影响最强，用户引导对其影响相对较小。多元回归还分析了影响可学习性的变量，只有用户导向是影响学习性的显著因素，$R^2 = 0.087$，可学习性只有 8% 的变化是由用户引导的变化引起的。

表 2-13-27　多元回归分析

因变量	R^2	自变量	b	t	显著性（Sig.）
满意度	0.477	感觉到的有用性	0.447	5.899	0.000＜0.01
		可学习性	0.179	2.364	0.022＜0.05
感觉到的有用性	0.540	感觉到的易用性	0.381	3.529	0.001＜0.01
		系统性能	0.354	3.146	0.003＜0.01
		用户引导	0.261	2.497	0.016＜0.05
可学习性	0.087	用户引导	0.294	2.156	0.036＜0.05

根据多元回归分析的结果建立了影响 ERP 系统用户满意度的因素模型，如图 2-13-2 所示。

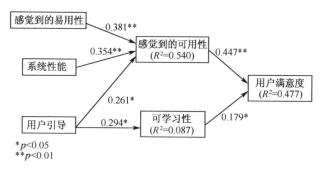

图 2-13-2　影响 ERP 系统终端用户满意度的因素模型

五、因子分析

因子分析是一种把多个变量转化为少数几个综合变量的简化问题的方法。因子分析的数学模型是 $x_i = f_{i1}F_1 + f_{i2}F_2 + \cdots + f_{im}F_m + e_i$。其中，$x_i$ 是原始变量；F_1，F_2，$\cdots$，F_m 是影响所有 x 变量的 m 个公共因子；e_i 是单独影响每个 x 变量的特殊因子；f_{ij} 称为因子载荷，它是第 i 个变量与第 j 个公共因子的相关系数。该数学模型要求共同因子之间相互独立，特殊因子之间也相互独立。

因子分析能够帮助我们建立问卷的因素的结构，但是并不可以检验因素框架的完整性。因子分析需要反复修改问卷，剔除无关因子，添加新因子来调整因素框架。我们也可以通过对变量聚类，计算每一类的 Cronbach's α 系数来修改问卷因子结构。

因子分析的一般步骤如下：①选择要分析的变量，因子分析适合等距或等比的变量类型，因此，问卷设计要设计成 Likert 量表的形式，进行因子分析的样本量至少应是题项数目的 5 倍以上（Gorsuch，1983 年）。②将原始数据标准化，准备相关系数矩阵，估计共同性。③决定因子的数目。④从相关矩阵中抽取共同因子；剔除一个因子只含有一个题项的题目，重新进行因子分析，反复抽取。⑤旋转因子，使每个变量仅与一个公共因子的相关系数较大，便于解释公共因子的含义。⑥计算因子得分，并进行因子排序，分析因子的实际含义。因子分析可以在 SPSS 中选择 Data Reduction——Factor Analysis 完成。

六、聚类分析

聚类分析是把每个调查问卷中的题项或调查用户按照相关性进行分类。SPSS 中提供了两种常用的聚类方法，一种是 K-均值聚类法（K-means cluster），也叫快速聚类法，适用于样本量大于 100 的情况，要求测试量是连续变量，并需要事先指定分类的数量；另一种是层次聚类法（hierarchical cluster），能够通过聚类的树形结构图清晰地看到样本或变量聚类的过程。聚类分析时，首先要对变量进行标准化处理，消除变量间测量尺度的影响；其次要选择计算变量或样本之间距离的指标，对于连续变量和二分变量最常用的是欧式距离或欧式平方距离，对于定类变量主要采用的是卡方测度。

聚类分析是一种探索性的分析方法，相同的数据采用不同的聚类方法，得出的结果可能不同；不同人对同一个问题进行研究，由于数据资料和聚类方法不同，得出的结果也可能会相差甚远。如何判断聚类结果是否有效？我们要看这种分类结果是否能够满足我们的研究目的，帮助我们解决具体问题。例如，我们能通过聚类分析对用户进行准确的分类，找到不同类型用户之间的差异。

例 1 在作者指导的一项对可用性评估行业的调查中，通过聚类分析，寻找评价一个用户体验部门或用户体验咨询公司的因素。

首先，在试调查中，对调查问卷的所有题项进行聚类分析，计算每一类的 Cronbach α 系数，修改问卷，删除引起 Cronbach α 系数虚高的重复、彼此无关以及对研究无用的问题。然后正式调查 72 份有效数据，再进行聚类分析，聚类得到的分类和对应的题项如表 2-13-28 所示。

表 2-13-28 聚类后每一类对应的问题

因素	序号	题项
第一类	Q1	可用性测试使用"有效、效率、满意度"这三条测试标准
第二类	Q2	部门内很少组织可用性的理论方法研究
	Q4	工作流程不重要，只要做好了项目即可
第三类	Q3	有时候客户会找好几家公司同时帮他们做同一个项目的用户研究
第四类	Q5	做用户调查时，很多时候在套用市场调查的办法
	Q6	在调查之前我们可能已经想好了结果。我认为很难避免这种主观倾向的干扰
	Q7	我们有时招募用户会忽略先前制定的比例
	Q8	我们有力的证据支持是：用户说……而不是数据统计分析
	Q9	时常能听到部门内员工对客户或其他部门人员的抱怨
	Q10	有时我也不太清楚一份用户研究报告怎么具体指导产品设计
	Q11	有些产品经理和程序员不是很认可我们部门的工作
	Q12	UI 设计师觉得他们的设计方案实际并不取决于用户研究的结果
	Q13	上级或者客户不懂用户体验，但是喜欢乱提要求，我们常觉得很为难
	Q14	从事用户研究和可用性测试的人不必和程序员有交涉

因素	序号	题项
第五类	Q15	大家经常把外国出的新理论套用在实际项目上
	Q16	我认为调查中设计的访谈提纲和问卷的品质很高
	Q17	部门内有一个详尽庞大的用户信息库
	Q18	我主持访谈和挖掘用户需求的能力很棒
	Q19	我们只储存那些长期调查的、重要的用户信息
	Q20	多用一些名词术语能让别人觉得我更专业
	Q21	平时报告中的结论分析占篇幅一半左右
	Q22	部门内很注重数据的积累保存
第六类	Q23	项目执行人的水准对项目影响很大
	Q24	以前做过的同类项目的数据，在另外一个项目中，我会查询翻看
	Q25	部门内部有一套固定的工作流程
	Q26	项目管理好坏对我的工作影响很大

观察第四类，发现它包含的题项都是在描述用户体验工作人员如何执行项目以及如何与其他部门协作。对第四类进行再次聚类，这时发现，第 6、8、11、12、13 题是一类，它们描述的是部门间协作，第 9、10、5、7、14 题是一类，它们描述的是项目的执行过程。聚类结果如图 2-13-3 所示。

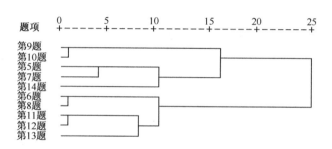

图 2-13-3　对第四类问题的再次聚类

观察第五类，它包含的题项都是在描述一个部门的各种数据积累，这些资料中，有的是用户库、问卷库，有的是结果数据。第六类描述了人力资源对项目的影响。从表 2-13-38可以看出，第一、二、三类总共只包含 4 个题项，第 1、2、3 题都是为了获取一个信息，那就是部门内是否存在着理论发展。但是为什么这 3 个题没有被聚为一类？是因为他们的问法不得当。比如，第 3 题发问的目的是想从侧面反映该公司或部门的理论水平如何，但是，导致客户对用户体验咨询公司不信任的因素并不仅仅是他们的理论水平差。根据以上分析得出，影响可用性从业水准的因素主要有五个，分别是数据积累、资源管理、部分协作、理论发展和执行水准。

例 2　讨论如何保证得到稳定的聚类结果？

根据聚类分析的数学原理，我们可以推断影响聚类结果的因素主要有以下两方面：

第一，变量（题目）之间的关系不符合聚类的要求，不相关或两两共线的变量都会影响聚类结果，导致聚类结果不稳定。

第二，抽样方法不科学，样本不能代表总体，或样本量太小，达不到聚类所要求的最低样本量，导致聚类结果不稳定。

这两个因素是如何影响聚类的？我们以大学生价值观调查的数据进行实验和分析。首先，对所有变量进行因子分析，删除相关性低的变量，保留了相关性较高的 19 个变量。然后对变量进行聚类。该项目调查总样本为 103，从中随机抽取 95 个样本和 90 个样本，发现聚类结果很一致，如表 2-13-29 所示。

表 2-13-29 不同样本量下的聚类结果

样本量为 103		样本量为 95		样本量为 90	
变量	4 类	变量	4 类	变量	4 类
D40	1	D40	1	D40	1
D34	1	D34	1	D34	1
D35	1	D35	1	D35	1
D16	1	D16	1	D16	1
D39	1	D39	1	D39	1
D42	1	D42	1	D42	1
D43	1	D43	1	D43	1
D44	1	D44	1	D44	1
D7	1	D7	1	D7	1
D52	1	D52	1	D52	1
D2	1	D2	1	D2	1
D47	2	D47	2	D47	2
D37	2	D37	2	D37	2
D22	2	D22	2	D22	2
D33	3	D33	3	D33	3
D21	3	D21	3	D21	3
D24	3	D24	3	D24	3
D9	4	D9	4	D9	4
D31	4	D31	4	D31	4

继续减小样本量，分别减少到 70、60、40，发现当样本量减小到 60 时，聚类结果就不一致了。

再次以某手机调查的数据进行实验，直接进行聚类分析，这次没有进行因子分析，删除相关性低的变量。样本量为 93，样本量减少到 80 时，聚类结果就很不一致了。

因此，要想获得稳定的聚类分析结果，可以先通过因子分析，删减无关变量，再进行聚类。根据我们的实验结果以及参考因子分析所要求的最小样本量是题项数目的 5 倍以上（Gorsuch，1983），聚类分析的样本量至少要达到题项数目的 3 倍以上，这个实验结果仅作参考，还需要用更多的案例进一步验证。

附录

附表 2-13-1　两个变量都是定类变量的相关系数计算公式

相关系数类型	关系度量	计算公式	适用情况	
以卡方为基础的度量	ϕ 系数	$\phi = \sqrt{\dfrac{\chi^2}{n}}$ n 是样本量	用于计算 2×2 列联表。对边缘分布敏感，如果边缘分布的两个频数的比值较大时，不适合用该系数	缺点：虽然这几个系数的取值都在 $0\sim1$ 的范围内，但很难解释其值大小的含义
	列联系数（C 系数）	$C = \sqrt{\dfrac{\chi^2}{\chi^2 + n}}$ n 是样本量	它是 ϕ 系数的修正系数，适用于大于 2×2 以上的列联表。即使存在全相关，该系数也很难达到 1.0。因此，建议该系数不要用于小于 5×5 的表格中	
	克瑞玛 V 系数（Cramer's V）	$V = \sqrt{\dfrac{\chi^2}{nm}}$ n 是样本量，m 等于（行数－1）或（列数－1）中的最小值	适用于大于 2×2 以上的列联表。在任何列联表中最大值均可达到 1，在 2×2 列联表中，等于 phi 系数	
成比例消减误差的度量（PRE） $\mathrm{PRE} = \dfrac{E_1 - E_2}{E_1} = 1 - \dfrac{E_2}{E_1}$ E_1 为期望误差，E_2 为观察误差	λ 系数	$\lambda_y = \dfrac{\left(\sum\limits_{j=1}^{j} P_{mj}\right) - P_{m+}}{1 - P_m}$ P_{mj} 表示在第 j 列出现的最大单元概率 P_{m+} 表示行边缘概率的最大值	要规定自变量和因变量。λ_y 不一定等于 λ_x	优点：数值有明确的含义，表示引入自变量后，期望的误差值减少了多少。 注意事项：测量的是因变量 y 和自变量 x 之间的关系。不能仅仅利用相关系数来说明自变量对因变量的影响
	对称 λ 系数	$\lambda = \dfrac{\sum\limits_{j=1}^{J} P_{mj} + \sum\limits_{i=1}^{I} P_{im} - P_{m+} - P_{+m}}{2 - P_{m+} - P_{+m}}$ P_{im} 表示在第 i 行出现的最大单元概率 P_{mj} 表示在第 j 列出现的最大单元概率 P_{m+} 表示行边缘概率的最大值 P_{+m} 表示列边缘概率的最大值	不需要规定自变量和因变量，$\lambda_y = \lambda_x$	
	Goodman-Kruskal τ 系数	$\tau = \dfrac{n\sum\limits_{ij}\left(n_{ij}^2/n_{.j}\right) - \sum\limits_{i} n_{i.}^2}{n^2 - \sum\limits_{i} n_{i.}^2}$ n_{ij} 表示第 i 行第 j 列的单元频数，$n_{i.}$ 表示第 i 行的边缘频数，$n_{.j}$ 表示第 j 列的边缘频数，n 表示样本量	考虑了所有的频数，敏感度比 λ 系数高，两个变量是不对称关系时，即有自变量和因变量之分，宜采用 τ 系数	

相关系数类型	关系度量	计算公式	适用情况
一致性的度量	Cohen κ 系数	$$\kappa = \frac{\sum_i P_{ii} - \sum_i P_i.P_{.i}}{1 - \sum_i P_i.P_{.i}}$$ P_{ii} 表示对角线上的单元频数，$P_i.$ 表示第 i 行的边缘概率，$P_{.i}$ 表示第 i 列的边缘概率	用于评价人对一组项目归类的一致性检验、再测信度检验。如果考虑各种回答的不一致程度，认为如果一个人第一次回答"非常同意"、第二次回答"非常不同意"的不一致程度比第一次回答"非常统一"、第二次回答"同意"的高。可以引入加权因子，修正后的系数称为加权 κ 系数

附表 2-13-2　两个变量都是定序变量的相关系数计算公式

关系度量	计算公式	适用情况	
Kendall τ_b 系数	$$\tau_b = \frac{P-Q}{\sqrt{(P+Q+T_x)(P+Q+T_y)}}$$ 按行变量和列变量取值列出的列联表中 P 表示一的配对组总数；Q 表示不一致的配对组总数；T_x 表示变量 x 的配对组相等数；T_y 表示变量 y 的配对组相等数	适用于行列相等的列联表。在正方表中，τ_b 的取值在 $-1 \sim 1$，如果不是正方表，τ_b 不会得到极端值 1 或 -1	对样本分布没有要求，用于考查评价人的一致性信度
Kendall-Stuart τ_c 系数	$$\tau_c = \frac{2m(P-Q)}{n^2(m-1)}$$ P 表示一致的配对组总数；Q 表示不一致的配对组总数；m 表示行或列数中的较小者；n 是样本数	适用于行列不相等的列联表 τ_c 受表格维度影响很大	
Goodman-Kruskal γ 系数	$$G = \frac{P-Q}{P+Q}$$ P 表示一致的配对组总数；Q 表示不一致的配对组总数	和 Kendall τ 系数相似，当数据中包含许多一致性的观察对象时，γ 系数优于 Spearman 等级相关系数或 Kendall τ 系数	
Spearman 等级相关系数	$$\rho = 1 - \frac{6\sum D^2}{N(N^2-1)}$$ D 为所测定的两个数列中每对项目之间的等级差，这个差的正值之和等于负值之和；N 为项数	Spearman 等级相关系数假设所研究的变量至少是用排序量表所测量的，即每一观察对象能排成两个有序的系列。对于非正态的定距变量，也可用该系数	
Somers d 系数	$$d_\gamma = \frac{P-Q}{P+Q+T_y}$$ P 表示一致的配对组总数；Q 表示不一致的配对组总数；T_y 表示变量 y 的配对组相等数	Somers d 系数与 τ 系数相似，但它不把 x 和 y 看成对称关系，把 x 看成自变量和把 y 看成自变量计算得到的结果不同	

关系度量	计算公式	适用情况
Wilson e 系数	$$e = \frac{2(P-Q)}{n^2 - \sum\limits_{i=1}^{i}\sum\limits_{j=1}^{j} n_{ij}^2}$$ P 表示一致的配对组总数；Q 表示不一致的配对组总数；n_{ij} 表示第 i 行第 j 列的单元频数；n 是样本量	和 Kendall τ_b 系数相似，取值从 $-1 \sim 1$，把 x 和 y 看成对称关系，相同数据算得的 e 值比其他系数的值要小，只有在严格完全相关的条件下才会达到极值

附表 2-13-3 两个变量都是定距变量的相关系数计算公式

关系度量	公式	适用情况
Pearson 积差相关系数（简单相关系数 r）	$$r = \frac{\sum (x_i - \bar{x})(y_i - \bar{y})}{\sqrt{\sum (x_i - \bar{x})^2}\sqrt{\sum (y_i - \bar{y})^2}}$$	两个变量都是定距变量；两个变量都呈正态分布或接近正态分布；必须是成对的数据，而且每对数据之间是相互独立的；两个变量之间呈线性关系；要排除共变因素的影响；样本 $N \geqslant 50$。变量 x 与变量 y 间存在线性关系这一假设是 r 系数的前提，如果两个变量间的关系不符合线性相关的假设，用 r 相关系数进行分析是错误的

附表 2-13-4 当两变量类型不一致时采用的相关系数

测试量	采用的相关系数	适用情况
定类–定距	eta 平方系数（E）	用于描述两个变量的非线性关系，两个变量是非对称关系，即有自变量和因变量之分
	theta 系数（θ）	两个变量是非对称关系
定类–定序	θ 系数	专门测量定类变量与定序变量间的相关性，两个变量是非对称关系
	λ 系数	将定序变量作为定类变量处理
	γ 系数	
定序–定距	eta 平方系数（E）	将定序变量看作定类变量
	γ 系数	将定序变量看作定距变量

第三章 当前国外的可用性测试

本章要点

各种计算机产品是否能够建立统一的可用性标准？答案似乎是明确的：应该建立统一的可用性标准。是否能够建立统一的可用性测试方法？现在已经有国际标准，实践表明不同产品的可用性测试标准是不同的，不能盲目套用国外某些现成的可用性测试方法。

对计算机硬件和软件产品可用性的基本估计是什么？存在以下三种基本估计：①认为计算机硬件和软件在可用性方面不存在大的问题，可用性标准和测试方法已经基本成熟，只存在具体细节问题需要改进。②认为当前的硬件和软件设计人员基本上是按照"以机器为本"的思想进行设计，其学习时间过长，几乎都要 100～120h（汽车驾驶学习时间为 20～40h），因此必须建立新的"以人为本"的可用性标准和测试方法。③20世纪 90 年代才从"以技术为本"的设计观念转向"以人为本"，有关的可用性国际标准也不是成熟的技术。这正像 20 世纪 80 年代后期的情况，当时一些人在设计用户界面时，套用美国某个操作系统用户模型。20 世纪 90 年代以后，人们逐渐明白了，设计每个软件用户界面，都应该建立自己的用户模型，应该按照用户模型建立自己的可用性标准和测试方法。

本章目的之一，就是通过分析国外各种类型可用性测试方法和问卷，探索如何设计可用性测试方法。主要内容如下：①国际标准 ISO9241 第 11 部分提出三条可用性标准（有效性、效率、满意度），其主要问题是"以技术为本"。②ISO9241 第 10 部分的 7 条标准，包括适合任务，能够自我描述，用户可控制，符合用户期待，容错，适合个性化和适合学习，那是"以设计人员为本"的可用性标准和测试方法。③后来西方若干国家人机学家或心理学家建立了一些固定问卷调查方法，那些都是"以人机学专家为本"的测试概念和测试方法。这些方法都不适合用户的操作过程和评价过程。迄今，西方缺乏"以用户为本"的可用性测试标准和测试方法。④比较这些方法的效度。

第一节 依据 ISO9241 第 11 部分的可用性测试问卷

一、产品质量（软件质量）指什么含义

可用性属于产品质量因素之一。国际标准 ISO8402 的质量定义如下，"质量：一个实体的全部特性，它显示出满足规定的和隐含的需要的能力。"该标准也提出如下三种不同的质量观念。①内在质量：通过代码的静态特性进行测试，例如检查软件长度。②外部质量：通过代码的动态特性进行测试，例如响应时间。这综合了软件与硬件的特性。③使用质量：测试软件在工作环境里满足用户需要的程度。使用质量表现为有效性（effectiveness）、生产率（productivity，效率）和用户满意度（satisfaction）。ISO/IEC9126 提出按照用户观点，从如下若干方面衡量产品质量，见表 3-1-1。这 6 方面是

否能够反映产品质量？

表 3-1-1　ISO/IEC9126 定义的使用质量和可用性

使用质量：有效性，生产力，安全性，满意度

功能性（functionality）	正确性（accuracy）、适当性（suitability）、协同工作能力（interoperability）、安全性（security）
可靠性（reliability）	成熟性（maturity）、容错性（fault tolerance）、可复原性（recoverability）、实用性（availability）
可用性（usability）	可理解性（understandability）、可学习性（learnability）、操作性（operability）、吸引力（attractiveness）
有效性（effectiveness）	时间行为（time behavior）、资源（resource）、实用性（utilization）
维护性（maintainability）	分析性（analysability）、可变性（changesability）、稳定性（stability）、可测试性（testability）
移植性（portability）	适应性（adaptability）、安装性（installability）、共存性（co-existence）、互换性（replaceability）

二、国际标准 ISO9241 的可用性标准

ISO9241 是《视觉显示终端的办公室工作的国际标准》（Ergonomic Requirements for Office Work with Visual Display Terminals，VDTs），其第 11 部分规定了对产品可用性的指南。这个标准最初受欧洲 ESPRIT 项目 MUSiC（metric for usability standard in computing）影响。

1. 在特定使用情景中的可用性测试

ISO9241 规定，可用性有时被用来指一个产品更容易使用的特征。

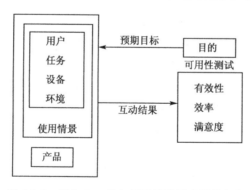

图 3-1-1　ISO9241 建立的可用性因素结构框架

如图 3-1-1 所示，使用情景包括用户、任务、设备（硬件、软件和材料）以及会影响产品在一个工作系统中可用性的各种物理和社会环境。ISO9241 第 11 部分强调可用性是取决于使用情景，可用性水平取决于产品所使用的环境。测试用户的操作和满意度可以评价所使用的工作系统的质量，以及提供了这个产品在特定情景中的可用性的信息。该工作系统中其他因素的变化，例如用户训练的时间、改善灯光照明，也可以通过用户操作和满意度来进行测试。使用情景的描述如下：

1）描述用户。用户的有关特性包括用户的知识、技能、经验、受教育程度、培训、

体力特征、技能动作特征。必要时，要定义不同类型用户。

2）描述设备。包括硬件、软件和材料，按照可用性评价所需要的操作特性的品质进行描述。

3）描述环境。包括技术环境（如局域网）、物理环境（如工作站、家具）气候环境（温度、湿度）、社会文化环境（如工作惯例、组织结构和特点等）。

4）描述使用产品的目的。用户的工作系统是依据总目的建立的，这个总目的包含一系列行动目的。在这一步，应该把用户全部目的寻找完全。

5）描述用户任务。用户的一个行动起码包含四个阶段：建立目的意图，建立计划，实施过程，评价及结束行动，评价时需要依据反馈信息。

2. 可用性定义与测试标准

ISO9241 指出，可用性设计和评价的目标是为了让用户能够在特定使用环境中达到目的满足需要。这一部分内容解释了如何按照用户操作和满意度去测试可用性，主要测试三方面：①测试能够达到预期使用目的的程度；②测试达到目的所花费的资源；③测试用户发现该产品使用可接受的程度。国际标准 ISO9241 把可用性定义为"致力于使用所需要的一系列属性，并通过一组规定的或潜在的用户，对这些使用进行逐项评价。"（a set of attributes that bear on the effort needed for use, and on the individual assessment of such use, by a stated or implied set of users.）可用性指"特定用户在特定使用情景中，以有效、具有效率、并满意地达到特定目的的程度"。具体地说，它把可用性规定为三个因素，见图 3-1-2。

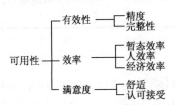

图 3-1-2 ISO9241 定义的可用性因素结构

1）有效性（effectiveness）。用户使用该系统去完成各种任务达到特定目的的程度，以及这些任务输出的质量。主要衡量两个因素：用户达到目的的精度（accuracy）和完整性（completeness）。比如，一个预期的任务目的按照一种指定格式，正确地复制一个 3 页的文件。那么精度可以用拼写错误的数量和格式错误的数量来描述，完整度可以用转录的文本字数和原文本的字数的比值来描述。

2）效率（efficiency）。用户按照精度和完整性达到目的完成各种任务所耗费的资源。效率的测量是依据一定的资源消耗下，用户使用系统所达到的有效性等级。相关的资源可能是智力劳动、体力劳动、时间、原料或者经济花费。人们对效率的含义有各种不同理解。例如，人工效率可以通过效果与劳动量的比值来测量；瞬时效率可以用有效性和时间的比值来测量；经济效率可以用有效性与花费的比值来测量。

$$人工效率 = 效果 / 劳动量（费力程度）$$
$$瞬时效率 = 效果 / 任务时间$$
$$经济效率 = 效果 / 总成本$$

其中，"费力程度"（effort）可以用测量认知工作量（cognitive workload）来表示。还有人把效率解释为操作计算机所动用的资源总量。在可用性分析中，经常把效率解释为"认知工作量"或者"消耗的资源总量"。

3）用户满意度（satisfaction）。用户对使用该系统的主观反应。满意度的测量描述了产品使用的舒适度和认可接受程度，也就是对产品的使用形成正面态度。ISO9241 没有详细定义它们的含义，这也引起许多测试标准的问题。当前采用问卷主观评价方法，或者在实际生活情景中客观观察用户行为。ISO9241 中解释，满意度可以通过一种态度的比值来描述，比如使用过程中的正面评价和负面评价比。通过一些长期测量可以获得一些额外的信息，比如测量旷工率、健康问题报告、用户申请转换工作的频率等。满意度的测量可以评估使用产品的意见，或者也可以评估用户对于有些方面的感觉，比如工作效率、有用程度、易学习性等。

3. ISO9241 可用性测试方法

ISO9241 对可用性的这三条标准没有给出明确的测试方法，而是通过案例，说明具体测试中如何考虑。见表 3-1-2。

表 3-1-2　如何测试可用性（出自 ISO9241）

可用性目标	有效性测试	相对效率	满意度测试
适合于培训过的用户	有效完成任务的数量；用到的有关功能百分比	与专家用户相比的相对效率	对主要特性的满意度
适合于行走使用	第一次尝试中成功完成任务的百分比	第一次尝试所花费的时间；第一次尝试的相对效率	主动使用的百分比
适合于很少使用或间歇使用		再学习所花费的时间；重复出错的数量	重复使用的频率
最少支持条件要求		所花费的时间；学习判断的时间	
可学习性		学习判断的时间；再学习判断的时间；学习的相对效率	学习不费力的百分比
出错容错	被系统纠正或报告的出错百分比；容忍用户出错的数量	纠正错误所花费的时间	处理出错的比例
易理解性	在通常阅读距离下正确识别单词的百分比		

ISO9241 也提出了认知工作量（cognitive workload）。工作量指任务的体力和脑力方面的费力程度。体力工作量是由人体运动、步行、姿势位置等所引起的。设计计算机硬件应该考虑高速输入和维持人机对话活动对体力的要求。另外，操作计算机时，用户的感知（视觉寻找、搜索、发现、识别等）、记忆、理解、构思表达、交流、建立目的、构思计划、评价等活动构成认知工作量。为了判断用户操作负担，需要测试用户认知工作量。认知费力度（cognitive effort）是关系到用户操作精度和完整性所花费的一个资源，并因此促成了对效率的度量。认知工作量具有一定特性，负担过高或负担过低，都会导致低效率。一个任务要求过少的脑力困难程度，也会引起低效率，因为它导致厌倦，并缺乏警觉性（它直接降低有效性）。认知负担过高也会导致低效率，它引起信息丢失和出错。当安全是关键问题时，例如航空交通控制、过程控制等，认知负担过高是重要问题。测试认知负担可以预测这些问题的类型。测试认知工作量方法不少，其中包

括主观智力困难度问卷法（subjective mental effort questionnaire，SMEQ）和 NASA 的任务负担指数（task load index，TLX）。

三、国际标准 ISO9241 概述

许多国际标准中都描述了可用性，ISO9241 是最重要的关于可用性的标准。ISO9241 是关于办公室视觉显示终端工作的人机要求。这个标准提供了对于硬件、软件和环境中包含可用性有关的设计建议。该标准的第 1 部分定义了可用性，它主要包含了可理解性、可学性、可操作性和吸引人。第 2 部分是任务要求指南（1992 年），这一部分涉及使用视觉显示终端的任务和作业的设计。第 3 部分举例解释了视频显示要求（1992 年），这一部分说明了显示屏的人机学要求，它可以在完成办公室任务时保障阅读舒适、安全和高效，它适合于办公室环境的通用显示器的大多数应用。第 4 部分是键盘要求（1998 年），这一部分描述了要求舒适、安全和高效完成办公任务的数字字母键盘的人机学设计特性。键盘布局在 ISO/IEC9995 的各个部分进行了论述，主要包括文字和办公系统的信息处理的键盘布局（1994 年）。第 5 部分是关于工作站布局与姿势要求（1998 年），这一部分描述了视觉显示器终端工作站的人机学要求，使用户能够采用舒适有效的姿势。第 6 部分是关于工作环境设计指南（1999 年），这一部分提供了对视觉显示终端工作环境的指南，包括灯光、噪声、温度、振动和电磁场，给用户提供舒适、安全和高效的工作条件。第 7 部分是对反光的显示器的要求（1998 年），给制造厂家提出保证不反光的处理的要求。第 8 部分是关于显示器的要求（1997 年），这一部分说明了多色显示器的要求。第 9 部分是关于非键盘输入器件的要求（2000 年），这一部分说明了与视觉显示器终端相连的非键盘输入器件的人机学要求。第 10 部分是对话原则（1996 年）。它的基本要求是适应任务、适应学习、适应个人特点、与用户期待一致、自描述性（descriptiveness）、可控制性、容错性。第 11 部分是信息表达（1998 年）。这一部分描述了视觉显示器上的表现以及信息表达，例如如何用字母、数字和图文/象征代码去表达复杂信息、屏幕布局和设计以及如何使用窗口。第 12 部分是用户指南（1998 年）。这一部分提供了用户指南的设计和评价，包括提示符、反馈、状态、在线帮助和出错管理。第 13 部分是菜单对话（1997 年）。提供了菜单设计方法。主要包括菜单结构、导航、选项、各种菜单技术表达。第 14 部分是命令对话（1997 年）。提供了人机对话中的命令语言的设计方法，主要包括命令语言的结构和句法，命令表示方法，输入和输出的考虑，反馈与帮助。第 15 部分是直接操作对话（1999 年）。提供了直接操作对话的人机学考虑，主要包括操作对象、隐喻的设计等。它包含了图文用户界面的许多内容。第 16 部分是表格填写对话（1998 年）。提供了表格填写对话的人机学设计方法，包含了表格结构、输入输出考虑、表格引导。这些部分都是供用户界面的设计者和评价者使用。

四、可用性评价标准

当前主要存在以下各种可用性评价标准。

1）国际标准。许多国际标准都规定了产品的可用性标准，其中最重要的是 ISO9241 第 11 部分，它规定可用性包含有效性、效率和用户满意度三个因素。在 20 多

年实践中，人们发现该标准的三个参数存在若干问题，效率和有效性是以技术为本的概念，用户满意度是一个模糊概念，没有一个比较一致的心理学概念。

2）以设计人员为本的可用性标准。它采用国际标准 ISO9241 第 10 部分。ISO9241 第 10 部分规定了用户界面的 7 条设计指南。德国若干机构采用了这 7 条规定作为可用性标准因素，这 7 条标准是：适合任务，能够自我描述，用户可控制，符合用户期待，容错，适合个性化，适合学习。该标准对这 7 条标准还具体规定了 54 条设计指南。这些都是从用户界面设计人员角度提出的设计标准，把这些作为可用性测试标准，实际上就是建立了以设计人员为本的可用性测试标准。

3）以人机学专家为本的可用性标准。20 世纪 80 年代以来爱尔兰、美国、德国、瑞典等的大学或研究机构的人机学家建立了可用性调查结构框架和调查问卷。这些标准依据不同于国际标准的因素结构框架。例如，美国施奈德于 1987 年在他的书中公布了 QUIS（questionnaire for user interaction satisfaction）固定问卷；20 世纪 90 年代爱尔兰的 University College Cork 的人因素研究组（HFRG）建立的 SUMI（software usability measurement inventory）；1996 年瑞典的网站可用性评估方法 WAMMI（website analysis and measurement inventory）。请注意，这些问卷都受知识产权保护，只有得到允许后才能使用。

因为每个设计项目针对的问题不同，设计要解决的问题不同，具体要求不同，测试因素也不同，因此不可能用统一测试标准去衡量各个设计项目。采用这些统一标准进行测试，往往比较适合横向比较同类产品的某些指标特性。

4）以用户为本的可用性测试标准。作者认为，可用性测试应该建立以用户为本的标准和测试方法。以上各种可用性因素框架不是"以用户为本"的标准。从用户角度分析，各类用户（新手用户、偶然用户、经验用户、专家用户等）对可用性的观点并不完全相同。各个应用软件的用户界面的可用性含义不同。在各个产品设计过程中应该建立自己的可用性标准和测试方法，通过用户调查，建立用户模型和可用性标准。当前，国内外企业往往达不到这种要求，许多企业甚至不知道应该如何测试软件，而盲目套用国外测试问卷或测试因素。

五、可用性评价方法

1）用户主观评价法。这种方法是让用户和设计人员操作用户界面，然后填写可用性问卷，判断评价软件的可用性。例如，测试飞机加速度时，要求飞行员描述什么情况下，接近失去控制意识。这种问题几乎无法直观采用客观测试方法，而且把飞行员的主观评价进行比较分析后得到的数据直观可信。采用主观评价方法，要求用户对可用性实验有一定的理解，并且能够表述和评价可用性。这种主观评价方法倾向于评价用户以下几方面的操作特性：①用户的行动心理。例如，软件是否符合他们的目的、任务、行动计划、评价方法。②用户的认知心理。例如，显示的信息是否符合用户感知特性，图标是否容易被发现等。③用户操作出错。让用户操作各个任务，看出错率为多少，哪些地方容易出错。④用户学习特性。例如，哪些新概念不容易理解记忆，哪些图标不容易理解，哪些操作过程不容易记忆等。⑤用户情绪感受。例如，是否乐意使用。用户的明显行动特性是可以被观察的，而用户的大脑认知活动就无法被观察，只能通过用户调查后的主观评价去获得，无法用其他方法代替。主观评价法的优点是比较直观，成本低等。这些方法的缺点是有时表达含义比较模糊，缺乏一致性或稳定性，有夸张倾向和记忆错误，各人测试的内容不一样或掌握的尺度或标准不一致。

2) 客观评价法。什么可以通过客观方法评价呢？用户的明显操作行为。这种方法指测试人员通过观察用户操作行动去评价用户界面的可用性。例如，通过摄像机记录用户的操作过程、出错情况、学习时间。再例如，用眼动仪显示用户操作时眼睛的运动过程。客观评价法的优点是能够评价明显的操作行为，不用主观解释去影响结论。这种方法存在以下局限性：①这种方法只对可观察的明显行为有效，无法观察用户的内心认知情况。②客观测试实际上很难达到客观性，这种方法实际上是靠测试人员主观选择测试任务和掌握测试标准，各个测试人员对可用性的观点可能不同，因素结构也不同，各个测试人员的观测点可能不同，他们的经验能力水准直接影响其判断结果。③观测人员的判断很可能与用户的判断不一致。也许用户觉得不满意，而测试人员却认为不错了。

3) 人机学专家的清单评价法。这些方法介于主观评价和客观评价法之间。在这些方法中，由人机学专家检测可用性，而不是用户。为了使得专家有统一标准，专家评价使用的清单主要是依据事先研究而提出的评价方法和评价问题，而不是依据各个专家自己的随意标准。这些方法的优点是专家判断比较快，使用资源少，能够提供一个综合的评价，评价机动性好，很灵活。在评价准则中建立详细规则，例如记录详细的测试过程、可观察的测试点，能帮助减少主观性。这种方法也有不足之处：①由于专家通过自己的个人评价回答问题，对于同一个问题仍然受各人标准和经验影响，而且有时带有偏见。②这种方法没有规定统一评价任务，由专家自己确定评价任务，因此各个专家可能评价的任务不完全一致。③一般来说，最初评价阶段，评价人员注意力比较集中，思考比较深入，因此评价比较严格。通过长时间工作后都会疲劳，评价标准也会发生变化，很可能要求越来越松。④专家评价与用户的操作行动和操作感受存在一定差距。

4) 设计人员的经验评价法。在设计过程中，或者完成纸制作的原型后，设计人员根据以往设计经验，根据用户调查中获取的信息，对可用性进行评价。这时往往采用认知预演法（cognitive walkthrough）。如同表演节目时的彩排，设计人员把自己当作用户，通过"纸上谈兵"方法，把各个功能操作一遍。这种"纸上谈兵"也就是认知预演的含义。什么时候采用这种方法呢？当产品还没有被设计好，也没有原型可以被用于测试，只好采取这种方法。当然这种方法也可以被用于最终评估。

如何看待以上各种方法？如何从中选择方法？人机关系是非常复杂的，可用性测试也是非常复杂的问题。以上各个方法可以从一个方面解决一定问题，然而迄今为止没有任何一种单独方法能够全面真实测试可用性。要想比较真实全面评价，最好把各种方法综合使用，相互比较，相互弥补。但是，测试评估是要花费很多资源的，往往不可能采用全部方法，而只能根据具体问题和条件去选择方法。

小结

常用的可用性测试方法包括以下几种。

有声思维：用户一边操作一边口述自己的思维。口述会干扰思维，因此这个方法只适合于某些短小的专题任务，而不适合复杂任务。

探索法（heuristics）：由人机学专家分析评价用户界面。

认识预演法：如同彩排节目或演习一样，设计人员在构思产品概念和用户界面时，想象各个任务、各个功能、各个命令的操作过程，从中注意困难出现的问题加以改进。此方法是产品开发前期的测试方法。

问卷法：建立可用性框架，对影响可用性的各个因素提出问题，分别对新手用户、普通用户和专家用户进行调查，从中发现问题改进用户界面的设计。此方法是产品开发完成原型后常用的方法之一。

访谈和专题讨论：在设计前进行采用的主要用户调查方法之一，分别访谈新手用户、普通用户和专家用户，主要目的是使你成为专家用户。

任务操作观察法（录像）：用录像和眼动仪把用户的视觉过程和操作过程记录下来进行分析。

清单核查法：建立一个标准清单，列出要调查的各个问题，由人机学专家根据这份清单进行评价或调查。

这些方法都有各自特点，然而每一种方法都不能完全胜任可用性测试的全部要求，因此要把各种方法结合起来，充分发挥各自的特点，相互弥补不足。

第二节　依据 ISO9241 第 10 部分的可用性固定问卷

一、ISO9241 第 10 部分基本内容

ISO9241 第 10 部分还提出 7 条设计原则和评价原则：适合任务，能够自我描述，用户可控制，符合用户期待，容错，适合个性化，适合学习。ISO9241 第 10 部分具体描述了这 7 条原则。

1）适合任务（suitability for the task）。如果人机对话支持用户实现各种任务，这种对话是适当的。

第一，对话应该给用户只提供完成任务所需要的信息。

第二，帮助信息应该与任务有关。

第三，任何能够适当分配非界面软件去自动执行的行动，都应该让软件去完成，而不要推给用户。

第四，设计对话时，要考虑任务的复杂程度适合用户的能力。

第五，输入和输出的格式应该适合给定的任务和用户的要求。

第六，对话应该支持用户操作并行任务。

第七，假如对于给定任务已经设置了默认参数值，就不应该要求用户再手工输入这些数值，应该能够用其他值代替默认值。

第八，操作一个任务时数据变化了，任务要求这些数值时，应该可以访问这些数值。

第九，对话应该避免强迫不必要的任务步骤。

2）能够自我描述（self descriptiveness）。假如每一步操作都可以按照直觉方式理解，或者出错时通过直接反馈告诉用户，那么这种对话就是自描述性的。进一步讲，应该按照要求提供适当支持。

第一，在用户任何一个行动之后，对话应该在适当的时候提供反馈，假如用户行动会导致严重后果，系统应该提供解释，并要求用户在实施行动前确认该行动。

第二，应该按照一致术语提供反馈或解释，该术语应该符合任务环境，而不是系统专业技术术语。

第三，反馈或解释应该辅助用户理解对话系统，作为用户培训的补充。

第四，反馈或解释按照用户需要和特性应该对用户有用，其类型和长短可变。

第五，为了提高对用户的用处，反馈或解释应该严格符合所需要的情况。

第六，提高反馈或解释的质量，以减少用户查看手册等其他信息而经常转换媒体。

第七，假如对给定任务存在默认值，这些数值也应该对用户有效。

第八，当对话系统状态与任务有关时，其变化应该通知用户。

第九，当要求输入时，对话系统应该给用户提示所期待的输入。

第十，信息应该格式化，并是可理解的、具有风格的一致结构，信息不应该包含判断值，诸如"这个输入没有意义"。

3）用户可控制（controllability）。假如用户能够着手控制过程的顺序，并影响其方向以及速度以达到他的目的，那么该人机对话就具有可控制性。

第一，互动的速度不应该由系统操作所规定，而应该按照用户的需要和特性始终在用户控制之下。

第二，应该让用户控制如何继续对话。

第三，假如对话已被中断，在任务允许的情况下，应该让用户有能力去确定从哪里恢复对话。

第四，假如互动是可逆的，而且任务允许，应该至少能够撤消最后一步对话。

第五，不同的用户需要和特性要求不同水平的互动方法。

第六，输入输出数据显示的方式（格式和类型）应该在用户控制之下；假如对特定任务来说，需要控制显示数据量，就应该让用户能够实施其控制。

第七，凡有替换输入输出器件时，应该让用户能够选择其使用。

4）符合用户期待（conformity with user expectations）。假如对话一致地顺从用户特性，例如考虑了用户在特定领域内的知识水平、教育水准和经验，以及一般公认的惯例，那么就认为这个人机对话符合用户期待。

第一，对话系统的行为和显示应该保持一致。

第二，应该保持计算机状态变化行动的一致性。

第三，应用软件应该采用用户任务操作中所熟悉的术语词汇。

第四，同类的任务应该采用同类的对话，以使用户能够形成一致的解决任务的过程。

第五，按用户期待，对用户输入提供立即反馈，还要依据用户知识水准。

第六，光标应该处于要输入的位置。

第七，假如响应时间远远偏离期待的响应时间，就要把此情况通知用户。

5）容错（error tolerance）。尽管输入出现明显错误，用户不需要修正行动或投入最少的干预，仍然能够达到预期的结果，就认为该对话是容错的。

第一，应用软件应该辅助用户探测和避免输入出错。

第二，对话系统应该防止用户输入造成不确定的对话系统状态或造成对话系统故障。

第三，应该解释所出现的错误以帮助用户纠正它。

第四，根据任务需要，可以专门显示如何改善出错状态的识别和恢复。

第五，当对话系统能够自动纠正出错，它应该给用户提供纠正错误的咨询。

第六，用户需要和用户特性也许要求保留出错状态，使用户自己能够决定何时去处理它。

第七，如果需要，就按照要求在纠正出错时应该提供附加解释。

第八，在处理输入前要确认数据。

第九，如果命令会造成严重后果，就应该提供附加控制给该命令。

第十，当任务允许时，应该能够不关闭对话系统而纠正错误。

6）适合个性化（suitability for individualization）。如果软件界面能够被修改以适合用户需要、个人偏好和技能，就认为该对话具有个性化能力。

第一，应该提供机构，以允许对话系统去适应用户语言和文化，个人在任务领域中的知识、经验、感知能力、动作技能和认知能力。

第二，对话系统应该允许用户去选择不同的显示形式，以符合个人偏好和被处理信息的复杂程度。

第三，应该按照用户个人知识水准，可以修改解释信息的量（例如，出错信息或帮助信息的详细程度）。

第四，假如适合情景和任务，应该允许用户使用自己的词汇去建立对象和行动的个人命名。

第五，还应该对用户增加个人需要的命令。

第六，应该让用户能够建立操作时间参数以适合他个人需要。

第七，应该让用户能够选择不同对话技术以适应不同任务。

7）适合学习（suitability for learning）。假如系统陪伴用户通过不同的学习过程的阶段，并且学习的花费尽量低，那么就认为该对话支持适应用户学习。如果对话系统支持并引导用户学习如何使用系统，就认为该对话适合学习。

第一，应该给用户有效地学习有关的规则和概念。

第二，应该给用户提供有关的学习策略（例如，面向理解，通过实践去学习，通过例子学习）。

第三，应该提供再学习手段。

第四，提供大量不同方法去帮助用户熟悉对话方法。

德国有些可用性测试问卷是按照这 7 条标准进行测试的。下面列出三份问卷。你觉得以上 7 条设计原则是否能够比较真实全面反映用户对可用性的要求？

二、符合人机学的用户调查问卷

1. 适合任务

如果一个计算机软件对您来说在完成具体活动时是需要的，那么就认为它是适合任务的。"需要的"意味着您必须完成的各种任务都能得到这个软件的支持。它的确能够帮助您，而没有给您带来困难，也没有给您制造麻烦。

1）这个软件是否包含了您完成任务所需要的全部功能？如果没有，请您列出无法完成的工作（步骤），以及希望增加的功能。

2）是否您必须要从事一些多余的输入或对话？如果是，列出多余的输入和对话步骤。

3）对您来说，是否可能把重复的数据或文字输入简化？如果不能，在什么情况下您希望使得输入不要如此经常？

4）您是否发现为工作成效所付出的花费是适当的？如果不，在什么情况下您曾经有一次"能够以更少的花费完成了"？

5）您是否发现有些必须由您完成的工作，实际上应该更好地由程序去完成？如果有，列出这些工作。

6）您必须输入实际上计算机能够知道的数值和文字？如果是，列出具体情况和例子说明"这必须由计算机知道的，为什么必须由我输入？"

7）如果您要达到工作成效，您必须对付一些冤枉路或花招？如果是，描述您遇到的情况以及您感到不得不对付的花招。

8）您发现这个软件中的帮助文字对您有帮助？如果不，举例说明你不需要帮助信息的情况。

9）这个软件适合我所需要的公式和格式？

2. 自描述能力

如果计算机每次都通知您它正在干什么，期待您下一步输入什么或反应什么，那么就认为这个软件具有自描述能力。这意味着您能理解全部反馈信息，始终能知道下一步您应该从哪里输入，始终知道一个输入的后果是什么。

1）完成任务所必需的信息在屏幕上十分明显？如果不，列举您所需要却没有被提供的信息。

2）您从这个软件能够认出，哪些步骤等待您输入什么？如果不，简要描述一下您不能确定下一步工作给计算机输入的情况。

3）您总能够理解系统反馈的信息？如果不，举例说明哪些反馈信息不能理解？

4）您在无法反悔的行动前会得到软件的警告？如果不，请您举例说明没有得到警告。

5）当人机对话或菜单不清楚时，帮助功能是否能够对您起帮助作用？如果不，请您描述不理解帮助功能的具体情况。

6）为了能够继续工作，您必须经常询问同事或操作手册？如果是，请举例说明。

3. 可控制性

当您作为用户能够在很大程度上自己确定一步操作的后果，那么就认为用户对该软件具有可控制性。当操作情景要求时，您能够中断计算机的运行，然后再继续，而没有任何损失达到运行结果。

1）您能够使您的工作步骤按照对您最有意义的操作顺序去完成吗？如果不，列举一个更有意义的操作顺序。

2）这个软件有时候所做的事情并不是您所预期的时间点？如果存在这种情况，请列举这个软件的异常行为。

3）您是否能够中断一个任务，然后不需要重复输入全部参数，就能继续运行？如果不，请您描述在什么情况下，您在一个中断时损失了已经输入的数据。

4）如果在完成任务过程中，您能按照需要而使操作步骤退回一步吗？如果不，请您举例说明希望能够退回一个操作步骤。

5）您觉得工作节奏有时候受到这个软件的限制，不得不等待很长时间？如果是，请您举例说明。

4. 符合期待

如果您使用计算机工作时对运行结果没有感到奇怪，就说明该软件符合期待。例如，您在菜单以外发现一个功能，与您所想的完全不同，或者一个任务与您的习惯完全不同。

1）您发现菜单或功能应该符合您的期望？如果不，请列举具体菜单位置或信息布局不符合您的期待。

2）在您等待时，您仍然知道该软件是否在运行。如果不，请列举您不确定软件是否运行的例子，例如当程序需要长时间去存储数据。

3）您是否有时候吃惊，为什么这个软件没有按照您的输入进行反应？如果是，请您举例。

5. 容错

虽然您输入出错了，但是您仍然能够得到预期结果，或者您的纠错花费很小，那么就认为这个软件是能够容错的。这意味着，虽然输入错了，或者操作步骤出错了，计算机都不会死机，您也不必花费很大力气去纠正错误。此外，这个软件应该能够发现错误，并尽可能给您提出纠错提示。

1）当您输入错时，该系统是否出现纠错提示？如果不，请列举例子，说明您也许希望系统给您建议如何输入？

2）您是否能对一序列有错误的输入以最小花费去纠正？如果不，请列举例子，说明纠正出错的花费太大。

3）这个软件在执行您的任务时总是很稳定可靠？如果不，请列举具体例子，说明这个软件不可靠，或者您担心死机。

6. 个性化

如果一个软件能够按照您的个人需要设置参数，就认为它符合个性化。

例如，您是否能够设置计算机各种参数，使得您的阅读和工作更简单容易？如果不，请您列举例子，说明用这个软件使您的工作变得困难。

7. 促进学习

如果一个计算机软件能够使用户不依赖别人而简单地进行尝试，而不必担心把什么东西搞坏了，那么这个计算机软件就能够促进学习。此外，您应该通过这个软件保存您所需要的重要信息，以便更好地理解这个软件。

例如，这个软件使您能够进行尝试而不会引起问题。如果不，请您描述在尝试中所受到的惩罚。

三、IsoMetrics

(http://www.isometrics.uni-osnabrueck.de/isometr2/abstr.htm)

这个调查问卷是 1994 年德国 Osnabrueck 大学在劳动与组织心理学领域的 Heinz Willumeit 最初建立的，当时包含 90 个问题，是由健康专家和其他专业的专家提出的。由于计算机硬件、软件的用户界面不断变化，因此 1996 年由 Hamborg、Willumeit 和 Gediga 建立了这份问卷。提供了面向用户的可用性调查方式，以及依据 ISO9241（第 10 部分）的格式化软件评价方法。建立了两种版本的 IsoMetrics：第一种是短格式，用于概括性评价软件系统；第二种是长格式的，适用于格式化的评价目的。当前的 Iso-Metrics 包含 75 个题目，这些题目符合 ISO9241（第 10 部分）的 7 个设计原则，它们是适合任务、自描述、可控制性、符合用户期待、容错、适合个性化、适应学习。

这个调查方法采用 5 级量表形式（从"完全反对"到"完全同意"，以及"不知可否"）。这个调查问卷具有比较高的信度，并具有版权。商业使用 IsoMetrics 问卷需要 250 欧元。如果在科学研究使用该调查问卷，需要签一个专门协议，可以免费使用这个调查问卷。可用性调查问卷 IsoMetrics 见表 3-2-1。

表 3-2-1　可用性调查问卷 IsoMetrics

	调查问题	不对				很对	不知可否
适合任务		1	2	3	4	5	
A1	这个软件迫使我去从事多余的工作步骤						
A3	用这个软件完全能够连贯地处理工作过程						
A4	这个软件给我提供了各种可能性去处理各种任务						
A6	这个软件使我能够按照任务岗位所要求的那样去输入数据						
A7	在屏幕正确位置总能找到对任务处理必须的信息						
A8	对有些任务来说，输入步骤太多						
A9	由程序规定的任务适合我的任务岗位，这就是说，它没有包含多余的东西，也不缺乏东西，没有无法理解的信息						
A10	这个软件是按照我要处理的任务设计的						
A11	我发现屏幕上的各种信息都是我所需要的						
A12	这个软件里所使用的概念和符号都符合我的工作活动						
A14	这个软件对于反复出现的工作步骤给我提供了重复概念						
A15	这个软件使我很容易处理非例行的工作任务（不经常出现的任务）						
A16	对我的工作来说，这个软件的重要命令都容易被找到						
A17	用这个软件实现的结果表现出（给出）我的要求						
A18	屏幕上信息的显示支持我的任务						
自我描述							
S2	按照需要，可以要求该系统解释其使用方法						
S3	我能够马上理解该软件显示的信息						

	调查问题	不对				很对	不知可否
S5	当我需要一个输入命令的信息时，很容易找到这些信息						
S6	当确定情况下缺乏适当命令时（被禁止或中断），很容易识别这种情况						
S7	按照需要，该软件除了一般性解释外还提供了举例						
S8	我能够明确知道该软件的反馈信息指什么事情						
S9	这个软件按照我的希望提供了关于当前服务和各种使用信息						
S10	这个软件为我提供了丰富的信息，使我知道当前允许什么输入						
S11	该系统的各个命令起什么作用对我十分明显						
S12	这个软件应用的概念很容易使我理解						
S13	这个软件对于当前的输入经常提供视觉提示（例如通过标记、颜色、光标闪动、鼠标光标等）						
S14	对我来说能很明确区分系统给出的信息是软件的反馈、关于安全的问题、警告或者出错信息						
控制性							
T2	这个软件给我提供了好的使用可能性，使我能够移动各种文件（文字、数据库、计算等）						
T3	我用这个软件可以在各层菜单之间很简单进行移动						
T4	这个软件给我提供了可能性，能够从任意菜单层跳回到主菜单						
T5	任何时刻都能够中断一个命令的输入						
T6	很容易执行当前直接需要的处理程序						
T7	对我来说很容易改变不同处理屏幕						
T8	虽然这个软件正在等待一个输入，但是允许我中断处理步骤						
T10	这个软件提供各种使用可能性，支持对系统的最佳使用						
T12	这个系统只允许按照事先给定的死板方式进行操作						
T13	菜单命令的选择可以通过输入缩写（字母或代码）来确定						
T15	这个软件允许中断正在运行的过程						
符合期待							
E8	这个软件由于不一致的设计使我的任务处理变得困难						
E1	屏幕显示（操作元素、各个输入屏蔽、窗口等）的处理过程对我来说是清楚的						
E2	这个软件的处理时间对我来说是可以估计出来的						
E3	在我所熟悉的软件部分中各个概念和图形显示都具有一致性						
E4	同样功能在软件各个部分都具有一致性						
E5	实施一个功能总能获得所期待的结果						
E6	在软件内部或各个部分之间移动总是符合一致性						
E7	这个软件的反馈信息总出现在同一位置						
容错							
F1	用此软件工作时，一个小的错误就引起很严重的后果						

	调查问题	不对			很对	不知可否
F2	被输入的信息（数据、文字、图形）在操作出错时不会丢失					
F3	数据输入出错（例如屏幕屏蔽或表格）可以很容易退回					
F4	不可撤回的删除数据命令都提供了安全性的问答					
F5	我发现纠正出错的花费并不大					
F6	我的输入数据在被进一步处理之前总被进行错误校验					
F7	用该软件工作时出现了系统出错（例如死机）					
F8	如果我在处理一个任务时出现一次错误，我能够很容易改正它					
F9	我的输入从来还没有引起过系统出错（例如死机）					
F10	这个系统的设计阻止那些无意识的动作（例如，通过在重要的按键之间的安全距离，通过适当的把手，通过强调等）					
F12	在出错情况下，这个软件给出如何纠正出错的具体提示					
F13	出错反馈信息使人容易理解并很有帮助					
F14	遇到输入出错时，这个软件在有些情况下反馈信息出现的太迟					
F15	在执行可能有问题的行动前，这个软件发出警告					
F16	这个软件给我提供了可能性继续保持原始数据，虽然这些数据被改变了					
个性化						
L1	这个软件给我提供了适应我个人需要和要求的可能性（例如，鼠标、屏幕显示）					
L4	这个软件提供了简单的可能性，以适应我个人的知识情况					
L6	我有可能使屏幕上显示的信息量（数据、图形、文字等）适应我的要求					
L7	这个软件提供了可能性让我个人给命令、功能等起名					
L8	输入设备（鼠标、键盘等）的特性（例如速度）是个人可以设置的					
L11	我能使软件的反应时间适应我个人的工作速度					
学习性						
L1	我花费了很长时间才学会使用这个软件					
L2	即使那些很少遇到的需要，在这个软件中也不难找到					
L3	按照要求，我得到被帮助身份，使我学习这个软件变得容易					
L4	迄今为止，对我来说学习这个软件的操作并不困难					
L5	我能从一开始就独立操作这个软件，不需要问同事问题					
L6	可以自己通过尝试来学习那些不懂的功能					
L7	为了能够使用这个软件，我必须注意许多细节之处					
L8	我能记住各种操作条件（例如程序命令、操作命令等）					

有人把几种常用测试方法进行比较，包括有声思维、视频录相、专家评价（heuristics 方法），以及 IsoMetrics 方法，表明 IsoMetrics 的主要优点是比较经济。详细分析可以上网查阅，查询时输入 "Fragenbogenstudie ISO-Metrics"，或者参见如下地址：

http://www.evaluationstechniken.de/index.php?page=abgr_07.html&PHPSESSID=510492588d4910127c56205d5956ebed♯TOP

四、Ergo-Online

德国黑森州社会部的网站 Ergo-Online 上关于《信息服务——工作与健康，重点：屏幕工作》公布的一个用户调查表格，它提出可用性包含的因素有适应任务、自我描述能力、控制性、符合用户期待、容错、个性化、促进学习。你认为这些因素是否能够全面真实涵盖"可用性"的含义？

它的地址如下：

http://sozialnetz-hessen.de/ca/ph/het/hauptpunkt/aaaaaaaaaaaahfh/hauptframeid/aaaaaaaaaaaahfh/hauptframetemplate/aaaaaaaaaaaaapk/

表 3-2-2　信息服务用户调查问卷

适应任务
该软件支持您的任务，您作为用户没有增加额外负担？

这个软件……	———	——	—	—/+	+	++	+++	
使用太复杂								使用不复杂
这个软件并没有提供全部功能，无法高效率完成各种任务								这个软件提供了各种功能，使人能够高效率完成各种任务
该软件经常用很差的方法自动重复一些编辑过程								该软件经常用很好的方法自动重复一些处理过程
要求多余的输入								没有要求多余的输入
把工作步骤划分得很糟糕								把工作步骤划分得很好

自我描述能力
这个软件对您来说提供了充分的解释，并且足以使您理解？

这个软件……	———	——	—	—/+	+	++	+++	
功能的整体概貌太差								提供了良好的功能概貌
在菜单中应用了很差的概念、符号、缩写或者象征								在菜单或图标中采用了好的可理解的概念、符号、缩写或象征
提供的信息不够充分，因此搞不清楚允许哪些输入，或哪些输入是必须的								提供了充分的信息，因此很清楚允许哪些输入，或者哪些输入是必须的
按照要求没有提供具体情况的说明进行具体帮助								按照要求提供了具体情况下的各种说明进行具体帮助
自己没有提供具体情况的说明，没有进行具体帮助								自己提供了具体情况的说明，进行具体帮助

控制性
您能够按照用户的方式影响这个软件如何进行工作？

这个软件……	———	——	—	—/+	+	++	+++	

不可能在任何时刻打断工作，然后再从中断点恢复而没有损失								在任何时刻中断工作，都可以从中断处继续工作而没有任何损失
强迫编辑步骤进行不必要的、死板的停顿								没有强迫不必要的死板的停顿
在各个菜单项或图标之间的转换很不容易								在各个菜单或图标项之间的转换很容易
这个软件的设计，使用户无法影响信息如何在屏幕上显示								这个软件的设计，使用户能够影响信息在屏幕上如何显示、显示什么
强迫不必要的工作中断								没有强迫不必要的中断

符合用户期待

这个软件通过一致的和可理解的设计以适应您的期待和习惯？

这个软件……	———	——	—	—/+	+	++	+++	
由于缺乏一致性设计，使用户很难确定方位性								通过一致性设计使用户比较容易确定方位性
使用户不清楚，一个输入是否成功或不成功								用户清楚一个输入是否成功
没有提供充分信息使人明白当前软件正在干什么								提供了充分的信息使人清楚当前软件正在干什么
没有显示预测的处理时间								显示了预测所需要的处理时间
无法从头到尾采用一致的原则进行操作								使人能够从头到尾都能按照一致的原则进行操作

容错

虽然输入操作错误，但是该软件给您提供了可能的符合目的运行结果，不必纠错或者只需要投入很少的纠错花费？

这个软件……	———	——	—	—/+	+	++	+++	
很小的错误就可能导致很严重的后果								很小的错误绝不会导致严重的后果
对于输入错误的反馈信息显示得太迟了								对于出错输入，该软件马上就给出反馈信息
显示的出错信息很难理解								显示的出错信息很容易理解
出错时要求用户投入很大的精力纠正错误								出错时用户只要投入很小的精力纠正错误
没有提示如何纠正错误								给出具体的纠错提示

个性化

您作为用户，不需要从个人需要和要求上，花费很大精力去适应这个软件？

这个软件……	———	——	—	—/+	+	++	+++	
当出现新任务时，这个软件让用户很难适应								当出现新任务时，用户很容易适应这个软件

很难适应用户个人的工作方式								很容易适应用户个人的工作方式
不能同时适应新手用户和专家用户，因为用户很难适应它的知识								能同时适应新手用户和专家用户，因为用户很容易适应它的知识
从功能成效角度看，这个软件很难设置适应用户的各种不同任务								从功能成效角度看，这个软件很容易设置适应用户的各种不同任务
它所设计的屏幕显示很难适应用户的个人需要								它所设计的屏幕显示能适应用户的个人需要

促进学习

这个软件的设计，让您不需要很大花费就能熟悉它，并且当您想学习新功能时它还提供了支持？

这个软件……	———	——	—	—/+	+	++	+++	
要求学习很多时间								学会它只需要很少时间
不鼓励尝试新功能								鼓励尝试各种新功能
要求注意许多细节								不要求注意很多细节
你学会操作后很难记住								一旦学会，很容易记忆
如果没有外人帮助或者操作手册，很难学会操作								不需要外人帮助或操作手册，用户就能学会操作

你对所评价的软件的掌握程度如何								
很差								很好

您使用这个软件多长时间？（ ）年,（ ）月	您使用这种计算机多长时间？（ ）年,（ ）月
您平均使用这个软件多长时间？每周（ ）小时	
性别　　　男　　　女	年龄　（ ）岁

第三节　其他各种可用性结构框架

一、欧美可用性测试发展概况

从出现计算机以来，可用性一直是计算机设计和测试所考虑的主要问题之一。1983年 Bailey 和 Pearson 公布了他们的测试分析计算机用户满意度问卷工具。他们把生产力作为评价标准，并认为生产力在计算机服务中意味着有效和高效率地提供数据处理输出，这些实用性直接与用户的满意感相关。这里提出：计算机的生产力体现在有效性、效率和用户满意度这三个要点上。

当时提出的各种测试用户满意度的主要思想有以下两点：①如何建立一种方法去评价一个界面，这似乎主要依靠专家，而没有考虑一般用户。②开始考虑终端用户对一个系统的反应，也就是用户评价，但这方面的信息却对界面技术细节没有很大帮助。

后来出现了许多小规模的测试方法去测试用户满意度。1988 年 Doll 和 Torkzadeh 报道测试终端用户的计算满意度，它有 10 个题目，测试用户对特定计算机界面的反应。它的信度为 0.76，并不很高。同一时期，问卷评价终端用户满意度的方法也开始通过电子邮件方式进行调查，美国 DEC 公司的 J. Brooke 最早通过电子邮件的调查问卷是 SUS。他没有公开其调查效度和信度。

1986 年爱尔兰的 University College Cork 的人因素研究组（HFRG）开始研究分析用户反应的特定问卷方法。他们研究的第一个成果是建立了 CUSI（computer user satisfaction inventory），这是一个调查问卷，有 22 个题目。他们对可用性提出了两个因素：喜欢与胜任。喜欢（affect）指用户喜欢计算机的程度；胜任（competence）指用户觉得计算机对它的支持程度。也计算了它的信度：喜欢信度 0.91，胜任的信度为 0.88，总体信度为 0.94。当 CUSI 公布的时候，美国 Shneiderman 于 1987 年也在他的书中公布了 QUIS（questionnaire for user interaction satisfaction），QUIS 的第 5.0 版本包含了以下几部分：引言（对软件的总体反应）、屏幕、术语、系统信息、学习、系统能力。每部分 4~6 个题目。总体的信度系数为 0.94。

1990~1991 年，有人对 CUSI、SUS 和 QUIS 这三个问卷进行了研究，为后来建立 SUMI 问卷打下基础。Wong 和 Rengger（1990）计算了 CUSI 的喜欢（affect）因素、CUSI 的胜任因素、SUS 和 QUIS 总体之间的相关系数。他们发现，CUSI 的情绪、SUS 和 QUIS 相关性相当好，相关系数为 0.672~0.744，因此他们认为，CUSI 的情绪、QUIS 和 SUS 几乎测试的是同一维度：喜欢。而 CUSI 的胜任因素，与这几个测试的相关性很低，说明它测试的是别的什么因素。

在 SUMI 出现前，并不存在测试用户满意度的绝对标准，只能用 CUSI 等方法比较两个系统的相对用户满意度。

1991 年，爱尔兰的 University College Cork 的人因素研究组（HFRG）开始研究 SUMI（software usability measurement inventory，软件可用性测试量表），它属于欧洲 MUSiC（metric for usability standard in computing）项目中的一部分，建立了一种问卷评价可用性的调查方法。1993 年 SUMI 问卷被公布，并且在欧洲和美国广泛传播。

SUMI 最初有 150 个题目，采用李克特量表方法，CUSI 也采用此方法，他们认为这种方法能够自然表达对软件的看法，这种方法得到的数据还可以进行信度分析。问卷中每个题目基本具有同样重要性。为了提高效度和信度，许多题目是用来克服由外来因素引起的回答的变异性。第一份问卷给出了 75 个满意度题目。第二份问卷有 50 个题目。它包含五个测试因素：效率、情绪、帮助性、控制性、可学性。效率测试用户觉得在工作中软件对他的辅助程度。情绪测试用户对软件的一般情绪反应。帮助性测试软件的自我解释程度，以及帮助设施和文件的适当性。控制性测试用户觉得控制软件的程度。可学性测试用户觉得他们能够掌握软件系统的速度和熟练程度，或者学习使用新功能的程度。这个调查方法曾经在一个公司进行了效度分析。测试中把两种编辑软件让用户使用，每组使用一种，20 个用户使用第一个软件，20 个用户使用第二个软件。后来，又采用标准取样（取样 3），调查了 1000 多个办公室软件的终端用户，包含文字处理软件、电子表格软件、数据库、查询系统和财务软件 CAD、通信软件和一些编程环境，总共调查了 150 个系统。

对 SUMI 进行效度分析时，最少用户样本量应该在 10～12 个用户数量级，曾经用更少样本量也成功完成了评价。SUMI 的结果主要并不依赖样本量大小，而是依赖关注使用软件的环境和设计计划，主要包括识别软件的典型用户、他们的典型目的、进行工作的技术环境、物理环境和组织环境。设计计划要求适当取样使用环境（参见 http://www.ucc.ie/hfrg/questionnaires/sumi/）。

思考问题

如何建立可用性标准和测试方法：

第一，首先考虑从什么立场建立可用性标准。迄今，已经出现了以技术为本、以设计人员为本、以人机学专家为本的可用性测试标准。本书作者提出以用户为本的可用性标准和测试方法的新概念。

第二，建立可用性概念。可用性是什么含义？这些概念是否恰当？也就是说，这些概念是否能够表达可用的真实含义？是否能够全面反映可用性的含义？

第三，建立可用性因素框架。可用性可以被分解成哪些因素，各个因素之间存在什么关系？这些因素包括有效性、效率和用户满意度。这些因素是否能够反映可用的真实含义？是否恰当？是否全面？存在什么问题？你能否建立一个更符合实际的框架？

第四，建立可用性测试技术方法。各种方法适合什么情况？可以获取什么信息？有什么局限性？如何弥补？

阅读以下内容时应该时刻考虑这些问题。这样你就会发现许多不足，也能发现许多改进。

二、沙克因素结构（Shakel，1991）

沙克于 1991 年提出自己的可用性因素结构，得到许多人的应用及改进。该方法认为用户认可接受是最高目的，用户或消费者在购买时从实用性（utility）、可用性（usability）、喜欢（likeability）和价格（costs）四方面进行比较。实用性指产品的功能满足用户的需要。可用性指用户实际使用这些功能的能力。喜欢指对产品进行情感性的评价。价格包括实际金钱以及对社会和组织的重要性。最终用户的认可接受是这四方面的函数。见图 3-3-1。

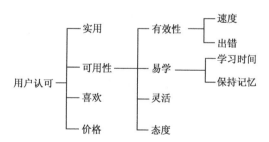

图 3-3-1　沙克方法的可用性因素结构

他对可用性定义为："一个系统或一个产品的可用性指一种能力（按照人的功能特性），它很容易有效地被特定范围的用户使用，经过特定培训和用户支持，在特定的环境情景中，去完成特定范围的任务"（Shackel，1991）。

他认为可用性测试具有两种方法：①测试用户通过对该产品的操作学习后，对该产品操作的熟悉程度、出错率。这种测试并不是测试用户固有的对产品的可用性期待，而是测试通过学习而掌握的操作特性，这种测试可以比较学习时间的长短、出错率、操作熟练程度（特定任务的操作时间）。②用户基本没有学习该产品的操作，而是通过自己固有的行动特性期待去操作一个产品，这种操作往往可能包含了以往该类产品的经验正面或负面影响；如果测试的用户从未使用过数字产品，那么他的操作就比较单纯地表现了他固有行动心理特性对操作的期待和预测，这时所测试的是符合用户固有操作心理特性的程度。大多数可用性测试都采用上述方法之一。

按照沙克观点，他的可用性测试方法是测试用户通过学习而掌握的操作特性，而不是用户界面适合用户的程度。

沙克的可用性概念包括容易学习、效率、记忆保持率、出错、操作愉快。各个概念含义如下。

1）有效性。指人机互动的结果，表示为速度和出错率，这实际上更倾向于操作效率。

2）可学性。指容易学会操作，或者指操作水平与培训和使用频率之间的关系，例如，新手通过特定培训的学习时间、偶然用户记忆保持率。

3）灵活性。指超过最初规定的情况及对各种任务和环境的适应程度。

4）态度。指按照个人所花费的疲劳、不舒适、受挫和个人努力方面能够被认可的程度，以及操作愉快程度。

把灵活性作为可用性标准，引起一些问题：如何选择适当任务和条件进行测试（其实应该选择任务链进行测试）？只要效率对人机互动是重要的，互动性就可以用生产效率（productivity）来测试，完成任务所需要的时间是互动效率的重要量度。出错有时被看作是可用性的本质，但是，如何定义用户出错？第一种方法，把所有偏离最佳操作都看作是出错。第二种方法，严重出错指用户操作出现问题后无法恢复操作行动，或者无法完成的任务。实际上，用户出错包括错误理解命令、图标、操作过程等。

三、尼尔森因素结构（Jakob Nielsen，1994）

尼尔森认为可用性和实用性构成了一个系统的有效用途，见图3-3-2。"实用性是看该系统的功能性原则上是不是所需要的，而可用性指用户使用其功能性的好坏程度。"

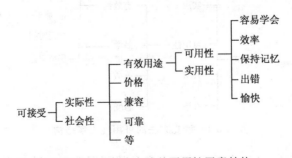

图 3-3-2　尼尔森方法的可用性因素结构

尼尔森在《可用性工程》（刘正捷等译，机械工业出版社，第2章，第17页，2004年）中提出可用性包含以下五个因素。

1）容易学习。指新手很快达到合理操作水平。尼尔森认为可学性是一个基本判据，因为用户几乎要学习各种系统的有效操作。学习特性实际包含两种特性：第一，陈述性知识的学习，例如理解和记忆概念规则等，并把陈述性知识转换成过程性知识（操作过程）；第二，过程性知识的学习，例如操作过程，主要是记忆操作步骤和操作结果的评价。

2）保持记忆。指那些不经常使用系统的偶然用户能够记忆如何使用的程度。偶然用户不是专家用户，也不是新手用户，而是不经常使用的用户，例如每月一次到自动取款机上操作。实际上，学习对象包含陈述性知识、过程性知识和全局性知识；学习能力包含理解能力、可记忆能力。这一个因素实际上属于可学性的一部分。

3）使用效率。指专家用户（或熟练用户）在达到稳定操作阶段后的操作水平，典型情况是用操作速度来衡量。

4）出错。指用户不能实现预定目的的任何操作，表现为用户执行某个任务所产生的错误数量。他特别区分了轻微错误与破坏用户工作的灾难性错误。

5）主观满意度。指用户对操作使用系统愉快程度的主观评价，是最终的可用性属性。尼尔森把易接近性（approachability）作为满意的一个因素，去测试用户是否愿意实际使用一个系统。他用李克特量表问卷方式调查用户主观满意度，主要调查用户感觉该系统是否能够完成（不能完成）全部任务、是否简单（复杂）、是否容易学会（不容易学会）、是否安全（不安全）、速度是否快（慢）等。

调查这五个因素时，采用量表方法，用户把自己感受评价为从"坏"到"好"，分为 7 级量表。

如果把沙克和尼尔森的方法与 ISO9241 相比较，就会发现不同之处了。ISO9241 的可用性中不包含容易学习（learnability）、再学习性（relearnability）、任务时间或出错，而是引入实用性或有效性（effectiveness）和效率（efficiency）的概念。沙克和尼尔森的方法统一了可用性的三个不同方面。

1）可用性量度标准。通过客观操作测试用户出错量、完成任务时间和对等级量表的回答。

2）可用性目标。关系到经验用户技能（EUP）、新手用户的学习能力和偶然用户的记忆保持性。

3）可用性观点。用户主观评价产品的实用性、效率（占用的资源）和用户的满意度。见图 3-3-3。

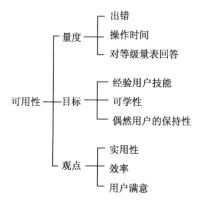

图 3-3-3　沙克和尼尔森可用性观点（Shackel，1991）

例如，对可学性的测试，也许可以先测试新手最初的操作时间和出错数量，经过一段培训后，再测试一次，然后计算其各种操作特性差别。这样，它就不是基本标准，而是一个复合标准了。

四、诺基亚手机公司（http://www.forum.nokia.com/series40）

1. 可用性的重要性

2004年诺基亚公司论坛的市场部经理汤姆·欧伽拉（Tom Ojala）在《Series 40 Developer Platform 1.0：Usability Guideline for J2ME™ Games》报告的前言中说："可用性是移动电话应用建立过程的一个综合部分，移动电话的大小、造型因素、用户导航、输入方式以及风格的各种区别，都是为了符合不同用户、各种不同消费方式和偏好，这些因素在不同文化中都有很大变化。"

该报告引用了一些调查数据。对于应用软件和网站来说，80％的软件寿命周期花费是在产品发布后的维护阶段出现的。其中80％是由于未能满足用户要求或者未发现用户要求，只有20％是由于可靠性方面的故障所引起的问题。如果不以用户为本，设计的软件的用户界面典型缺陷有40个，降低用户操作速度，并导致用户出错。大约63％软件项目超过其预算估计，其中四项主要原因如下：①用户经常改变要求。②忽略了用户任务。③用户缺乏对自己需求的理解。④与用户的交流和理解分析不充分。假如在开发阶段投入10美元去修改一个程序，那么当该系统被用于现场后，修改该问题的花费大约为400美元。尼尔森认为，在可用性研究方面的投入应该占项目总投入的10％左右。

2. 可用性的因素框架

该报告提出手机设计中游戏可用性包含以下因素：

1）满意（satisfaction）。用户主观感觉满意。通过匿名问卷可用调查用户满意程度。

2）效率（efficiency）。花费最少时间。调查用户完成某任务所需要的时间。

3）可学（learnability）。当开始使用系统时的放松程度。测试达到某种程度所需要的时间。

4）出错（error）。用户出错的数量以及其严重程度。测试用户在使用系统完成某任务的出错数量。

5）可记忆（memorability）。用户重返系统时能够记忆的程度。测试记忆性问题，看正确回答的数量。

3. 可用性的特性

诺基亚报告提出，要获得良好的可用性，至少应该具有以下实施指南：

1）更短的学习曲线；

2）游戏者购买该游戏的可能性增加；

3）研发人员能够集中在游戏上，而不是用户界面的细节问题；

4）诺基亚的40系列与60系列协调后的用户界面；

5）在最终阶段减少设计变动，因为这时改变设计要付出巨大代价；

6）通过可信赖的公司声誉提高销售；

7）较短的游戏开发周期，减少必要的重复次数。

诺基亚通过对可用性研究的投入，可以得到：

1）典型项目中可用性投入的回报为 200%～800%；

2）对可用性的平均投入比例为 2.2%；

3）在易用性方面每投入 1 元，得到回报 10～100 元；

4）考虑可用性后，所设计的典型系统大约减少培训时间 25%，用户系统互动中的出错从 5% 减少到 1%。

该报告认为，在设计过程中，可用性定义不能太迟。至少要考虑两个方面：①在开模具之前完成硬件的可用性定义和测试。②在编写程序之前完成软件界面的可用性定义和测试。否则，修改成本太高。

可用性包含重叠的成分，甚至有些成分与其他成分矛盾。可用性的关键是界面简单，用简单方法解决界面问题。可用性的基本考虑是，界面的基本考虑符合用户的想法，不要使用户苦恼或激怒用户。不同功能的系统，所要求的可用性因素不同。例如，在登记飞机票时，效率和不出错十分重要，而在信息查询中，易学、易记忆是最重要的因素。

最重要的是了解用户。最基本的是了解他们在哪里玩游戏，能够坐多长时间去玩，在什么情景中，他们如何付费，玩的作用是什么等问题。

可用性的每个因素被分为等级，例如把用户满意程度分为五级。最佳为 5，目标设为 4，这实际上仍然很难达到，因此 3 就是可接受等级，当前的水平被设为 2.5。其他参数比较容易进行评价。在评价时，用一个现有的手机作为参照，测试这些数据，然后进行比较。

诺基亚还提出了可玩性概念，并建立了一套标准，这个问题值得警惕，它不仅仅是一个技术标准，更是引起当前青少年心理问题的一个因素，应该从社会责任感角度去看待这个问题。

五、人机学专家的可用性因素比较

把经常遇到的几种可用性因素结构进行比较，例如国际标准 ISO9241、诺基亚手机、苹果公司等，就可以发现这些可用性因素集中在八个因素上。这些可用性因素是否恰当？

1）一致性。指界面设计的各个方面要保持同样原则。术语、图标位置、行动顺序等都应该保持一致。一致性可以简化学习，减少视觉疲劳。

2）用户控制。指用户的实时控制感，使用户感到他参与现实，能够直接操作对象、直接影响对象，操作后立即看到反馈或结果，而不是仅仅给出指令让系统动作。

3）界面适当表现。与用户控制有关，可以采用二维表现、三维表现、多媒体、虚拟现实等多种表现形式，是为了给用户提供比较自然的信息。

4）出错处理与恢复。使用户能够立即觉察到出错并可能消除错误行动。处理方法包含防御错误（无法出错），容错，使用危险命令前系统给出警告，系统给出无法被消除的行动信息，行动容易逆反，修正出错而不必把全部事情都重新做一遍。各个标准都提出这个出错处理原则。系统具有防御出错功能，能够减轻用户紧张程度和担心程度，通过实干去促进学习。

5）减少记忆负担。这是认知的一个基本原则。人们记忆含义，而不是烦琐的细节。记忆包含回忆和识别。人的回忆能力远不如识别能力，因此把回忆命令（键入命令行）改为识别命令（菜单形式）。

6）符合用户任务。应该给用户提供他所需要的信息，不要多，也不要少。这些信息应该按照用户使用的顺序进行显示。

7）操作灵活性。用户可以修改行动计划，而不必死板地跟随机器行为方式。

8）引导用户。提供有关的指南，以帮助用户理解和使用系统。

以上因素是从人机学专家角度考虑所归纳出来的可用性因素。可用性测试与专业人群类型关系比较大。技术人员、设计人员、人机学专家对可用性观点都不同，不同类型的用户（如新手用户、普通用户或专家用户）对可用性问题的定义不同，他们发现的可用性问题也有比较大区别。

第四节　固定问卷可用性测试方法

一、概述

除了按照 ISO9241 第 11 部分外，还有固定问卷可用性测试方法，它指欧美有些大学和研究单位建立的调查方法，存在四类固定用户问卷调查方法。

第一，为人机学专家设计的固定问卷。QUIS 和 SUMI 等方法，是从人机学专家角度进行测试而建立的固定调查问卷，采取人机学方法，让用户操作一些任务后，填写这些问卷。再例如 Nielsen 提出的探索性评价方法（heuristic evaluation），由 3~5 个专家组成小组，由他们确定测试任务，按照 10 个探索性问题进行测试。这些问题不符合用户操作过程和思维方式。这些方法当前还没有给信度，都属于用户主观调查方法。这些原则似乎很浅显，但是实际上很难把它们用于实践。例如，很难准确表达可用性问题，也很难把它归为其中某一个原则。简单使用这种方法往往得不到预期的调查效果。

第二，以用户界面设计人员为本的固定问卷。按照 ISO9241 第 10 部分制定清单进行调查，它提出七方面的可用性问题，包括适合任务、能够自我描述、用户可控制、符合用户期待、容错、适合个性化、适合学习。这些问题最初是为用户界面设计提出指南的，不符合用户的操作过程，后来德国借用它作为可用性测试的基本依据。

第三，以软件技术人员为本的测试。例如，把功能、效率、可移植性、软件可靠性等方面的主要指标作为测试内容。

第四，依据情景的调查。20 世纪 90 年代以后，设计界逐渐提倡情景设计或情景测试，以弥补实验室调查和设计的缺陷。Lewis（1991）提出了一个问卷，被称为 ASQ（after scenario questionnaire），它适用于以情景为基础的可用性研究。他提出情景是有关的任务集合。后来他又建立了一个比较长的问卷。

二、软件可用性测试表（software usability measurement inventory，SUMI）

（http://www.ucc.ie/hfrg/questionnaires/sumi/index）

SUMI 是由爱尔兰 University College Cork 的人因素研究组建立的，它是从 CUSI

（computer user satisfaction inventory）发展起来的。这是采取用户观点测试软件可用性的一种方法，其中一部分是属于 ESPIRIT（the European strategic program on research in information technology of the European Union）的项目 P5429 的可用性标准（metrics for usability standards in computing，MUSiC）。SUMI 目的是测试典型用户的感知和感觉。SUMI 提出五个因素量（见图 3-4-1，表 3-4-1）。

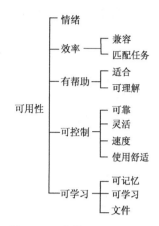

图 3-4-1　软件可用性测试表的可用性因素结构

1）效率。用户觉得软件辅助他们工作的程度。它量度由互动引起的用户感知的暂态效率和脑力工作量（mental workload），它包含了明显行动、与用户期待的兼容性、对用户任务的适应性以及各种操作过程的长度。其含义不同于 ISO9241 中的效率。

表 3-4-1　SUMI 的五个因素直接对应 ISO9241 的因素

ISO 9241	适合任务	自我描述	控制性	符合用户期待	适合学习	容错	适合个性化
SUMI	效率	帮助性	控制	情绪，喜欢	可学性		

2）情绪。用户对软件的一般情绪反应，例如是否喜欢。在进行可用性测试中，用户的情绪特性是一个重要参照，用户可能感觉好、热情、幸福或相反，它测试用户在使用产品过程中的感觉、行为意图和具体经验。

3）帮助。用户觉得软件辅助他们使用的程度。指能够觉察到系统提供的信息的作用，其评价因素是信息量、突出性、清楚性、可理解性、帮助对话的有用性、各种标记和命令的质量。

4）控制。用户觉得他们控制软件控制的程度。可控制强调产品对用户操作行动的反应。它包含可靠性、出错处理、灵活性、操作速度、过程长度、易导航、易使用等方面。

5）可学习性。用户觉得他们能够开始使用软件并学习新特性的安心程度。易学习性指觉察到的学习、记忆的费力程度和用户手册文件质量。

据报道，SUMI 测试需要至少 10～12 名被调查对象。

Kirakowski（1994）报道了对 1100 名被试者测试的信度见表 3-4-2。

表 3-4-2　Kirakowski 报道了对 1100 名被试者测试的信度

	效率	情绪	帮助性	控制性	可学性	总体
信度	0.81	0.85	0.83	0.71	0.82	0.92

三、MUMMS（measuring the usability of multi-media systems）

它是一个测试多媒体的问卷，由于它是从 SUMI（software usability measurement inventory）发展起来的，因此它们具有相同的因素（效率、喜欢、帮助性、控制、可学性）。MUMMS 1.0 版是在测试柏林国家博物馆内的多媒体中建立起来的（参见：ht-tp://www.ucc.ie/hfrg/questionnaires/mumms/index.html）。当前主要用于欧美的一些研究项目中，它包含 50 个题目，测试五个因素：

1）效率。这是最低一级测试，用户与该产品互动能够达到目的的程度。它有时候表明用户感觉到产品处于使用过程中。在理想情景中，产品应当对用户是透明的。这一条并不是最高要求。

2）用户喜欢（affect）。用户对产品的一般情绪反应。该产品能够在多大程度上抓住用户情绪反应。

3）对用户有帮助。用户在多大程度上能够感觉到在帮助他们使用，这不仅通过"帮助"功能去实现，而且通过产品的结构方式。

4）用户控制。用户觉得自己在多大程度上控制操作，而不是被动地被产品控制。

5）可学性。用户感觉到在多大程度上不要基本训练就能够开始使用产品，这表明感到有信心去探索产品内部的功能或特征，这取决于界面简单、产品结构组织得符合用户期待。

采用 MUMMS 问卷的调查信度见表 3-4-3。当前（2005 年）正在开发第二版本，它似乎包含了一个附加因素去尝试性测试"激情"。

表 3-4-3　采用 MUMMS 问卷的调查信度

	效率	喜欢	有帮助	控制	可学性	总体
信度	0.68	0.72	0.68	0.70	0.79	0.91

四、WAMMI（website analysis and measurement inventory）

（http://www.wammi.com/samples/index.html）

这个问卷用于评价网站可用性，1996 年投入商业使用。它是在 SUMI 基础上发展起来的。这个问卷通过问题让用户比较他们的期待与实际在网站看到东西，以确定他们的满意度。1996 年以来 WAMMI 已经被用在银行、金融、娱乐、旅游、电信、信息、电子商务和公民信息（E-government）等领域。采用 WAMMI 测试的机构有瑞典国家劳动部、Avanza、英国 Betfair、德国 BMW、HP、微软、雅虎（英国）、Everyday.com、诺基亚、爱立信、瑞典银行、The Tourist Board、Always、MyTravel、黄页、斯堪底那维亚航空公司及其他欧盟资助的大型计划等。在过去 SUMI 调查问卷的建议下，本调查内容是用户感觉到的质量（user-perceived quality）的五个因素：

1）有吸引力（attractiveness）。用户觉得该网站有兴趣和有吸引力的程度。

2）可控制（controllability）。用户能够在该网站浏览并知道他的位置的程度。

3）有效性（effectiveness）。用户使用该网站的容易程度。

4）有帮助（helpfulness）。该网站能够自我描述的程度。

5）可学性（learnability）。第一次操作该网站的容易程度。

这个问卷的核心是 20 个调查问题。另外还有一个整体可用性调查，它是上述调查结果的平均值。这五个因素的信度 α 为 $0.895\sim0.934$。总的平均 Cronbach $\alpha=0.9$。斯堪底那维亚可用性学会还提供商业服务。它是一个网上服务机构，有一个国际测试数据库，保存了各国 1000 多个网站的测试结果。如果你请该机构为你的网站进行可用性测试时，它还能把你的网站用户满意度与其他网站进行比较。其前 5 个调查问题见表 3-4-4。其网址为 http://www.wammi.com，可以直接与 Nigel Claridge（瑞典）联系。

表 3-4-4　WAMMI 的前 5 个问题（得到允许）

问题	完全赞成	赞成	中性	反对	完全反对
这个网站上有许多内容使我感兴趣					
在这个网站里移动是很困难的					
我在这个网站里很快找到我所需要的东西					
这个网站对我来说是合理的					
这个网站需要更多的介绍性解释					

五、用户互动满意度问卷（the questionnaire for user interaction satisfaction，QUIS）

美国马里兰大学计算机互动实验室按照施乃德曼（Ben Schneiderman）1986 年提出的《用户评价互动式计算机系统》建立了 QUIS 方法，它依据 J. P. Chin，V. A. Diehl，K. L. Norman 的文章《Development of an Instrument Measuring User Satisfaction of the Human-Computer Interface》（ACM CHI'88 Proceedings，213-218. ©1988 ACM）。QUIS 是一个具有版权的商业调查问卷，只有在交纳许可费后才能使用它，读者可以在如下网站看到这 27 个调查问题：http://lap.umd.edu/QUIS/。

当前 QUIS 已经出现若干版本，各自有不同的框架、因素与信度等级。QUIS 第 5 版本采用 10 级量表，它主要包含如下方面的问题调查：对软件系统的整体评价（6 个问题），对屏幕上信息显示的印象（4 个问题），对使用的词语的评价（6 个问题），对学习操作的评价（6 个问题），对系统功能的评价（5 个问题）。该方法一共测试 27 个问题。其结构因素如下：

1）用户对系统的总体反应。它指用户的总体印象、感受和反应。在这一调查中要让用户在 10 级量表中填写 6 个问题：对该系统总体感觉，例如很糟糕/很棒，很困难/很容易，很失望/很满意，能力不适当/能力适当，很沉闷/很振奋，很死板/很灵活。

2）屏幕因素。指界面的结构逻辑、屏幕词汇所显示界面特性的影响，例如字体和高亮度等。主要内容有，屏幕上的字符很难阅读/很容易阅读，屏幕上用高亮度去简化很多任务/根本没有简化任务，屏幕上信息的组织很混乱/很清楚，各屏显示过程很混乱/很清楚。

3）专用术语与系统信息。用有关的内容去测试信息的可理解性。内容有，整个系统使用的术语是不一致的/一致的，计算机术语与你所做的任务无关/有关，信息在屏幕上的位置不一致/一致，屏幕上提示用户输入的信息不清楚/清楚，计算机不告诉你它正在做什么/告诉你它正在做什么，出错信息无用/有用。

4）学习因素。包含了学习体验。具体内容有，学习系统操作很困难/很容易，通过尝试去探知新功能很困难/很容易，记忆命令名和用途很困难/是很容易，无法采取直接方式/可以采取直接方式去完成任务，屏幕上的帮助信息无用/有用，辅助参考资料很混乱/很清楚。

5）系统能力。指用户对系统灵活性方面的体验。具体问题包括：系统速度很慢/很快，系统可靠性不好/很好，系统噪声很大/很安静，纠正你的错误很困难/很容易，没有考虑经验用户和非经验用户的需要/考虑了这些用户人群的需要。

QUIS第 7 版本增加了"技术手册和在线帮助"、"在线指南"、"多媒体"、"远程会议"、"软件安装"。提供了短版本（47 个题目）和长版本（126 个题目）。Chin 等研究了 QUIS 5.0 的整体信度，他们认为其整体信度是好的，但是没有分别计算各个因素的信度。新版本 QUIS 还没有被人进行过信度效度分析。

QUIS 假设了确定用户满意度的具体原则。此外，Chin 等（1988）认为，主观满意度等价于系统认可接受度。QUIS 不适用于其他互动式器件，只适合于视觉显示终端的软件。QUIS 具有版权，必须得到许可后才能使用。

六、技术采用模型（technology acceptance model，TAM）（Davis，1993）

1）理性行动理论（theory of reasoned action，TRA）是 Fishbein 和 Ajzen 于 1975 年建立的行动模型。它假设人是理性的，个人行动前都能理性评价他们行动后果。它认为行动的主要意图是个人的信仰、信念，它是主观各种准则的作用结果，反映了社会压力与个人态度。而态度反映了信仰、信念、价值和遵守准则的动机。此外，决定是否行动的因素还有功效，行动前会考虑行动的功效，如果功效低，那么就不会去行动（参见 http://www.istheory.yorku.ca/Technologyacceptancemodel.htm）。

2）作者 F. D. Davis 把理性行动理论用于解释人们是否采用一种技术，从而建立了技术采用模型 TAM，该方法主要依据感觉到的有用性（perceived usefulness）和感觉到的易用性（perceived ease of use）这两个因素，见图 3-4-2。Davis（1987）把感觉到的有用性定义为"一个人坚信使用一个特定系统将提高他（她）的操作业绩"。他把感觉到的易用性定义为"个人坚信使用一个特定系统将会减轻体力和脑力负担"。可以参考 F. D. Davis（1989，1993）。

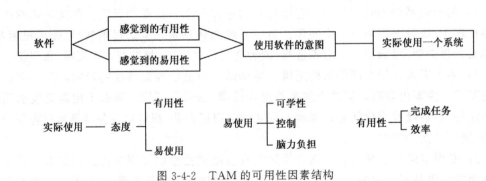

图 3-4-2　TAM 的可用性因素结构

3）技术采用这一理论的基本观点如下：用户是否使用一个软件系统，主要是由态度决定的，态度是由认知信念决定的，而认知信念由两个因素构成——从产品外部感觉到有用性和容易使用决定了态度，这样就形成一定认知信念，坚信使用一个特定系统能够提高其工作性能，能够减少体力或脑力负担。它描述所看到的系统的用途、感性态度和对系统的行为响应之间的关系。

测试采用 7 分制的李克特量表。"感觉到的有用性"强调所完成的工作的质量和数量，主要测试暂态的效率，并感觉自己控制了工作。"感觉到的容易使用"测试用户对学习使用系统、对器件的控制、使用所花费的脑力负担这三方面的评价。

技术采用模型使用下述调查问题测试用户感觉到的有用性：使用该产品可以改善我的工作质量；使用该产品可以使我对我的工作有更大的控制；该产品能够使我更快完成任务；产品 X 支持我工作的关键方面；使用该产品增加我的生产率；使用该产品改善了我工作特性；使用该产品使我完成更多工作；使用该产品提高我的工作有效性；使用该产品使我的工作更容易。总之我发现这个产品对我工作有用。

TAM 用下述问题测试是否容易使用：我发现该产品使用起来很笨重；学习操作该产品对我容易；与该产品互动经常失败；用该产品很容易去做我想干的事情；该产品很死板，很难灵活与它互动；我很容易记住如何用该产品去操作各种任务；与该产品互动要求很费脑筋；我与该产品互动是很清楚的和容易懂的；我发现要熟练使用该产品需要花费很多工夫。总之，我发现该产品容易使用（参见 http://www2. uiah. fi/projects/metodi/158. htm）。

TAM 没有像其他许多可用性调查问卷那样精确分析用户界面。它的突出特点是从概念上区分了信念和态度的情绪性影响，并用经验证据表明，易用性仅仅对态度产生中等程度（$\beta=0.13$）的影响。在可用性测试中，觉察到的易用性和用户满意度通常被看作是等效的。

七、尼尔森方法

尼尔森在《可用性工程》（刘正捷等译，机械工业出版社，2009）一书第 5 章中提出了由专家进行评估的探索性评价（heuristic evaluation）方法，采用 7 分量表。调查的 10 条探索点是：简单自然的对话，采用用户语言，用户记忆负荷最小，一致性，反馈，清晰标出"退出"，快捷方式，准确建设性的出错信息，预防出错，帮助与有关文件。他说可在半天内学会用该方法。使用该方法，需要建立一个评价小组，因为单个人不可能发现全部可用性问题。由这个小组评价用户界面，判断它符合的被认可的可用性原则（探索性规则、经验性评价）。

八、PHUE（practical heuristics for usability evaluation）

此方法依据 G. Perlman（1997）《 Practical Usability Evaluation》。它部分根据 Nielsen's 于 1993 年提出的探索性原则和 Norman 于 1990 年提出的原则。一共有 13 个问题，采用 7 分量表。这些问题如下（参见 http://www. acm. org/~perlman/question. cgi?form＝PHUE）。

1. 用户学习
1）帮助和文件：使用时不要查阅说明书。帮助方法面向任务容易操作。
2）采用用户观点：使用用户语言。采用用户已有的知识。
3）简单自然对话：避免无关信息、步骤和行动。信息符合逻辑。
4）促进提高：提供快捷操作。

2. 配合用户

　　5）提供路线图和操作踪迹：给用户提供方法去预览去哪里、会发生什么。给用户提供方法去回顾/返回到过去的内容。

　　6）给用户显示什么是（不）可能的：提供有利条件去指示可以做什么。

　　7）直觉转换：控制与行动之间很和谐，设计的响应良好。

　　8）记忆负荷最小：不需要记忆对话过程。提供了多种方法容易进行比较。

　　9）系统内一致，与标准一致：同样术语/行动只具有一个含义。如果没有更好的方法，至少保证符合标准。

　　3. 反馈与出错

　　10）反馈：对各种过程和系统状态提供及时反馈。

　　11）预防出错：很难出错。

　　12）出错信息：能够诊断一个问题的来源和原因，并建议解决方法。

　　13）清晰标记退出和出错恢复：保证用户能够很容易跳出不情愿的状态。

九、ASQ（after scenario questionnaire）

（http://www.acm.org/~perlman/question.cgi?form=ASQ）

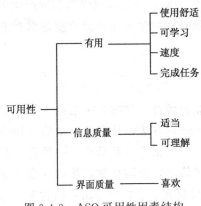

图 3-4-3　ASQ 可用性因素结构

　　Lewis（1995）提出了一系列问卷以调查可用性评价的不同阶段：其中一个问卷是在用户完成可用性测试中的一个任务后，收集直接用户反应，被称为情景后问卷（after scenario questionnaire，ASQ）。第二张问卷是供可用性评价的后期测试研究（post study system usability questionnaire，PSSUQ），它强调测试各种具体任务的可用性。第三张问卷是供现场调查（computer system usability questionnaire，CSUQ），它强调测试系统可用性的一般概括。这些测试已经被 IBM 所发展。ASQ 可用性因素结构见图 3-4-3。

　　在 ASQ 中，被试者评价互动情况，其主要依据是：完成任务的难易程度、感觉到的任务完成的暂态效率、支持信息是否适合。采用 7 级 Likert 量表（$r=0.90\sim0.96$）。此方法依据 J. R. Lewis 的文章《IBM Computer Usability Satisfaction Questionnaires：Psychometric Evaluation and Instructions for Use》（International Journal of Human-Computer Interaction，7：1，1995，57~78）。

十、CSUQ（computer system usability questionnaire）

　　此调查方法依据 J. R. Lewis 的文章《IBM Computer Usability Satisfaction Questionnaires：Psychometric Evaluation and Instructions for Use》（International Journal of Human-Computer Interaction，7：1，1995，57~78）。参见 http://www.acm.org/~perlman/question.cgi?form=CSUQ。

十一、USE

(http://www.stcsig.org/usability/newsletter/0110_measuring_with_use.html)

USE 代表：有用（usefulness）、满意（satisfaction）和使用舒适（ease of use）。2001 年美国 Arnold M. Lund 在美国技术交流学会（society for technical communication）的时事通信季刊《Usability Interface》第 8 期上发表一篇文章：《Measuring usability with the USE questionnaire》，介绍了 USE 这个调查问卷。他认为，可用性就是由有用、满意和使用舒适这三方面因素构成的，使用舒适与有用性彼此有影响，改进了使用舒适，就会改善有用性，反之亦然，这两者都影响用户满意度，因为满意度与使用密切相关。其他产品的使用舒适因素实际上被分为以下两个因素：容易学习和使用舒适。

十二、微软公司的产品反应卡

微软公司的产品反应卡（product reaction cards）（见表 3-4-5）最初发表在 Joey Benedek 和 Trish Miner 的文章《Measuring Desirability：New methods for measuring desirability in the usability lab setting》（http://www.usabilityviews.com/uv000879.html）。

表 3-4-5　微软公司的产品反应卡（Developed by and ©2002 Microsoft Corporation. All rights reserved.）

□ 方便 Convenient	□ 熟悉 Familiar	□ 慢 Slow	□ 有效因素 Cutting edge	□ 友好 Friendly
□ 繁忙 Busy	□ 直接 Straight forward	□ 私人的 Personal	□ 搞糊涂 Confusing	□ 有压力 Stressful
□ 有趣的 Fun	□ 烦人的 Boring	□ 创新的 Innovative	□ 有帮助的 Helpful	□ 过分简单 Simplistic
□ 授权的 Empowering	□ 有用的 Usable	□ 过时 Old	□ 复杂 Complex	□ 不相关 Irrelevant
□ 陈旧的 Dated	□ 死板 Dull	□ 先进 Advanced	□ 感兴趣 Patronizing	□ 有意义 Meaningful
□ 清楚的 Clear	□ 灵活 Flexible	□ 复杂 Sophisticated	□ 有效 Effective	□ 困难 Difficult
□ 可访问 Accessible	□ 省时间 Time Saving	□ 有条理 Business-like	□ 太专业 Too technical	□ 直观 Intuitive
□ 有组织 Organized	□ 平静 Calm	□ 引起混乱 Disruptive	□ 快 Fast	□ 一致的 Consistent
□ 可控制的 Controllable	□ 恼人的 Annoying	□ 易使用 Easy to use	□ 符合期待 Met Expectations	□ 功能强 Powerful
□ 新颖的 Novel	□ 舒适的 Comfortable	□ 可接近的 Approachable	□ 合作的 Collaborative	□ 分散注意 Distracting
□ 使人灰心 Frustrating	□ 有吸引力 Attractive	□ 效率高 Efficient	□ 普通 Ordinary	□ 高质量 High quality
□ 有价值 Valuable	□ 碍事 Gets in the way	□ 易损坏 Fragile	□ 联系到一起 Connected	□ 专横 Overbearing

□ 无结果	□ 令人激动	□ 合意的	□ 无法抵御	□ 安全
Sterile	Exciting	Desirable	Overwhelming	Secure
□ 可预测	□ 害怕	□ 引人	□ 清洁	□ 可理解
Predictable	Intimidating	Appealing	Clean	Understandable
□ 易维护	□ 全面	□ 不精练	□ 非传统的	□ 不费力
Low maintenance	Comprehensive	Unrefined	Unconventional	Effortless
□ 有魅力	□ 愉快的	□ 自信的	□ 乐观的	□ 热心
Inviting	Entertaining	Confident	Optimistic	Enthusiastic
□ 合乎习惯	□ 费时间	□ 稳定	□ 不引人注意	□ 刺激
Customizable	Time consuming	Stable	Unattractive	Stimulating
□ 没价值	□ 重要	□ 不一致	□ 强迫的	□ 可靠
Not valuable	Relevant	Inconsistent	Compelling	Reliable
□ 专业的	□ 兼容	□ 不能理解	□ 有用	□ 不受欢迎
Professional	Compatible	Incomprehensible	Useful	Undesirable
□ 不安全	□ 可信赖	□ 完整的	□ 不连贯	□ 积极的
Not secure	Trustworthy	Integrated	Disconnected	Energetic
□ 动人的	□ 符合动机	□ 质量差	□ 印象很深	□ 无法预测
Engaging	Motivating	Poor quality	Impressive	Unpredictable
□ 难用	□ 无效	□ 有创造性	□ 无法控制	□ 新颖
Hard to use	Ineffective	Creative	Uncontrollable	Fresh
□ 反应迅速	□ 基本的	□ 满意	□ 很棒	□
Responsive	Essential	Satisfying	Exceptional	
□ 非个人的	□ 受鼓舞	□ 不友好	□ 呆板	□
Impersonal	Inspiring	Unapproachable	Rigid	

　　这种方法主要是针对用户"是否真想购买这个软件?"在可用性测试中,如果你想了解用户"愿望",或"你是否真想买这个软件"时,就会发现比较困难。微软公司 Joey Benedek 和 Trish Miner 设计了产品反应卡片方法去测试这些问题。这种方法不依赖问卷或量表,用户也不必费劲思考词语去表达自己的想法。他们从以往有关的研究中积累了用户使用的许多词汇,最初设计了 75 个词汇,其中包含 40% 的负面词汇,每个词汇写在一张卡片上。当用户完成测试操作后,把卡片给用户,让他挑出能够表达他对该产品感觉的各个词汇卡,然后让用户在他选出的卡片中再选出最贴切的 5 张卡片,然后详细询问他为什么是这 5 种感觉,这样用户能够揭示与产品互动时的大量具体信息,以及对该产品的概念和设计方面的各种反应。他们在 4 个实验室对不同用户人群试用过这种方法,这种通过讨论进行评价的效果很好。这种方法用很短时间能够收集大量关于可用性方面的信息,可以了解到用户喜欢什么,不喜欢什么,以及与产品互动详细情况。测试中,也随时增加新卡片以弥补不足。最终他们选择了 118 个词汇卡片,正面词汇与负面词汇一样多。这个测试方法与以往各种可用性测试方法不同,它也能够测试用户对可用性的评价。一般测试后用户很快就忘记了测试过程的思维和感觉,此方法通过各种词汇帮助用户记忆了测试中的各种感觉。产品反应卡地址为: http://www.microsoft. com/usability/UEPostings/ProductReactionCards. doc。

十三、四种网站调查问卷比较

Tullis 和 Stetson（2004）比较了评价网页可用性测试的 4 种问卷，包括 QUIS、SUS、CSUQ 的调查问卷和微软公司的产品反应卡（product reaction cards）的变体版。参与这次实验的被测人有 123 名。每人在两个网站上分别完成两个任务。其测试结果见表 3-4-6。

表 3-4-6 每个调查问卷的调查结果

调查问卷	网站 1 平均得分	网站 2 平均得分
SUS	73%	50%
QUIS	66%	48%
CSUQ	74%	48%
微软	74%	38%

在实际可用性测试中，有时候测试人数很少，那么在小抽样样本时得到的调查数据信度如何呢？最少取样应该为多大？这个问题很有用处。这个实验调查了这个问题。如果取样人数比较少，例如 6 人，8 人，10 人，12 人，14 人，对各种调查问卷的每个抽样样本，分别随机抽取 20 次，然后进行 t-检验，见图 3-4-4 和表 3-4-7。可以看出，SUS 问卷在随机抽样 12 人时就可以达到百分之百的正确结论。

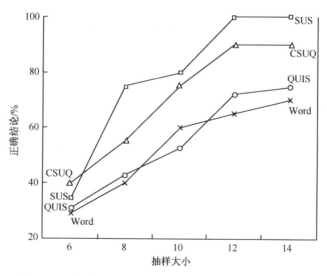

图 3-4-4 每种调查方法在小抽样时符合调查结果的程度
(Tullis et al.，2004)

取样 6 人时，各种调查问卷的精度仅为 30%～40%，也就是说，只达到 30%～40% 的正确结论，能够看出明显倾向一个网站。然而随着取样人数的增加，各种调查问卷的精度变化是不一样的。SUS 问卷在取样 8 人时精度就能达到 75%，取样 12 人时就能达到 100% 的精度，而 Word 问卷只能达到 70%。由此可以看出，由于各种问卷的调查效度不同（问题的全面真实程度不同），各种问卷的最少抽样人数是不同的。

表 3-4-7　每种调查方法在小抽样时符合调查结果的程度

调查方法	五种取样人数对应发现正确结果的程度/%				
	6 人	8 人	10 人	12 人	14 人
SUS	35	75	80	100	100
CSUD	40	55	75	90	90
QUIS	33	43	53	73	75
Word	30	40	60	65	70

第五节　多媒体用户界面人机学标准

一、多媒体一般设计原则

《多媒体用户界面人机学》国际标准是 ISO14915，本文参考的是 2002 年的版本。这个标准包含四部分内容：设计原则和框架，多媒体导航与控制，多媒体的选择与组合，特殊领域多媒体界面。

多媒体设计目的是什么？它的 5.1 节规定，多媒体设计目的是"增强用户有效地、高效率地、满意地操作多媒体应用的能力"。这与 ISO9241 是一致的。多媒体用户界面的设计应该考虑人对信息处理的基本因素，它们是：人的感官生理，人的感知与动机，人的认知，人的交流。

首先要符合 ISO9241-10 中规定的人机对话设计基本原则。此外，ISO14915 第 5.2.2 节中还规定了一系列设计原则，这些都属于可用性原则。

1）适合用户任务。例如，对于学习乐器，应该在视频或动画上显示手的运动、演奏音乐并表现当时的乐曲。

2）能够自我描述。每一步操作都可以按照用户直觉方式理解，或者出错时通过直接反馈告诉用户，那么这种对话就是自描述性的。

3）用户可控制性。例如，音频输出能够被用户接通或关断。

4）符合用户期待。例如，在多媒体的各个视频和动画中，控制部分采用同样的方法演奏或停止一个媒体。再例如，控制部分在屏幕上位置一致。

5）容错。例如，用户无意识停止了一个视频，可以从当前位置重新启动，用户不必返回到开始位置再启动。

6）适合个性化。例如，用户可以设置偏好（如偏好的一种媒体，设置音频参数），或者用户可以使用书签和注释。

7）适合学习。例如，在多媒体中提供视觉表达的导航结构。再例如，用媒体的组合从不同角度表达一个客观事物。

二、多媒体特殊设计原则

ISO14915 第 5.2.3 节规定了多媒体特殊设计规则，除了 ISO9241-10 的规定外，多媒体设计还应该符合以下可用性原则。

1. 适合交流目的

多媒体的基本目的是传送信息，因此它应该符合交流目的。具体地说，它应该符合信息提供者传送信息的目的，他们的总体目的可能是教用户、告知用户、娱乐用户，他们的特定目的可能是在多媒体交流中总结、解释、呈现、使信服、证实、影响或推动什么。另外，多媒体同时还要符合信息接收用户的目的，他们的目的可能是学习、获取信息完成任务、从事设计等。这一条规定了按照谁的标准评价信息是否符合目的。

2. 适合感知和理解

为此目的，媒体应该具备以下特性：

1）可发现。例如，屏幕背景与导航按键之间有很大的对比，使得用户很容易发现。

2）可分辨。例如，语音应该与背景音乐有明显区别。

3）清晰。用动画表现一个发动机时，应该用不同颜色表现不同部件，以促进用户感知与当前任务有关的部件。

4）易读。例如，文字动态运动的速度能够使用户容易阅读文字。

5）一致。例如，不同媒体（声音、视频或图形动画）应该把"播放"与"停止"的控制方式设计成一致的。

6）简明。例如，解释如何修理一个技术部件时，口语解释应该仅限于最基本的信息以有利于用户学习。

7）易理解。例如，复杂的生物结构可以用三维模拟表现其不同视角的空间关系，以促进用户对空间关系的理解。

8）此外对感知和理解还提出以下五方面要求：

①避免感知负荷过重。不要同时给用户提供过多信息负荷，可以只提供一个媒体，或者把若干媒体组合在一起。

②避免依赖时间的表现使得信息负荷过大。例如详细解释应该通过自然节奏的文字并配置图像，而不应该只用口语摄像表现。

③人只能专注一个活动。同时专注两三个活动时，就会出错或忽略重要信息，因此要避免过多负荷。定向、导航或操作控制活动不应该阻碍用户有目的的信息感知。

④要考虑感知差异。应该考虑到人对不同媒体的感知差别和特定媒体对人感知极限的冲击。例如应该考虑色盲或听盲用户的特殊要求。

⑤支持用户理解。媒体的选择和组合要考虑用户对有关媒体的理解。例如，用声音解释发动机的工作原理，同时应该用高光显示有关部件。

3. 适合探索

探索是用户操作多媒体的重要目的之一。如果一个多媒体的设计，使得用户不需要事先掌握有关信息的类型、内容、结构或者功能，就能够找到该信息，那么就认为这个多媒体适合探索。这要求多媒体具有如下特性：

1）支持探索。在多媒体技术文件中，提供有关主题的层次性导航结构以及有关主题之间的链接，使得用户能够按照不同导航路径进行探索。

2）支持用户定位。多媒体软件应该使用户能够确定当前他处于多媒体中什么位置，他从哪里到达这一点位置，从这儿能够到什么地方。

3）帮助导航透明。导航方式应该一致和透明。

4）提供若干可替换的导航路径。给用户提供不同路径到达所需要的信息，使用户能够选择导航路径。

5）结构化信息。组织信息内容时，应该考虑到人处理信息的局限性，这样使得用户能够很容易发现所需要的信息以及有关部分内容。如果用户知道某个领域的知识结构，那么这种结构应该被用来作为导航结构。例如，把内容按照树状结构组织，能够使用户比较容易进行访问。

6）有利于返回到曾经访问过的重要位置，这样用户能够比较容易访问其他新内容。

7）提供寻找与导航辅助工具，从而能够很快确定该多媒体软件中是否包含所需要的信息，如何访问这些信息。

8）应该组合不同媒体去显示同一内容的信息，并且使用户能够分别访问这些媒体。

4. 适合激发行动

这就是说，应该能够吸引用户注意，激发他们操作使用多媒体。这要求多媒体要具有高度现实性和高度互动性。

多媒体设计主要包含三部分：内容设计、互动设计和媒体设计，下面分别进行分析。

三、内容设计

多媒体的一个重要方面是信息的语义内容和该内容的结构。这方面包含了概念设计问题，而不是具体的图文动画的视觉设计。在设计多媒体时包含如下若干方面：

1）分析交流目的。设计内容前，首先要分析用户使用多媒体的交流目的，由此才能考虑选择什么内容、结构、类型和适当的表现方式。

2）内容结构化。设计内容结构时，应该区分主题内容、次主题内容等以及它们的关系，从语义上划分内容块。语义方面看，把内容结构化的目的是促进用户完成任务，有利于学习和探索该系统。一个内容块能够确定一个次主题，能够满足一个任务或几个任务的要求。例如，一个研究报告可以被分为五个内容块：背景、方法论、研究过程、结果与结论、建议。把一个或若干内容块组合成为一个表现段（representation segment），例如一页网页就是一个表现段。要选择适当媒体对象表达适当内容，媒体对象（media object）包括文字对象、图像对象、声音对象等。

3）存在大量的潜在语义方法把内容结构化。例如：

① 依据任务的结构（task-based structuring）。内容结构是由用户的任务结构决定的，不同用户可能需要不同任务。

② 依据用途的结构（usage-based structuring）。按照用户期待的使用内容的重要性、频率来安排结构。不同用户会要求不同结构，因此又可以分为：依据重要性的结构，依据使用频率的结构，使用顺序结构，习惯结构等。

③ 时间顺序结构（time-ordered structuring）。按照内容应用的次数或日期构成结构。它又可以被分为依据日期时间顺序的结构和历史结构（按照因果关系、开发、发现的顺序）。

④ 依据信息模型的结构（information-model based structuring）。也就是按照信息的领域、实体与属性、对象或类型构成结构。具体地说，它可以被分为：逻辑概念结构

（logical-group structuring）、字母排列顺序结构（alphabetical structuring）、归一化结构（generalization granularity structuring，从一般到特殊，从特殊到一般，教育学中用它帮助人们理解不同概念）。

四、互动设计

主要考虑用户如何能够访问不同部分的内容，如何能够控制或操作不同类型的内容。

1）导航涉及用户访问信息的常规路径、探索未知信息结构。在设计用户访问路径时应该考虑以下几方面：

① 导航结构要适合内容的结构、用户交流目的和用户的操作任务。

② 使用适当的导航辅助方法，支持用户在多媒体内的定位，促进用户探索，有效查询信息。导航辅助方法包括内容目录、网站地图、索引和旅游路线图等。

③ 提供适当的查询机构。应该为新手用户和专家用户都提供导航辅助工具。

④ 存在若干种导航技术，当前主要包括自动的、预先确定的、用户确定的、适应性导航等。

2）提供适当的媒体控制与互动方式。例如，允许用户能够控制每个媒体的播放、停止和暂停。

3）对话互动。多媒体包含各种对话互动方式，例如，菜单选择、图形互动方式等。ISO9241 第 10、13、17 部分介绍了这些内容。

4）媒体结构。包括线形结构（内容块线形连接在一起）、树形结构（信息块按照层次组织起来，每一个高层元素可以连接多个低层元素，每一个低层元素只能连接一个高层元素）和网状结构（每一个元素可以连接多个元素）。

5）链接方式。种类很多，主要包括系统激活的链接（system-activated link）、用户激活的链接（user-activated link）、固定链接（fixed link）、暂态链接（temporal link）、计算链接（computed link）、用户定义的链接（user-defined link）等。

6）导航设计。

① 导航结构决定了用户可能使用的路径，导航结构应该尽量减少用户查找显示段的输入量和查找显示段内所需内容的工作量。

② 如果用隐喻（metaphor）表现导航，它应该用适当方式表示导航结构，能够表示导航结构中的全部成分，符合用户经验与期待，它的任何局限性都应该告诉用户，不应该降低任务操作性能。

③ 在线形媒体结构中，导航设计应该能够使用户后退、前进、回到开始或结尾，或者直接访问确定的位置。

④ 在树形结构中，导航设计应该能够使用户一层内或该结构内后退、前进、转到第一层，到开始或结尾，到内容目录或索引。

⑤ 在网状结构中，导航应该能够使用户后退到过去的内容主题，到任意关联的内容主题，到内容目录或索引。

7）控制指南。

① 不要同时把全部控制功能都摆到屏幕上，而是只显示最少控制集，使用户始终

能够很容易直接访问这些控制功能。

②把媒体控制功能按照逻辑进行分组。例如，把视频的色调、饱和度与亮度放在一起，把动态媒体的控制（播放、快进、倒回）放在一起。

③各种控制功能与其他信息区别开来。例如，它的尺寸、颜色、形状和位置很明显，各种控制功能都带有标记。如果控制不明显，要给用户提供关于控制的信息等。

④告知隐藏的控制。

⑤用户可以访问有效媒体的实际状态。例如，用户可以确定视频内的播放位置。

⑥用户可以访问有效控制的实际状态。激活的控制与正常控制分别用相反方式进行显示。

⑦指示出当前无效的控制，例如，用灰色指示那些无效的控制。

⑧控制一致。控制在各种媒体上应该功能一致、显示一致。

⑨用户使用舒适不费力。

⑩系统应该对用户的控制效果提供及时反馈。

⑪控制与被控制的媒体之间的关系应该对用户十分明显。

⑫ISO9241第12部分提供了信息显示的一般指南，第16部分提供了直接操作对话的指南，ISO/IEC18035提供了图标符号和控制媒体功能的指南。

8）链接。优先采用用户点击器件，用直接操作方式去激活链接，其他方法应该按照ISO/TS 16071规定，支持访问性。

①一般链接。链接应该使用户和系统在多媒体应用软件内的各种特定位置之间移动。例如，一个文字对象用于启动一个视频对象，它显示的内容是该文字对象所描述的内容。

②系统激发链接适用于：各种媒体需要同步或串行连载时，任务要求系统控制起排列和定时作用。

③用户激发链接：任务要求用户去导航到特定位置。

④固定链接：总需要链接到一个给定位置。

⑤暂态链接：限制一定时间的访问内容采用暂态链接。例如，用户在一定时间内没有响应时，链接到显示一个提示。暂态链接的持续时间应该足够长以适合表现、适合任务以及适合用户的使用。起码要使用户能够识别它、能形成操作意图、能激发这些链接。

⑥计算链接（computed links）适用于信息内容随时间变化，事先无法完全确定用户需要，用户任务随时间变化。例如，网络搜索引擎提供计算链接以便每次都给出最新搜索结果。

⑦建立用户定义链接（user-defined links）：当任务需要时，应该提供由用户建立对当前位置的链接。例如，允许用户设立书签以便将来返回到此位置，允许用户在音频对象中保存一个位置以便直接返回到该位置。

⑧当多用户使用一个多媒体时，应该能够分别保存每个用户定义的链接。例如，每个用户定义和使用个人唯一的书签组，每组学生都使用该组定义的链接。

9）导航功能。导航的作用是让用户时刻清楚（或确定）自己在哪里，从哪里来，去什么地方。

① 应该给用户提供导航信息。例如，网站地图能够帮助用户发现内容结构，索引能够帮助用户定位具体内容题目。系统应该使用户明白导航行动的影响效果，导航行动可以影响：整个多媒体软件、显示段、内容块、具体媒体对象等。

② 导航应该让用户区分一个显示段内的导航、各个显示段之间的导航。

③ 一般采用的导航方法包括"到开始"，"退回一个"（go to previous），"到下一个"，"到结尾"等。

此外，还规定了对多个媒体的协调控制，动态媒体等内容。

在多媒体业内存在一个"三步到位"的约定，也就是说，用户在多媒体内一个位置，最多经过三步操作，就能够达到任何预期位置。

五、媒体设计

它包含选择适当媒体并设计每一种媒体，以及选择不同媒体组合在一起，参见ISO9241 第 12 部分。

1. 信息种类

ISO14915 第 3 部分规定了信息种类。其附件 A 中给出了各种信息种类以及决策树结构。信息被分为概念信息与物理信息，各自又分为静态与动态信息。

1）物理信息。

① 静态信息。状态（某人在睡眠）、属性描述（一个计算机的特性）、关系（双生相似处）、空间信息（一个房间的三维）等。

② 动态信息。单个行动（开计算机）、连续行动（滑雪转弯）、事件（开始比赛）、过程（清除打印机故障）、因果（发动机如何工作）等。

2）概念信息。

① 静态信息。状态（证据不清）、描述（个人信念）、关系（各种角色的关系）、值（素数）等。

② 动态信息。单独行动（选择同意）、连续行动（监督问题的解决）、过程（诊断一个故障）、因果（解释重力）等。

2. 媒体选择与组合的一般指南

这部分内容与可用性设计有直接关系：

1）各种媒体的选择与组合应该支持用户任务。要符合用户意图、计划、实施和评价方式。

2）支持用户期待的交流目的。如果安全十分重要，交流目的就是警告用户注意危险。

3）符合用户理解。选择媒体传达内容的方式应该与用户现有的知识一致。例如"辐射"符号表示危险，应该用于了解其含义的用户。

4）适合用户特性。对于盲人用户来说，应该用语音代替文字信息。

5）支持用户偏好。如果任务适当的话，给用户提供若干媒体，由用户自己选择偏好的媒体。

6）选择媒体应该考虑使用情景。

7）用多种媒体同时表现重要信息。例如，用图像和语音同时表达时间信息、警告信息或危险信息。

8）采用多种媒体时要避免用户感官冲突。避免同时显示两个无关的信息。

9）避免信息语义冲突。语言解释应该与图像显示一致。

10）设计简单。用最少媒体组合传达用户任务所需要的信息，避免分散用户注意。

11）用不同媒体从不同视角组合表现同对象。例如，两个镜头分别对准两个对话的人，这两个镜头同时显示在屏幕上。

12）选择各种媒体组合以扩大信息含量。图像、语音从不同角度描述对象，而不是用语音解释图像。

13）要考虑媒体技术的局限性。例如，要考虑传输速度的影响。

14）允许用户事先预览所选择的媒体。例如，网络连接的视频允许用户先观看一小段后再下载。

15）用静态媒体和文字表现重要信息，而不要用短暂时间显示它。

3. 选择信息类型

选择信息类型时，考虑各种媒体适合什么信息，是否适合用户感知。信息类型包括描述信息、空间信息、值信息、关系信息、单独行动信息、事件信息、状态信息、因果信息、过程信息等。

4. 媒体整合指南

选择了媒体，只是为设计提供了原始材料。这些媒体应该被组合在一起，形成播放顺序。ISO14915 第 2 部分提供了定时与同步的设计指南。

1）ISO14915 第 3 部分的第 7 节解释了媒体整合的各项要求。

2）ISO14915 的附件 B 提供了媒体整合指南。

5. 引导用户注意

这也是计划用户的阅读和观看顺序。阅读与观看顺序以及定时是由设计师设置的，应该控制用户的阅读观看顺序，使他们注意到主要信息。用户注意对于随时间变化的媒体是顺序型（串行）的，用户阅读的顺序由文字布局引导。用户对图像的阅读顺序无法预测。设计中要注意：通过画面和对话设计整体的主题线条，把用户注意吸引到重要信息上，建立清晰的阅读和观看顺序，当主题从一个媒体转到另一个媒体时提供清晰的链接。

小结

1. 国际标准 ISO9241 第 11 部分提出的可用性标准中存在一些缺陷，把效率作为可用性标准是"以机器为本"的观念，把"有效性"作为可用性标准是受当时计算机技术水准比较低的影响，把"满意度"作为标准缺乏心理学依据，因此出现对满意度的各种不同的解释。

2. 国际标准 ISO9241 第 10 部分提出的 7 条标准（适合任务，能够自我描述，用户可控制，符合用户期待，容错，适合个性化，适合学习）是"以设计人员为本"的体现，换句话说，它符合设计人员判断用户界面可用性的标准，符合他们的观察和思维方式，但是并不符合大多数用户评价可用性的行动方式和思维方式。

3. 西方提出了各种固定问卷评价方法，包括：以人机学专家为本的探索式评价方法，以设计人员为本的认知预演法，它们符合设计人员或人机学专家观察角度和思维方式，但是不符合用户的操作体验、行动过程以及观察角度和思维方式。

4. "以用户为本"的可用性标准和测试方法来自设计过程前期的用户调查和建立的用户模型，按照用户行动方式和认知方式进行测试，直接记录行动和认知过程，这样使用户能够在自然操作中，以自己的行动为标准进行评价，而不需要用户把自己的操作体验转换成设计人员的评价概念进行解释，也不是按照设计人员的评价因素进行测试。

第四章 对国外可用性测试方法的分析和改进

本章要点

　　本章主要包含如下四部分：①分析国外对可用性标准中"满意度"或"舒适度"的批判，这个概念缺乏心理学定义和实验依据，不足以作为可用性测试依据。②作者建立以心理学为基础的满意度模型。③分析国外可用性测试存在的主要不足。④作者建立了"以用户为本"的可用性测试模型和评价方法，按照用户行动过程去评价可用性，使得用户能够按照自己操作行动过程和认知过程去评价可用性。实验结果表明，作者提出的"用户行动"可用性测试方法比较适合用户的操作行动和认知方式，能够发现更多可用性问题。当然本章还提出了供设计人员参考的调查问题清单。

第一节 对国外可用性测试现状的分析

一、国外可用性研究的发展情况

　　国际标准 ISO9241 把计算机可用性规定为三个指标：有效性、效率和用户满意度。这三个参数都存在一些问题。

　　1. 计算机的"有效性"问题

　　国际标准 ISO9241 是 1985 年建立的。其基础思想是依据当时计算机的水准和科学知识的总体水准。那时计算机达到什么水准？1985 年流行的 PC 机是 80386，主机频率是 25～40MHz（见表 4-1-1）。若干软件发展年代见表 4-1-2。

表 4-1-1　PC 机 CPU 发展年代

年份	PC 机	
	主机型号	主频速度/MHz
1975	IBM 推出 PC 机	
1978	Intel 8086/8088	4.77
1982	80286	12.5～20
1985	80386	25～40
2000	Pentium IV	1.4×10^3

表 4-1-2　若干软件发展年代

年份	操作系统		绘图软件	数据库
	磁盘操作系统	直接操作界面/窗口操作界面		
1982		苹果机 Lisa	微机版 AutoCAD（二维）	微机版 dBase II

年份	操作系统		绘图软件	数据库
	磁盘操作系统	直接操作界面/窗口操作界面		
1983	MS-DOS 2.0			
1984	MS-DOS 3.0	Macintosh		dBASE III FoxBASE，出现《关系数据库理论》（数据库理论成熟）
1985		Windows 1.0	ISO9241	
1986	MS-DOS 3.2，720k 的 5.25 英寸软盘		开始开发 ProE	dBASE III plus FoxBASE＋
1987	MS-DOS 3.3，IBM PS/2 设备，1.44M 的 3.5 英寸软盘			
1990		Windows 3.0		
1991		Linux		FoxPro 2.0
1993	MS-DOS 6.x 增加了很多 GUI 程序			
1995		Windows 95		Visual FoxPro 3.0
1998		Windows 98		
2000		Windows 2000		
2003		Linux 2.6		

注：1 英寸＝2.54 厘米。

1985～1992 年我国个人电脑上使用的操作系统主要是磁盘操作系统（disk operation system，DOS）。1985 年时，PC 计算机主要有两种操作系统：IBM 公司的磁盘操作系统 PC-DOS 和微软的磁盘操作系统 MS-DOS。这两个操作系统都是命令行格式，用户要回忆每一条操作命令，通过键盘输入每一个字符。那时还没有如今的图标和菜单。大约 1992 年我国开始出现 Windows 3.0。1985 年以后才出现微机上的数据库 dBase II，它存在一些不足，速度也很慢，一个数据库有 3000 条数据，要查询其中一条，大约需要 1min。1989 年以后逐渐被 FoxPro 代替。1983 年美国小型机 CAD 软件在我国出现，首先应用的是美国 Computervision 公司的二维的集成电路版图设计软件，供机械设计使用的三维软件仅能画出线框图形，没有如今的实体图，也没有彩色显示器。当前我们所用的操作系统软件、数据库、绘图软件等都是 1985 年以后出现的。1985 年制定可用性标准时，计算机硬件和软件的功能是否有效是一个普遍性的问题，因此 ISO9241 把有效性作为标准之一。什么叫有效性？有效性指能够正常发挥功能。例如，理发剪刀必须能够剪头发，否则它就是无效的，也不能被称为理发剪子。

2. 效率问题

效率是评价机器的一个重要指标，而 ISO9241 在可用性标准中也提出了效率，这只适合某些情况，例如集成电路版图设计。在更多情况下，效率并不是主要目的，应该按照用户的行动特性去描述可用性，也就是用户目的、操作过程、用户评价等。人们的目的可能是安全性、功能性、简单、灵活、多人共用、审美等。购物时，人们并不是以效率作为衡量标准的，也许她在街上转了一天没有买任何东西，但是他们满意度很高。用视频软件看电影的效率高是什么含义？听音乐的效率高是什么含义？数码照相机效率高是什么含义？人们都希望刀子锋利。作者母亲2008年93岁，她手总晃动，如果刀子、剪子太锋利，很容易伤手，因此她喜欢使用不锋利的刀与剪子。对于刀子来说，安全性比效率或有效性更重要。

3. 满意度问题

提出"满意度"，是在计算机界广泛缺乏用户操作心理学知识的情况下，提出的一个聪明办法。那时评价软件时，是由数学家和计算机专家"说了算"，他们把算法、机器速度和功能、新技术等作为主要质量指标，而忽视用户操作。可用性标准提出"满意"，当然指的是"用户满意"，而不是由数学家和计算机专家满意，这是从"以技术为本"，转向"用户说了算"（以用户为本），这是一个重大转变。然而，满意度测试存在以下问题：①心理学界并没有系统研究过"满意"构成因素的框架结构，也没有建立系统的测试方法，甚至如今也缺乏这方面的研究。②人们对"满意"概念存在各种不同理解，可能把满意解释为"振奋人的"，"有趣的"，"迷人的"，"熟悉的"，"令人愉快的"，"卓越的"各种不同含义。③从动机心理学角度看，满意是在评价行动结果时出现的情绪反应。如果行动结果符合预期目的，那么认为完成该行动了就会出现满意情绪。如果行动结果不符合预期目的，也不符合预先的评价标准，那么就会出现不满意的情绪反应。因此，不应该测试满意，而应该测试用户界面是否符合用户的操作行动特性，是否符合用户评价标准。

4. 心理学时代背景

20世纪50年代美国心理学界主要流行的是行为主义心理学，它把人的行为看作是刺激反应的结果。这种心理学在20世纪70年代在美国被认知心理学取代。1985年前后动机心理学的研究进入建立行动模型的发展阶段，德国美国心理学界提出了对动机、意图、行动过程的概念，这形成了如今的动机心理学。那时全世界只有那么几位心理学家提出了这些新概念，还没有被运用到计算机界。当时"以技术为本"与"以人为本"这两种观念正在交错冲突时期，在这种背景下出现了ISO9241，它本身也是两种矛盾思想的体现，"效率"代表以技术为本，"满意度"代表以人为本的初级思想。

另外再看一下美国认知学的起源，1977年美国《认知学》（Cognitive Science）杂志出版，1979年8月在圣迭戈的加利福尼亚大学举行了第一届认知学的学会会议。到1990年以后，认知心理学才大致进入实用时期。在1985年时，认知心理学处于萌芽时期，计算机界对这些新知识研究成果也基本处于无知状态，因此在制定ISO9241时，最多只知道一个"对用户友好"口号，这样就不奇怪那时为什么没有提出按照用户行动和认知建立可用性标准了。

5. 可用性的各个因素不是独立因素

有效性、效率、满意度不是独立因素，而是彼此相关元素。例如，使用鼠标输入可以提高有效性，那么也会提高效率，用户满意度也会提高。类似情况，假如有效性低，那么效率也可能低，用户满意度也可能低。那么这三个因素中，哪个是自变量，哪个是函数？应该从哪个因素着手改进？同样，ISO9241 第 11 部分的七条标准（适合任务，能够自我描述，用户可控制，符合用户期待，容错，适合个性化，适合学习）也不是彼此独立的因素，而是相关因素。例如，用户界面适合用户任务后，也会提高自我描述，用户可控制性会提高，也符合用户期待等。反之，如果一个因素测试结果不好（例如用户可控制），那么其他因素的测试结果也可能出现同样问题，也就是说，可能不适合任务，缺乏自我描述，不符合用户期待，不适合个性化，不适合学习等。这样，设计人员也不知道问题出在哪个因素上，无法进行改进。可用性测试因素与设计指南因素的结构不一致。设计人员是按照设计指南进行编程的，设计指南是软件的功能描述、结构描述。设计指南不是按照有效性、效率和满意度进行描述的。因此用这三条标准无法对应设计因素。例如，测试发现有效性不高，无法知道设计指南的哪个部分出现问题，也不知道应该改进哪里。

6. 什么时候出现可用性研究的职业

据说是在 1988 年美国 DEC 公司 John Whiteside 和 IBM 的 John Bennett 等发表了关于可用性工程的一些文章。他们不再强调传统的研究实验方法，而强调产品设计的定量的实际方法，包括设置目的，设计原型。而国内从 2004 年以后出现该职业。作者学生当时去企业实习，几乎没有企业知道用户界面设计是干什么的，他们一一讲解，并为企业做出有效工作后才被认可的，如今已经成为热门专业了。

二、国外可用性测试方法概述

2006 年丹麦哥本哈根大学的 Hornbæk（2006）对当前可用性研究进行了比较系统调查。

首先 Hornbæk（2006）对国外一些人机界面的可用性的科学研究情况进行分析评价，这些研究项目来自 2000～2001 年的下述五种文献来源：ACM Transactions on Human-Computer Interaction，Behavior & Information Technology，Human-Computer Interaction，International Journal of Human-Computer Studies，ACM CHI Conference，以及 1999 年和 2001 年的 IFIP INTERACT Conference。他从 587 个研究项目中选择了 180 个。选择的标准是：①选择可用性研究定量研究项目。例如，描述了可用性量度方法，或者报告了测试结果。没有选择只提供了用户界面经验的文章。②从广义来说，只包含对纸原型、信息用品和软件等评价用户与界面之间的互动质量，没有包含认知模型的预测与用户实际行为之间的比较，因为它们强调的是理论模型适合用户行为，而不是分析可用性的质量。③这些论文应该用可用性测试描述用户界面不同互动特性的使用质量，这些不同可能随着时间变化存在于计算机系统之间、使用情景之间、用户人群之间、组织之间、任务类型之间、系统各种版本之间。

三、当前对可用性的量度

1. 测试有效性

Hornbæk（2006）在表 4-1-3 中统计了各个论文对有效性的测试情况。表中第一栏列举了各个论文中所测试的有效性的各种因素。表中的"是否完成任务"指量度用户是否正确完成的任务，包括量度用户正确完成的任务数量，用户在规定时间内没有完成的任务数量，或者用户放弃的任务数量。

表 4-1-3　对有效性的量度

有效性测试因素	论文数	%	解释
是否完成任务	24	13	用户在规定时间内成功完成任务数量或占的百分比
精度	55	31	用户完成任务的精度也是衡量其出错的某些量化方法
出错	46	26	用户在完成任务或解决任务方案时的出错数量
空间精度	7	4	用户点击的精度，到达目标的距离（距离正确图标的毫米距离），旋转虚拟对象时定位半径的错误
正确性	3	2	搜索的信息的准确率与检索总信息量之比
回忆	11	6	用户从界面上回忆信息的能力
完整性	1		完成次要任务的百分比，识别有关文件的数量，在虚拟股票经纪人任务中是决定性的
结果质量	28	16	互动结果的质量
理解	18	10	对界面上显示信息的多重选择测试，在先后测试中的理解差别，对学习的标准化测试（例如研究生毕业考试）
专家评价	8	4	专家对互动结果的评分
用户评价	3	2	用户对互动结果的评价
有效性的其他方面量度	6	3	用户在使用后预测界面功能性的能力
有效性量度	111	65	包含上述各种有效性的研究
控制的有效性	23	13	只分析正确完成的任务，使用很简单的任务（少于 2s）；用户没有正确完成任务之前，阻止用户干下一个任务；任务不能错
没有度量有效性	40	22	没有报道对有效性和有效性控制的量度

　　精度测试定量研究了用户在完成各种过程中的出错。例如，数据输入时的出错定量分析，或者要求的提示数量。空间精度主要用来研究输入器件以及用户当前位置距离目标的距离。

　　正确性主要用于分析信息检索系统，测试正确检索文件数量与总检索文件数量之间的比例。回忆指量度用户在使用过界面后能够回想出界面上多少信息。完整性指对解决任务的程度的量度。

　　回忆指测试用户在使用过界面后能够回忆多少信息，例如能够回忆界面上多少内容。

　　完整性指测试各个任务被完成的程度。例如，测试次要任务完成的数量，在信息检索任务中发现有关文件的比例等。

　　结果质量指用户完成各种任务的结果质量，例如，通过软件辅导界面的学习质量，设计的产品质量等。质量测试与精度测试不同，质量测试目的是获得在各种任务中用户与界面互动的全面结果。例如，当用户用文字编辑软件写文章时，质量测试指写文章的质量。

　　控制有效性指只考虑正确完成的任务，或者其他间接控制的有效性，例如每分钟正确输入单词数量。22％的论文没有报道对有效性的测试，也没有研究控制的有效性。

Frøkjær 等（2000）举例说，某个研究案例中声称一个系统比另一个系统好，仅仅依据统计交流所花费的资源数量（效率测试），这种研究可能获得不可靠的整体可用性结论，因为它没有测试有效性。Frøkjær 等认为，在可用性的各种研究中，不进行有效性测试就不可能成功开发更好的计算机系统，在人机界面研究中广泛存在这种问题。只有16%的研究对人机互动的结果质量进行了测试，当前广泛采用专家评价的方法。

从表 4-1-3 中可以看出以下几点重要结论：

1）人们对有效性的含义缺乏比较一致的看法，用各种概念表示有效性。

2）人们对有效性所包含的因素缺乏一致观点，采用了 13 个因素。

3）这些概念几乎在心理学中缺乏定义，缺乏连续的研究，也缺乏一致的测试方法。

4）各种测试原理和测试方法所得出的有效性很难相互进行比较。

2. 测试效率

Hornbæk（2006）在表 4-1-4 统计了各个论文对效率的测试。

表 4-1-4 中第一栏列举了论文中所测试的效率的各种因素。表中"时间"指用户用界面完成任务所花费的时间。完成任务所花费的时间是效率最重要的标志因素，57%的论文测试了用户完成任务的时间。

表 4-1-4　测试效率

测试因素	论文数	%	解释
持续时间	113	63	任务持续时间
任务完成时间	103	57	用户完成任务要花费的时间
特定行动模式的时间	26	14	在某任务上的时间，特定功能花费的时间，每个行动的时间，行动之间平均停顿时间，帮助时间，搜寻与点击的时间对比
事件前时间	10	6	在解决次要任务之前的时间，对警告的反应时间
输入速度	12	7	每分钟输入词数，每分钟正确输入率
脑力费力	9	5	NASA 的任务负荷指数问卷，专家评定的任务难度，费力的生理量度，用户评定的脑力费力程度
使用方式	44	24	用户如何使用界面去解决任务
使用频率	23	13	击键次数，鼠标点击次数，功能使用次数，界面行动次数，鼠标总活动量，帮助次数
信息访问	13	7	访问的网页数，阅读的按键数
偏离最佳方案	13	7	实际行为与最佳方法之间的差别。理论最佳值减去虚拟环境里跨越的实际距离，完成任务花费的额外行动次数
交流费力	5	3	在交流过程中花费的资源。说话人轮换次数，口语词量，中断次数，询问的基本问题数量
学习测试	5	3	用户学习界面。在操作中完成任务时间的变化情况
其他测试	17	9	阅读速度，出错量度，使用功能量度，用户转换部分界面的次数
任何对效率的研究	134	74	量度上述各方面
控制时间	12	7	任务所确定的时间
没有量度效率	34	19	这些研究中没有报道量度效率或控制效率

输入速度在一些论文中被测试了，最典型的是测试文字输入速度，包括每分钟输入的单词数量和每分钟正确输入单词数量，或者比较两种输入方法每分钟平均正确输入数量。

脑力费力（mental effort）关注用户在互动时花费的脑力资源，任务负荷指数（task load index）是美国 NASA 提出的测试脑力费力程度的一种方法，其中 5 篇文章用此方法，4 篇文章用心率量度脑力费力程度。使用模式测试了如何使用界面，这些测试背后是用户在解答一个任务问题时所花费的资源，主要指一种使用模式的量度简单集中在某一种行动被采用的次数，例如，在完成文字与数字数据输入时敲击键盘的次数，完成视频浏览任务所需要鼠标点击次数等，当用户解答任务问题时要访问多少信息，用户对一个任务的实际操作行为与最佳解答之间的差距，这些测试包含了在信息空间里实际渡越的距离与最短渡越距离之间的比例，鼠标器件输入目标的次数等。交流费力指测试用户在交流中花费的资源，例如，交谈的次数，在共享浏览器环境里用户之间合作所用的基本问题次数。

交流费力（communication effort）指测试用户在交流中所花费的资源，例如交谈几次，公用浏览环境中用户之间合作时基本问题数量等。

学习测试把效率的变化作为学习的指标，例如完成任务所用的时间变化，用户在文字输入中如何变得更快。对效率的其他研究包括测试每分钟词汇的阅读速度，专家对任务完成轻松程度的评价。控制时间指给用户规定了固定时间看他们完成任务的情况。

其他测试包括 3 篇论文，测试了每分钟的单词阅读速度，以及专家对完成任务容易程度的评价。控制时间指给用户固定时间看他们完成任务的情况。

Hornbæk（2006）对效率测试评论如下：

第一，有些效率测试明显涉及计算机互动系统质量，这些测试采用定量方法，测试了操作时间或脑力费力程度，在许多情景中这些是重要的因素。例如，Woodruff 等（2001）研究了对网页做摘要的三种方法，测试了完成任务的时间、访问网页的数量和用户的偏好。但是，问题是访问的网页数量如何反映可用性，它反映了可用性的什么因素？Hornbæk（2006）提出，访问网页的数量是可用性的一个间接量。把它称为间接量，因为如果它不反映在任务质量中、不反映完成任务时间或主观满意度，那么访问网页的数量就不重要。把它称为是面向界面的，因为用户对导航困难度的感知完全可能与访问的网页数量无关。主要在描述系统使用时这些指示量是有用的，而不是作为互动系统质量的指示量。点击次数与可用性有什么关系？另一个非直接解释使用模式的研究是Drucker 等（2002）的用户如何进行视频操作。该研究统计了点击数目，测试了任务完成的时间、精度和主观满意度。然而令人费解的是，点击数目与可用性有什么关系。假如用户主观满意，就没有必要把减少点击次数作为可用性的评价指标。这并不是说，不应该在可用性中考虑点击次数，而是说，用户操作可以通过测试完成任务的速度和精度，点击次数可以作为其中的因素。

第二，时间测试。只有 57% 的研究项目测试了客观的任务完成时间，而大量测试了主观体验到的工作量（工作负荷），在讨论满意度测试时大量研究了主观体验到的任务困难度。只有一篇论文测试了直接的主观体验到的时间（Tractinsky et al.，2001）。

第三，各个研究项目中，对任务完成时间的研究不相同，在国际标准对可用性定义中，成功的用户界面所花费的时间是最少的。这是否合理？有五六篇文章把比较长的任务完成时间作为用户动机，例如，网上浏览商店，如同上大街一样，并不是把效率作为主要指标，而是把花时间欣赏和购物作为最主要指标。

第四，只有 5 篇论文测试了效率随时间的变化，这些论文研究的都是输入技术。

第五，所分析的这些论文中，用户工作界面的平均时间为 30min，绝大多数论文让用户在一个实验中完成各种任务。

从表 4-1-4 中可以看出与有效性类似的有以下几点：

1）对可用性的效率的含义缺乏比较一致的看法，采用了各种概念。

2）对效率所包含的因素缺乏一致观点，分别采用了 15 种因素。

3）这些概念几乎在心理学中都缺乏明确定义，也缺乏一致的测试方法。

4）各种测试原理和测试方法所得出的效率很难相互进行比较。

3. 对满意度的测试

表 4-1-5 中 Hornbæk（2006）列举的论文对用户满意度各种因素的测试。许多论文没有写评价满意度时问卷中的具体调查问题，只分析了其框架结构。

表 4-1-5　满意度测试统计

满意度的测试结构	论文数	％	解释
标准问卷	12	7	用标准问卷测试用户满意度，QUIS（Chin et al.，1988），问题出自 Davis（1989）
偏好	39	22	测试满意度作为用户偏好使用的界面
把偏好界面排序	29	16	"你喜欢哪个界面"，"指出一个喜欢的工具"
对界面评分	5	3	用户评分对每个界面的偏好进行评分（1～10 分）
互动行为	5	3	按用户互动行为指示偏好的界面。让用户不断选择一个界面去完成任务，观察用户喜欢选择使用哪个界面
对界面的满意度	65	36	用户满意度，或对界面的态度
容易使用（ease-of-use）	37	21	广泛测试用户的总体满意度，或对界面的态度，或用户体验。"这个软件使用满意"，"互动令人满意"，"这个界面容易使用"，"总体上我觉得这是一个好系统"，"用户界面的总体质量"
与情景内容有关的问题	36	20	用户对特定功能的满意度，或与特定使用情景有关的。"我在这种情景中会用，假如我需要该组织更多信息"，"通过菜单和工具栏导航很容易"，"我用这个界面容易跳过广告"，"很清楚如何给这个系统对话"
使用之前	4	2	在用户操作该界面前测试满意度。"我将会很快找到页面"
使用过程中	3	2	在用户解决问题过程中测试满意度。心率变化，反射性响应，定量负面评价，统计用户不良反应
特殊态度	39	22	
用户态度和感知	44	24	用户对其他现象（不是界面）的态度和感知
对其他人的态度	19	11	测试对其他人的关系，或对界面的关系。"我觉得与我组里其他人联系起来了"，"感觉信任"，"谈话印象"，"社交丰富"，"共同感"，"你觉得什么特征比较熟悉？"
对内容的态度	8	4	这可能是调查信息质量，信息中所关注的对象，或者信息的组织。"它的信息质量高"，"这个主题吸引人的程度"，"这篇文章很新颖"

满意度的测试结构	论文数	%	解释
感觉到的结果	12	7	"你怎么判断任务结果的质量?"用户的成功感,对自己操作的评价
对互动的感觉	17	9	测试用户对互动的感知。"用哪个界面你操作比较快?"用户对任务困难度的感知
其他	25	14	对满意度的其他测试。"十分愉快","容易出错","意味深长","工作满意","我觉得这个方法可靠","当然","任务中感到受阻","显示混乱"
各种满意度测试	112	62	上述任何一种满意度测试
无满意度测试	68	38	没有上述任何满意度测试

表 4-1-5 中的"标准问卷"指采用以往的标准问卷测试满意度,其中 QUIS(Chin et al.,1988;Shneiderman,1998)占 4%。

偏爱测试指用户偏好使用哪个界面。通常测试方法让用户选择他们偏好的界面,或者摆出多个界面,让他们按照偏好把这些界面排序,或者提出问题:"对于这个任务你喜欢用哪个软件?"另一种方法是让用户在 5 级李克特量表上给各个用户界面评分。

容易使用指测试对界面的一般满意度,也采用李克特量表方法进行测试。

有些问题要求用户回答特定功能是否容易使用,或在特定情景里是否好用。搜索引擎和新手界面,例如,"你对搜索引擎 alta vista 的净化功能(refine function)是否满意?"有少数论文在用户使用界面前回答是否容易使用。其他论文在用户操作界面过程中测试用户满意度,例如,在用户操作界面中测试心率变化,从而预测用户感觉到的任务困难度,这种测试把满意度与困难度联系在一起了。

特定态度包括一系列内容〔表 4-1-6 列出了论文中测试的用户对界面的各种态度(Hornbæk,2006)〕。这些论文中分析最多的态度是"喜欢"程度,例如"你是否喜欢你现在使用的这个软件?"让用户填写 5 级"喜欢"程度李克特量表,或者填写 8 级"有趣"程度的量表。

表 4-1-6　测试对界面各种特定态度

测试	数量	%	解释
对界面态度	39	22	给用户提出问题揭示对界面的特定态度
烦恼	7	4	测试厌脑,受挫,分心和愤怒。"我觉得这个界面令人灰心","我觉得使用时很狼狈",用户各种体验,从很舒适到很受挫
生气	3	2	用户使用界面十分生气。自我评价描述生气的形式
复杂	3	2	用户感觉界面复杂
控制	7	4	用户的控制感和对互动性的态度。"很容易用这个软件去做我想做的事","系统能够积极服从操作"
投入感	4	2	用户对结合、投入和动机的体验。"这个多媒体使你沉浸到什么程度?"用户体验的积极性和动机
灵活	3	2	用户感觉高的界面灵活性

测试	数量	%	解释
乐趣	14	8	用户感觉到乐趣。"用起来很有趣","我觉得这个界面用起来有趣","你觉得这个多媒体怎么有趣"
直观	3	2	用户感觉界面直观性。"布局很直观","用起来很直观"
可学性	5	3	用户对学习界面容易程度的态度。"我能学会如何使用这个软件提供的一切","我发现这个界面容易学习"
喜欢	15	8	用户喜欢这个界面。"我喜欢这个界面?","我喜欢今天用的这个软件。"用爱或恨评价界面
体力不舒适	3	2	用户觉得使用界面时体力不舒适。"眼酸","上肢不舒服",总的肌肉不舒服,体力疲劳
想再用	3	2	用户对再使用的态度。"再用多好","我想一直使用这个界面"

整个测试范围都关注用户主观态度和对现象的主观感觉,而不是采用客观方法测试界面本身的内容、过程和互动结果。对其他人态度指测试评价用户对交流和协同伙伴的态度。这种测试主要目的是了解对到现场的感觉、感觉的信赖程度、共同点以及是否容易交流。

对互动的感觉让用户对他们操作过程的感觉进行评分,其中最经常反映的是用户对任务复杂程度的感觉,用户感觉的任务完成时间,例如"你觉得这个任务有多困难?"

其他测试包括测试显示屏幕上的混乱程度、用户困惑、用户审美等方面。

此外,Hornbæk 通过对大量论文的分析还发现,各国对满意度的调查十分混乱,这个问题将在下一节进行分析。

四、对可用性测试的挑战

Hornbæk(2006)提出当前可用性测试存在如下问题。

1. 对可用性的主观测试和客观测试

什么是主观测试?让用户描述对界面、互动或操作结果的感觉(perception)或态度,让专家对可用性问题进行评价,这些是主观测试。与此相反,假如测试不依赖用户的感觉、态度、看法等自我判断途径,例如记录用户操作过程,记录新手用户学习操作所花费的时间,统计用户操作中的出错数量,这些测试就被看作客观测试。

为什么要研究主观测试方法与客观测试方法?

第一,主观测试不同于客观测试,不同测试方法可能导致不同结论。例如,主观感受到的工作量(或负荷)不同于客观测试的,主观感受到的操作时间与实际测试的操作时间可能不一致。Bommer 等(1995)提出,雇员工作表现的主观和客观评估具有一个平均相关系数 0.389,这反映出工作表现的不同方面。在人机界面领域之外,心理学早就定义了对同一个量的主观评价与客观评价比值。因此 Czerwinski 等(2001)在人机界面领域内提出一个新的可用性概念:要求测试客观记录的操作时间与主观感受到的时间之比。

第二,区分主观与客观测试,不仅是为了改善客观操作特性,而且也要改善用户对操作的主观体验。例如,在商店设计(Underhill,2000)中,已经分析了客观持续时间与主观感觉到的时间的关系，改善人们在排队时的"太慢了"的感觉。Tractinsky 和 Meyer（2001）建议，如何在菜单设计中通过比较主观感受到的时间与客观时间，以减少用户主观感受的持续时间。与此相反，大量的研究集中在如何限制操作界面的客观时间。

这种区分也许能帮助研究人员考虑是否要采用主观测试有效性（如感觉提高了办公软件的工作质量），主观测试效率（例如感觉很快在商业网站上找到了要买的物品），主观测试满意度（玩计算机游戏时的趣味感）。

当前软件使用质量的测试主要采用客观测试，今后要发展使用质量的主观测试，并分析这两者之间的关系，尤其在下列四方面需要进行深入研究。

1）用户感受到的结果对客观操作结果质量的比较。

2）用户感觉到的操作时间对客观操作时间的比较。

3）用户感受到的可学性对任务操作时间的变化的比较。

4）用户主观满意度问卷对客观满意度的比较。

在可用性研究中，Hornbæk（2006）建议特别要注意什么情景中什么因素适合主观测试，什么情景中什么因素适合客观测试，把这两方面混合起来是否能更好包含了使用质量的各个方面，在分析论述可用性时不要把主观量度与客观量度混淆起来。

2. 对可学性和记忆保持力的量度

Hornbæk（2006）的研究中，有 5 个项目测试了学习界面操作所花费的时间，仅有 1 个研究项目直接测试分析了学习后的记忆保持力特性。在 Isokoski 和 Käki（2002）研究中，他们测试了用户在逐渐熟悉输入器件的过程中，减少完成任务的时间，用此表示用户学习输入器件的能力，他们让每个用户完成 20 次输入，每次持续 35min，这样他们可以绘出输入一个数字花费的时间下降曲线。在 Czerwinski et al.（1999 年）项目中，让用户在学习结束 4 个月后回来再测试使用网页的情况，这样就测试了学习后的记忆保持能力。然而大多数研究项目都没有测试可学性及记忆保持力。

Wulf 和 Golombek（2000）用另一种方法测试可学性，他们让用户在学习使用过软件后，回答一些问题解释或预测某些应用功能。例如，"一个用户给你发送了一个文件模板，你怎么能够发觉这件事？"然后让他从 5 种可能性中选择答案。这种方法类似于主观测试方法。可学性所包含的各个因素之间的关系是随着任务完成的次数而变化，人们对此还没有进行过充分研究，因此还不可能只通过问卷去主观性量度可学性。

在测试用户学习特性时要大致了解以下四方面影响用户学习特性的测试：

第一，用户学习过程可以被分为三个阶段：认知阶段、联想阶段、自主阶段。在认知阶段，用户要理解记忆各个操作命令，按照规则操作自己的任务；在联想阶段，用户可以脱离回忆操作规则，而集中在自己行动方面。这时认为基本掌握一个软件的操作使用了，用户一般要经过几十小时或 100h 才能基本完成联想阶段，然后要经过数月甚至数年才能完成自主阶段。

第二，学习曲线。用户学习曲线可以被分为三个阶段。①初学阶段。用户操作行为曲线随着时间上升缓慢，用户集中在各个概念的理解记忆上，操作行为上基本表现一致，都是口述规则，逐步操作。他们的操作行为没有明显变化。②熟练阶段。学习曲线呈现陡峭上升，用户操作行为随着时间明显上升，用户基本熟悉系统，能够用命令实现自己的各个行动任务，其操作行表现有明显长进。③成熟阶段。学习曲线随着时间变为平缓，当成为专家用户后，又表现为操作行为长进很慢了。

第三，个人学习特性不同，困难问题不同，不同内容学习时间不同。有些人对概念感觉困难，有些人对操作过程感觉困难；有些人必须按照说明书进行学习，有些人通过尝试进行学习；有些人有背景经验，有些人缺乏背景经验；有些人习惯主动学习，有些人习惯被动学习。有些人能够举一反三，有些人习惯于死背硬记。这些都影响具体学习过程。

第四，如果想通过用户学习看他们想选择什么系统，被测人应该集中学习，并能够很快学会操作，也就是处于学习曲线的快速提高的陡峭阶段。当测试的系统处于间歇使用时，例如自动取款机，似乎应该主要测试记忆保持力，也就是学习结束经过一段时间后再测试操作行动。

在测试可学性时，不仅用户界面的设计影响用户学习过程，而且以上的学习特性也影响他们的学习过程。

总之，可用性研究应该更强调对用户学习的测试，例如，测试达到某一操作水平所需要的时间。同时还应该测试对界面操作行动的记忆保持力。应该集中开发"容易被采用的技术"。如果不测试用户学习特性，只测试完成一个任务的情况，并不能反映可用性的全面情况，也就是缺乏效度。

3. 测试随时间变化的可用性

在可用性测试时，一般让用户仅仅操作很短的时间。被分析的各个研究项目里，用户操作的中值持续时间为 30min，只有 5 个项目研究了 5h 以上的互动时间。测试的用户操作时间过短，就无法测试用户的学习和记忆保持特性，也无法测试可用性的长期特性。因此，我们不知道用户花费更长操作界面时，如何随着时间在可用性的各个因素之间进行权衡。特别是，我们不知道有效性和满意度随着时间如何变化。

4. 满意度测试

ISO9241 规定满意度是产品使用的舒适度和可接受程度。Hornbæk（2006）认为，满意度测试存在以下两个问题：

第一，满意度的概念太混乱，因此当前对满意度的测试十分混乱，这样无法相互比较测试结果。当前采用的方法几乎都是让用户使用后再填写李克特量表问卷，另一种方法是采用标准问卷。采用问卷调查方法的问题是，在操作之后再采集用户信息，他们很可能误解问题，他们可能忘记了操作时的真实情况，他们提供的信息也许并不能反映具体操作时的情况，许多满意度测试都尽力避免这些问题。Tattersall 和 Foord（1996）提出了一种方法，在测试过程中（而不是测试结束后）采用用户对满意度的评价，还有一些人（Allanson et al.，2002）测试可用性的生理参数。

第二，如何使得满意度测试标准化？许多满意度测试的框架结构都是有效的，例如测试焦急等。但是有些人却反复测试容易使用。有些问卷测试对界面的特定态度。SU-MI 问卷测试用户控制和可学性。QUIS 包含了一些评价用户学习使用的容易程度的问题。许多满意度测试根本没有进行效度和信度分析。有些人怀疑标准问卷的效度，因为这些标准问卷的设计并没有考虑使用情景。当然要承认标准问卷并不可能包含用户界面的全部框架结构，但是用标准问卷可以对同类的研究课题进行一般性的横向比较。当然，如果你能依据具体情景，设计有针对性的问卷，那当然更好。很重要的是，对于几乎所有使用情景都能测试主观满意度的某些方面。特别是，当满意度的某些方面并没有被包含在总体满意度之内，但是对具体问题又十分重要，例如测试兴趣、信赖等方面。

5. 研究各种测试之间的相关性

Hornbæk（2006）强调，只研究分析可用性的各个具体因素，就无法理解各种测试之间的关系，分析各个因素之间的相关性就可能改善对可用性各种因素的全面理解，例如，可以搞清楚某个因素（如效率）对可用性有什么贡献，对其他因素有什么影响。Karat et al.（2001）研究了访问网页多媒体的有趣操作情景中，鼠标活动与满意度（有趣）测试之间的相关性。相关性暗示，减少鼠标点击可以增长观看时间，因此可以更深入到有趣的网页体验中。对相关性的考虑，似乎遇到的主要问题是应该测试什么因素？不仅应该理解各个测试因素之间是否相关，而且更需要理解什么时候、在什么条件下，各个测试因素之间是相关的。假如满意度不总是与有效性相关，那么这在一个特定情景中具有什么重要性？是否忽略了有效性的关键方面？是否观察的时间太短？我们需要更好地理解各种可用性测试之间的关系。

6. 可用性的宏观和微观测试

Hornbæk（2006）提出，对可用性的测试取决于站在什么高度考虑问题，在什么层面上考虑测试任务。例如，研究输入器件时，用户对三维物体的旋转精度通常被看作为有效性测试。然而，旋转又是许多高级任务中的一部分，例如，可能是学习三维形体任务中的一部分。那么，在涉及这种任务时，就可能测试三维形体的旋转。

五、可用性测试的操作模型

Hornbæk（2006）提出了如图 4-1-1 所示的可用性测试的操作模型。

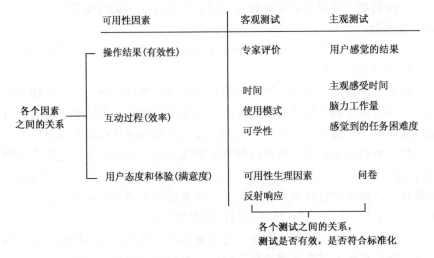

图 4-1-1　可用性测试操作模型

第一，这个模型为可用性测试提出了问题和测试因素。图 4-1-1 中把可用性的三个因素分为六类测试方法。在每个因素的具体测试中，要考虑选择什么类型的测试方法。

第二，这个模型描述了与可用性测试有关的研究问题，这些问题是：各个因素之间的关系，各个测试之间的关系，测试是否有效度，是否符合标准。

第三，这个模型可以被看作为包含了对 ISO9241 第 11 部分的改进。ISO 标准建议，有效性的测试可以与精度（accuracy）和完整性（completeness）的测试混合在一起，效率的测试与有效性也混合在一起了（resources expended in relation to the accuracy and completeness with which users achieve goals，ISO9241 第 11 部分，2）。Hornbæk（2006）认为，在计算效率时不应该包含精度和完整性，而是通过每个任务或每个目的去测试效率。在许多情况下，"效率"一词的含义不清楚，应改为"互动过程"，效率在这里是指用户通过与界面的互动过程达到预期结果。在任何情况下，都把人机互动过程的主观体验与客观测试区别开来。

Hornbæk（2006）认为，把用户满意度测试改为用户对待界面的态度和用户使用界面的体验，而不要把满意度局限于"脱离不舒适，对产品使用的正面态度"（ISO9241："freedom from discomfort，and positive attitudes towards the use of the product。"）。这样，满意度的测试就不是测试操作结果，也不是测试互动过程，而这两个问题恰恰是当前存在的对满意度测试所存在问题。

如何选择可用性测试？Hornbæk（2006）认为图 4-1-1 给出了与国际标准的重要区别。国际标准（第 5 页）把有效性和效率的主观测试与客观测试混淆在一起了，从而引起一些不清楚的问题，也许会得出无效的结论。同样，国际标准（第 10 页）也把满意度测试与使用频率测试混淆在一起了。他建议，对可用性的各个因素始终要保持清晰的客观测试与主观测试。

六、结论

Hornbæk（2006）发现在可用性测试中主要包括以下问题：

第一，只有极少数论文对用户操作界面的互动质量进行了测试，主要方法是让专家评价用户操作质量。

第二，大约 1/4 的论文没有评价用户操作界面的互动结果，包括客观测试的操作结果，或者用户主观感觉的操作结果，而提出了对可用性许多无根据的要求。

第三，很少论文测试了用户如何学习使用界面以及记忆保持力。

第四，有些论文把用户与界面的"互动"（使用模式）测试看作与"使用质量"相同含义，而实际上在使用模式与使用质量之间的关系并不清楚。

第五，用户对界面满意度的测试很混乱，大多数论文重新生造一些概念去问用户。

第六，有些论文把用户感觉现象（例如界面的可学性）与客观测试量（例如学习时间）混淆起来。

Hornbæk（2006）提出，应该很好去理解可用性的客观测试与主观测试之间的关系，更好理解如何测试可学性与记忆保持力，不仅仅让用户回答问卷，还要研究各种测试之间的相关性，把可用性测试的眼界集中在宏观测试上，考虑认知方面和复杂任务。

然而，可用性研究中存在一个更重要的问题：站在谁的角度观察可用性问题？当前的各种测试方法都没有站在用户角度，而是站在设计人员、测试人员、人机学家角度，他们的标准、观察方法、测试过程都与用户不同，作者认为更需要研究如何站在用户角度进行可用性测试。

第二节 对满意度测试的分析与改进

一、满意度测试存在的问题

1）满意度是不是评价标准？ISO9241 把"用户满意"作为一个指标，在具体应用中发现以下问题。

20 世纪 80 年代 Bailey 和 Pearson 就提出有 39 个因素影响计算机用户的满意度（Bailey et al.，1983）。丹麦 Hornbæk（2006）通过对各国 180 篇可用性测试方面的论文的分析发现，对满意度测试似乎处于混乱状态，使用了大量形容词和副词，几乎都是即兴提出满意度概念，没有几个研究是建立在以往工作基础上的，许多研究报告对满意度测试缺乏充分的效度和信度分析。对满意度调查的典型问题是"这个系统是……""你觉得……"，其答案选择下列词汇：可访问的，适当的，讨厌的，气人的，吸引人，烦人，清楚，混乱，舒适，胜任的，可理解的，决定性的，有信心的，冲突的，搞糊涂了，有联系的，方便的，值得要的，困难的，不喜欢，不满意，分散注意的，容易的，有效的，效率高的，麻烦的，情绪化的，迷人的，令人愉快，有趣的，能激发热情的，卓越的，振奋人的，熟悉的，有利的，灵活的，友好的，灰心的，优秀的，可恨的，有帮助的，直接的，重要的，有改进的，效率低，聪明的，有意思的，直观的，棘手的，愤怒的，可学的，可爱的，令人喜欢的，自然的，个人的，清楚的，喜好的，质量，快的，有关的，可靠的，满意的，可感觉的，共同感，控制感，成功感，简单，平缓，好交际的，刺激的，成功的，惊人的，费时间的，及时的，累人的，可心的，不舒适的，有用的，对用户友好的，为难的，生动的，组织良好的等 96 种词汇。这些形容词都没有心理学定义，因此缺乏一致含义，缺乏一致的测试标准和测试方法，这样得到的测试结果无法被别人理解，也无法进行相互比较判断。总之，这样的测试缺乏科学性。

2）缺乏满意度心理过程的研究。调查用户满意度，首先需要搞清楚满意度的心理过程，当前各国心理学缺乏对满意度的研究，没有满意度心理过程，因此各国对满意度测试时，都无奈而采用即兴概念。并且缺乏满意度结构框架模型，当前心理学领域也缺乏这方面的实验研究。

3）对满意度的测试中，应该采用什么研究方法？采用主观方法，还是采用客观方法？在用户操作过程中测试满意度，还是事后填写问卷？参照标准是什么？假如用户主观感觉的学习能力作为可用性指标，其效度是值得怀疑的。2006 年西班牙的 Roca 等对满意度进行了比较系统的研究，并把满意度作为形成用户持续操作意图的核心因素。

4）如何区分效率测试与满意度测试？Hornbæk（2006）发现，有些问卷在测试效率时考虑了任务困难程度的主观体验，例如 NASA 的 TLX。国际标准把脑力费力（mental effort）归为效率，而在国际标准 ISO9241 第 11 部分中，满意度测试也包括"观察拥护认知工作量或体力工作量过载或欠载"（ISO，1998）。

5）对满意度的研究方法缺乏效度和信度分析。只有 10 个研究进行了信度分析，计算了 Cronbach alpha。

二、依据行动理论的满意度标准

国外有些人试图改进满意度测试，然而都忽略了满意度是评价行动结果时产生的情绪反应，主要应该测试用户评价行动，而不是测试用户情绪反应。作者认为应该依据用户的行动标准和认知标准评价，因此提出如下五种满意度结构框架。关键在于要搞清楚用户的稳定的满意度判断标准是什么。在不同情况下，他们采用不同的满意度标准（见图4-2-1）。

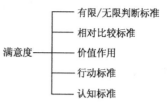

图 4-2-1　满意度判断标准

1）有限/无限判断标准影响满意度。用户动机包含若干因素，其中一个主要因素是需要。满意不满意，是满足需要后与判断价值比较的结果。判断标准直接影响满意程度，可能有两种最基本的判断标准：以欲望为目的，以克制为目的。欲望是无限的，以欲望作为判断标准，它将是无限的，以克制作为判断标准，才能成为有限判断标准。在欲望或克制作用下，需要的满意度是完全不同的。例如，在欲望支配下的需要是无限的，当满足一个需要后，不会满意，而会提出更高需要。在克制作用下，满足需要后就可能满意了。因此在判断用户是否满意时，要先搞清楚他们的判断标准是什么，否则，满意度测试没有意义。见图 4-2-2。

图 4-2-2　有限/无限判断标准直接影响满意度

2）相对比较的满意度。当行动最后结果保持不变，而参照标准改变了，那么最后的判断满意程度也可能会改变。例如，冬天在−7℃的露天环境2h后进入18℃的室内，你会感到温暖而满意。可是，如果你在28℃的环境里2h后，你再进入18℃的室内，你会感到冷而不满意。同样，如果先给你一辆自行车，然后给你一辆电动自行车，你可能会很满意。如果先给你一辆汽车，然后再给你一辆电动自行车，你可能就不满意了。人体具有生理适应性，当人体生理适应了一个环境后，就可能不满意改变后的环境了。这种情况下，符合生理特性是满意度的重要标准。因此，在测试用户满意度时，要避免类似的环境影响。

3）价值作用下的满意度。对待同样事情，如果追求目的（价值）不同，满意程度也不相同。例如，各人对游戏的追求不同，有人追求游戏复杂度，有人追求刺激，有人追求游戏的休闲性，这些不同价值对满意度的标准也不相同。如果你的目的是用绘图软件去进行设计，你希望要很快掌握其用法，并完成大量绘图任务，那么其软件越复杂难用，你会越不满意。相反，如果你把掌握复杂绘图软件看作为技能水平高，你还有很多空余时间去学习软件操作，那么软件越复杂你也许满意度越高。这种情况下，价值是满意度的主要依据。因此，在调查用户满意度之前，要先了解他们的满意度判断价值追求是什么。

4）行动满意度。每个行动后要判断是否达到预期目的了，如果达到了，就会产生满意的情绪；如果没有达到目的，就会产生不满意的情绪。在行动过程中满意度处理过程大致如下：首先，由行动意图确定了行动目的和目的状态，这样形成了对目的的期待，它又确定了应该达到的目的标准。其次，行动者建立行动计划，具体实施每一步行动，把行动后得到的反馈信息与目的标准进行比较，进行判断，根据判断后的不一致结果，从而知道行动结果是否达到期待目的，由此引起情绪反映（见图 4-2-3）。这种情况下，行动目的往往是满意度的标准。

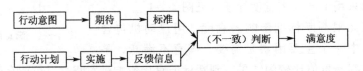

图 4-2-3　满意度心理过程必须包含满意度标准和测试判断这两个过程

如果这个不一致结果符合期待（也符合标准）为 0，也就是

满意度 = 反馈信息－行动标准 = 反馈信息－期待 = 0

说明行动结果符合标准，行动者对结果满意。如果

满意度 = 反馈结果－行动标准 = 反馈信息－期待 ＞ 0

也就是说，对行动结果比期待的更好，超过了行动者的期待，那么形成正面满意情绪，满意度就更高。如果这个不一致结果与期待方向相反，不一致判断得到负值，那么得到满意度也为负值，也就是不满意。不满意判断过程见图 4-2-4。

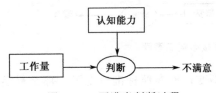

图 4-2-4　不满意判断过程

由此可以看出，满意度是把行动结果与行动期待或行动标准进行判断后引起的兴趣反应。建立满意度处理心理过程时，不应该把重点放在选择各种描述情绪的形容词上，而应该分析哪些因素影响用户对行动结果的感知感觉和判断，因为正是这些因素影响用户的判断，而各种形容词只是判断后的情绪反应，这些形容词本身并不是对行动的理性判断。以往的错误恰恰在于：没有分析影响对行动结果的感知感觉判断因素，而只考虑如何选择描述情绪的形容词了。

5）认知满意度。在测试用户认知过程中，可以采用两种方法：

第一，看测试任务是否符合用户认知特性。用户的认知包括感知、注意、记忆、理解、语言、交流等方面。如果测试任务符合用户认知，那么在认知方面用户会满意的。如果不符合用户认知特性，用户不会满意。

第二，测试认知工作量。当任务超过用户认知能力时，用户会表现出紧张、焦虑等不满意因素。当任务没有超过用户认知能力时，用户会感到能够控制机器而感到满意，因此当用户满意度关系到认知能力时，应该用工作量测试代替用户满意度。

6）满意度结构框架模型。建立上述满意度心理处理过程后，还需要了解满意度包含哪些因素，这些因素之间存在什么关系。这些"因素"和"关系"构成满意度结构框架。在各种不同情况下，影响用户满意度的因素很多，没有人能够把这些因素列举全面。正因为这些因素太多，因此在调查用户满意度时，他每个时刻只可能想到其中若干因素和问题进行判断，下一次再让他问答满意度问题时，他会想到另外一些因素和问题，这样很自然导致他前后两次回答的满意度不一致。如今，在没有对满意度因素进行大量普遍研究时，无法对满意度结构框架进行预测。各种满意度模型是否能够一致？各种行动类型中影响满意度的因素类型是否相同？这些因素之间的关系是否相同？也许能够发现普遍适用的满意度结构框架，也许对每一种行动要探索具体的满意度结构框架，也许存在有限几种类型的满意度框架。国际标准把可用性建立在用户满意度基础上时，并没有考虑心理学理论基础对满意度缺乏系统研究。许多论文在研究用户满意度时，把它当作一个日常生活概念，因此提出那么多形容词，以为这些形容词都表示满意度因素，其实这些形容词都不是满意度的心理学里的概念，各人用满意所表达的含义不同，它表达了多种多样的目的，也表达了多种多样感受，这使得各自的满意度缺乏一致含义或概念，无法判断和相互比较研究结果。

三、按照行动过程的四个阶段去发现满意度所包含的因素

我们需要发现一个理论依据，使得能够按照用户心理学特性去发现满意特性，使得能够比较全面发现用户满意特性。作者提出以下方法，第一种方法是按照行动四阶段去看什么情况下会形成满意或不满意。

1）当产品功能符合用户动机，用户对产品功能满意，包含以下内容。

① 当产品提供的价值符合用户价值追求时，用户对产品价值满意。

② 当产品提供的功能符合用户需要时，用户对其功能满意。

③ 当产品功能符合用户目的意图时，用户对其功能满意。

④ 当产品功能符合用户期待时，用户对其功能满意。

⑤ 当产品功能符合用户追求时，用户对其功能满意。

⑥ 反之，当产品功能不符合用户动机时，用户对产品功能不满意。当产品不符合用户价值观念、需要、目的意图、期待或追求时，用户对该方面特性不满意。当产品功能多于用户期待或追求时，用户对多于功能不满意。

⑦ 当产品价格不符合用户期待时，用户对价值不满意。

2）产品的操作过程符合用户计划时，用户对操作过程满意。

① 当用户计划需要灵活性时，对产品提供了灵活操作过程满意。

② 当用户需要了解产品行为过程时，对产品提供的透明性（全局感、操作感、计划感、机器状态感、机器行为感、过程感、信息感和反馈感等）满意。

③ 当用户需要简单操作过程时，对产品提供的简单性满意。

④ 当用户需要尝试操作过程时，对产品提供的可尝试性满意。

⑤ 如果产品操作过程保持用户思维和动作连续，用户对操作连续性满意。

⑥ 如果产品允许对错误操作反悔，用户对操作可逆性满意。

⑦ 如果产品每次只提供了一个行动操作，用户对操作任务单一性满意。

⑧ 如果产品符合用户任务链期待，用户对其操作满意。

⑨ 反之如果没有提供计划特性，那么用户就对该计划特性不满意。

3）产品的操作动作符合用户人体动作特性时，用户对具体操作动作满意。

① 每个操作动作符合感知-动作链时，用户对其操作满意。

② 每个操作动作符合人机学规则时，用户对其动作满意。

③ 对于认知工具，用户能够把注意力集中在认知方面，而且认知负荷不重，也不必为操作动作分心时，用户对其动作特性满意。

④ 体力工具能够节省体力并且操作安全时，用户对其动作特性满意。

⑤ 假如具体操作中不容易出错，或者操作出错后不会导致无法逆转的后果，那么用户对容错满意。

⑥ 反馈与评价。用户每一步操作时或操作后，假如都能得到系统的反馈信息，从而知道操作结果如何，那么用户对反馈信息满意。

⑦ 反馈通道符合用户期待感知通道（视觉、听觉或触觉等），用户满意。

⑧ 信息符号符合用户对符号的感知特性和认知特性。用户需要文字，系统就反馈文字；用户需要图形，系统就反馈图形；用户对符号类型满意。

⑨ 反馈信息量符合用户感知认知特性。反馈信息量不多也不少，显示位置和显示时间符合用户期待，那么用户对反馈信息特性满意。

⑩ 反馈信息所具有的信息感（物感、体量感、重量感、材料感、表面质感、机器行为感、状态感、温度、声音、振动、传动感、运动感、力感、操作感、平衡感、安全感、控制感、状态感）符合用户感知认知目的，那么用户对信息感满意。

4）特殊情景。在黑夜、高温、大风、振动等环境里操作，遇到突发事件时，产品功能与操作能够符合用户期待，那么用户就对其特殊情景的操作满意。

四、按照认知特性发现用户满意特性

作者还建议，按照用户认知特性去测试满意度。用户认知包含感知、注意、记忆、思维、选择、判断、理解、表达、交流、学习等心理过程。用户每一步操作行动都存在认知。这些方面用户也有一定动机（需要、期待、追求、意图等）。如果产品能够符合用户这方面的动机，那么就会对该认知特性满意，否则就不满意。

1. 用户感知特性

1）应该满足用户视觉意向性。用户建立行动目的意图后，马上就要感知，例如通过视觉去寻找目的，寻找行动条件，确定方位，寻找确定行动启动条件，寻找行动计划条件等。如果外界提供的信息符合视觉意向性，那么用户对显示的信息满意；外界信息不符合视觉意向性，用户对外界信息不满意。

2）应该满足用户视觉过程。用户每个视觉过程主要包括寻找、发现、区分、识别、搜索记忆与识别的东西进行比较，最后确认。如果设计提供的信息符合用户的视觉过程，用户对该信息满意，否则用户对信息的视觉特性不满意。

3）应该满足用户的视觉经验，提供他们熟悉的信息，陌生信息使用户不知道有什么用，用户对陌生信息不满意。

4）信息形式应该符合用户感知敏感性。用户可能具有特定敏感性，例如，形状敏感性、颜色敏感性、结构敏感性、功能敏感性、表面机理敏感性。如果提供的信息符合这些特性，用户满意。

5）用户视觉注意在屏幕上具有一定的分布概率。例如，视觉注意对左上角比较敏感，占 40%，右下角仅占 15%。重要信息在左上角，用户满意。

6）视觉短期记忆量为7±2个信息项。如果显示信息量过大，用户不满意。

2. 用户注意特性

1）注意是一个有限的资源，不可能持续很长时间，否则引起用户不满意。

2）注意包含四种方式，用户比较适合聚焦注意（专心注意一件事情），不适合选择注意（从噪声中去选择一个人说话），也不适合分割注意（划分时间，分别注意几件事情）、持续注意（长时间监督屏幕）。如果强迫用户去选择注意、分割注意或持续注意，可能会引起用户不满意。

3）假如存在分散源干扰用户集中注意，用户会不满意。

3. 用户记忆特性

1）人有两种记忆形式：回忆与识别。识别比回忆容易。如果产品要求用户要回忆大量信息，那么用户对其要求的记忆特性不满意。

2）虽然用户界面上的菜单项不需要用户回忆，但是各个菜单项的位置仍然要求用户回忆，这引起用户不满意。

3）屏幕上显示信息量过大，易造成用户记忆过载，用户对此不满意。

4. 用户理解特性

1）提供用户熟悉的概念、反馈信息、图标、结构、颜色等，用户会满意，否则用户难以理解其含义而引起不满意。

2）给用户提供他们所熟悉的操作过程，用户满意，否则用户不满意。

3）按用户熟悉的符号表达事物，用户满意，否则容易引起用户不满意。

5. 用户对角色和交流的需要

按照用户期待的行动角色，用户能够预测自己如何操作，计算机如何反应。否则用户对操作角色或人机交流过程不满意。

6. 用户的选择和决断特性

提供的选择符合用户期待时用户满意。不必要的选择决断引起用户不满意，或者过多的选择容易使认知负担过重，导致用户不满意。

7. 用户学习特性

用户学习最困难的问题是：把行动计划要翻译成适应机器的操作过程，把机器显示的信息翻译成与自己行动有关的信息解释。出现这两个问题时，用户不满意。

1）采用用户熟悉的概念和经验，用户满意度比较高。迫使用户适应机器，用户不满意。

2）用户不得不把自己行动计划翻译成适应机器的操作过程，用户不能直接实现行动计划，用户不满意。

3）机器反馈信息是反映机器特性，用户不得不把这些信息翻译成与自己行动有关的信息，这时用户不满意。

8. 用户出错特性

出错是人固有特性的一个方面，设计不当也会引起用户出错，因此，弥补这两方面会使得用户满意。具体地说，用户对出错方面的期待如下：

1）机器在执行前应该先提示用户出错信息，否则用户不满意。

2）用户出错后能够反悔而不会造成无法弥补的损失，否则用户不满意。

3）机器能够宽容或减少用户出错，而不造成错误后果，否则用户不满意。

4）在有些情况下，固定机器操作过程，使得用户无法出错，用户满意。

5）对于固定操作过程，采取"一键通"和"一手通"，用户满意。

五、按照 ISO9241 的质量标准

质量标准是测试可用性的重要参考。在 ISO/IEC 9126 中提出了产品质量的判断标准。可用性仅仅是产品质量的因素之一，用户的满意度更依赖对产品质量的判断。ISO9126 的质量标准包含以下因素。

1）功能性。包括精度、适合、互用性（通用性）、灵活和安全。如果产品符合用户对功能性的需要，那么用户对该产品的功能满意。

2）可靠性。包括完备、故障兼容、可修复性。如果产品符合用户对可靠性的需要，那么用户对该产品的可靠性满意。

3）可用性。按照心理学去判断产品是否符合用户对行动和认知方面的需要。如果产品符合用户对这方面的需要，用户对该产品的可用性满意。

4）效率。包括时间、资源、利用率。用户对有些产品有效率需要，对很多产品并没有效率需要。

5）维护性。包括可分析、可互换、稳定、可测试。如果产品符合用户对维护性方面的需要，那么用户对其满意。

6）移植性。包括适应性、安装性、一致性、替换性。如果产品符合用户对它的需要，那么就对其感到满意。

第三节　当前国外可用性测试方法及存在的主要问题

一、认知预演法

1）认知预演法（cognitive walkthrough）是 Clayton Lewis、Peter G. Polson、Cathleen Wharton 和 John Rieman（1990）提出的一种可用性测试方法，它最初被用于评价步行中使用的系统，后来被用于测试更复杂的系统。这一方法主要被用于早期设计阶段，设计人员模拟潜在用户操作行动，以便早期发现和修改问题，避免最后产品被制造出来后某些问题无法被修改。当无法找到适当用户进行可用性测试时，或者用户测试非常昂贵时，也可以采取这种方法。

它需要详细的测试说明书、屏幕上的用户界面模型或者运行的系统。主要测试方法是由评价人通过一组任务去测试用户界面的可用性。认知预演评价中，用户界面往往是纸片模型或工作原型，也可以是完全开发的软件界面。评价人员可以是人因素工程师、软件开发人员、市场营销人员、文档人员等，由他们模拟和分析用户人群操作用户界面的操作过程。一般来说，最好由若干评价人员一起采用认知预演评价方法，他们作为用户去操作界面模型，同时按照要求的问题进行评价。也可以个人单独进行这种评价。具体步骤如下：

第一步，用户任务分析。这也是定义对认知预演的输入。说明用户去完成一个任务所要求的行动或步骤顺序，以及系统对这些行动的反应。这包括以下几步：①用户研

究。确定用户人群，分析用户的经验或技术知识水平，用户对任务的知识，用户对用户界面的知识。②分析有代表性的用户任务。一般来说，应该根据用户需要和用户任务范围选择测试任务。例如，医院 X 射线检测和病历管理的全部过程。③对于每个任务，要分析什么是正确的行动顺序。应用软件的每个任务都是模拟用户的职业行动方式，用户的职业行动都有确定的行动计划。具体描述在该用户界面上每个任务可能具有的操作顺序。④分析用户界面是如何被定义的。用户界面的定义包含了行动提示、操作控件和命令以及界面对每个操作的反应。在早期开发阶段，可以用纸片模型评价用户界面，然后一组评价人预演这些步骤。

第二步，行动预演。在评价人预演任务过程时，要分析评价每个行动过程，并且对用户选择的行动过程进行可靠的描述，这些描述依据用户目的和用户背景知识，还依据对猜测用户正确行动的解决问题的过程。在评价人预演每一步时提出四个问题，这四个问题实际上对应一个行动的四个阶段：

① 用户要用系统功能去建立要完成的任务目的。

② 用户在界面上寻找当前有效的操作行动计划。

③ 用户实施适当的行动步骤向目的前进。

④ 用户根据系统的反馈信息评价是否完成任务了。

因此认知预演法总结了四个典型问题：

① 用户是否尝试达到该正确的效果？用户是否知道这个任务能够达到用户目的？

② 用户是否知道正确行动是否有效？例如，这个按键可见吗？

③ 用户是否知道所采取的行动能够完成预期的任务？例如，右键是可见的，但是用户不懂其说明文字因此没有点击它。

④ 用户是否知道操作达到了目的？用户在完成一个行动后是否知道他做得正确？

评价过程的表格不要集中在填写冗长复杂的调查表格，而要集中在填写发现可用性问题。2000 年 Spencer 改进了这一方法，每一步只提出两个问题。

第三步，总结。评价人总结每个任务步骤，对于成功的行动可以构成一个成功的描述，用户操作成功所需要的条件被记录在"成功的共同特点"。如果无法得出成功描述，就构成一个失败描述，那么从那四个判断问题上找出用户操作失败的问题。成功的共同特点如下：

① 用户可能知道"要达到什么效果"。因为他们具有使用该系统的经验；因为该系统告诉他们去做什么。

② 用户可能通过下述途径知道"某个行动是有效的"。通过经验；通过看某些器件，例如，看按键；看一个行动的描述，例如，菜单输入。

③ 用户可能通过下述途径知道"某个行动是适当的"。通过经验；因为用户界面提供了提示或标记告诉用户应该采取什么行动；因为其他行动看起来都是错的。

④ 用户可能通过下述途径知道一个行动之后"某些情况就会搞定的"。通过经验；通过把一种系统反应与某个行动联系起来了。

2）这种方法可能存在的不足。认知预演法的测试评价人员不是用户，由此可能引起如下一系列问题：①可用性测试人员根据自己标准来评判界面，不能代表用户的意见。②随着测试时间的推移，观察员的可用性标准会变化，即使针对同一个现象也不能达到统一标准。③随着测试时间的推移，观察员对测试流程和测试点越来越熟悉。④主持人的经验和角色不同，引起不同测试效果，有些主持人倾向引导，有些主持人倾向帮助，有些主持人观察，有些主持人提问，不同的实验风格使得获取的信息不同。

二、探索法

探索法（heuristics）是 1994 年 Jakob Nielsen 提出的方法，该方法让评价人依据可用性原则（探索原则）对用户界面的可用性进行评价的一种方法。这种方法不适合一个人去做，因为一个人在有限时间内无法找到用户界面可用性的全部问题或大多数问题。Nielsen 建议由 3～5 名评价人进行评价，按照他的公式或曲线，5 名评价人大致可以发现 75％的可用性问题，再增多人数不会明显提高问题发现率。从他提供的曲线上估计，评价人增加到 15 人时问题发现率大致为 90％。投入产出比在四五人时最高。这个数据结论值得探讨。在评价可用性时，每名评价人单独进行评价。他们反复操作用户界面，对照 10 个探索原则，检查用户界面的各个元素。这种评价方法没有提供系统测试方法、测试任务或测试过程，而是让评价人对照 10 条原则去评价可用性。原则上，由评价人自己决定操作哪些任务，检查哪些功能，如何进行评价。这 10 条探索原则如下：①简洁自然的对话。②使用用户语言。③减少用户记忆负担。④保持一致性。⑤提供适当反馈。⑥清楚标识退出。⑦提供快捷方式。⑧提示出错信息。⑨避免出错。⑩提供帮助。详细解释参见刘正杰等翻译的 Jakob Nielsen 著《可用性工程》（机械工业出版社，2004年）。Nielsen 建议起码对用户界面操作两遍。第一遍了解用户界面基本概貌，形成基本估计和感觉。第二遍集中在可能存在问题的特定方面，进行专门测试。如果用户界面违背了这 10 条原则，那就是不符合可用性标准，也就是要改进设计的地方。只有当各人都评价结束后，才允许他们进行交流。每人把评价结果写成书面报告，或者向实验主管人口头汇报评价结果。评价人的经验和观点起很大作用，缺乏经验的用这种方法不可能得出有效的测试结果。除了这 10 条原则之外，评价人还可以增加新的测试问题。这种测试采用屏幕用户界面模型或运行的系统。

Nielsen 测试方法可能存在如下问题：①假如各个专家具有不同观点，那么他们的测试标准可能差别比较大。②假如专家各自选择不同测试任务，那么发现共同问题的比例就比较低。有些人经过研究后发现，两名专家分别测试后共同发现的问题大约只有20％，其实这主要是由于测试时间短。③他认为专家或经验用户比新手用户发现的问题多，这是片面的。

其实，影响可用性问题发现率的主要因素有四个：①测试人员或用户类型的影响。通过大量实验，作者认为，不同测试人员或不同用户类型会发现一些共同问题，也会发现不同类型问题，例如，新手用户容易发现概念性问题，专家用户容易发现细节问题和综合性问题。②测试时间的影响。当前测试时间一般为 1～2h，其他有些问题被掩盖在这个问题之下，例如，两名专家发现共同问题的比例 20％～30％，这也是指 1～2h。如果各人测试时间为 10h，结果会根本不同。③测试任务量的影响。这个因素可以被归结为测试时间。④测试目的。是为了横向比较若干产品进行评分，还是为了发现问题改进设计。

为了减少这些问题，需要进行如下改进：①确定测试任务、任务链、测试过程、观查点。一般来说，首先要测试那些容易出现问题的功能和经常使用的功能。②确定测试人群（测试标准）。例如，按照什么观点确定可用性问题或错误。有些问题是各类用户公认的，还有些问题取决于具体用户人群观点，专家用户、经验用户或新手用户对有些问题并没有一致观点。③确定测试方法。有人发现，两名用户单独测试，或者一起讨论共同进行测试，其问题发现率不同，后者比较高。④确定测试时间。同一人测试 1h 或 10h，结果是不同的。⑤确定测试环境。在实验室里测试或在用户工作现场测试，其结果是不同的，外界环境会引起新的可用性问题。

三、有声思维

为了能够了解用户内心活动，例如思维过程、内心是否紧张、自我克制，Lewis（1982）在 IBM 提出用户有声思维法（think aloud，或 think-aloud），让用户操作过程中口述表达自己的思维过程，并用摄像机记录全部过程。基本方法是让用户一边操作，一边口述自己的思维过程，讲述大脑活动内容，这样评价人可以把用户的操作行动与他的大脑活动联系起来。事先要对用户进行培训，使用户知道在操作过程中主要讲述内容。①主要讲述行动过程的四个阶段（意图、计划、实施、评价）以及对各个操作的评价。例如"我现在想做什么"，"我现在目的是什么"，这是行动意图；"我现在打算如何干，第一步干什么，第二步干什么"，"我忘记刚才干什么了"，这是行动计划；"这个方法行不通，我打算采用另一种方法"，这是改变计划；"我现在具体动作是什么"，这是具体实施计划；"我现在期待什么反馈信息"，这是评价行动结果。②在具体行动过程中，主要讲述认知过程以及对认知过程的评价。例如，"我想寻找什么"，"怎么找不到这个控件"，"奇怪，这是什么图标"，"这个图标是什么意思"（不理解），"这个功能不符合期待"，"这个命令很难用"。③一般人的思维速度高于操作速度和口述速度，当出现许多想法时，无法立即表达出来，这时可以说："太多了"，仍然应该以用户的正常行动为主，不要中断行动去讲述思维。④评价人一边看用户操作过程，一边听他的思想描述，并发现和记录可用性问题。用这种方法可以及时了解用户操作中遇到的问题，以及他们如何思考。

为了减少用户紧张程度，告诉用户实验目的是站在用户立场上检查用户界面的设计问题，而不是评价用户，用户不会操作或操作出错，恰好给设计人员提供了线索去分析设计存在的问题，希望用户要尽量描述这些问题，用户在任何时候都可以根据自己的操作随意评价用户界面。实验人员为在线帮助不够充分向用户表示歉意，希望用户遇到问题时尽量自己去寻找解决问题的途径。对用户的操作的任何提示或帮助都要写在实验记录中，以避免误认为是用户成功完成的操作。

实验观察人员的主要任务是很快记录所发生的事情，观察人员要记录用户只操作过一次的事情或只说过一次的话，这些可能表示用户操作比较顺利的方面。即使对实验过程进行录像，记录仍然很重要，它是录像的说明词。尽量不要干扰用户操作，只在必要时提示用户，例如在用户沉默时问："你现在想什么？""你为什么这么做？"当用户无法操作时，要观察具体情况再判断是否帮助他。假如决定帮助他，那么要问以下问题："如果无人帮助你，你现在会做什么？"记下用户的回答。然后再问："问题被解决了吗？"不要把帮助的结果当作用户顺利完成操作。

这种方法也存在局限性：①大多数人的思维速度高于口头表达速度，口头表达对大脑思维起干扰作用。因此，这种方法比较适合特定的短小的专题调查，适合那些思维速度比较慢的任务，认知活动不很复杂的任务，而往往不适合速度很快、很长的任务链。②被测试人对实验室陌生，其环境布局、单反镜、监视设备以及测试过程会引起用户心理兴奋或紧张，造成表现失常。③实验室里其他人的说话和行动，都会分散被测试人的注意力，甚至产生被轻视感，这直接影响测试结果。④被测试人受实验主持人的态度影响，他的主持风格直接影响被测试人的测试结果。⑤经常存在被测试人效应，也就是说，被测试人希望自己表现得好，用书面词语评价时正面评价超过自己正常观点等，或者不做直接评价，而采用模糊的字眼评价。⑥被测试人反感测试过程烦琐冗长的交流和评价。⑦测试设备不符合被测试人经验，有些设备速度过慢，有些很容易脱手，其测试结果不符合真实情况，有时会引起被测试人心情上的变化，甚至会造成被测试人的反感或不信任。⑧测试中被测试人必须操作限定的手机，以限定的姿势完成操作任务，这样会改变被测试人操作习惯，例如，要求用户双手操作，而他习惯于单手操作，要求用户必须处于固定的摄像范围，测试手机连线等，都会影响被测试人的行动心理。

以上有些问题是可以减少或避免的。①让被测试人的口述尽量不要干扰用户的正常操作行动和内心活动。如果严格要求用户按照行动四个阶段去描述自己心理活动，必然会影响他们不能按照自己正常心理进行操作行动。因此，不要苛求用户能够详细口述四个阶段，而约定用简短的词表达开始新的行动阶段。②进行尝试性测试。例如，调查汽车行进中拐弯时用户操作计算机打字的情况。用户一边打字，一边口述如下："我正在打一封信，现在开始。用鼠标调整页面边框……上边框……好了……左边框……不太好调（这是一个线索，这里可能存在要改进的问题）……好了。现在选择字体……车拐弯了，哎呀，我身体向右侧倾斜，我手里的鼠标位置跑了……左手按到键盘上了，打了乱七八糟的字符……好了，现在选择行距……好了。现在开始打字，移动光标到下一行起点，开始打字……"。③调查人员不要干扰用户的操作。你可以对整个实验过程进行录像，以便事后分析。在用户操作过程中，如果调查人遇到问题，应该记录下来，等用户操作结束后再交谈。以上许多问题在单纯用户测试中是难以避免的，必须寻找新的测试方法改进这些问题。

四、当前可用性测试方法存在的一些问题

1) 西方简化论（reductionism，还原论）的负面影响。①简化论认为一个系统可以被分解为子系统，把一个复杂对象简化为若干简单部件的总和。按照这种认识论，把各个子系统搞清楚，也就把总系统搞清楚了。这一简化过程中失去了两种因素：整体因素和各个部件之间的关系。其实整体因素是不可分解的，不可忽略的。数学的加法减法就是简化论的体现，一个因素加一个因素就是两个因素。ISO9241 第 11 部分把可用性归结为 3 个因素，ISO9241 第 11 部分把它归结为 7 个因素，这是简化论的结果。《瞎子摸象》揭示了简化论的缺陷，每个人都把大象的一个因素搞清楚了，然而他们都没有搞清楚大象整体上是什么样的。每一个因素的作用效果之和，并不等于全部因素共同作用的结果。综合作用往往从性质上发生了变化，已经不再保持原来的特性了。②传统简化论的意图是趋于抓主要因素或本质因素，而忽略次要因素，研究其主要规律。例如，人工智能系统忽略了许多心理因素，只保留了个别"智力"因素，其造就出来的智能只相当于"三岁儿童智力人"，甚至"智障"。在心理或社会领域研究中，往往考虑"还遗漏了什么因素"，而不是"再简化什么因素"。③各类人群的可用性因素结构不同。ISO9241结构框架可能符合软件人员的认知结构，但是用户操作过程中并不从这7方面去考虑，而是从自己的行动过程、认知过程、学习过程和出错情况去判断软件的可用性。应该按照用户的因素结构去考虑建立可用性结构。

2）西方机械论的影响。西方机械论是按照物理方法去认识人，认为人是机器，因此用物理概念（效率）测试可用性。国外有人说，人们应该要学习工具操作，正如人们学习弹钢琴。钢琴与计算机操作有什么不同？弹钢琴是感知技能动作链，其中没有计算机操作那种复杂的认知过程，因此通过反复练习能够成为熟练的感知动作链，而计算机操作很难达到这种程度。从19世纪至今，钢琴键盘就没有重大变化，各国的钢琴键盘也是一致的，乐谱也没有改变，因此学习钢琴的经验是不会被作废的。

3）各个产品的可用性含义不同，游戏软件、财务软件的可用性完全不同。测试每一个具体产品时，都应该考虑建立其可用性因素结构框架。不能只死板套用理论概念（例如，效率、满意度、可控制性等）。

4）用户调查问卷过分简单。有些测试问卷把软件问题估计得过分简单，例如提出如下问题："它节约了我的时间？它对我有帮助吗？它简化了我的工作？"一个软件在某些方面可能节约了时间，在某些方面却浪费了时间，干某些事情节约时间，干其他事情却浪费时间。例如，用Word软件写一封两行字的简单的信，是浪费了选择格式的时间。然而用它写书，却节约了编辑修改的时间。因此用户很难一概而论地回答上述那些问题。再例如，"总之，我对这个软件很满意。"实际上，用户可能对某些方面比较满意，对某些方面不很满意。

5）不同测试人群的可用性标准不同。新手用户、经验用户和专家用户对可用性问题的定义不同。有些问题适合新手用户评价，有些问题适合经验用户评价，还有些问题只适合专家用户评价。同样，界面设计人员、软件设计人员、人机学专家对可用性的理解也不同。国外建立的那些可用性测试因素是设计人员或人机学专家概括出来的，并不一定符合用户的操作过程的直接感受，也不是他们的直接体验。当前大多数问卷按照设计人员的思维方式和熟悉的概念设计出来的，不符合用户的操作过程，调查问题的顺序不符合用户操作思维过程，例如，"你觉得学习操作该系统很困难吗"，而不是问"哪里操作困难"。即使用户写"很困难"，对改进有什么用处呢？

6）可用性测试的抽样依据有差异。例如，Nielsen（2004）认为，单个评价人员能发现35％的可用性问题，5个人大约能发现75％的问题，这个数据与概率论的"小样本抽样30人"不一致，其中有什么关系？其实过去有人曾对概率论提出质疑。有人认为，抽样问题仅仅是一个数学问题，作者不同意这一观点，简单地说，一个用户测试2h，或者测试10h，抽样人数是不同的。抽样问题涉及用户类型、测试任务、测试时间、测试情景等因素。

7）测试方法和测试问卷类型影响可用性测试结果。不同测试问卷具有不同的因素框架，其结构效度不同，所发现的问题不同。德国的3个调查问卷采用ISO9241第10部分的7个因素，Nielsen的探索法调查10个问题，这些测试问卷的测试结果不同。本书第三章第二节引用了一个实验，其结果表明采用不同测试方法和不同测试问卷时，同样人数能够发现网站可用性问题数量是不同的，因此要让各类用户、设计人员和人机学家一起讨论可用性因素结构。

8）不同专家或人群发现的可用性问题不同。国外各种测试方法都固定一类专家，当前的各种测试方法都分别只依靠某一类人去观察判断可用性问题，有声思维主要依靠用户，探索法依靠专家，认知预演法依靠设计人员，他们各自都具有一定特长去发现某些可用性问题，例如设计人员比较容易发现功能和结构方面的问题，主要是技术性问题。然而每类人群的知识结构不同，都存在一些各自的片面性。

9）当前在进行可用性测试时，一般持续 1~2h，其时间的短促直接限制了可用性问题的发现率，所谓测试人数也是在此基础上确定的。准确地说，可用性问题的发现率关系到测试时间、测试人数和测试任务。中等规模的应用软件中，包含的任务链数量大于 100 个，理想测试目标是能够测试全部任务。假如无法测试全部任务，那么 20 个用户测试 1h，10 个用户测试 2h，5 个用户测试 4h，有什么明显区别？哪种方法成本高？应该测试多少用户？如何选择测试任务？这个问题需要进一步进行实验分析。作者假设，一个专家连续长时间测试的成本比较低，多个专家短时间测试的成本比较高。

10）可用性测试与情景有关。传统实验室方法主要研究单一因素的因果关系，而屏蔽掉其他因素，实验室往往是黑房子，一个小红灯，室内很安静，摆放了一堆测试设备，墙上有一个单反镜，这样构成了一个令人紧张的陌生环境，把被测试人置于被动地位，要求他按照规定的过程进行实验，这不符合用户实际使用情景和心理状态，因此这样得出的结论往往不符合实际情况。20 世纪 90 年代以后可用性测试突破了传统心理学的实验方法，在真实使用情景中进行测试。例如，手机可用性的测试，是在手机使用的各个情景中进行的，在办公桌前，在盥洗室，在马路上行进中，在公交车上等。

五、两类最主要的"不一致"问题

一致性是用户界面设计中的一个重要问题。一致性指界面的设计保持统一原则。从 20 世纪 80 年代起，一致性就一直是人机界面设计中的核心问题之一，当时不一致的东西太多了，不断改进，又不断发现新问题，设计人员对一致性的理解也在不断变化。例如，命令格式不一致导致理解记忆困难，菜单位置不一致增加感知困难度。此外，还存在操作方式不一致，操作状态不一致等。

从总体上看，人的行动特性与计算机行为特性不一致。人的行动受动机控制，动机改变，立即就会改变行动。计算机同任何机器一样，其行为基本特性是状态变化，只能从当前状态变化到另一个连续状态，不能跳跃状态。由此，存在两种不一致性的问题：①用户的操作过程与机器的行为过程不一致，用户不得不把自己的行动计划转化成机器行为方式。②计算机的反馈信息与用户需要的评价信息不一致，信息符号不一致，信息内容不一致，用户要把机器行为的反馈信息翻译成符合自己行动特性后才能理解。这两种问题引起用户操作困难，增加感知负担和认知负担。可用性问题的主要来源是用户被机器行为分心所造成的。

六、可用性含义

从用户角度看可用性主要包含以下含义。

1）产品适应用户的人体尺寸等生理条件。

2）符合用户的行动特性，用户可以按照自己的行动过程进行操作，不必分心寻找人机界面的菜单、理解软件界面结构、图标含义，不必分心考虑如何把自己的任务转换成计算机的输入方式和输入过程。

3）符合用户的认知特性，用户不必分心去理解计算机行为方式。

4）用户不必考虑手的操作去适应计算机行为，采用单一简单动作。

5）界面应该弥补用户人群的行动生理或心理缺陷，在非正常情景时，用户仍然能够正常进行操作。

6）用户操作出错较少，通过用户出错去发现设计问题是一条捷径。

7）用户学习操作的时间较短，采用用户熟悉的概念和操作技能，维持用户使用经验（知识）的连续性，尽量减少新概念，用户花费最少时间就能学会操作使用。

第四节　改进的可用性测试方法

一、可用性测试基本方法

1）确定测试目的。最常见的测试目的是评价产品可用性，横向比较同类产品可用性，或者为设计提出改进建议。各种具体测试中，还有各种具体目的。测试目的关系到选择被测试人、测试任务、测试过程、测试环境、测试成本等一系列事宜的考虑。可用性测试应该把全部任务和任务链都进行测试。

2）适当选择实验的主持人、测试人（和评价人）。主持人负责整个实验过程，掌控实验进度，也可以提问题。测试人主要观测用户操作实验过程、发现问题和提出问题。各类专业人员对可用性问题的观察角度不同，因此尽量选择各类专业人员参与测试，是提高问题发现率的主要措施之一，这些人尽量包含用户界面研究人员、软件设计人员以及人机学专家，要有10年以上专业工作经验等。这三类专业人员结合在一起，发现的问题比各自发现的更全面，能够提出比较可行的可用性改进方案。

3）选择多种类型的用户人群。①应该按照适当比例选择被测试的新手用户、经验用户、专家用户。各类用户都能够发现一些特殊问题，其中新手用户能够发现的可用性问题最多。如果从职业角度考虑，例如，测试企业管理软件的可用性，那么用户应该是财务人员、技术人员、库房管理人员、维修人员、车间管理人员等。选择不同年龄、性别、职业的用户。②各种用户实验前要讨论实验，搞清楚实验目的，消除各自的紧张和不清楚的问题。③最好能够两名用户一起进行实验，一个人操作，其他人在旁边观察，提出存在的可用性问题等。多名用户一起进行可用性实验，比一人发现的问题多。如果不具备多次测试的环境条件，也可以每次由一名用户进行可用性实验。

4）实验人员的沟通协调。①主持人和测试人事先要讨论可用性标准是什么，哪些属于可用性问题（请他们仔细阅读下两节内容），设计实验任务、可用性问题提纲、用户调查表、实验环境。如果这两个问题没有被搞清楚，后续工作都白做了。然后还要讨论选择测试任务、实验方法，如何观测用户操作，如何记录实验数据，如何培训用户进行实验，协调个人的角色等，写出比较详细的提问提纲，制定可行的实验准备工作。②实验人员事先要搞清楚该产品一共有多少任务，大约要花多长时间能够测完。可用性测试中最好能够测试全部任务，如果不可能，那么要仔细分析各种任务，选择可能存在问题的那些任务。

5）测试人员要与被测试人（用户）进行沟通。这种沟通有三个目的：①消除被测试人的陌生感和紧张感。②明确测试目的，各类专家要统一测试目的，告诉用户实验目的不是评价用户操作水平的高低，而是通过他们的帮助去分析产品可用性存在的问题。③讲述测试环境和设备，可以让他们看单反镜背后有什么存在，让他们试用眼动仪，熟悉各种测试设备尽量达到他们所习惯的程度，进行尝试性测试，让他们了解测试与哪些因素有关，如何提高实验质量，消除紧张感。

6）设计测试任务和测试方法，并准备测试工具、材料和记录表格，以及每个测试人员所需的测试提纲等，划分主持人和观察记录人的工作职责。主持人和测试员要讨论全部测试过程，确定测试哪些任务，如何测试，需要哪些仪器设备，定义可用性问题，统一每个人对可用性的观点，确定向用户提出哪些问题，设计好测试问题大纲和记录表格，在实验过程中就按照这个大纲和表格进行测试。在测试现场用一个隔板把用户测试区和观测区分开，用户在测试区里操作手机，手机屏幕画面送入电脑，然后再送到观测区的投影仪显示，另外用摄像机把用户操作行动记录送到观测区电脑上显示出来，使观测员能够同步观测两个画面。该方法需要两名主持人，其中一名主持人按照用户模型表格提出测试问题，这个表格详细描述了用户每一操作步骤、每个观测点，要求记录用户每一步操作情况。另一名主持人使用另一种记录表格，它只记录用户操作是否成功，问题在哪里。同样，观测员也有两人，分别观测用户模型记录表格，另一名观测员只记录用户操作是否成功，问题在哪里。主持人和观测员都要观测用户操作中出现的问题。为什么要多人参与观察测试？因为实际经验中发现各个主持人和观测员在发现的问题上有所不同，甚至有些人总是只发现某一类问题，而不能发现其他类问题，因此在可能情况下由两名观测员或更多。

7）与用户协调。用户关注如何完成操作任务，测试员关注如何发现问题，二者的目的不同，只有双方沟通协调密切配合，才能顺利进行可用性实验。①测试人员向用户讲述测试目的与测试任务，并阅读任务卡，看用户是否理解，并进行预演尝试，征求用户建议。②向用户阐述一个任务包含四个阶段，每个阶段包含的基本认知因素（感知、注意、理解、记忆、学习，把用户任务转换成计算机操作，把计算机反馈信息转换成用户任务因素等），凡在任务操作和认知方面存在任何不流畅的地方都被看作为可用性问题。统一可用性问题含义是测试的关键之一。希望用户尽量按照任务四个阶段以及认知因素去描述可用性问题。这一描述的详细和准确程度是测试的关键之二。当用户理解上述过程后，要进行一次尝试性测试。③讲述主持人与测试人的观测要点、问题提纲和提问方式，告诉用户希望他们如何协作。要注意，提问会干扰用户的操作行动和认知，因此要告诉用户以任务操作为主，在间歇时间回答问题，约定相互防止干扰的手势。④进行尝试，通过尝试性测试会发现一些问题。例如，有些评价人或用户有一定倾向性，只能发现某类问题，两名观测员往往比一名观测员发现的问题多，两名用户一起操作往往比一名用户单独操作发现的问题多。这是可用性测试的关键之三。⑤记录方式，主持人和测试人记录测试过程和问题，摄像记录用户操作行动和屏幕操作过程，录音记录口述内容。这些记录可供以后分析使用。

由谁确定可用性问题？国外有的方法是由设计人员定义可用性问题，有的是由人机学专家测试和定义。作者提出的这个方法主要是由用户通过操作提出可用性问题，其他各类专家与用户进行讨论，也可以提出补充问题。要注意，各类用户对可用性问题的定义不同。当然，各类专家自己测试中也会发现明显的可用性问题。另外，培训被测试人，在现场要给被测试人讲述测试任务和测试方法，操作这些测试方法会影响用户正常行动，因此这些测试方法应该作为次要行动，服从用户的主要操作行动。在任何测试方法中，应该让用户先完成正常的测试任务，要以商量的口气与他们讨论测试任务和测试方法以及如何相互配合。其中包含如下要点：①必要时讲述如何进行有声思维，例如，首先考虑正常操作，然后培训口述，约定关键词，例如意图、计划、实施、评价、非正常等，让他们进行练习。如果来不及口述时，就放弃口述，而不要影响正常操作行动。②以讨论口气与被测试人商量如何相互沟通配合，例如，让被测试人知道测试人员和评价人员需要观察什么，需要知道什么，需要记录什么。并且征求被测试人建议改进测试任务和测试方法，从而使他们有主动感。③每个测试任务应该短小，每次结束一个测试任务后，观察人立即提出不明白的问题。④测试中不能要求被测试人跟随测试人。相反，测试人要尽量跟随被测试人的习惯和节奏。⑤给被测试人增加的测试方法培训，不要干扰他的正常操作行动。

8）事先准备测试人员的任务测试表格，它主要包括如下内容：测试任务卡、各个任务的四个阶段（意图、计划、实施、评价）、观测点、备注（填写问题）。这种表格应该便于快速记录，尽量少写文字，并且能够在其他可用性测试中使用，有利于数据积累。国内公司在这方面比较差。注意，设计人员关注的问题是设计评价问题，而不是用户行动问题。因此，设计人员参与可用性测试时，他们观测和思考的问题往往与人机学专家不同，他们可能需要另外一种衡量可用性的概念。下一节试图建立适合设计人员的

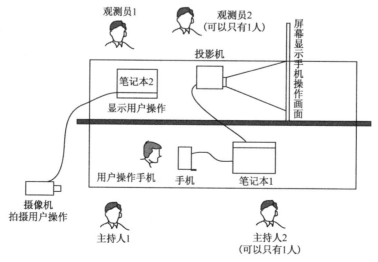

图 4-4-1　可用性测试方法之一

可用性概念和测试问题。

9）分析效度和信度，参见效度分析与信度分析的章节。

实验室测试现场设备如图 4-4-1 所示。

如果只有一名主持人进行实验，他还要兼观测员工作，那么可以采用另一个图中的实验结构（见图 4-4-2）。这名主持人事先设计好全部设计过程，要确定好测试哪些任务，如何测试，如何提问，如何记录，并把记录表格设计好。

摄像机
拍摄用户操作　　用户操作手机　　手机　　主持人兼观测员

图 4-4-2　可用性测试方法之二

二、可用性测试基本标准表格

表 4-4-1 是可用性测试中最基本的一个表格。一个好的测试表格应该考虑以下几点：第一，表格简单易懂。第二，可以成为测试项目的标准。第三，能够使测试人员全面快速记录测试结果，例如，用"√"表示合格，用"?"表示存在问题。第四，该表格能够兼顾其他有关方面的功能。设计一个好的表格，可以明显提高测试质量和效率，基本保证测试质量。一个好的记录表格在用户调查中可以作为提纲，在制定设计指南时可以作为参考，在可用性测试中可以作为标准。第五，可用性测试中，应该按照用户的行动过程和认知过程进行记录。每个任务测试结束后再详细问用户存在什么问题，并写入备注里。最后，这个表格也是对评价人员的培训依据，使得他们的测试都要达到这个水准。

表 4-4-1　可用性测试表格

序号	行动名称	阶段	行动特性	认知特性	备注（测试后补充）
1	任务 1	目的			
		计划			
		实施			
		评价			
		非正常情景			
2	任务 2	目的			
		计划			
		实施			
		评价			
		非正常情景			

第五节　供设计人员的可用性分析方法

一、本节目的

这一节目的是为设计人员提供可用性测试的基本知识和方法。

二、功能是否符合用户目的

1）人机关系与用户期待是否一致？人机关系符合用户期待，也就是符合用户目的意图。

在设计任何产品前，要调查和规划用户与产品各自应该干什么，彼此如何配合，这就是人机角色分配、功能分配、操作过程分配。以机器为本的思路是把操作员看作是系统的一部分功能，凡是机器无法实现的功能都分配给操作员，并且认为，只要在屏幕上显示的信息都能被用户看到、理解和执行，用户是执行者，机器是主动者。以用户为本的观点认为，人机关系应该符合用户的期待，它包含以下四个含义（见表4-5-1）。

表 4-5-1　目的意图评价表（供设计人员）

任务	人机关系符合用户期待			功能问题	反馈问题	图标问题	
	主动感	控制感	角色感			含义	形式
1							
2							
3							

用户目的意图评价（顺利记号"√"，发现问题记号"?"）

第一，用户有主动感。这主要体现以下几方面：①用户行动不受机器行为方式局限。人与机器行为方式不同。人的行动受意图支配，意图一改变，就放弃当前行动，转入下一个行动。机器行为受状态限制，只能从当前状态转换到一个连续状态而不能跳跃状态。用户有主动感意味着能够按照自己意图去启动任务，而不受机器状态和行为方式局限。②用户能够实现自己的行动计划。人的行动过程不同于机器的行为过程。人的行动计划具有若干特点：灵活性、简单性、尝试性、连续性、单一性。③要求计算机透明，使得用户能够具有全局感、操作感、计划感、状态感、行为感、过程感、反馈感等。计算机用户界面设计中的最主要问题之一是，用户必须把任务计划转换成为适应计算机行为的操作过程。例如，用计算机绘图比手绘琐碎得多，这主要是由于在调整格式上花费的时间很多。这种琐碎的操作与过去用笔和纸绘图的经验完全不同。④计算机的反馈信息能够被用户直接理解，不需要再把面向机器的信息转换成适合用户任务的信息。这是计算机用户界面设计所存在的又一个主要问题。

第二，用户有控制感。用户发出命令，计算机执行命令而没有明显延迟时间，用户没有被迫等待时间，没有感到是计算机给他规定任务。

第三，角色感。用户与计算机各自角色符合期待。人机行动关系类型很多，例如，主从、分工、配合、排队等待、互动（你动引起我动，你变引起我变）等，硬件软件规划时要分别给用户和计算机规划角色和任务。在鼠标操作中，用户可以实时控制计算机画图,而在打印中用户有时要排队,这就造成不同任务中用户角色不一致,这必然会给用户带来困惑。当前人机角色不一致是一个比较大的问题。

第四,操作一致性。能够用键盘单独完成全部操作,也能够用鼠标单独完成全部操作,不要经常交换鼠标和键盘操作。

可以向用户调查如下问题:你感到哪些操作缺乏主动性、控制感、角色感?感到计算机在哪些方面给你陌生感(知识压力、时间压力、额外任务压力)?你觉得哪些操作、任务、命令与你期待或想象的不一致?

2)系统结构特性是否符合用户行动结构?产品的系统结构应该符合用户的行动任务结构。这包含以下含义。

第一,系统功能符合用户需要,既不多,也不少。系统功能并不是越多越好。

第二,简单。简单是什么含义?要按照用户的理解去解释"简单"的含义,而不是按照程序员或人机学专家的理解。用户所谓的"简单"是针对机器行为的"复杂",用户不能以人的行为方式进行操作,而要学习整套机器行为和操作方式。计算机的行为方式是"微操作",每个操作步骤只能完成微小步骤,计算机用许多微操作才能整合成为用户的一个非常简单的行动。因此要通过用户调查去了解哪些功能符合人的行动概念,从而把这些操作进行整合,以符合人的行动单元。"操作简单"的含义应该是"符合用户操作特性",而不是越少越好。这样用户不需要学习(或者很少学习)机器操作过程。在调查中,要问用户:"你所说的简单是什么含义?"

第三,反馈信息符合用户评价需要。当用户建立目的意图后,也就建立了衡量标准,并在行动后用这个标准去衡量是否完成任务,反馈信息应该符合用户评价的需要。

三、操作过程是否符合用户计划

计划是行动的四个阶段之一。当前用户界面存在的两个主要问题,其中一个问题涉及用户行动计划。用户计划调查表见表 4-5-2。

表 4-5-2　用户计划调查表

用户计划测试(测试顺利记号"√",发现问题记号"?")						
任务	透明性	识别性	灵活性	任务链	可尝试	反悔性
1						
2						
3						

1)操作符合用户行动计划,这样用户会觉得操作简单,因此用户界面应该具有一定功能把机器行为方式转化为用户行动方式,让机器适应人,并把用户输入转换成机器能够接受的格式,而不是迫使用户去适应机器行为过程。为此要调查以下两个问题。各个命令包含的功能和操作过程是否与用户的计划一致?各个任务的操作过程是否与用户的计划一致,哪里不一致?

2)是否有透明性。它指用户在操作过程中,要时刻了解机器的情况,包括:

① 全局感。从用户界面上能够一眼了解到全部功能和全部操作命令。

② 操作感。从用户界面上能够感受到操作的力量感和速度感。

③ 计划感。从用户界面上能够看到每一步计划和全部操作过程。

④ 状态感。用户能够感受到机器的状态。

⑤ 行为感。用户能够感受到行为。

⑥ 过程感。用户能够感受到机器的行为过程。

⑦ 信息感。用户能够很容易看到所关注的各种信息。

⑧ 反馈感。用户每一个行动都能从机器得到反馈信息。

3) 识别代替回忆。图形用户界面用识别代替回忆，减少了回忆的负担，然而仍然存在两个问题：①用户需要记忆菜单结构、菜单层次、菜单位置；②用户界面没有提供复杂命令的操作过程和任务的操作过程。因此要调查以下问题：菜单分组是否与用户的一致？哪些不一致？菜单位置是否合理并能够记忆？哪些不合理，不容易记忆？

4) 灵活性。计算机的行为是状态变化，机器只能从一个状态变化到另一个连续状态，不能跳跃状态，这对于用户来说不灵活。不进入开机状态，就无法打开文件。用户认为的灵活，往往指能够按照自己的意图和计划去操作。例如，当他把文件送到打印机后，它开始打印。突然用户想中断打印，而打印机在运行过程中往往不能任意中断，它要滞后一定时间才能停止。因此，要问用户灵活是什么含义。

5) 符合用户任务链。用户经常会把一些任务组合在一起，功能的组合要符合用户任务链需要。例如，在打电话的过程中，需要查询某个电话号码，然后写在号码本上；与某人打电话的同时，又要与另一人通话，这些任务形成任务链。处于任务链中的各个功能应该能够彼此融合其操作过程，因此要调查问题是用户有哪些任务链。

6) 可尝试。用户学习操作的主要方式之一是尝试，通过尝试了解功能和操作方式，因此要调查是否允许用户进行尝试性操作。

7) 反悔性。用户会改变操作计划，会撤销操作命令，因此要调查是否允许用户反悔操作。

四、反馈信息与用户期待是否一致

当前用户界面存在的另一个主要问题是显示信息不符合用户期待。以往几十年，知觉心理学积累了大量的知识，其中不少已经体现在用户界面设计中，例如，视觉注意力最集中的部位在屏幕左上角，视觉短期记忆量为 7 ± 2 信息块，同时知觉心理学专家也能够判断出用户界面上存在的明显的不符合这些经验的问题。反馈信息调查表见表4-5-3。

表 4-5-3　反馈信息调查表

反馈信息显示（测试顺利记号"√"，发现问题记号"?"）				
任务	信息位置布局	显示 7 ± 2 信息块	信息符合评价需要	符号易懂
1				
2				
3				

但另外，计算机显示的信息或反馈的信息仍然存在许多问题，例如许多信息都是设计师"编造"出来的，不符合用户期待和感知认知，例如希望看到图形时却看到文字。把图标设计当作美工绘画，编造一种新的外语，增加了用户学习负担。图标越标新立异，用户越难理解。为此，要调查用户认识哪些图标？如何理解图标？不认识（或误解）哪些图标？图形界面的各个元素都应该进行调查，哪些东西容易被理解和记忆？哪些东西被误解？

用户感知期待主要包括：①信息内容符合用户行动特性的需要，而不是符合计算机专业的信息。②信息的形式是符合用户期待的自然信息，符合用户期待的显示位置、时间、符号形式（图形、文字、声音等）、信息量（7±2信息块），既不多也不少，没有冗余信息。③提供信息弥补人视觉对物理量和化学量的感知缺陷，例如无法精确区分10m或10.1m。

为此要向用户调查下列问题，哪些信息的形式不符合用户期待（图形或文字）？哪些反馈的内容不符合用户的期待？哪些是多余信息？希望显示什么内容的信息？什么形式的符号（图形、文字、声音等）？显示在什么位置？什么时刻显示？是否能够看清楚？

五、操作方式与用户行动方式是否一致

用户希望自己的注意能够集中在自己的行动上，而不是计算机操作上，手操作应该成为无意识的随动行为。这种动作有几个特征：①这种行为是手的简单、单调、重复性动作，一看就会；②这种动作不容易出错，可以逐渐提高速度，成为熟练的快速的感知–动作链；③其相关的知觉信息属于二位的信号，例如"是/非"，"对/错"，没有复杂的含义需要理解。

调查这方面问题，首先要靠专业人员分析各个命令和任务的操作过程，分析各个操作命令中，手的动作是不是无意识的，各个命令中用户的感知、认知和动作是否冲突。

六、界面设计与用户非正常情景中的操作是否一致

当前人机界面设计往往脱离具体使用情景，这隐含着只考虑一般正常情景中的操作使用，没有考虑非正常情景，例如，高度疲劳、混乱环境、黑夜、大风、暴雪、高速运动等情况，用户的操作不同于正常情景。面对迅速发生的事件，他们来不及思考，就要应急反应。在很恶劣的外界感知条件下，他们要搜寻和识别信息。在这些情况下，他们需要特殊的引导条件和帮助，在用户调查中往往也忽视了这些问题。非正常情景调查表见表4-5-4。

表 4-5-4　非正常情景调查表

非正常情景测试（测试顺利记号"√"，发现问题记号"?"）				
任务	黑暗	高速	高温（__℃）	低温（__℃）
1				
2				
3				

七、界面设计与用户的学习特性是否一致

1）学习是改变思维行为的过程，是积累经验的过程。知识被分为三类（见表 4-5-5）。

① 陈述性知识。定义、概念、规则、原理等。要减少新概念、新规则等。

② 过程性知识。思维过程、操作过程、交流过程等。要借用用户行动计划。

③ 全局性知识。界面整体布局、功能结构、菜单结构、命令结构。

表 4-5-5　知识分类

3 种知识的学习	测试内容	测试点	发现问题
陈述性知识	减少新概念	哪些图标难理解记忆	
		哪些概念难理解记忆	
		哪些命令难理解记忆	
过程性知识	符合用户计划	哪些操作难理解记忆	
全局性知识	整体布局清楚	哪些布局不清	

2）学习包含三个阶段（见表 4-5-6）。

① 认知阶段。用户主要学习新概念和操作过程。应该减少新概念新图标的数量，减少理解量和记忆量。

② 联想阶段。用户用学会的操作技能去实现自己的行动任务，减少出错。学习汽车驾驶完成第二阶段需要 20～40h。但是学习打字大约需要 100h，学习 BASIC 语言大约需要 100h。

③ 自主阶段。用户操作行动达到自动化，达到这一阶段也许需要若干年。

表 4-5-6　学习阶段

任务	学习过程测试（测试顺利记号"√"，发现问题记号"?"）					
	认知阶段		联想阶段		自主阶段	整体性
	难理解	难记忆	难连续	易出错	难熟练	
1						
2						
3						

3）学习曲线。用户的学习、经验以及操作特性之间存在确定关系。新手用户的操作特性具有发展提高过程，经验用户（或专家用户）操作特性提高到一定水平后，就难以再提高了。可学性是一种量度，它描述学习曲线上的某个特定部分，指从新手用户到经验用户变化曲线的上升阶段。对于学习曲线概念，欧洲存在两种观点。

① 学术观点。它按照学习时间描述学习效果。用下列公式计算学习曲线：$S=$ 学习成果（ΔY）／学习时间（ΔX）。可以把学习过程分为三个阶段，学习曲线也被分为三段。第一阶段，新手用户学习特性，新手用户缺乏基本概念，操作中会有很多错误，这个阶段花费时间很多，而学习效果不大，长进很慢，这一段曲线是"水平"形状的。第

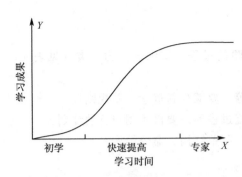

图 4-5-1　学术观点的学习曲线

二阶段，快速提高阶段，这一阶段是吸收阶段，用户学习到一定时间后入门了，然后迅速积累，错误减少，理解加快，记忆加快，操作速度也加快，这一段曲线斜率很陡。第三阶段，成为专家后再继续学习，需要花很大精力才能获得一点点成效，这一阶段的曲线斜率很小，又成为"水平"线。见图 4-5-1。

② 工程观点。学习被看作是负担或花费，学习曲线表示每一个单位的学习成果所花费的学习时间。$S =$ 花费的时间（ΔY）/ 单位成果（ΔX）。平坦的曲线表现了简单容易的学习，陡峭曲线表现了艰难的学习。

4）如何设计关于用户学习的可用性测试问题。例如，在认知阶段，主要心理活动是理解和记忆，因此要调查这两种活动的困难度以及所花费的时间。用户希望学习与任务有关的知识，不希望学习面向机器的陌生专业概念和原理等。在联想阶段，用户希望能够直接按照自己的行动计划进行操作，不希望把用户行动语言翻译成为机器专业语言，为此机器的用户界面应当采用用户语言和用户行动计划，用户完成操作后机器提供的反馈信息应当与用户期待的信息一致。对新手用户要调查以下问题：

① 哪些概念比较难理解？比较难记忆？用户不希望理解记忆哪些概念？

② 哪些命令难以理解记忆，如何改进？

③ 哪些操作过程比较难理解记忆？是否可以简化这些操作步骤？

④ 哪些概念容易引起误解？如何改进？可以被省略吗？可以被简化吗？

⑤ 哪些图标难以被理解？它适合采用文字表达，还是图形表达？

⑥ 哪些操作过程不符合新手用户的期待？

⑦ 反馈信息是否符合他们期待？改为什么比较好？

⑧ 新手用户是否清楚计算机能够干什么事情？是否清楚操作计算机的基本方法是什么？是否清楚屏幕上会显示哪几类信息？

⑨ 用户认为哪些知识必须学习，哪些不应当学习？

⑩ 采用什么训练和学习方法比较好？一般有两种方法。第一种方法（也是当前一般的训练方法），先教概念和命令，再教任务操作，许多新手用户往往在学习任务操作时，早已经忘记所学习过的概念和命令了。第二种方法，先教会简单的开机关机等例行操作，然后用直接学习各个任务的操作，遇到什么命令就学习什么命令。要调查用户比较适合哪种方法？

对于升级的软件，要调查专家用户、经验用户和普通用户如下问题：

① 在操作界面上遇到多少新概念？新图标？

② 不看说明书是否理解这些新概念新图标？不问人是否能够理解？采用什么方法理解（尝试、望词生义、举例等）？

③ 学习这些新知识大约需要多少时间？

④ 是否可以减少这些新概念？哪些可以？

⑤ 是否可以用其他比喻代替这个新概念？哪些可以？

⑥ 哪些新功能是没有必要的？哪些功能的操作改变得不如以前的软件。

八、如何减少用户操作出错？

用户操作出错是由两方面原因导致的。①出错是人的固有特性。例如，感知遗漏，记忆出错，推理失误，思维出错，动作失手，注意持续大约 15min。要想减少这类出错，就要在用户界面设计中设法弥补人的固有缺陷。②用户界面或软件结构设计得不好，会增加用户出错。例如，在屏幕上注意力最集中的位置是左上角，而你把重要的信息放在右下角。要减少和避免这方面问题，就要加强用户调查和可用性测试。见表 4-5-7。

表 4-5-7　用户出错调查表

用户操作出错测试（测试顺利记号"√"，发现问题记号"？"）			
任务	哪里出错	出错现象	出错原因（人固有特性或设计导致）
1			
2			
3			

用户出错有哪些类型？粗略一想，就能够列出以下数种。

1）意图出错。例如，想用一般黑色的喷墨打印机去打印彩色图片。如何提醒用户避免这类出错？

2）计划错误（操作过程错误）。例如，没有插上 U 盘，却要给其中转录东西。用户在操作计划上出错有以下三个因素：用户对操作步骤陌生，操作过程太长；操作步骤太琐碎；选择项过多。要考虑如何提示计划？如何减少或避免出错？是否能够显示复杂任务的操作过程？是否可以简化操作步骤？是否可以实现"一笔通"、"一键通"、"一字通"等？是否可以实现傻瓜型操作？是否在设计操作过程时，减少选择项或者无选择项，只能按照软件规定的步骤去进行操作，从而使用户无法出错？

3）评价出错。没有完成文件的下载，却以为完成了。如何提示和反馈评价结果？用户评价出错时，如何提醒用户？

4）记忆出错。没有操作过的计划步骤，却误以为操作过了。

5）理解错了。调查用户不理解的概念，采用用户熟悉的概念。

6）视觉出错。看错了。例如，把容易引起视觉出错的符号分开。

7）短期记忆量出错。短期记忆量很小，仅为 7 ± 2 个信息块。

8）动作失手。要按"A"键，却误操作"S"键。通过改进设计减少失手。

9）注意力不集中。如何提醒用户？

10）角色出错。减少角色多重性，尽量采用单一角色。

11）表达出错。例如，采用什么输入方法可以减少出错？

12）思维出错。你有时候脑子糊涂，把东当作西。设法使计算机拒绝错误操作，减少操作出错造成的事故和损失。

13）出错无意识。操作过程使得用户不容易出错，例如减少选择。

14）用户往往不知道如何纠操作错误。如何提醒纠正错误方法？

15）不知道自己的操作错误造成什么严重后果或损失。

16）出错后，用户紧张，又引起新错误，错上加错。

你再想一下，还可以列出一些出错例子。为什么要列出这些出错的例子？是为了让读者明白，应当如何了解用户出错？用户界面设计要求容错意味着设法包容用户出错，能包容哪些？如何包容？

第六节　供设计人员的可用性检查清单

一、供设计人员的可用性评价方法

本节提出的这种评价是供设计人员使用的方法，并不一定适合用户，而是供设计过程中经常性的检查工作。可用性测试涉及五个基本问题。

1）如何选择测试人？选择有经验的销售人员、维护人员、设计人员和程序员。最好选择有 10 年经验的人。

2）如何确定测试任务？①重点测试容易出现问题的那些任务和测试复杂任务链等。②测试全部任务和全部功能。

3）如何确定测试情景？主要有两条依据：①最常见的操作情景；②最容易出现操作问题的情景。例如，打手机容易出现问题的情景是，噪声比较大的环境，信号不好的环境，在街道的人行道上边走、边查号、边打手机等。

4）如何确定测试标准？设计人员要按照用户模型建立可用性测试标准。也就是说，要在站在用户角度测试可用性。

5）如何建立评价表（checklist）？事先建立一个评价表，它主要包括如下内容：测试任务，测试环境和条件，测试步骤和要求，观测点（调查问题），评价方法（李克特量表、评分、评语、是/否判断等）。请评审人员按照这些问题对用户界面进行评价。

表 4-6-1　评价清单简单举例

开机	用户能够发现识别开关	是	非	用户需要提示吗	是	非	问题
过程	用户是否会操作开关	是	非	用户需要提示吗	是	非	
测试	用户知道开关操作中机器经历哪些运行过程	是	非	用户需要提示吗	是	非	

二、评价清单框架性问题举例

下面是一个评价清单框架性问题举例（见表 4-6-2）。进行具体可用性检查时，可以参照这个清单去设计你自己的检查清单。

表 4-6-2　评价参考提纲

一、可用性测试的基本结构按照以下五个模型进行测试

　　1. 用户行动模型

　　2. 用户认知模型

　　3. 用户学习模型

　　4. 用户出错模型

　　5. 用户非正常情景模型

二、用户行动

    1. 用户目的和任务

    2. 用户计划

    3. 用户具体操作

    4. 用户评价

    5. 用户选择与决断

三、用户认知

    1. 用户任务语言（符号特性、理解、表达、交流）

    2. 用户感知特性（寻找、发现、识别、确认等）

    3. 用户记忆特性（回忆、识别）

    4. 用户认知特性（注意、理解、表达、交流、思维）

    5. 用户发现问题与解决问题

    6. 用户角色

四、用户学习特性（知识类型、学习三阶段）

五、用户出错纠错

六、系统反馈符合用户行动需要

七、是否满足国际标准，是否满足国家或行业标准

三、检查清单

下面是一个比较完整的软件系统的检查清单提纲。它的基本框架是：用户行动，用户认知。

第一部分：全局特性。主要评价用户是否能够从全局上搞清楚用户界面的功能、结构、操作及系统状态。应该使用户对系统全局一目了然，时刻知道系统正在干什么（系统状态）。

1）用户是否能够从屏幕上一目了然看清楚全局功能和结构及如何操作？

2）用户是否能直观理解屏幕上菜单整体结构分类；是否能预测菜单的位置？

3）系统功能是否包含了用户全部任务需要？

4）用户是否清楚屏幕上哪些结构、位置、颜色、结构是控件和菜单？

5）用户是否能够知道系统运行状态？如何进行系统命令操作？

6）用户是否能够随时清楚自己所处的位置和状态？如何搞清楚？

第二部分：行动任务。基本按照行动四阶段设计这些问题。

1）是否能够用键盘单独完成全部操作？是否能够用鼠标完成全部操作？

2）命令是否表现了用户行动目的？

3）命令的功能是否符合用户的任务期待（行动目的和行动方式）？

4）哪些功能是多余的？哪些功能不符合用户期待？

5）操作过程是否符合用户的行动计划？

6）是否显示了任务的操作过程？

7）对很长的过程，系统是否提示或规定了操作过程（例如数控加工过程）？

8）操作过程是否过琐碎（例如微操作）？是否能够采用"一键通"？

9）对相关的任务链，操作过程是否灵活（可以随时改变操作过程）？

10）用户是否能够直接用命令完成任务，而不必用间接命令拼凑操作过程？

11）是否允许用户进行必要的尝试？是否允许用户反悔（可逆操作）？

12）是否允许用户及时中断计算机行为？

13）用户操作出错是否会造成严重后果？

14）是否对每一个操作行动都提供了适当的系统反馈？

15）反馈是否采用了用户习惯的自然信息？

16）系统是否提供信息提示必要的行动？

17）用户是否随时知道操作结果和计算机行为和状态？

18）存在哪些非正常使用情景？用户是否能够在非正常情景中完成操作？

第三部分：感知与认知。基本按照认知模型设计这些问题。

1）用户每一步行动前是否都能很容易找到操作目的或对象？

2）用户界面上的操作命令是否尽量用识别代替回忆了？

3）用户是否容易发现命令图标在菜单中的位置（当前菜单设计存在的主要问题之一，是用户不需要记忆菜单名称，但是需要记忆它在菜单结构中的位置）？

4）一个图标当前的操作状态是否被清楚指示出来？

5）必要时，给用户提示下一个行动？例如，何时可以启动？应该操作哪里？

6）系统是否提示一个任务被完成，从此信息用户可以启动下一个行动？

7）哪些情况用户无法知道系统正在干什么？

8）每一屏开始显示时是否都有标题描述屏幕内容？

9）显示的菜单项是否超过 7 ± 2 项？

10）如何提示用户注意，例如，放在左上方位置，用声音提示，用闪光提示等？

11）用图形显示信息，还是用文字、声音显示信息，是否符合用户的期待？

12）多页数据是否显示了页码标记以表达与其他页的关系？

13）菜单或对话框里是否存在视觉反馈，说明有哪些选择？

14）菜单或对话框里是否说明有哪些选择？

15）菜单或对话框里是否说明关于光标现在选择了什么？选中了什么？

16）当对象被选中或被移动时是否存在视觉反馈？

17）用户按下功能键时是否有反馈信息？

18）系统响应延迟很明显（如大于 10s），是否事先告知用户了？

19）打字、光标运动、鼠标点击等操作的响应时间是否适合该任务？

20）系统响应时间是否适合用户的认知处理（维持思维连续性，信息必须都能被记住，不必高度集中注意，或者不要求记忆信息等）？

21）图形用户界面的菜单明显表现出哪个项目被选中？

22）图形用户界面菜单表现得很清楚，是否可以取消选择？

23）假如用户必须导航，那么该系统是否使用上下文标记、菜单地图和位置标记作为导航辅助工具？

24）是否按照用户处理顺序显示信息和处理数据？

25）信息是否都置于眼睛可能要看的屏幕位置？

26）是否用补色或高亮度去引起用户注意？

27）是否用补色指示被选中的项目？

28）是否用边界线去区分各组显示？

29）在图像与背景颜色之间是否采用了很好的颜色与亮度对比？

30）是否用光亮的饱和色强调数据，用灰暗的非饱和色表示非强调数据？

31）消除了经常容易搞混淆的词语对吗？

32）长数据串或字符串是否被分成若干段了？

33）菜单选择项是否有默认值？

34）多级菜单或复杂菜单是否配备了空间结构图（地图）？

35）菜单是否按照用户期待进行分组了？

36）图标设计采用图形还是文字，符合用户期待吗？避免细节过分复杂。

37）选择页面颜色时是否考虑到通过网络在其他显示器上的显示速度？

38）设计显示页面时是否考虑到不同尺寸显示器的显示效果？

39）用户是否知道鼠标左键、中键和右键的作用？

40）用户是否清楚何时两次点击鼠标键？

41）哪些信息不符合用户期待？例如，生造词汇，信息多余，显示位置，显示时间不符合用户期待。

第四部分：信息设计采用用户语言。

1）菜单命令是否涵盖了用户期待的全部功能？

2）菜单术语是否采用用户的任务行动概念和词汇，而不是计算机术语？

3）用户是否容易理解菜单含义（我用这个程序能干什么）？

4）是否为经验用户提供了快捷键？

5）菜单宽度为多少？深度为多少？为什么（使用户容易找到命令）？

6）是否调查过什么样的菜单结构使用户能够比较容易找到各个命令？

7）命令行是否容纳了各类用户的同义词（例如删除、删掉、抹去等）？

8）给用户提供的信息是否符合评价操作结果时所需要的信息？

9）给用户提供的信息是否能够弥补感知缺陷（例如显示了距离、温度等）？

10）给用户提供的信息能够弥补认知缺陷（例如自动进行计算或判断）？

11）信息显示正好在用户期待评价和寻找信息时候出现？

12）哪些图标是生造的，不符合用户经验，用户不理解？

13）用户是否理解图标？容易理解图形，还是文字？

14）菜单项是否按照用户期待的任务结构和方式进行组合或排列？

15）彼此相关的字段信息是否显示在同一屏幕上了？

16）图标形式和颜色是否符合文化惯例？

17）使用的颜色是否符合用户的期待？

18）提示信息是否符合用户期待？

19）击键的提示是否与实际键名一致？

20）在问题回答界面上，问题是否用清晰简单语言陈述的？

21）菜单项的分类是否符合用户理解的含义？

22）命令采用"动词＋宾语"结构，还是"宾语＋动词"结构？是否进行过用户调查？

23）命令语言是否采用了用户熟悉的语言，并避免了计算机术语？

24）命令语言是否允许全称，也允许缩写？

25）该系统是否自动输入前导空格或尾部空格以对准小数点？

26）对货币输入，该系统是否自动输入货币符号和小数点？

27）是否能避免用户把名称熟悉的键进行相反操作而造成危险？

28）功能键是否按照用户期待进行区分？

以下各部分是为国际标准提供的测试参考问题。

第五部分：用户主动控制。

1）计算机或软件的运行是否从状态变化转向适应用户的动机变化？

2）用户能够自由选择任务和顺序，而不是由系统规定。

3）当用户错误选择系统功能，是否有清晰的"紧急退出"以离开此状态？

4）系统提供了"撤消"（undo）和"重做"（redo）。

5）对于"撤消"（undo）功能，可以撤消几步？

6）用户容易记忆不经常操作的任务？

7）对用户来说是否很容易在屏幕上重新排布各个重叠的窗口？

8）用户是否容易在各个窗口之间转换？

9）当用户完成任务后，该系统是否等待用户通知然后再进行处理？

10）用户是否能够及时取消一个正在进行的操作（例如打印）？

11）在命令里是否允许用户编辑字母？

12）用户是否可以在各个字段或对话框选项之间来回移动？

13）假如系统有多页数据输入，用户是否可以向前页或向后页移动？

14）具有严重后果的功能键是否具有撤消操作？

15）假如系统允许用户采取相反行动，是否同时也允许多次"撤消"操作？

16）用户是否能设置自己的系统、文件和屏幕参数？

第六部分：一致性和标准。一致性测试是计算机的一个重要问题。

1）命令的功能是否与用户行动目的一致？

2）命令的名称术语是否与用户语言一致？

3）菜单结构是否与用户任务结构一致？

4）操作过程是否与用户计划一致？

5）词语是否与用户的词语一致？

6）反馈信息是否与用户的评价期待一致？

7）图标与用户经验一致吗（不是生造的）？

8）各屏显示是否都符合工业标准或公司标准？

9）是否避免过多使用上挡键字母？

10）缩写没有包含标点符号吗？

11）图标有标注吗？

12）是否有明显视觉提示去识别活动窗口？

13）是否每个窗口都有标题？

14）每个窗口是否都能水平或上下滚动？

15）菜单设计是否有工业标准或公司标准？

16）菜单标题显示几个字符（是否能够全部可见）？

17）在紧急情况，用什么方法吸引用户注意（例如闪亮、刺耳声等）？

18）文字或其他细小线条符号避免使用饱和蓝色？

19）最重要的信息是否放在提示的开始位置？

20）同一术语在系统的各个位置都采用一致的名称？

21）菜单选项的名称在每个菜单是否在语法上和术语上一致？

22）命令在系统各个部分是否使用方式一致，是否含义一致？

23）命令语言是否具有一致、自然、助记的句法？

24）缩写是否符合习惯？

25）数据输入值的结构在各屏上都一致吗？

26）多页数据输入屏的各页标题一致吗？

27）新版本命令结构和操作方式是否与原来的保持一致？

28）系统的功能键分配是否采用了工业标准或公司标准？

第七部分：操作技能。

1）系统是否支持、扩展、弥补或增强用户技能、背景知识和专门技术？

2）输入器件是否适应环境限制？

3）控件排布是否符合标准或惯例？

4）Enter、Tab 等经常采用盲操作的键比其他键大？

5）哪些命令具有快捷键操作？

6）新版本是否改变了操作方式？用户是否满意这种变化？

7）操作方式是否借鉴了用户的惯有技能？用户是否满意这种借鉴？

8）在询问和回答界面的打字输入量是否降为最少？

9）窗口管理的工作量是否降到最小？

10）快捷键操作是否容易出错？手指是否容易准确找到 Ctrl 键的位置？

第八部分：操作出错。

1）你是否认为预防问题比设计出错信息更重要？

2）哪些术语不符合用户惯例？

3）哪些键的排布不符合标准或惯例，例如改变了 Ctrl 键与 Alt 键的位置？

4）用户在哪些操作中出错率比较高？如何改进？

5）系统是否在要出现潜在严重出错之前警告用户？

6）是否使用点数或下划线指示输入字段长度？

7）多个窗口之间的导航是否简单清晰？

8）系统是否允许用户合法输入命令同义词？

9）数据输入屏和对话框是否指示了一个字段里的字符数目？

10）数据输入屏和对话框的字段里是否包含了默认值（假如适当）？

11）计算机是否用声音去提示用户出错？

12）出错信息应该用直白语言表达，而不要采用代码。

13）是否用提示暗示用户掌握了控制权？

14）各个信息的表述是否都把用户置于控制系统的地位？

15）出错信息是否告诉用户该错误的严重程度？

16）出错信息是否提出造成问题的原因（适合程序员）？

17）出错信息是否给用户提示了改正措施（适合用户）？

18）是否分别为一般用户和专家用户提供了详细的多级出错信息？

第九部分：用户学习。

1）应用软件中出现了几个新概念、新结构、新命令？

2）用户感觉什么难懂？

3）哪些术语采用了计算机术语，没有采用用户熟悉的术语？

4）用户是否能够在同一个学习过程中理解、记忆并掌握命令的操作（简化认知阶段和联系阶段）？

5）哪些操作过程可以被整合或化简？

6）用户是否可以通过尝试进行学习而不造成任何负面影响？

7）各类用户学习操作过程需要多少时间？

8）用户学习多少时间能够用该系统去解决工作任务？

9）用户对哪些命令操作很难达到盲打程度？

10）用户操作手册采用什么格式？提供操作过程，或只提供全部命令格式？

第十部分：非正常操作情景。

1）用户可能在什么样的非正常环境中操作该系统？

2）是否在真实使用场合进行过长时间操作测试？从中发现什么问题？

3）是否适合在黑暗中操作？

4）是否会在强烈振动、噪声等恶劣情景中使用？

5）如何减少操作失误？

6）如何减少或避免用户疲劳造成的失误？

7）如何弥补用户遗忘？

8）如何减少或提示用户在快速操作时的出错？

9）实际操作环境中用户操作可能受到哪些环境干扰或负面影响？

10）界面设计时是否考虑了用户的非正常操作情景？

11）用户在哪些干扰下出现什么错误？是否可以避免？

12）用户在哪些非正常情景中出现操作错误？如何从设计上改进？

第十一部分：用户界面设计风格。

1）用户界面整体设计风格是什么？

2）是否使用户单独使用鼠标或键盘能够完成全部任务？

3）是否采取极简主义设计风格？

4）图标设计风格是否一致？

5）操作器件是否保持一致？一个任务中用户要交换使用鼠标或键盘？

6）是否操作中要经常交换鼠标与键盘操作？

7）用户是否能给命令自行定义同义词？

8）是否允许新手用户输入简单形式，并允许专家用户输入附加参数？

9）专家用户是否能够选择在一个字符串中输入多个命令（组合命令）？

10）系统是否给经常使用的命令提供了快捷键？

11）用户是否能选择直接点击菜单项或用键盘快捷键？

12）用户在对话框里是否能够直接点击对话框选项或用键盘快捷键？

13）是否只有对决策重要的信息显示在屏幕上了？

14）图标从形式和颜色上与概念上是否能够彼此区分开？

15）是否每个图标都与背景有明显区别？

16）是否对话框标题简要、亲切、叙述清晰？

第十二部分：帮助和文件。

如果用户界面和内部功能符合用户期待和行动心理特性，那么用户说明书也可以简单，或者不必提供。

1）按照命令索引编写说明书吗（这样的说明书可能比较厚）？

2）按照典型任务操作过程编写说明书吗（这样的说明书可能比较薄）？

3）是否在复杂菜单命令中包含了如下附加信息：命令目的、描述过程、说明结果、导航？

4）数据输入屏和对话框是否有导航和操作说明？

5）是否提供了记忆命令辅助方法，可以用在线迅速参考，也可以用提示？

6）你是否知道为什么用户不喜欢用帮助？

7）你是否调查过用户需要什么样的帮助？

8）导航信息是否容易被发现？各屏导航符号与位置是否一致？

9）对话信息是否简短可理解？

10）帮助功能是否适合情景具体情况？

11）是否很容易在帮助功能和自己工作之间进行转换？

12）用户在访问帮助功能后是否知道如何操作？

小结

当前国外可用性测试存在的主要缺陷是"以技术为本"、"以设计人员为本"和"以人机学专家为本"，也就是说，可用性测试因素和测试方法是按照设计人员或专家的观点和思维方式建立的，不符合用户操作体验的表述，也不符合用户操作后的思维方式，用户在填写可用性测试问卷时，要把自己的体验转换成问卷要求回答的概念和问题，这一过程中会失去用户的可用性信息，甚至误解，从而降低可用性调查的真实性和全面性。

针对这些问题，本书作者提出"以用户为本"的可用性测试观念。具体说包含以下几点。

1. 可用性调查的标准应该符合用户可用性标准，而不是符合国际标准提出的 3 条标准、7 条标准或其他设计人员或专家提出的测试标准，这些框架只罗列了设计人员当前理解到的有限几个应该关注的因素，例如效率、有效性和满意度，或者适合任务，能够自我描述，用户可控制，符合用户期待，容错，适合个性化，适合学习，今后设计人员对用户理解深入后会提出更多因素，例如操作灵活、操作简单等。

2. 国外各种可用性因素框架虽然有所不同，但是都试图选择有限几个概念去抽象概括可用性全部含义，这是受"简化论"（还原论）的影响。实践表明，无法用有限几个因素概念去概括可用性的全部含义。简化论是西方认识论的一个普遍性问题，把自然现象看得过分简单，或者把复杂现象进行简化。

3. 各种不同应用软件的用户界面的可用性要求不同，其可用性因素都有所不同。用一个固定因素框架去衡量各种应用软件的用户界面是不恰当的做法，这如同 20 世纪 80 年代后期，国外某些人在设计各种应用软件的用户界面时套用一个固定的用户模型，90 年代后进行用户调查建立适合自己软件的用户模型。每个产品的可用性测试，应该按照具体用户调查建立的用户模型去建立具体的可用性测试因素和测试标准。

4. 可用性测试是高难度的工作。最好由多名用户界面专家（人机学专家）和设计人员共同进行可用性测试。

5. 建立统一的设计过程，把用户模型、设计指南、可用性标准和测试中的因素结构框架统一起来。这里要建立"以用户为本"的可用性标准和测试方法，采用用户的行动方式和评价方式。最好有多名用户（例如 2 名）一起讨论共同进行可用性测试。最好按照一定比例选择新手用户、经验用户和专家用户。最好按照不同职业角色选择各种用户人群共同进行可用性测试（例如企业管理软件）。让用户从自己操作行动和认知活动角度去评价可用性，哪里不好操作，哪里出现问题，他们就直接反映这些问题。然后把这些问题归类概括为行动问题、认知问题、学习问题和出错问题，这样就对应了用户行动模型、认知模型、学习模型和出错模型。进一步讲，这样就可以把用户调查、用户模型、设计指南、可用性标准及测试采用统一的因素结构框架了，这个框架包含用户行动特性、认知特性、学习模型和出错模型。这恰恰是目前所缺少的。当前在建立用户模型时所采用的理论依据，不同于可用性测试中所采用的理论依据，可用性测试的标准，不同于前期设计时的依据，没有验证最终设计的原型是否符合前期用户提出的要求，也无法发现设计中存在的问题在哪里，只能验证提出的那些测试项目。

6. 可用性测试应该在用户具体使用情景中进行，测试人员不要控制用户的行动和认知特性，而应该自然跟随用户操作，然后记录用户的操作过程、发现的问题、出现的错误和对各个步骤的具体感受或评价，再把用户这些具体感受转换成为设计所需要的评价因素。

7. 可用性测试的抽样人数与什么因素有关？有人说这是个纯数学问题，只与概率论有关。这个观点似乎有些片面。实际实验表明，西方各种可用性测试方法所要求的抽样人数不同。为什么？目前缺乏深入系统研究。其原因可能有如下几个：①各个可用性测试方法和问卷的结构效度有差异，由此表现在抽样人数的差别上，国外似乎没有发现他们调查因素结构上的共同缺陷。②各类用户人群发现可用性的类型和水平不一样。新手用户发现问题也比经验用户和专家用户多。国外评价可用性时一般让经验用户或专家用户进行操作评价。应当按照一定比例选择新手用户、经验用户和专家用户进行测试。③测试时间和任务数影响可用性测试结果。国外所描述的"抽样人数"概念，是以 1~2h 测试为基础的。这只测试了很小一部分任务的可用性问题，如果延长测试时间，测试结果就不同。20 个人测试同样 10 个任务，也许就能够发现其中 99% 的问题，如果再测试 100 个人，其结果也不会有明显差别。但是，这却忽略了其他部分软件任务没有进行测试。④测试情景影响可用性测试结果。正常情景下的操作，完全不同与非正常情景。

第七节 专题研究

一、儿童玩计算机游戏的动机

儿童游戏的设计与测试是计算机软件的一个特殊领域。在儿童游戏软件可用性测试中，当前只提出了"如何吸引儿童"，"如何帮助他们解决玩耍问题"的设计方法。看看网吧里出现的问题，就会明白当前游戏软件设计所存在的一些问题了。儿童游戏软件的主要问题不是"如何吸引儿童",而是"如何使儿童心理健康成长"。

1）兴趣问题。有人认为趣味性是儿童玩计算机游戏的关键因素，许多计算机游戏设计指南就是按照这种观点写的。Malone 和 Lepper（1987）提出"趣味性"问题的四个尝试：挑战、幻想、好奇和控制性。这一标准不适合儿童，会引起以下问题：①只为了商业利益，通过幻想和好奇去强烈刺激儿童购买和玩耍心理，而破坏儿童的纯洁健康心理成长。②许多游戏软件只强调了自我、挑战、控制、战争等。由此可能导致儿童逐渐只会采用单一的以自我为中心与征服态度对待父母、兄弟、姐妹、朋友及同事，而失去了善良、爱心、孝敬、尊重、宽容等多种人际交往的基本态度。

2）玩的意义。儿童的玩耍具有特殊意义，儿童玩耍本身就是学习过程，是探索人生的过程。儿童玩计算机游戏，不是过去单纯的娱乐含义。儿童的玩即学习，如何使儿童在游戏软件的玩中受教益，使他们在游戏中得到有意的教育。最好能够达到这种状态：儿童玩得越多，越安静，越受更多教益，身心成长越全面健康，积累社会生活经验，增长家庭观念，明白社会人生的意义。

那么首先要考虑一下，儿童的玩耍到底有什么含义？19 世纪德国著名儿童教育家弗吕贝（F. Froebel，1782~1852 年）曾经提出儿童玩的理论。他认为，儿童通过玩耍这种互动方式与外界进行交往。玩耍对儿童并不仅仅是为了娱乐，更重要的是学习过程。儿童玩耍最集中体现在儿童的过家家之中。各种玩耍活动对儿童是严肃的探索和劳动，是全部人生的预演和模仿，是最纯洁、最有智慧的活动（Blankertz，1982）。

儿童是通过玩的形式认识外界和人生，通过玩耍感知和认知，去接受外界和他人，通过玩进入社会。在这些玩耍的过程中，儿童的认知心理活动包含了对社会价值观念、道德和行为方式的观察思考和接受，通过玩耍要学习各种复杂的社会和人生观念，学会处理各种复杂人际关系问题，学会各种人生技能，而不仅仅是像上述所说的那些以自我为中心，征服或控制别人（幻想、好奇、控制和挑战）。

应该把下列主题做成儿童游戏的主要内容，传播社会核心价值、道德和行为方式。

①文化与传统游戏。文化指社会群体的行动方式，主要包括求生方式、生活方式、工作方式、休闲方式、解决冲突方式等。尤其要保持危难中生存能力，尤其要避免只追求享乐而变得无能和腐败。文化的核心是社会群体的价值观念，最重要的价值是善良和爱心，它是任何群体共生的基础。如果失去善良和爱心，这个群体将会出现混乱。价值观念指信仰、信念、应该、必须等，核心价值观念是一个国家民族人人都要具备的，它是文化的中心，是国家社会安定的基础。如果一个国家严重缺乏核心价值观念，那么它就不稳定。核心价值传播是我国各种教育和娱乐的核心事务之一，而当前我国各种教育和媒体缺乏核心价值的传播。国家媒体首先传播核心价值，例如，爱国主义，热爱家庭，善良与爱心，尊敬长者，帮助弱者，爱护自然环境，社会责任感。这些主题可以编成大量游戏，使得青少年越玩进步越大。

②人生观念问题。如今的儿童受享受主义负面影响比较大。如果儿童只会享乐玩耍，那么在未来人生中连家庭都维持不住。对于儿童游戏，应该把人生观念融入日常各种生活细节中，鼓励群体共同生存，鼓励意志力和吃苦耐劳，唾弃浪费和不卫生。例如，比赛打扫街道，打扫有难度的室内环境。

③人际关系游戏。日常我们都会遇到许多人际关系问题，在处理这些问题中，善良

与爱心是人类友好生存的基本。如今独生子女缺少亲戚朋友，也不会处理这些人际关系了，这对他们人生会产生许多负面影响。可以编写各种人际关系游戏，通过玩耍计算机游戏，使他们学会如何称呼各种亲戚，如何孝敬长辈，如何爱护晚辈，如何友好对待邻居，如何对待路人，如何处理同事矛盾，如何对待别人批评，如何建立各种有关的人际关系，如何在生活中与各种人友好相处，各种人际关系的活动情景，友好处理人际纠纷。从这些游戏中提倡：以善待人，爱心，谦让，帮助，支持，减少冲突，识别不同人，自我保护等，帮助儿童逐渐克服以自我为中心、自私自利等毛病。另外，把日常社会生活中遇到的各种矛盾或冲突也融入游戏中，使他们考虑如何解决这些冲突，使儿童通过玩计算机游戏，学会孝敬家长，尊敬师长，友好对待同学，帮助社会弱势群体，而不是采取强力征服或控制手段。在游戏中，可以演示各种情景故事，在故事中穿插各种人际关系问题，传授我国传统人际友好相处的优良品德和正确态度。如果儿童在玩的过程中，不能发现问题也做不到正确态度，就不能升级。

④生活情景游戏。在游戏中表现各种日常生活情景，例如，洗衣服，买菜做饭，打扫室内卫生，打扫环境卫生，公交车上给老、弱、病、残、孕让座位等。通过这些游戏，使儿童学会如何做这些日常事情，如何协调人际关系，如何处理困难和发生的人际纠纷，逐渐懂得人生基本道理。儿童从小关心这些问题，尤其体现在过家家之中。他们扮演各种家庭和社会角色，练习处理各种生活问题。尤其是应该把热爱劳动、不怕吃苦、家庭生活责任感这三条作为人生观念中最基本的要点。这些问题也可以做成游戏，让儿童预演各种生活体验，体验生活艰难，思考解决各种生活问题。如果在游戏中不能解决日常生活问题，如果不能度过艰难困苦，就不能升级。

⑤各种技能活动。例如，正在消失的许多技能、劳动和儿童游戏，再例如，打沙包、跳房、打弹球、抓子。

⑥挫折与意志锻炼。意志脆弱是这一代青少年的普遍问题之一，可以设计有关的游戏，专门提出日常可能出现的各种挫折，以增加人生体验，提高意志力量。例如，骑自行车长途跋涉，步行到山区野营，荒野迷路，洪水暴发，森林大火，严重干旱等。

⑦生态环境观念游戏。工业革命以来，人类对自然环境的破坏已经成为最严重的问题，大量生物灭绝，环境温度升高，严重危害着人类自身生存。如何对待社会和自然环境，这也是我们日常生活中的重要问题之一，而我们当前做得并不好。我们这一代的教训，都可以通过设计新的儿童游戏，使他们下一代人减少或避免这些问题。例如，如果在游戏中不能维护自然环境，那么就不能升级。

⑧心理健康游戏。工业革命以来出现了空前的社会病态（扩大贫富差距、家庭破裂、青少年犯罪、毒品、艾滋病等）和心理病态（不善良、失去爱心、自私、好斗、嫉妒、傲慢、强势、冷漠、焦虑、紧张、敌意等），这些问题有意无意也正在通过计算机游戏传播。我们需要设计新型计算机游戏，用健康心理去弥补这些社会病态和心理病态。例如，如何关心老人或邻居，如何在自然灾害中救助别人，如何缓解家庭纠纷，如何化解人际冲突，如何使得心理平和（而不是幻想、好奇等刺激）等。这些主题都值得做出大量的计算机游戏。

二、字体和行宽对网页阅读的影响

1. 每行字符数与阅读速度和理解能力之间的关系

屏幕阅读不同于传统印刷书籍。不熟悉屏幕阅读的那些人们，屏幕阅读速度慢于阅读印刷材料，屏幕理解能力也降低了。但是人们搞不清楚哪些因素影响屏幕阅读。屏幕阅读主要用于信息检索、阅读 E-mail、摘要内容、分析浏览、略读。20 世纪 90 年代以后网页又成为需要被研究的对象。主要研究的问题是屏幕文字布局与最佳阅读的关系。

Rayner 和 Pollatsek（2000）研究了行宽对易读性的影响。从易读性（阅读速度）考虑，每行不要超过 70 个字符。另外有人认为最佳行宽是每行 52 个字符。每行字符过多，就很难正确返回到下一行开头。假如每行太短，读者无法从每行确定一个完整信息内容，而且对眼球运动的观察发现，在使用小窗口阅读时，读者眼睛减少每次扫描长度，凝视次数增加，这意味着降低阅读速度了。

人们又把滚动文字与翻页文字进行比较，当文字滚动时，读者容易失去每行文字开头的定位信息。假如每行比较长，滚动比较少，这样阅读速度比较快。

Dyson 和 Haselgrove（2001）对每行字符数与阅读速度和理解能力之间的关系进行了实验。他们采用 Arial 10 point 字符，行间距为 12 point，每段间距为 12 point，每行 55 个字符。每次测试显示 500 个词。测试结果如下：

（1）阅读速度与行宽。每行 55 个字符的阅读速度明显高于 100 个字符。在快速阅读时，每行 55 个字符和 100 个字符的阅读快于每行 25 个字符。每行 55 个字符的阅读速度快于每行 25 个字符。

（2）只考虑理解能力。正常阅读速度时理解能力更好一些，每行 55 个字符时理解能力好于每行 100 个字符。

（3）只考虑阅读速度。每行 25 个字符的阅读速度比其他两种都慢，每行从 55 个字符提高到 100 个字符后，阅读速度没有改善。只有原来阅读速度就比较快的人在每行 100 个字符时也比较快。每行 55 个字符的阅读速度最快。在滚动显示时，会降低阅读速度。

（4）综合考虑理解和阅读速度。每行 55 个字符时阅读速度和理解能力都为最佳。

2. 对文字排版的研究

有些新闻网站每页显示一大堆文字，大多数作者坚决反对这样的屏幕布局，它使用户无法阅读（Morkes et al.，1997）。大量设计指南也鼓励网页设计师把文字分解成小块段落，避免操作屏幕滚动（Bradley，2002；Briem，2002）。一般认为设计可读网页时要考虑 3 个基本要素：字体、间隔、颜色。然而，这些观点还没有被实验证实。Ling 和 Schaik（2006）研究了字体与间隔对阅读的影响。

许多字体的设计并不适合在屏幕上阅读。例如 Bernard 等（2003）发现，用户对有衬线的字体阅读更快一些，而设计人员却爱用无衬线的字体，事实上这种字体干扰阅读速度。

屏幕阅读中，影响视觉显著性的主要因素包括颜色、形状、尺寸、方向和其他显示属性。假如对象的视觉显著性很高，搜寻时间可能加快 83％（Nygren，1996）。人们一般可接受纸面每行打印 70 个字符（Spencer，1968）。

Davidov（2002）建议网页设计人员应该采用每行 60～65 个字符，而书本上每行 80～100 个字符。List（2001）注意到大多数浏览器被设置为每行 100 个字符，远超过了眼睛阅读比较舒适的宽度。为了搞清楚某些问题，Ling 和 Schaik（2006）进行了实验。

3. 实验

视觉搜寻任务与字体和行宽的关系（Ling et al.，2006）。每行采用了四种不同字符数：55，70，85 和 100。采用了两种不同字体：Arial 10 point 和 Times New Roman 12 point。Times New Roman 主要用于书籍文章，它类似于中国的宋体字的应用。Arial 主要用于广告、招贴、标题等，它类似于中国的黑体字的应用。要测试的因变量是视觉搜寻精度和搜寻速度以及个人主观量度。见表 4-7-1。

表 4-7-1　各种字体大小

Times New Roman 12，55 字符/行：
12345678901234567890123456789012345678901234567890012345
Times New Roman 12，70 字符/行：
1234567890123456789012345678901234567890123456789012345678901234567890
下列是宋体小四号字体的阿拉伯数字（类同于 Times New Romans 12）：
1234567890123456789012345678901234567890123456789012345678901234567890

Arial 10，55 字符/行：
12345678901234567890123456789012345678901234567890012345
Arial 10，70 字符/行：
1234567890123456789012345678901234567890123456789012345678901234567890
下列是黑体五号字：
1234567890123456789012345678901234567890123456789012345678901234567890
下列是黑体小四号字：
1234567890123456789012345678901234567890123456789012345678901234567890

在视觉搜寻任务中，用 Arial 的人中有 72% 选择了 Arial 字体，用 Times New Roman 的被测试人中有 72% 选择了 Arial 字体。

Ling 和 Schaik（2006）的实验表明，在呈现 Times New Roman 和 Arial 字体时，使用 Arial 的被测试人在信息检索任务中有 58% 选择了 Arial，而使用 Times New Roman 的被测试人中有 60% 选择了 Arial。被测试人对 Arial 的偏好超过了对 Times New Roman 的偏好。

Ling 和 Schaik（2006）发现，在视觉搜寻任务中，被测试人能够比较快地阅读比较长的行，不必滚动页面了，由此提高了速度。如果用户执行信息检索，用户在每行 70 个字符时操作得更好。被测试的两种字体（Times New Roman 和 Arial）对视觉搜寻和信息检索都没有影响，也许有人说某些特殊字体（如 Sans Serif）比其他字体更好一些。Bernard et al.（2003）发现，许多广泛使用字体对操作都没有影响，字体的影响取决于任务类型。在没有阅读理解的任务中，例如视觉搜寻和信息检索中，字体也许对操作任务没有明显影响，但是在其他任务中却不同。Dyson 和 Haselgrove（2001）发现，网页每行字符数比较多时，网页用户能够促进更快地浏览。

Ling 和 Schaik（2006）给出了如下三条设计建议：①如果信息需要快速浏览时，那么每行字符数就应该比较多一些。②如果需要仔细阅读文章内容而不是大概浏览时，每行字符数就应该少一些。每行字符比较多时应该选择每行 80～100 个字符，每行字符比较少时应该选择每行 55～70 个字符。在网页设计中，应该选择后者，虽然在寻找发现信息时浏览网页是主要任务，但是大多数文字网页内容是为了让阅读，而不是为了浏览。③在网页上应该采用 Arial 字体。当前这个时期，人们倾向于这种字体。在 60 年前，也就是 20 世纪 50 年代时，也许人们在学术著作中比较倾向于 Times New Roman 字体。

在网页设计中要考虑用户喜欢的字体，用户喜欢网页采用广泛流传的 Sans Serif 字体，这也符合网页设计指南（W3C，2004）。虽然已经有了设计指南，但是仍然缺乏对其效度的测试。在小块文字时，字体没有什么影响。当文字长度增加时，某些字体却容易引起疲劳或视觉识别清晰度，从而降低阅读特性。

三、移动系统可用性新评价方法

1. 移动计算机和器件的可用性评价

Kjeldskov 和 Stage（2004）认为台式计算机的可用性测试方法，不完全适合可穿的、手持的、移动的计算器件。移动系统经常使用在高度运动的情景中，现场评价是不可缺少的，因此需要建立移动系统可用性评价方法。他们认为移动器件测试存在三个困难：①实际研究中很难抓住用户情景的关键情景。②在用户使用的现场环境中，很难应用实验室的各种评价方法，例如，观察法或有声思维法。③现场评价的数据采集很困难，很难控制用户行动，因为用户在环境运动中可能出现许多未知变量影响整个测试。在实验室里，这些困难明显减少了，实验的控制、数据采集都不是问题。他们对移动手机的可用性测试提出了 6 种新的测试评价方法。

Kjeldskov 和 Stage（2004）根据人对信息处理和行动的心理学理论，建立了两类不同的移动使用框架结构：①人体运动类型：无运动、固定的运动、变化的运动。②导航所需要的注意：不需要注意，需要有意识的注意。人体运动方式的 5 种构成见表 4-7-2。

表 4-7-2 人体运动方式的 5 种构成

人体运动	导航不需要注意	导航需要有意识的注意
人体无运动	1. 坐在桌子旁边，或者站立	
固定的人体运动	2. 在走步机上匀速走路	4. 匀速走路，但是道路在变化，因为障碍物在运动
变化的人体运动	3. 变化速度在走步机上走路	5. 变速运动，道路在变化，因为障碍物在运动

他们让用户在运动中使用移动系统，要注意人体运动，还要注意如何使用移动系统。例如，在驾驶汽车时人体在运动，他要注意这个认知任务，同时他还在使用移动系

统。在测试认知负荷中，这种任务被称为双任务测试。

Kjeldskov 和 Stage（2004）设计了两组实验，其中实验 A 如下。

实验 A，依据人体的 5 种运动方式，设计了下列 6 种测试任务：

1）坐在桌子边的椅子上。

2）匀速在走步机上走动。

3）变速在走步机上走动。

4）匀速在一条不断变化的道路上走路。

5）变速在一条不断变化的道路上走路。

6）在人行道上走路。这体现了一种典型使用情景，并作为其他测试技术的参照。

在这 6 种情景中，前 5 种任务在实验室里进行可用性测试，对于第 4 种和第 5 种任务，采用 3 种不同路径。最后一种任务在现场进行测试。在实验室里测试可用性所采用的 3 种不同步行路径见图 4-7-1。

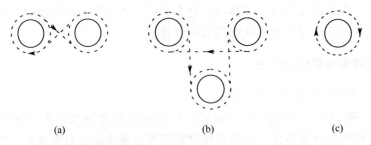

(a)   (b)   (c)

图 4-7-1   在实验室里测试可用性所采用的 3 种不同步行路径

每个被测人都要完成 5 个任务，包括发送和接受短信。每个被测人进行 10min 测试，到 10min 时就停止测试评价，即使他没有完成全部任务。在完成各种任务的过程中，他们要采用有声思维。对每次评价中采集 3 种数据：

第一，操作。用视频记录用户每个任务的操作过程以及花费的时间。

第二，可用性问题。通过分析视频录像去提取可用性问题。

第三，工作量（workload）。每次完成操作任务后立即测试工作量，采用 NASA 任务负荷指数（NASA task load index，TLX）进行测试。这个测试可以评价用户对整体工作量和影响因素的主观体验。

每种测试方法发现的可用性问题数量及偏差见表 4-7-3。

表 4-7-3   每种测试方法发现的可用性问题数量及偏差

	采用 6 种测试方法					
	1	2	3	4	5	6
平均发现的问题数量	10.8	7.5	6.7	6.7	5.2	6.3
标准偏差	1.6	1.5	2.0	2.4	2.4	2.1

应该测试多少人呢？当前所看到的两个文献（Virzi，1992；Nielsen，2000a）认为，测试 5 个人就能够发现 80%～85% 的可用性问题。Rubin（1994）认为，如果要避免关键性问题，至少要测试 8 个人。该实验测试了 8 个人。也有些人不同意这些取样数据，

这个问题迄今仍然被争论。测试中有 3 名评价人员分析录像资料,列出关于可用性问题,按照 Molich(2000)这些问题被分为 3 类:关键问题、严重问题和表面问题。

Kjeldskov 和 Stage(2004)把所发现的 53 个问题进行分类,其中表面性问题有 32 个,严重问题有 17 个,关键问题有 4 个。各种可用性问题分类见表 4-7-4。

从这些测试数据可以看出,没有任何一种方法能够把全部可用性都检测出来。被测人在坐姿势时,识别出 34 个问题,其中发现的表面性问题是 6 种方法中题最多的。这 6 种方法几乎都能识别出同样多数量的关键问题和严重问题。为什么没有任何一种方法能够识别全部问题?取样数量太少?实验方法局限?用户人群和测试时间(任务数量)是最重要的因素。

表 4-7-4 各种可用性问题分类

问题	采用 6 种测试方法所发现的问题数量						组合
	1	2	3	4	5	6	
关键问题	4	4	3	4	3	3	4
严重问题	11	11	9	9	9	8	17
表面问题	19	8	8	8	6	12	32
总计	34	23	20	21	18	23	53

该实验结果还表明,各种测试对用户要求的工作量是不同的。当人体运动比较多时,或者需要更多注意时,用户的工作量就比较大。表 4-7-5 列出用 NASA 测试方法评价 6 种测试方法所要求的工作量。

表 4-7-5 主观体验的不同测试方法的工作量

	采用的测试方法					
	1	2	3	4	5	6
脑力要求	29	75	204	126	185	148
体力要求	92	117	112	118	127	194
费力	52	163	106	228	178	186
总工作量	27	35	48	55	48	54

2. 小屏幕不同菜单布局比较

手机屏幕大小和菜单结构,这两个因素对操作有什么影响?小屏幕显示时,滚屏操作次数很多。Sekey 等(1982)研究表明,左右滚屏不利于阅读操作,上下滚屏对于浏览任务是可以被接受的。Jones 等(1999)研究发现,小屏幕的滚动操作降低操作任务的速度和有效性。有关的发现认为,文字的宽度和行数以及屏幕的尺寸不影响用户理解文字的能力,但是增加了用户滚动操作(Dillon et al.,1990)。

小屏幕显示时,可能采用不同的菜单结构,最经常遇到的有两种:一种是两层的结构(浅层布局),另一种是单层结构(网格布局)。用户对浅层菜单的操作比深层得好(Wallace et al.,1987)。还有人发现层次菜单的操作要比单层的滚动选择列表更好(Frey et al.,1992)。小屏幕的滚动减少了用户任务操作的有效性。简单层次布局是小屏幕显示经常采用的方法（Jones et al.，1999）。

Christie 等（2004）对手机小屏幕的两种结构的菜单布局进行了实验比较。一种布局是简单层次布局的菜单，也就是采用浅层次（两层）结构菜单。PDA 或录像机等经常采用简单层次选项。在简单层次布局中，当一个项被选中，那么第二层选择项就代替现有的各项。另一种布局是网格布局菜单，同时显示全部菜单选项。当选择项增加时，布局就受到限制。网格布局经常被用于电话按键或简单计算器。用户查找任务数量为 16 或 25。

实验中采用的小屏幕尺寸为 41mm 宽，83mm 高；大尺寸屏幕是桌面屏幕，122mm 宽，86mm 高。显示的文字采用 Chicago 字体，对于网格布局采用 9point 字体尺寸，而对于手持设备的简单层次布局采用 32point 字体尺寸。

实验结果表明，所有被测人都很少操作出错，界面复杂性、尺寸或布局对操作正确性也没有很大影响。

被测人用桌面屏幕尺寸发现目标明显快于用手持显示器尺寸。采用桌面屏幕尺寸，布局采用 16 选项或 25 选项时，这些选项的复杂性（任务复杂性）对操作没有明显影响。当界面操作项从 16 项增加到 25 项时，他们的主观评价并不偏好使用这种网格界面，而是偏好使用简单层次布局的界面。用户认为简单层次布局比较容易操作，并且比较喜欢简单层次界面，而不是网格布局。

屏幕界面的大小明显影响用户发现操作项。从操作角度考虑，网格布局的界面是比较好的选择。只要按键比较大，能够满足阅读和操作，那么网格布局界面就是操作效率最高的。

通过实验发现，屏幕尺寸比显示复杂性更重要，用户倾向于简单的层次布局，即使这样存在操作不便的缺点。最后，简单层次布局会是最有效率的，假如大多数公共路线被确定了而且路径选择也被确定了，它使得鼠标移动路径最短。采用网格布局时，用户访问信息操作更好，而不是采用简单层次布局，但是用户倾向于使用简单层次布局。这说明，当操作有效性是极重要的考虑时，选择的复杂性不必很大。当用户偏好比操作有效性更重要时，对简单层次布局的要求就可能会取代它所付出的操作代价。

第五章　工作量评价方法

本章要点

　　本章主要分析认知工作量的测试方法。工作量测试属于可用性测试的范围，然而其目的与一般可用性测试又有区别。工作量测试是可用性测试的一个特殊方面，当操作速度很高，时间压力很大时，通常的可用性参数就不能够评价操作员的真实操作状态了，主要应该测试操作员的困难程度和耗费程度，这时用认知工作量能够更适合描述操作员的心理状态。这个方法主要来自美国宇航局，主要被用于评价飞机与航天操作员的操作状态。

　　工作量测试的主要方法有主任务测试法、次要任务测试法、三种主观测试法（美国宇航局的任务负荷指数测试法、主观工作量问卷法、多资源问卷法）。在这三种测试方法中，影响最大的是美国宇航局的任务负荷指数测试法。

第一节　工作量评价概述

一、认知工作量概念

　　可用性概念不适合飞机高速驾驶情景。高速飞行时，飞行员的操作性能明显减退，以至失去操作控制，出现机毁人亡的情况。针对这种情况，用"工作量"（workload，工作负荷）的概念去衡量该系统的可用程度或可接受程度。工作量似乎是一个不言自明的概念，然而在定义时，不仅要解释其含义，还要确立测试方式，这就叫"操作主义"（operationalism）的定义方法。按照这个观念，工作量这个概念就很难定义。它指实际操作中，操作员所付出的能力，它包含体力工作量（physical workload）和脑力工作量（mental workload）或认知工作量（cognitive workload）。

　　在本书中，"工作量"指人脑信息处理系统的局限性或限度，它可能表现在以下方面：

　　第一，人脑处理信息的速度。把用户比喻为信息处理系统，输入的信息量增加，他处理速度也增加。例如，在一个绝对判断（absolute judgment）实验中，把音乐上的7个音阶分别用数字表示为"1，2，3，4，5，6，7"，每2s给出一个音节声音，让被测人写出对应数字。然后逐渐提高呈现音节的速度，那么被测人反应速度也要加快。然而达到一定速度后，被测人就无法再提高反应速度了，这时就达到他处理这种信息的极限。

　　第二，短期记忆量。例如，给被测人显示一列数字或字母，让他尽量回忆能够想起来的信息项。这样就能够测试出短期存储和检索能力，一般能够回忆起5～9个，这样就得出了Miller的"神奇数7±2"。

　　第三，注意能力。所谓注意，是指某个事件控制占据大脑，就像计算机中某个指令占据中央处理器，这种结构使得它每个时刻只能处理一个事件，因此人脑只适合专心注意一件事情。例如，让被测人同时听两组对话，这会引起听觉选择的冲突，他只能选择专心听其中一组而忽略另一组，或者转换到另一组对话，这种冲突转换增加了他的工作量。

有些情况下，"工作量"被用来描述人与任务互动时该任务超过操作员能够付出能力的那个部分，它是人与任务互动的一个属性；有些情况下，"工作量"被用来描述一个新设计的机器中的人机关系，它反映了操作员用户对操作质量的期待；有些情况下，"工作量"指操作员在操作任务时的花费代价；有些情况下，"工作量"被用来描述任务的要求超出人的能力的那些方面。一般说工作量无法用一个因素表示，日常用"工作量"指"工作时间"是缺乏科学依据的。

脑力工作量表现在哪些方面？它可能关系到以下七个因素：生理紧张程度，费力程度，主观体验的压力，脑力费力程度，时间压力，客观量度的操作水平，操作的受挫程度。

什么因素导致认知工作量大小呢？在大多数情况下，增加任务的困难度就会使资源（或者能力）的花费增加，因此在人机关系设计中要测试操作员的任务的困难度，作为工作量的度量。工作量测试的目标是描述所花费的能力的总量，要避免操作员的操作超过这个工作量，以保证操作员的适当操作。

二、困难度

对于某些任务，可以用困难度去衡量工作量。什么叫"困难度"？这个概念很简单，却很难定义。它大致包含以下几层含义：

第一，任务的困难度指费力程度。例如搬 10 块砖比搬 1 块砖耗费体力，用计算机语言编写一个文字编辑软件比阅读一篇报刊文摘更耗费脑力，这些任务的困难度是客观存在的。

第二，困难度取决于各人能力。由于各人能力不同，因此同一任务对某些人比较容易些，而对另外一些人却困难些。

第三，困难度取决于是否具有经验。初次学习骑自行车时，不少人摔得手脚青肿，学会后就会感到骑自行车很容易。

第四，困难度取决于操作情景。在暴风雨中或在晴朗天气时，驾驶汽车的困难度不同。

第五，即使困难度概念很简单清楚，然而却很难定量测试困难度的数量。因为任何任务的困难度不是能够直接从一个孤立的物理（结构）量描述的，而是从任务与操作员的互动关系中描述的。

第六，有时脑力工作量可以被看作信息处理系统对满足完成所期待的能力与实际有效能力之间的差异。这些方面在测试工作量时都要考虑到。

三、评价工作量测试方法的依据

1978 年已经发现了 28 种测试工作量的方法（Wierwille 和 Williges，1979 年）。面对这么多测试方法，应该如何选择呢？选择测试方法主要依据以下五个因素（O'Donnell et al.，1986）。

①测试灵敏度。测试技术对一个任务工作量的重要变化的区分程度。

②诊断性。测试技术区分不同操作员能力或资源（例如感知或中央处理或肌肉动作能力）导致的工作量的程度。

③干扰性。测试技术引起正在测试的主要任务操作性能退化的趋势。

④实施要求。涉及特定测试技术实施的容易程度，例如包括仪器要求和操作员培训等。

⑤操作员接受性。操作员跟随测试指令的愿意程度，实际采用特定测试技术的认可程度。

1. 测试灵敏度

它指测试技术能够探测到的工任务操作中数量变化的大小。各种技术的灵敏度不同，它应当符合实际测试的需要。

图 5-1-1 被分为甲、乙、丙三个区。甲区的工作量很低，储备能力多，操作特性好，即使工作量增加，操作特性也不会降低，因为操作员的能力资源足以弥补工作量的增加。工作量负载的增加，对主要任务测试操作特性影响也不大。然而即使在这个区中，仍然要考虑如何减少工作量，这是为了给突发事件预留更多能力储备，以满足紧急情况的需要。乙区处于过载临界区，增加工作量会直接影响操作水平衰退。在这个区中，主观测试、生理测试或者次要任务工作量测试比主要任务测试更敏感，

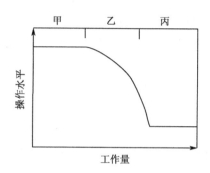

图 5-1-1　工作量与操作水平直接的关系曲线
（O'Donnell et al.，1986）

因此也更适合去识别潜在过载的目标。从效果上看，假如采用主要任务与次要任务的并行操作，就把工作量从甲区移动到乙区。在这个区工作量增加，并超过了操作员弥补的能力，因此主要任务操作特性衰退，工作量与操作特性之间就变成一种单调的对应关系。如果再增加负载，就会引起操作特性全面失败。评价乙区的工作量，可以通过主要任务的测试，它能够测试出已有的信息处理（而不是潜在的信息处理）是否过载。也可以把主观测试、生理测试和次要任务测试用于这个区域。然而，只有当主要任务评价不敏感，无法指示工作量微小差别时，才会采用这些测试。

丙区的工作量特别高，操作特性特别差。在这个区域内很难区分不同工作量的水平。

在甲区中推荐采用次要任务测试、主观测试或生理测试。主要任务测试能够提供关于现有过载的信息以及在乙区中的操作衰退信息，因此适合于这个区（O'Donnell et al.，1986）。

2. 诊断性（diagnosticity）

诊断性指各种测试技术区分不同操作员能力或资源导致的工作量的程度。各种测试按照它们诊断性程度而变化。例如，瞳孔直径和某些主观等级划分表现了对工作量的指数，它可以测出总的工作量，然而不可能诊断哪一种资源或能力（例如感知或肌肉动作输出）受到影响。另外，与事件有关的大脑电位和某些次要任务表现出更明显的诊断

性，因为它们对特定类型资源（能力）特别敏感。采用这种测试可以更精确定位过载的资源。

主观测试往往具有低诊断性，因为操作员不能区分各个资源。一般来说，主要任务测试也具有低诊断性，因为它不可能识别各个资源。次要任务测试具有高诊断性，因此能够提供对具体资源的负荷指数。生理测试可以提供整体性诊断（例如瞳孔直径）或高诊断性（例如与事件有关的电位）。选择整体诊断测试还是特定诊断测试，直接关系到工作量测试的目标。假如评价目的是确定是否存在工作量问题，那么采用低诊断性测试技术，例如主观测试、主要任务测试。假如要寻找问题在哪里，以改进设计，就要采用诊断性比较高的测试技术（O'Donnell et al.，1986）。

3. 对主要任务的干扰性

各种技术可能对测试任务有一定干扰。主观测试，尤其是在主要任务测试后进行的主观测试和不要求操作员附加处理过程的生理测试技术，一般具有最少的干扰性的测试。用次要任务时，要认真考虑是否会出现严重的干扰问题（O'Donnell et al.，1986）。

4. 实施要求

在选择工作量测试技术时，各种复杂测试过程会影响测试难度，例如，测试仪器和数据采样及分析软件，操作员的培训等方面。主观测试技术一般不存在这些实施问题，因为它只需要纸和笔以及简单测试设备。主要任务测试技术往往也没有什么实施问题，设备和数据分析要求多为生理测试和次要任务测试。次要任务测试往往需要进行一定培训（O'Donnell et al.，1986）。

5. 操作员的认可性

采用操作员主观回答问题的工作量测试，必须进行主观感觉效度和实用过程的评价，因为工作量的评价实际上被感觉为外界干扰或人工干预。例如，次要任务可以由经验丰富的飞行员在高度仿真的模拟器中进行。操作员的认可和威信效度不能保证该测试技术反映实际工作量情况，选择评价技术是重要因素（O'Donnell et al.，1986）。

选择工作量评价技术时，最重要的是确定测试目的，然而这往往并不容易。一旦目的被确定，就可以确定该测试方法的敏感性和诊断性。

脑力工作量的主要测试方法有以下三种。

1）操作任务测试法。例如次要任务方法等。这种方法的依据是假设当操作任务困难度增加时，就会增加对操作员的有关要求，这样会降低操作性能，因此通过测试操作员的操作性能的变化，就可以得出工作量大小。

2）主观评估方法。例如，NASA-TLX，SWAT 等。这种方法的依据是假设，当任务操作增加了能力耗费时，就会联系到感知的耗费（perceived effort），并且操作员能够恰当评价这些感知到的耗费。主观评价方法是最主要的工作量评价方法。

3）生理测试方法。这种方法假设工作量可以通过生理活动的水平来测试。生理测试方法包括测试次要任务引起的大脑电位（evoked brain potential，EP），次要任务的EP 幅度反映了它占用的资源量。测试瞳孔直径，它与脑力工作的资源要求高度相关。测试心率可变性（variability），当脑力工作量增加时，心率可变性降低，与此相关的呼吸的可变性也降低。

第二节　主任务测试法

一、主任务测试法简介

主任务测试法指通过测试实际任务的操作去评价工作量。直接影响主任务工作量的因素大致如下（O'Donnell et al.，1986）：

1）当一个任务的困难度增加时，要维持操作水平不变，就会要求更多的资源。这时，即使可观察到的操作员的行为没有任何变化，实际上他的工作量已经增加了，因此评价所观察到的直接的测试现象就会差别很大。我们需要按照要求的标准去标记操作的变化，这种标度应该符合投入的资源总量。

2）对于一个跟踪测试任务，逐渐增加目标靶运动速度，要求操作员用两轴操纵杆在屏幕上跟踪靶的运动。当靶的运动速度增加时，也会增加心理处理的要求以及反应的费力程度。假如跟踪精度没有变化，我们能假设附加资源的确增加了以维持原来的操作精度，这时从操作员行为上看不到任何工作量变化的线索。即使我们观察到操作员在跟踪时错误增加，我们仍然不知道它反映了操作员给该系统使出了全部"花费"或者只使出了部分"花费"。在多资源情况下，这种操作性能衰退也许来自超过了一个或若干不同处理器的极限而导致的。通常我们在直接操作测试中观察不到任何超过操作员能力的迹象（O'Donnell et al.，1986）。

主要任务测试能够区分工作量过载与非过载情况，能够反映过载时能力花费。用这种方法可以测试操作员的操作性能能够接受某个设计任务或操作条件。它代表了整体性工作量测试，对任何过载都很敏感，但是它没有考虑诊断性，没有干扰操作员的主要任务。收集数据的测试仪器可能会受到使用环境的限制，要求使用模型、仿真或操作设备，不要求培训操作员。一般说操作员没有什么理由反对这种测试方法。

直接测试任务的操作往往很难得到关于脑力工作量的信息，因为它不反映由于困难度变化引起的投入资源的变化，它经常不诊断负载的来源，它不能把各个操作单元系统地转换成对处理系统的相对要求或负载的度量。

二、主任务单一因素测试（single primary task measures）

这种方法是用主任务的某个单一方面代表工作量，因此，主任务测试应当选择能够反映操作负荷的那些参数。对测试量的选择是成功度量工作量的关键，通常要构建一个比较困难的任务。例如，一般把操作出错数量、反应时间或操作速度等作为工作量的主要标志。又例如，在监督屏幕任务测试中，提高信号呈现速率，看对操作员会引起什么效果？这样往往会引起正确反应的数量减少。再例如，用反应时间去度量两种不同类型目标靶的效果，增加背景人数，就也会增加视觉观察搜寻时间。然而，也有许多实例表明单一主任务的度量不能反映任务负荷，或者对工作量的反应不敏感，这样就要采用次要任务测试，或者主观测试方法。其主要原因是，主任务法在有些任务测试中能够区别工作量负荷大小，而在另外一些任务中无法区别工作量负荷大小。主任务测试能够区别在乙区中的工作量变化，却很难区别在甲区中的工作量变化（见图5-1-1）。

三、主任务多重因素测试（multiple primary task measures）

这种测试方法是对主任务的多方面操作性能都进行测试。例如，同时对若干相关变量测试出错和反应时间，这样测试的目的是能够比较敏感反映工作量的变化，其主要方法是，综合评价操作员的各种资源以提高测试精度，或者综合分析多重测试以减少测试误差。例如，可以同时测试几百个飞机控制参数，但是分析测试数据却极度困难。

主任务多重因素测试因素主要选择操作速度和操作精度测试。例如，在监督屏幕任务中，要评价对不同刺激信号显示的效果，可以采用响应时间、正确反应比例和反应出错比例三个参数。这三个参数都受工作量影响。或者在屏幕监督任务中，改变被搜索的元素的数量和显示速度，测试反应时间。

这种方法比单一因素测试的敏感性高一些，然而主任务多重因素测试法的敏感性也是有限的。这种方法并不一定对各种主任务的工作量测试都很敏感。在某些实例中，多重因素测试无法区分工作量或负荷的变化情况，只好再采用别的方法去进行测试（O'Donnell et al.，1986）。

第三节　次要任务测试法

一、次要任务方法

当操作员操作自己主要任务时，要求他同时要操作另一个新任务，这个新任务是次要任务，它没有主要任务重要，操作员首先要以自己最佳能力去操作主要任务，不能拖延时间，不能出错，如果主要任务所需要的能力和时间与次要任务发生冲突，那么首先要保证主要任务的操作，可以忽略次要任务。因此操作员只能在完成主要任务后，把剩余能力和时间去干次要任务。操作员对次要任务的完成情况，表明了他在完成主要任务后的剩余能力，这样可以估计操作员在完成主要任务中的困难程度或工作量。这意味着，假如主要任务比较简单，其工作量较小，他就有较多精力顾及次要任务。如果主要任务很困难，工作量较大，他对次要任务投入的精力就较少或者无法顾及次要任务。因此他对次要任务的操作波动起伏，反映了主要任务的工作量。这个测试方法对能力消耗的差别比较敏感。这个方法对主要任务需求的诊断性也比较高。

这种测试方法要求操作员同时操作两个任务。把每个任务的单独操作水平作为基准线（baseline），也就是把它作为参照的标准。实验前要先测试它的单独任务的操作水平基准线，并用它去评价并行任务操作的效果。如果没有这个基准线作为参照，就无法合理解释并行操作时各个任务的操作性能好坏。

二、次要任务测试分类（O'Donnell et al.，1986）

次要任务测试方法可以分为两类：①加载任务法；②辅助任务法。

1）加载任务法（loading task paradigms）。在这种测试方法中，"加载"的含义是用次要任务去增加主要任务的负载。在测试过程中，要求被测人首先要维持次要任务的操作，为此操作员可以降低他对主要任务的操作性能。假设这种测试中主要任务的工作量并不大，能够维持在操作水平-工作量曲线中的甲区内，而次要任务索求的附加负载相当高，使得操作员的总工作量从操作水平-工作量曲线中的甲区移到乙区，由此引起主要任务的操作水平被降低了。给难易程度不同的主要任务施加同等水平的次要任务加载情况下，假如主要任务的操作性能困难度越高，它的操作性能的退化越严重。在这种测试方法中，次要任务操作性能测试时，要保证维持一定的标准，也就是说，该次要任务索取的加载要在各种实验条件下保持相等。在特定水平的次要任务加载情况下，主要任务操作性能的降低程度可以被作为主要任务工作量的指数。这种测试方法主要用于模拟真实环境中存在的信息处理要求，例如，在走路的同时，要接手机通话。次要任务加载被用来模拟这种紧张源，并评价在这种加载情况下的对工作量的影响效果。在这种次要加载任务情况下，主要任务的操作很容易被分散注意。加载任务被广泛用于评价各种任务操作方法和显示方法，以及各种紧张源对主要任务操作的影响效果。

2）辅助任务法（subsidiary task paradigms）。这是更经常使用的次要任务方法，又被称为储备能力任务方式（reserve capacity task paradigm）。在这种测试方法中，要求被测人在操作次要任务时，要避免主要任务操作性能的蜕化，也就是说，不要用次要任务去增加主要任务的负载，不要用次要任务干扰主要任务，而是看在主要任务按照单一任务基准线被操作时，可以另外承担多少附加工作量。这个测试方法的基本原理是假设附加任务会把总工作量从操作水平-工作量曲线中的甲区移到乙区，还假设这样会导致次要任务操作性能的蜕化。次要任务操作的退化，正好反映了单独操作主要任务时所储备的能力。许多实验表明，用这种方法可以测试出操作主要任务时操作员的储备能力。了解操作员有多少储备能力，就知道操作员有多少能力去应对突发事件。设计用户界面时，要设法增加操作员储备能力，减少正常操作所花费的工作量。

三、使用次要任务方法时的方法论指南（O'Donnell et al.，1986）

1）在这两种测试方法中，先要测试操作员对单一任务的操作水平，被称为单一任务的操作基准线，要分别测试主要任务的基准线和次要任务的基准线。在加载任务法中，主要任务基准线被用来评估在并行任务条件下出现的主要任务操作性能的变化情况，次要任务基准线被用来保证按照实验人员设置的标准去操作次要任务。在附加任务法中，主要任务基准线操作被用来评估可能出现的任何入侵的影响效果。基准线次要任务测试被用来评估可能出现的单一任务到双任务退化的程度。

2）在加载任务法中，虽然被测人应该操作两个并行任务，但是次要任务更重要，应该要求被测人按照单一任务基准线去维持次要任务操作水平。

3）在附加任务法中，虽然被测人应该操作两个并行任务，但是应该要求被测人按照单一任务基准线水平去保持主要任务操作性能。

4）在这两种测试方法中，可以采用几种困难度等级的次要任务。假如次要任务困难度等级比较高，也许能够区分出各种设计方案之间工作量的差别，而假如次要任务困难度比较低就无法区别出来。如果次要任务困难度比较低，就不能把总工作量从操作水平-工作量曲线中的甲区移动到乙区（见图5-1-1）。

5）在附加任务法中，要考虑采用各种技术区减少或消除次要任务对主要任务的干扰，例如，打手机不能干扰汽车驾驶。当前主要有两类附加任务方法：可适应的次要任务法，内含式次要任务法。

6) 在这两种方法中，通过选择适当次要任务，通过采用足够的培训使得次要任务操作稳定，从而要尽量保障次要任务的敏感性最大。

四、次要任务法（O'Donnell et al.，1986）

1) 可适应的次要任务法（adaptive secondary task technique）。采用此方法时，次要任务的加载是可调整的，以适应主要任务的操作。通过控制次要任务的加载，把主要任务操作维持在一定水平。次要任务加载度要控制在对主要任务没有入侵干扰，那么就能构成主要任务工作量的量度。通过控制次要任务困难度，可以把主要任务操作稳定，从而能够更清楚地解释所出现的任何次要任务的退化。交叉适应法（cross-adaptive technique）是用于次要任务的这种方法之一。在此方法中，通过改变次要任务加载，把它作为主要任务操作性能的函数，从而维持并行任务条件下主要任务标准水平。交叉适应法不必消除次要任务对主要任务的入侵，而是按照实验确定的标准，在各种条件下把主要任务水平都统一化、标准化。例如，根据主要任务的工作量，停止或实施次要任务。一个操作员的主要任务是维持正常驾驶汽车，次要任务是与旁人说话。驾驶任务得分超过标准时，驾驶困难度比较大，工作量比较大，停止说话任务。驾驶任务得分低于标准时，困难度比较小，工作量比较小，实施说话任务。在交叉适应法中，次要任务的接通或断开，取决于主要任务得分高于或低于标准。在这种实验中，基本目的是要维持主要任务操作水平的稳定。交叉联系关键跟踪任务（cross-coupled critical tracking task）是交叉适应法的一种版本，它包含了两个轴的跟踪任务。操作员首先要维持主轴上操作任务稳定，他在次要轴上的操作任务可以不稳定，它取决于操作员在主轴上的操作任务。这时的工作量被定义为：维持主要任务操作达到一定水平的同时，对次要轴控制的困难水平。这种方法已经被成功用于评估飞机驾驶舱内活动地图显示器与水平位置显示器等项目中。

2) 内含次要任务（embedded secondary task）法。一个内含次要任务是系统环境中操作员角色应该完成一部分校准任务，这个部分却与主要任务操作完全不同，可以被看作是内含式的次要任务。其关键是要选择操作行为的一部分，它在系统中具有次要优先地位，这样能够保证此部分任务被操作员看作为次要角色，它对主要任务的干扰入侵自然就会最小。有人把飞行员的无线电通信活动作为内含次要任务。他们选择的这些活动要求具有口语对话和手动无线电开关操作。

五、次要任务类型

采用次要任务测试工作量时，必须要考虑把什么任务作为次要任务，测试什么因素，选择多大的困难度。Ogden 等（1979）提出了最常用的四种通用任务，包括选择反应时间、监督、跟踪、记忆。另外经常被使用的任务还有脑力计算、时间估算法、尾随、简单反应时间。

1) 选择反应时间。大量研究项目把选择反应时间作为次要任务。它主要包括：显示多于一个比较简单的刺激信号，要求被测人对每个刺激信号产生不同的反应。反应时间刺激可以采用视觉信息，也可以采用听觉信息，反应方式都采用手动方式。一般认为，选择反应时间任务比简单的反应时间任务包含了更多的中央处理和反应选择要求。

例如，给操作员显示"A，B，C，D，E"5个字母，让他对应每个字母分别写出"1，2，3，4，5"。

2）跟踪。经常用跟踪任务作为次要任务。这些任务采用视觉刺激和连续手动操作反应。这些跟踪任务包含各种程度的大脑处理和肌肉操作要求。

3）监督。监督任务被作为次要任务。典型任务是要求在若干干扰物之中发现刺激是否出现，一般认为这种任务对知觉的各种处理要求比较高。

4）记忆。评估工作量时采用了大量记忆任务。大多数采用短期记忆任务，采用了大量不同类型材料，并提出特定记忆能力要求。一般认为，记忆任务对中央处理资源提出了最重的要求。最经常使用的记忆任务是 Sternberg（1966）的记忆搜寻法，该任务具有潜力使中央处理效果区别于刺激编码/反应操作的效果，由此它经常被用来研究多资源理论（Wickens et al.，1981），也被用来评估飞行员的工作量。

5）脑力计算（mental mathematics）。最经常采用的是各种形式的加法任务，也可以采用减法和乘法。脑力计算被看作对中央处理资源的要求最重。

6）尾随（shadowing）。隐蔽任务要求被测人重复呈现的口语顺序或数字材料。一般不要求对这些材料进行变换，由此在典型情况下，这些任务被认为对各个知觉资源施加了最重的要求。

7）简单反应时间。简单反应时间采用一个离散刺激对应一个反应。除了上述选择反应时间外，简单反应时间任务也被作为次要任务。如果不希望次要任务占用复杂的大脑认知时，就可以采用这种任务。这种方法被使用得很多。

8）时间估算法。主要采用了两种方法产生时间间隔：时间间隔产生任务和时间估算技术。此方法用于工作量评估。

第一，时间间隔产生任务。要求被测人按照规定速率，通过肌肉动作反应，产生一系列有规律的时间间隔。这个任务的操作不要求感官输入，可以选择输出通道以减少与主要任务的通道冲突。这个任务对肌肉动作输出/反应能力要求最高。这种方法使被测人比较主动。

第二，时间估算技术。它之所以被用于评估，是因为飞行员接受这种方法，它容易实施，容易记分，不需要学习什么。在这两种方法中选择哪一种，取决于并行任务操作要求的难易程度。

六、局限性

次要任务测试方法最主要的局限性是次要任务对主要任务的干扰入侵。动机心理学中有一条很重要的结论：人每个时刻只适合干一件事情，不适合同时从事两个以上的行动。当引入次要任务后，主要任务的操作性能就可能被改变了或退化了。

第四节　主观测试法

一、工作量包含的客观与主观因素

主观测试法是让操作员自己估计评估操作任务的工作量，而不是通过外界观察、仪器测试、外界评价方法去评价操作任务的工作量。主观测试方法主要包含操作员报告脑力工作量大小，测试后操作员对任务操作的评价，用问卷和量表测试方法等。美国对工作量的测试主要采用主观测试法。

采用主观测试，不同评价人对同一个任务所定义的工作量也可能不同，不同任务的工作量的定义参数不同。工作量的定义一般应该包含两个考虑。首先，工作量是什么含义，包含哪些因素。其次，如何量度工作量大小。在定义工作量时，应该按照具体任务的特性去定义，选取占主导影响的那些因素作为工作量的主要成分。如果一个任务的工作量主要是由时间压力形成的，那么就以时间压力作为工作量的主要衡量因素。如果另一个任务的工作量主要是由投入的认知资源数量所决定的，那么就以认知资源作为工作量的主要因素。如果其他因素占主导影响，那么就选取它作为工作量成分。

一般说工作量包含了以下因素的作用结果。

1）客观任务要求。任务目的与评价标准，系统资源（设备、人力、信息），持续时间，任务要求的速度，任务要求的操作过程，操作环境的影响。

2）操作员的生理特性状态和反应。例如在高速度时出现头晕、呕吐等反应。

3）操作员动机与期待。如果他驾驶飞机要拼死战胜对方，就会全力以赴，超常发挥。如果他对困难有充分思想准备，也许感觉工作量不很大。如果他对困难度的思想准备不充分，也许对平日感觉并不困难的任务如今却感觉工作量很大。

4）操作员全面能力。整体操作策略（全局规划能力），认知和操作能力（感知-动作技能，行动能力，认知能力），投入的体力和脑力资源，系统故障对操作员的影响，操作员出错，环境变化。

5）操作员的主观操作特性。操作速度、准确性、可靠性。

6）不同任务中影响工作量的因素可能不同。假如测试目的是为了发现问题改进设计，那么就很难采用同一标准用于不同领域去测试各种截然不同的任务，采用主观测试用被测人的感觉作为评价依据，这是比较简单的方法。

二、主观测试的特点

从上述可以看出，工作量是许多因素的综合作用结果，其中包含了任务的客观要求，也包含了操作员的生理状态，主观体验和感觉，评价人的观念、能力和经验等方面，有些明显无关的变量也可能影响到主观感觉的工作量，例如操作员对任务的观念和经验，对任务的生理反应和心理状态。面对这么多因素影响，采用主观方法评价工作量，能够比较简单反映出其综合作用的结果。主观工作量测试具有以下特定或困难。

1）工作量是许多因素的综合作用结果，采用主观方法能够比较容易得到简单、直观的效果，这样测试比较安全。例如，飞行员的主观生理感受直接关系到飞行安全，而客观测试很难直观描述这个问题。

2）不同的个人对工作量的感觉或定义不同，各人体验到的工作量不同。例如，有些人可能用困难程度去评价工作量，有些人可能用速度压力去评价，还可能用投入的能力资源去评价。因此，他们所指的工作量可能分别反映了他对困难度的评价，对速度压力的评价，或者对投入资源的评价。假如你的测试问卷中工作量包含了时间压力、疲劳程度、挫折程度或耗费能力，然而被测人却认为工作量的主要因素是脑力耗费，这与你所定义的因素不一致，这样的测试结果效度可能很差。

3）大多数人对工作量都赋予一定含义，然而只是很粗略的想法。如何定量量度这些量？例如，如何选取零点，如何选取最大值？人们往往都没有考虑过这些问题。假如各人的工作量的含义不同，如何比较各种不同的工作量因素？例如，如何比较困难度、时间压力、投入资源这三个量？人们就会发现无法用数字去比较。一般情况下，人们没有意识到自己对工作量定义的含混性，也没有意识到无法比较不同定义的工作量的因素。因此，在测试工作量之前，要先对被测人进行一定的培训，直到他们适应了测试方法和评价方法。

4）工作量的感受难以被主观记忆。由于短期记忆一般只能持续数秒钟或数分钟，操作员主观填写的工作量的测试实际上只反应操作员事后能够回忆起来的这些感觉信息，也可能包含了错误记忆的信息。由此，要求用定量方法去描述工作量往往不符合该操作员实际感受到的情况。

5）主观感受很难用语言描述。人们日常往往定性评价一个任务的困难程度，然而很少对它们进行定量评价，操作员很难记住这些感觉，也很难准确描述感觉印象，也难以用工作量的概念去识别各种因素对任务操作的影响。

6）如何把各人体验到的工作量转换成为一致的可以相互比较的工作量的量值？在实际中，人们往往采用比较模糊的词汇去描述工作量，例如工作量"很高"或"很低"等，由此有人建议测试中采用比较模糊语言描述工作量。然而统计分析又需要定量的准确数据。如果一个人采用客观参照标准，而另一个人采用自己内心所想的主观标准，这两种测试结果很难进行比较。为此在实际测试中，要采用统一的标准格式去描述工作量。典型的方法是参照一个任选的数字刻度或者词语描述标准，然后参照这个标准进行测试。

采用主观测试方法时要注意到这些问题，并设法避免或解决这些问题。

三、主观评价方法的局限性（O'Donnell et al.，1986）

1）主观测试方法论的局限性，例如完成任务后报告工作量，这样会遗忘了许多感觉和事实，通过回忆的报告会影响真实性。如果研究的兴趣是评价对总负荷的印象，采用主观评价方法没有什么严重失真问题。

2）操作员可能混淆脑力负荷与体力负荷，有可能无法区分外界要求（或任务困难度）与处理这些要求实际耗费（或体验到）的工作量。这种混淆会导致过高或过低评价实际工作量，因为操作员感觉任务应该要求比实际体验的工作更多或更少。一些测试数据表明感觉到的困难度（perceived difficulty）并不总决定评价付出的耗费或工作量结果。

3）主观测试假设实际能力耗费与操作员体验到的耗费（effort）之间存在一定关系。假如增加能力消耗，那么主观也能感觉到这种增加。然而，并不是一切处理过程都能够被意识到，这将限制主观测试的敏感性。

4）在多数情况下，主观测试的是操作员感受到的努力花费（perceived effort expenditure）、感受到的工作量（perceived workload）或体验到的脑力负荷（experienced mental load）。实际上，有些情况下操作员体验可能与实际不符，或者没有感受到工作量的变化。在一些信息处理和肌肉动作控制任务中，例如跟踪或寻找记忆，脑力工作量的分级无法通过主任务操作来调查清楚。在有些实验中发现，"操作员的主观分级与任务操作无关"，这表明主观测试受某些因素严重影响，这种测试失去了主观测试的作用。

四、Cooper-Harper 飞行员测试法（O'Donnell et al.，1986）

采用的主观测试技术必须能够区分非过载情况中能力花费的大小程度，在甲区和乙区（图 5-1-1）中，被测试的操作员的主观感觉能够精确报告他所花费的努力程度。必须注意，任务特性、操作员经验等会影响操作员体验到的工作量或任务的困难度。这种方法可以被用来评价各种设计方案、任务、操作条件为过载而储备的相对潜力。它没有考虑诊断性，只测试了整体性负载，由于缺乏诊断性，因此要采用屏幕器件去确定操作中是否过载。没有明显的干扰性，也不要求使用仪器，因此适应于各种环境，一般要求采用模型、仿真或操作设备。操作员比较容易使用这种方法。美国最常用的主观测试方法是 Cooper-Harper 的飞机操纵特性量表（Aircraft-Handling Characteristics Scale），此方法用于试飞飞行员测试，主要测试控制飞机的容易程度，它假设操纵的质量与操作员工作量直接有关，可以把 Cooper-Harper 量度看作为工作量指数（Moray，1982；Williges et al.，1979）。飞机控制特性量表见表 5-4-1。

表 5-4-1　飞机控制特性量表

飞行效果	对飞行员选择任务或操作的要求	飞行员打分
极好（高度希望的）	期待的操作不需要飞行员弥补	1
好（可忽略飞行员的匮乏）	期待的操作不需要飞行员弥补	2
凑合（轻微不愉快的匮乏）	维持期待操作要求飞行员最小弥补	3
不常遇见但烦人的匮乏（应当改善）	要求飞行员中等程度的弥补以达到期待的操作	4
中等烦人的匮乏（应当改善）	要求飞行员相对多的弥补以达到适当操作	5
很烦人但可容忍的匮乏（应当改善）	要求飞行员广泛弥补以维持适当操作	6
主要匮乏（要求改善）	飞行员用最大可容忍的弥补无法达到适当操作，飞行员无控制问题	7
主要匮乏（要求改善）	飞行员要有相对大的弥补才能维持控制	8
主要匮乏（要求改善）	飞行员要通过强烈补偿才能保持控制	9
主要匮乏（强制改善）	操作中有时失去控制	10

注：简化 Cooper-Harper，1969，Boff, Kaufman & Thomas：《Handbook of perception and human performance》，John Wiley and Sons，1986。

早在 1956～1968 年美国在固定式飞行模拟器测试中，有若干实际测试数据支持 Cooper-Harper 量级与工作量（或操作员负荷）之间的关系。该实验的主要任务是弥补跟踪时的偏航，翻滚轴（roll-axis）跟踪作为次要任务。基本运行情况是，当主要任务在临界水平不能再维持时，并行的次要跟踪任务的不稳定性就增加了。次要任务的不稳定水平很高，表明了主要任务负荷很低；而次要任务不稳定性很低，表明主要任务负荷很高。这些实验表明了 Cooper 量值与次要任务不稳定性之间很高的相关性，虽然这种关系有时候不是直接的。

Cooper-Harper 量值已经被用来指示许多任务变量，例如控制类型和控制复杂性，显示复杂性，传达手段稳定性（肌肉动作输出），气流紊乱等，这一量值对于很多影响主观工作量的参数是一个很敏感的测试值，因此这一量值对于变量类型没有很高的诊断性。这一方法最早用于体力工作量的测试中，1970年以后脑力工作成为研究重点问题，1978年以后有些人提出可以按照这一方法建立脑力工作量的量度模型。

1983年Wierwille和Casali提出了一个修正量表。它把飞机操作、控制性、飞行员弥补操作改为各种系统信息处理中更贴切的工作量（workload）和耗费（effort）。这个量表被用在三个飞行模拟器试验中进行评价，每个评价试验都包括不同类型负荷的操作，例如感知、中央处理、交流通信等。通过让飞行员探测模拟舱面板上的危险情况数量以及显示速率来改变感知任务负荷。中央处理负荷程度体现为操作决策任务和解决问题任务，飞行员在模拟舱飞行中用算术和几何运算去解决所呈现的导航问题。通信交流负荷的变化，是改变飞行员探测的呼叫符号出现速率以及外来呼叫符号的相似性。这些实验都显示了工作量量度与负荷大小的单一关系（Boff Kaufman，1986）。

第五节　美国宇航局任务负荷指数

一、建立工作量概念的三个过程（Hart et al.，1988）

1）建立工作量的心理结构模型。为此要解决如下问题：第一个问题，假设用工作量可以代表操作员达到一定操作水平，所花费的代价是多少？第二个问题，依赖谁去建立工作量定义？当前主要依赖专家定义法和操作员调查统计定义法去定义工作量。最终是依靠操作员主观进行评价，工作量不存在客观评价标准，也不存在固定的定量分析的物理量纲，其零点和上限都不清楚，量化后的度量间距也是由人任意设定的。第三个问题，如何建立工作量结构？工作量结构可以被分解成哪些因素（变量）？这些因素所构成的关系如何？哪些因素影响工作量？具体任务的工作量包含哪些子因素？它们的范围有多大？定位点、时间间隔为多少？

2）如何进行调查和测试？分析能量消耗方面：它涉及资源定位，处理能够达到什么速度或容量以及疲劳。要获得工作量的数据，就必须选择适当的任务，对其每个因素进行测试获得全面有效信息；要考虑各个因素的重要程度，对各个因素加不同权重；还要考虑测试方法的信度。有些因素可以直接获取信息，有些因素只能获取间接信息，然后再通过推理、背景知识以及有关知识去构成其有效信息。通过分析数据，把各个因素对工作量的作用综合起来，这样就确定了该任务的总工作量（overall workload，OW），并转换成为加权工作量（weighted workload，WWL）。

3）采用适当方法对这些信息进行处理和解释。例如通过量化把各个因素的信息变成数值，通过加权区分各个因素的重要程度，再通过相关分析与回归分析寻找各个因素之间的关系，最后对整体信息的信度、效度进行分析等。也可以让不同的人（用户或者专家）进行评价，对各个间接信息进行推理解释。

二、主观工作量评价过程心理结构模型（Hart et al.，1988）

1）任务相关的因素。一个任务对操作员存在三方面客观要求：脑力要求（mental demand，MD）、体力要求（physical demand，PD）和时间要求（temporal demand，

TD）。这三方面也许会同时变化，也许不会同时变化。这三个量是通过下述两个量来描述的：客观幅度值（objective magnitudes，M）和重要性（importance，I）。

2）主观相关的因素。当一个操作员接收到任务的这三方面要求时，其重要性、幅度和含义可能会出现一定程度的变化，这取决于操作员的个人经验、期待和理解。这三个客观因素受被测人主观影响，被转换成为各个操作员的三个主观心理量：主观体力要求（PD）、主观脑力要求（MD）和主观时间任务要求（TD）。

3）主观反应。对脑力、体力和时间这三方面的要求会产生三种反应：情绪反应（如挫折反应）、认知反应和体力反应（如费力或耗费）。操作员对体力要求的反应是明显行为和耗费程度；对脑力要求的反应是认知行为反应和挫折程度；对时间要求的反应是明显行为和自我操作性能（OP）。这些反应恰恰是可测量的明显行为。同时这些反应也可以由操作员进行自我评价（如自我操作性能）。

4）评价中对各个因素进行主观加权后，形成感受到的综合的工作量（Ewl），这些体验最终被综合成为明显工作量评分（Rwl）。最终的结果并不代表工作量的客观要求的固有特性，而是操作员与任务相互作用所形成的结果。

为了搞清楚每个因素的作用，需要调查两方面信息：①每个因素的重要性，由此形成了加权大小。②每个因素在具体任务中的幅度大小，也就是被测人记分的数值。例如，脑力要求可能是一个任务中最重要的工作量因素（加权最大），然而该用户界面的测试目的是为了通过改善其设计去降低脑力负荷的幅度。

三、美国国家航空和宇宙航行局任务负荷指数的研究过程（Hart et al.，1988）

美国国家航空和宇宙航行局任务负荷指数（NASA-task load index，NASA-TLX）被用于测试工作量，是一种主观测试方法。这个测试方法通过以下几个阶段确定了表达工作量的 6 个因素。

第一步，Hart 等（1982）列出了工作量可能包含的 19 个因素，在各种职业人中对工作量进行了调查，让被测人去识别"主观上认为哪些因素等同于工作量，哪些因素与工作量有关，或者哪些因素与工作量无关"。调查结果让他们吃惊，这些因素都被认为与工作量的含义有关，至少有 14 个因素被 60％的人主观认为等同于工作量，而这些观点与被调查人的受教育程度和职业背景无关。

第二步，通过各种实验和模拟飞行任务，让若干组被测人针对这 14 种工作量的定义去评价他们的体验。在每组实验条件中，每个被测人评价哪些因素的记分与整体工作量记分同时变化，这样识别出若干工作量概念，例如任务困难度和复杂性，紧张，脑力消耗（mental effort）等都与工作量有关，这些因素在所有被测人和各个实验中都得出一致的结果。有些因素，例如时间压力、疲劳（fatigue）、体力消耗（physical effort）和自我操作特性（own performance）等，在某些实验中与工作量紧密相关，在另外一些实验中与工作量无关。

第三步，选择 10 个最显著的因素（见表 5-5-1），确定其重要性和它们与总工作量的相关性。为此采用两极端量度记分测试。例如，对体力耗费，用一段 12cm 线条表示其度量，两端分别为"高"和"低"，让被测人标记出量度大小。然后把这个度量线转换成为 1～100 刻度，并记录被测人标记的量度数值。这 10 个计量因素是：总工作量

表 5-5-1　与工作量相关的 10 个因素

序号	因素	度量方法	含义描述
1	总工作量（OW）	低，高	与该任务相关的全部工作量，要考虑全部资源和因素
2	任务困难度（TD）	低，高	任务容易或苛求，简单或复杂，严格或宽松
3	时间压力（TP）	无，匆忙	你感觉到该任务因素的速度压力，该任务悠闲或快和疯狂
4	自我操作特性（OP）	错，好	你认为对所要求的事情你能完成的怎样，你对所完成的是否满意
5	体力耗费（PE）	无，无法达到	所要求的体力活动的总量（例如推、拉、旋转控制）
6	脑力耗费（ME）	无，无法达到	所要求的脑力和感知活动总量（例如思维、决策、计算、记忆、寻找等）
7	挫折（FR）	完成，激怒	不安全、失望、激怒、苦恼，或者安全、满意、满足、得意
8	紧张（ST）	放松，紧张	担忧、着急、焦躁程度，或者冷静、安静、平静、放松的程度
9	疲劳（FA）	累，警觉	劳累、疲倦、耗尽的程度，或者新鲜、精力充沛
10	行动类型（AT）	技能行动，规则行动，知识行动	从任务要求的不费脑力的反应程度，到训练有素的规则，或者要求应用知识解决问题和决策

（overall workload，OW）、任务困难度（task difficulty，TD）、时间压力（time pressure，TP）、自我操作特性（own performance，OP）、体力耗费（physical effort，PE）、脑力耗费（mental effort，ME）、挫折（frustration，FR）、紧张（stress，ST）、疲劳（fatigue，FA）和行动类型（activity type，AT）。活动类型包含技能行动（skill-based）、规则行动（rule-based）和知识行动（knowledge-based）三种，从前向后它们的工作量增大。

第四步，确定各个因素的重要性。在预实验中，按照各个被测人的观点，确定了对工作量影响最大的 9 个因素的相对重要性（importance）顺序。为此，把这 9 个因素中任选 2 个为一对，一共 36 对，按照随机顺序列出来，呈现给每个被测人，让他记录下每对因素中哪个因素对工作量最重要，然后统计出每个因素被选择的次数，其统计结果可能为 0（不重要）～8（比其他因素都重要）。越重要的因素，被加权值越大，然后计算平均加权工作量分数（WWL）（见本节最后举例）。

第五步，最后从数学上分析了三个概念：各个因素与总工作量的相关性大小，各个因素对总工作量的权重大小，各个因素的独立重要性（回归分析）。

四、具体分析（Hart et al.，1988）

在各种任务的工作量实验中，到底哪些因素的组合对工作量的影响比较大？哪些因素组合能够反映被测人对总工作量的主观看法和经验？这 9 个因素各自对它有多少影响？为了搞清楚这个问题，采用了各种不同的任务进行大量实验，调查数据被分为两大总体数据库，被测人的评分数据库和加权数据库。分别对 10 个因素中和 WWL 各登录了 247 名被测人的 3461 个评分数据。加权数据库中也包含了这 247 名被测人参与的实验数据。然后对各个因素与总工作量之间关系进行了相关分析，从而确定每个因素与工作量整体结构的关系。另外，把这 9 个因素都对总工作量进行了回归分析，以确定各个因素在线性组合时在总工作量中所占的百分比。

哪些因素对工作量最重要？这些测试都是以认知活动为主，而不是体力活动。被测人认为时间压力（TP）是工作量最重要的变量，其次是挫折（FR）、紧张（ST）、脑力耗费（ME）和任务困难度（TD）。而体力耗费（PE）被认为影响最小。同样，疲劳（FA）和行动类型（AT）对工作量的影响也不大。赋给每个因素的重要性加权是相对独立于其他因素重要性的赋值。每次采取两个因素成对比较的结果，每次加权都只在两个因素中选取一个，而没有选取比较其他因素。结果如表 5-5-2 所示。

表 5-5-2　各个因素对总工作量的相关系数（Hart et al.，1988）

因素	权重（weight）	与总工作量相关系数
时间压力（TP）	4.75	0.60
任务困难度（TD）	4.50	0.83
脑力耗费（ME）	4.36	0.73
自我操作特性（OP）	3.95	0.50
紧张（ST）	4.56	0.62
挫折（FR）	4.51	0.63
疲劳（FA）	3.56	0.40
行动类型（AT）	3.60	0.30
体力耗费（PE）	2.21	0.52

五、测试任务分析（Hart et al.，1988）

为了确定在不同的行动任务中，不同的负荷源（例如脑力耗费、体力耗费、时间压力、任务困难度）对工作量的贡献，选择了如下六类测试任务。在建立这些任务工作量模型时，要分析这个组合任务的工作量所包含的心理因素：输入和反应类型（听觉或视觉，口语或肌肉操作等），交流方式（空间的或口语的），要求的认知操作（例如特征提取、短期记忆保持力、分类等），还要考虑哪些因素是自动化过程或者能够成为自动化的过程。

1）简单任务，强调单一认知活动。每个实验给出一个刺激，要求一个反应，认知最主要的负荷源。这些任务包括：①视觉或听觉空间变换任务，用口头或手动操作；②给出视觉或听觉的 Sternberg 实验（记忆搜寻任务），它要求被测人去确定一个显示项是不是他以往记忆内容中的成员，首先在计算机屏幕上给被测人显示 7 个字母，例如 ETDXCFKE，要求他记忆这些字母，然后在屏幕上显示 8 个字母 MQZJBKQW，看被测人是否能够发现 K 是要求记忆中的内容；③选择反应时间；④判断相同（不同）；⑤心算；⑥估计时间；⑦判断大小；⑧用不同输入器件输入一个数字或一个数加一个常数；⑨记忆范围；⑩与飞行有关的航向计算；⑪智力旋转。通过这些实验得到的典型发现是，当信息处理困难度增加时，操作精度降低，反应时间增长。采用不同显示（听觉或视觉）时，反应通道（例如语音、键盘、微动开关、触摸屏、操纵杆）的操作性能有差异。主观工作量较高时，操作性能比较差。刺激反应的性能降低时，工作量也比较高。这些任务中，体力耗费（PE）很小，任务困难度（TD）与脑力耗费（ME）和挫折（FR）密切相关，挫折（FR）也与时间压力（TP）和紧张（ST）密切相关。

2）单一轴向或两轴向的手动控制任务，主要负荷源是体力要求。实验任务包括：①力变化的带宽控制；②控制顺序（固定或变化）；③控制轴的多少（1或2）。显示通道为视觉，反应通道为手动。测试的任务类型为技能行动，操作性能和工作量随带宽控制变化。当带宽增加，主观工作量和跟踪错误也增加。控制任务的变化顺序操作不好时，被看作为具有更高工作量。两轴跟踪被认为比单轴跟踪的负荷更大。挫折（FR）和紧张（ST）记分比其他任何任务都高。这反映了被测人觉得有些条件相对失控了。脑力耗费（ME）比预测的高。被测人都认为自我操作特性（OP）比其他任务都差。

3）双任务测试。这种任务要求操作员同时完成无关的认知和手动控制活动，模拟飞行员在驾驶的同时，还要通话或者完成其他操作，也就是同时操作两个不相关的任务。在这种测试中进行了两个实验，一个任务是连续的一轴或二轴跟踪任务，另一个任务是离散的认知负荷任务。跟踪任务的困难度可以通过控制顺序和加力函数的带宽来操纵。在一个实验中，要求的操作任务是三个困难度水平的听觉 Sternberg 记忆搜寻任务，这些任务作为飞行员的呼叫符号，要求用口语反应。另一个任务中，给出了视觉或听觉的空间变换任务，要求用口语或手动反应。首先，每个任务都以单一任务形式呈现出来，包括单一认知任务和单一手动任务。然后给出双任务，双任务是把呼叫符号反应与手动操作这两种任务结合起来，形成不同困难度，以确定疲劳、工作量以及与事件有关的大脑皮层电位之间的关系。对于第一个实验，这两个任务的操作性能都随时间要求而退化，总工作量（OW）、疲劳（FA）、跟踪出错以及测试的电位值都明显呈现正相关。对于第二个实验，视觉输入通道的空间变换任务的工作量比较小，对跟踪任务的干扰比较小。语音输出的操作性能更好一些，工作量也比手动输出要小，因为手动要干扰另一个手动跟踪任务。任务困难度（TD）、时间压力（TP）、脑力耗费（ME）之间相关性比较高，时间压力（TP）与脑力耗费（ME）之间、挫折（FR）与紧张（ST）之间、自我操作特性（OP）与挫折（FR）之间、挫折（FR）与紧张（ST）之间的相关性比较高。

4）Fittsberg 任务。这个词是由 Fitts（费茨）与 Sternberg（搜寻记忆任务）组合而成的。这种方法提供了一种方法替代传统的双任务测试。传统双任务测试中，一般选取两个无关的任务，要求在同一时间间隔内完成，例如一边驾驶，一边对话。而 Fittsberg 测试方法选取的两个任务一般是彼此相关，也就是把依据 FITTS 定律的目标搜寻任务与 Sternberg 的记忆搜寻任务结合起来。一个代表认知任务，另一个代表神经肌肉的操作动作。这个选择响应任务是依据 Sternberg 记忆搜寻任务，它要求被测人确定一个显示项是不是他以往记忆内容中的成员。选择执行任务（获取目标）是依据费茨定律测试操作员手动操作的精度和控制能力。这种测试任务可以有许多形式。例如，其中一种测试任务如下：第一步，在计算机屏幕上给被测人显示 7 个字母，例如 ETDX-CFKE，要求他记忆这些字母。当操作员记住这些字母后按回车键，由此确定记忆时间 RT。这是传统上典型的短期记忆测试任务。第二步，在屏幕上圆周形排布显示 8 个字母 MQZJBKQW，并在这些字母的中心位置显示出光标。第三步，让被测人操作鼠标去移动光标指示那个唯一被记忆的字母 Z。记录被测人的反应正确率以及反应时间 MT（从屏幕上出现 8 个字母到他把光标移动到 K 字母上的时间），这是传统上典型的肌肉控制测试任务。这两个阶段的工作量相对比较独立。假如 RT 增加，表明认知困难度增加。假如 MT 增加，表明获取目标的困难度增加。任务困难度（TD）、时间压力（TP）、脑力耗费（ME）、紧张（ST）和挫折（FR）彼此之间的相关性比较高。

5）动态多任务（Popcorn）。这是一种动态的多任务管理控制模拟，它代表了决策人要对半自动化系统负责的操作环境。这种任务属于以知识为基础的行动，非常复杂，是最无法预测的。其命名 Popcorn（爆米花）形象反映了其特点：大量任务群在一个限定的范围里运动等待，当被选中操作时就蹦出来。操作员要评价当前情况、各个任务的紧急程度、成功或失败的奖惩，然后决定操作什么任务、采取什么过程。模拟控制功能提供了不同环境里可选择的若干解决方法，可以用磁笔和绘图垫选择这些解决方法，并用自动控制系统去执行。改变任务数量、后续任务预定达到时间、每个部分的运动速度、迟到引起的惩罚等因素都会改变该任务的困难度。惩罚方式包括增加了附加操作，提高了被延迟任务的速度，扣分，失去对延迟任务的控制。通过这些模拟任务，评价未完成的成分，完成花费的时间以及积分，去确定各种任务因素变量对工作量的贡献。通过分析所选择的功能去评价操作员的各种策略。调度的复杂性、不同任务数量（不是每个任务中的成分数量）、时间压力有关的延迟引起的惩罚等都明显表现在被测人的主观的、行为的和生理反应中。这一组实验中被测人对相关性的打分普遍比较高，只有疲劳（FA）打分比较低，其实这种实验一般都延续 5h。时间压力（TP）是控制工作量的最主要方式，TP 与任务困难度（TD）、脑力耗费（ME）、挫折（FR）、紧张（ST）和总工作量（OW）高度相关。

6）单一飞行员模拟任务。在这里组合了三种飞机模拟，用这些飞行模拟器确定各个飞行任务成分对总工作量的贡献，比较实际形成的工作量与模型预测的工作量之间的差别。通过操作次要任务去评价工作量。第一个实验要求控制一个变量（例如航向）、两个变量（例如航向与速度）、三分变量（航向、姿态、速度），其他无关变量保持不变。当每个操作技能的困难度和复杂性增加时，工作量也增加。第二个实验设置了更复杂的飞行任务技能。同样，飞行任务各个成分的复杂性增加时，工作量也增加。在最后一个实验中，采用了两个情景，一个容易，另一个困难。在这种实验中，这个实验的打分稳定性最高，表明被测人对操作任务非常熟悉，他们都是水平很高的飞行员。行动类型（AT）采用技能行动。最高小相关性存在于脑力耗费（ME）、任务困难度（TD）、操作特性（OP）之间，存在于体力耗费（PE）、任务困难度（TD）、时间压力（TP）和紧张（ST）之间。只有任务困难度（TD）与总工作量（OW）高度相关。

六、如何选择工作量的量度因素（Hart et al.，1988）

按照以上实验和分析的结果去选择工作量的量度因素。

与任务有关的量纲包括任务困难度（TD）、时间压力（TP）和行动类型（AT）三个量。他们把任务困难度分解为两个子量纲：脑力要求（mental demands，MD）和体力要求（physical demands，PD），时间压力表现为暂态要求（temporal demands，TD）。

与行为有关的量纲包括三个量：体力耗费（physical effort）、脑力耗费（mental effort）和自我操作特性（own performance）。前两个被合并成为一个综合耗费（effort，EF）。

主观有关的量纲包括挫折（FR）、紧张（ST）、疲劳（FA）。FR 太泛泛，可能表达很多含义；ST 含义太含混；没有发现 FA 与工作量有关系。因此 FR 和 ST 是不必要的。

总工作量（OW）包含了太多因素，其记分在不同类型实验中差别很大，对不同任务似乎反映不同变量。对一个任务，它可能反映了时间压力，对另一个任务可能反映了精力耗费。提取总工作量这个概念反映出一个问题：抽象程度越高，就越难以提供有用的信息，反而掩饰了重要特性，因此不需要 OW。

在最后确定因素时，首先把各个因素按照重要性排序：TD，FR，TP，ME，PE，OP，ST，FA，AT。消除三个因素（ST，FA，AT），合并两个（EF ＝ ME ＋ PE）。五个变量回归到 OW（five remaining scales are regressed on OW）。任务困难度（TD）被分为脑力要求（mental demands）和体力要求（physical demands）。工作量因素分析见表 5-5-3。

表 5-5-3 工作量因素分析

因素	度量	含义
脑力要求 (mental demand)	低/高	要求多少感知活动和脑力活动（例如，思维、决策、记忆、看、寻找等）？该任务容易还是苛求，简单还是复杂，精确还是宽松？
体力要求 (physical demand)	低/高	要求多少体力活动（例如，压、拉、转、控制、使活动等）？该任务容易还是苛求，慢还是快，松弛还是紧张，轻松还是艰苦？
时间要求 (temporal demand)	低/高	任务出现的速度或节奏使你感到多大时间压力？节奏慢且从容，还是快且疯狂？
操作性能 (performance)	好/差	你觉得对于实验人员（或你自己）安排的任务目的，你能够完成到什么程度？在完成这些目的时，你对自己操作性能的满意程度是多大？
耗费 (effort)	低/高	为了完成你的操作性能水平，你工作（脑力和体力）的困难程度如何？
挫折水平 (frustration level)	低/高	在任务过程中你觉得不安全还是安全，气馁还是高兴，生气还是满意，紧张还是放松，苦恼还是满意？

NASA-TLX（任务负荷指数）是一种主观工作负荷评价方法（Verson 1.0 出自 http://iac.dtic.mil/hsiac/docs/TLX-UserManual.pdf）。该方法是由 NASA Ames Research Center 的人操作组通过 3 年研究后提出的。这项研究认为，对于不同实验者和被试者来说，工作负荷的含义是有区别的；不同任务所施加的特殊负荷来源是更重要的决定因素，这在当前的测试中通过加权来体现，而不是简单按照定义去进行测试。第一个研究总结在 1988 年完成。该方法适用于飞机驾驶、命令指挥、控制、通信工作站、监督和过程控制环境、模拟和实验室测试等。

NASA 任务负荷指数（NASA-TLX）把每个测试量分为 7 级李克特量表，从"很低"到"很高"。其评价过程包含两部分：加权和评定。并且提供了 3 个计算机程序分别用于加权（weights）、评定（ratings）和综合结果（combine）。

例如，表 5-5-4 比较了招待员与空中交通控制人员的任务负荷指数（参见 http://gilbreth.ecn.purdue.edu/~ie556/Topic3 _ taskana.ppt）。

表 5-5-4　两种职业工作量比较

NASA-TLX 结果	招待员	空中交通控制员
脑力负荷	27.4	89.6
体力负荷	40.2	40.3
暂态负荷	49.7	93.8
操作	20.0	75.5
费力	18.0	79.1
挫折	31.7	95.4

七、NASA-TLX 应用举例（Hart et al.，1988）

比较两个任务工作量，这两个任务要求一系列离散相应。主要困难操作是 inter-stimulus interval（ISI），任务 1 = 500ms，任务 2 = 300ms。

首先确定各个因素重要性。用随机方式从 6 个因素中把任意两个因素构成一组，这样一共构成 15 组。让被测人从每个成对因素中选择在该任务里工作量变化最重要的资源。

PD/|MD|　|TD|/PD　|TD|/FR

|TD|/MD　|OP|/PD　|TD|/EF

OP/|MD|　|FR|/PD　OP/|FR|

FR/|MD|　|EF|/PD　OP/|EF|

|EF|/MD　|TD|/OP　EF/|FR|

每个因素重要性选择的记分如下：

MD 被选择 3 次，重要性 = 3

PD 被选择 0 次，重要性 = 0

TD 被选择 5 次，重要性 = 5

OP 被选择 1 次，重要性 = 1

FR 被选择 3 次，重要性 = 3

EF 被选择 3 次，重要性 = 3

被测人对各因素的记分如表 5-5-5 所示。在你刚才完成的任务中，对如下每个因素进行量化计分。

表 5-5-5　任务 1 对各因素打分

要求	任务1记分
MD LOW	
PD LOW	
TD LOW	
OP EXCL	
FR LOW	
EF LOW	

表 5-5-5 中打分量化后加权计算结果如下：

	记分		权重		乘积
MD	30	×	3	=	90
PD	15	×	0	=	0
TD	60	×	5	=	300
OP	40	×	1	=	40
FR	30	×	3	=	90
EF	40	×	3	=	120
	总和			=	640
	权重（总）			=	15
	平均 WWL			=	43

对第 2 个任务打分如表 5-5-6 所示。

表 5-5-6 任务 2 对各因素打分

要求		任务2记分
MD	LOW	└─────────────────┘
PD	LOW	└─┬───────────────┘
TD	LOW	└───────────┬─────┘
OP	EXCL	└───────┬─────────┘
FR	LOW	└───────┬─────────┘
EF	LOW	└─────────────────┘

表 5-5-6 中打分量化后加权计算结果如下：

	记分		权重		乘积
MD	30	×	3	=	90
PD	25	×	0	=	0
TD	70	×	5	=	350
OP	50	×	1	=	50
FR	50	×	3	=	150
EF	30	×	3	=	90
	总和			=	730
	权重（总）			=	15
	平均 WWL			=	49

第六节 主观工作量评价法

一、依据专家对工作量的定义（Reid et al.，1988）

主观工作量评价法是采用被测人直接评价工作量的方法，本节介绍两种方法：

第一，SWAT（subjective workload assessment，SWAT）。

第二，多资源问卷的工作量调查方法。

20 世纪 80 年代初期，美国空军 Harry G. Armstrong 航天医学研究实验室（AM-RL）依据人机学专家对工作量的各种定义，建立了 SWAT（subjective workload assessment）测试方法（Reid et al.，1988）。

脑力工作量缺乏统一认同的定义，它是一个十分复杂的结构，包含了许多因素，各个领域中工作量的含义也不同。他们从两方面对工作量进行分析。

首先，他们收集了人机学专家对工作量定义。从 1960～1980 年，14 位人机学家对工作量给出 20 个定义，这些定义把工作量分解为 19 种含义，这些含义又可以被概括分类为以下三方面综合因素。

1）时间负荷（time load）。包含要求时间、有效时间、要求时间/有效时间、时间压力四种因素。

2）脑力耗费负荷（mental effort load）。包含任务复杂程度、感知到的困难（perceived difficulty）、耗费（effort）、精力消耗（expenditure of energy）、相互关联的活动（interrelating activities）、信息输入（information input）六种因素。

3）心理压力负荷（psychological stress load）。包含心理压力、疲劳、动机、情绪压力、压力、风险不确定、故障概率、紧张、任务操作性能九种因素。

二、分析军用设备操作员的工作量（Reid et al.，1988）

其次，他们又分析了军用设备操作，其工作量包含了以下因素：

1）时间压力（time pressure）。例如飞机驾驶舱工作量主要受时间压力很大。

2）任务困难度、任务复杂程度和精力耗费引起的工作量。这些因素关系到跟踪任务、归纳推理、演绎推理或者检索记忆。这一个因素组被称为脑力耗费负荷，它包含的处理过程有计算、决策、管理各种信息源、把信息放置到短期记忆中、检索信息、从长期记忆中检索有关信息以及各种评价。

3）心理压力。包含了操作员大量变量，例如动机、培训、疲劳、健康、情绪状态等。其紧张源包括担心身体伤害、担心疲劳、紧张、不熟悉、迷失方向。此外，人体紧张源还包括温度、振动、加速度力、噪声等。

三、建立主观工作量模型（SWAT）（Reid et al.，1988）

根据以上分析，该实验室提出 SWAT 包含三个维度（在实际进行主观测试时，每个维度被分为三个等级）。见表 5-6-1。

这三个维度的各种组合可以形成 27 个工作量等级，最低工作量为（1，1，1），其度量值为 0；而最高工作量为（3，3，3），它的度量值为 100。其他度量值位于这两者之间。

采用 SWAT 主观测试方法，有两个基本要求：①要培训被测人，掌握如何进行打分。②假设被测人能够对工作量进行准确的间距判断，而不是绝对值判断。例如，如果被测人对任务 A 和 B 的工作量打分为 1 和 3，对任务 B 和 C 的打分为 2 和 4，那么就认为任务 A 和 B 以及 B 和 C 之间的差别是一样的。SWAT 只要求被测人能够根据一般信息进行挑选，或者把两个量进行比较，能够按照感知到的工作量提出选择替代，不再要求更复杂的判断评价。

后来该航天医学研究实验室决定用 SWAT 建立一种新的主观工作量测试方法。为此，首先要看在进行主观测试时，这些参数在要求的工作量数量级上是否变化敏感。他们建立了一套标准任务组（criterion task set，CTS）以供测试和评价工作量，它包含 9

表 5-6-1　主观工作量因素结构

1. 时间负荷	
(1)	经常有多余时间。很少出现或不出现活动的中断或活动交叉
(2)	偶然出现多余时间。经常出现活动中断或交叉
(3)	几乎从没有多余时间。非常经常出现活动中断或交叉

2. 脑力耗费负荷	
(1)	耗费脑力或集中注意。活动几乎是自动完成的，不要求什么注意
(2)	中等程度意识脑力耗费或要求集中专心。由于不确定性、不可预测性或不熟悉，活动的复杂性为中等偏高。要求相当多的注意
(3)	要求广泛耗费脑力和集中注意。非常复杂的活动要求全部注意

3. 心理压力负荷	
(1)	没有什么混淆、冒险、挫折或焦虑，很容易适应
(2)	由于混淆、挫折或焦虑增加了工作量而引起中等压力。要求重要弥补以维持适当操作性能
(3)	由于混淆、挫折或焦虑而压力很大。要求高度极端的决心和自我控制

个任务，能够代表空军的典型任务，也能够在测试中比较敏感反映大脑信息处理系统。见表 5-6-2。

表 5-6-2　评价工作量的任务

序号	任务	处理功能
1	视觉显示监测	视觉感知输入
2	连续识别	工作记忆编码或存储
3	记忆搜寻	工作记忆存储或检索
4	语言处理	符号信息操作
5	数学处理	符号信息操作
6	空间处理	空间信息操作
7	按规则推理	推理
8	不稳定跟踪	手动反应速度和精度
9	定时产生	手动反应定时

　　他们对每个任务建立三个不同的水平等级，测试前也要对被测人进行培训。测试过程如下：

　　第一步，确定等级。把测试任务按照这三个因素确定各属于什么等级。各种等级的组合一共形成 27 个卡片，操作员要挑选适当卡片，以反映对工作量的评价。

　　第二步，按照选择的卡片对任务的工作量进行实际打分。

　　第三步，把上述打分转换成百分制的数字分数。

四、应用（Reid et al.，1988）

　　1983～1987 年，SWAT 被用于一些飞机模拟测试：F-16/F-15 空对空测试，KC-135航空母舰飞行甲板的现代化，A-300 起飞与着陆，B-52 长时间任务，DC-10 起飞与着陆，直升机 NOE 等。控制中心模拟测试：地面发射火箭控制中心（1984 年，1985 年），核电站培训（1984 年），炼油厂（1986 年）。飞机操作测试：F-16 飞行测试，A-10 飞行测试，激光制导导弹飞行测试（1987 年）。

控制中心操作测试：C-1412 空投空降，KC-10 投弹操作（1984 年），命令控制中心（1984 年）。此外，还用于坦克模拟器。

SWAT 被用于美国军方人机系统的测试。可以用它比较各种系统的操作员的脑力工作量，还可以用来测试一个系统改进前后的操作员工作量。然而，这种方法却无法测试出人机界面哪里操作的工作量比较高，哪一步操作的什么工作量比较高，为此需要采用其他测试方法进一步进行调查。

五、多资源问卷的工作量调查方法

当前主要使用两种方法：美国国家航空和航天管理局任务负荷指标（NASA-TLX），主观工作量评价技术（subjective workload assessment technique，SWAT）。

Boles 和 Adair（2001）认为这些方法都存在两个不足：

第一，很难确定负荷处于什么具体脑力处理过程。

第二，从评价人角度来看，NASA-TLX 和 SWAT 的主要缺点是评价人必须认真公正评价大量（27～36 个）因素的组合结果，这十分麻烦。

Boles 和 Adair（2001）采用了新的主观工作量评价方法，依据的是多资源问卷（multiple resources questionnaire，MRQ）。MRQ 测试工作量依据多资源理论的各个因素的组合，这个问卷列举了 17 个认知资源，其中包括 15 个中央处理资源和 2 个反应性资源，并且采用 0～4 量表。这个 MRQ 的主要应用是评估任务所使用的各种资源是否重叠，从而预测多任务时这些资源是否发生冲突。要达到这个目的，必须要满足某个最小信度值。通过若干计算机游戏测试，评价人为 6 人、5 人或 3 人，典型信度为0.7～0.8。

Boles 和 Adair（2001）通过实验分析了评价人信度，并用 Spearman-Brown 公式计算评价人信度，各个实验中评价人分别为 4 人、8 人、16 人。当评价人为 4 人时，评价信度为 0.84～0.94。当评价人至少 8 人时，评价信度大于 0.91～0.97。见表 5-6-3。

表 5-6-3　多资源问卷

多资源问卷（Multiple Resources Questionnaire，MRQ）

http://members.aol.com/DBBoles/hfes2001a.html

这个问卷的目的是搞清楚在你的任务中使用了哪些脑力处理过程。下面是这些脑力处理过程的名称和描述。请仔细阅读，要理解这些处理过程的含义。然后用下面的 5 级量表去评估你使用每个处理过程的程度。0 表示没有使用，1 表示轻微使用，2 表示中等使用，3 表示繁重使用，4 表示极度使用。

假如一个处理被使用了，那么这个处理所定义的各个部分都应该被看作被使用了。例如，"识别视觉表现的几何形体"，你不应该只因为"形体"被包含在内，而判断使用了"触觉形体"处理，而要认为使用了该处理，该形体是通过触觉被处理了。

把一个任务作为一个整体看待，平均到全时间过程。假如在任务的某时刻使用了一个处理过程，而在其他时刻没有用，你的评价不应该反映峰值，而应该在任务全部时间反映为平均值。全部 17 个认知资源如下：

1. 听觉情绪处理（auditory emotional process）：要求判断通过听觉所表现的情绪，例如音调或音乐情绪。

2. 听觉语言处理（auditory linguistic process）：要求识别通过听觉所表现的话语的单词、音节或其他口语成分。

3. 面部形象处理（facial figural process）：要求识别通过视觉表现的面部或面部表现的情绪。

4. 面部动机处理（facial motive process）：不与讲话或表达情绪联系，而要求你自己面部肌肉动作。

5. 手动处理（manual process）：要求的臂膀、手和指头的运动。

6. 短期记忆处理（short term memory process）：要求把信息记忆几秒钟到半分钟。

7. 空间注意处理（spatial attentive process）：所要求的通过视觉把注意集中在一个位置。

8. 空间分类处理（spatial categorical process）：要求通过视觉简单判断左与右的关系，或者上与下的关系，不必考虑准确位置。

9. 空间紧密程度处理（spatial concentrative process）：要求判断许多视觉对象或形式的间隔距离是多大。

10. 空间紧急处理（spatial emergent process）：要求通过视觉从非常混乱的背景中挑选一个形式或对象。

11. 空间位置处理（spatial positional process）：要求通过视觉识别一个准确位置与其他位置的区别。

12. 空间定量处理（spatial quantitative process）：要求通过视觉去判断很大的数量，并采用非语言和非数字的表达方式，例如直方图、圆饼图。

13. 触觉形体处理（tactile figural process）：要求通过触觉去识别或判断形体。

14. 视觉词汇处理（visual lexical process）：要求通过视觉去识别词汇、字母或数字。

15. 视觉语音处理（visual phonetic process）：要求详细分析通过视觉表现的单词、字母或数字的声音。

16. 视觉暂态处理（visual temporal process）：要求通过视觉去判断时间间隔或者事件的时间安排。

17. 嗓音处理（vocal process）：要求使用你的声音。

第六章　科　学　论

本章要点

计算机领域科学研究中出现的各种困惑问题来自哪里？许多问题来自西方的科学论。

技术科学的价值在于发现和解决技术难点问题和普遍性问题，探索人类未来生存方式。当前重点是探索可持续发展的技术和生态技术，其中也包括减少体力和心理负担，维护体力和心理健康，用户界面研究目的就属于这一类。

首先遇到的问题是如何选择探索问题？如何判断你认识的真假？"真"是指事实性、全面性、系统性、持久性。不符合这些标准的就认为可能存在不同程度的虚假性。研究科学的这些困惑的领域被称为科学论，又被称为科学哲学。具体地说，科学论探索科学研究的本体论、认识论、方法论等。

简单地说，本体论主要研究计算机领域应该研究什么问题，如何进行定义，主要针对的问题是什么，例如"人脑是不是计算机？"认识论主要研究"你怎么知道你所知道的是正确的？"方法论是研究各种方法是否能够达到你那个领域进行科学研究的目的和要求。本章主要从这三方面分析计算机研究中所存在的问题。

跟随模仿别人时不需要考虑这些问题，而处于主动思考问题时，就会感到孤独无助，不得不经常考虑这些问题。虽然经过几千年的发展，西方的科学论仍然是一个初级的、修修补补的系统，存在许多不科学的东西，它造成了近300年来西方的科学技术成就，也导致西方近300年来积淀的大量的无法解决的问题。

了解西方科学论不是为了模仿它，而是重新思考它，设法减少和避免它的问题。

第一节　本　体　论

一、科学是什么？

科学是什么？存在几种不同观点。

第一种观点认为科学是追求的真理，例如通过逻辑推理可以认识外界，可以超越人的感知局限，认为用这种真理能够战胜迷信、传统或宗教信仰，理性主义采取这样的态度。

第二种观点认为科学是系统的知识体，这种观点退了一步，人类的感知是有限的，只能看到很有限的范围，不能感知和认识全部真理，因此"知"与"真理"还有一段距离，经验主义采取这种态度。

第三种观点认为科学是有用的知识，使人满意，这种观点又退了一步，它不管科学是不是真理，也不管科学是否正确的，只考虑自己目的，只考虑是否有用或满意。能够解决问题，能够带来利益的似乎都被人冠以科学的名义。实用主义采取这种类似的态度。

第四种观点认为科学是人大脑认知结果，这种观点又退了一步，承认科学知识是主观的东西，是人大脑能够认识处理后的结果。

第五种观点认为科学是能够证伪的东西，例如物理学家总不断发现前人的观点是错的或者有偏差。

第六种观点认为科学是人为自然立法，人说自然是啥样的它就是啥样，这种观点更退后了一步，认为科学是人类主观价值观念或世界观的产物。例如，所谓"科学管理法"泰勒制其实是企业主的武器。例如，西方自古就有一种价值观念和世界观叫"机械论"，牛顿力学就是机械论的产物，是用机械论去解释世界。

第七种观点认为科学是符号形式的变换，是文本解释文本，符号解释符号，是把一个符号替换成另一个符号，这也被称为"唯名论"。它似乎是从一个角度去看世界，也许是近视，也许有偏见，但绝不是全部客观事实。用概念似乎为了使人接近真实，其效果是在人的感知与真实之间树立了一堵墙。

第八种观点认为科学实际上是偶像崇拜，因为你的脑袋不行，因此你必须学习这种知识，其实是让你用牛顿（或康德、杜威）的脑袋去思考问题，因此科学被当作是弱智者的奶瓶。

第九种观点认为科学是一种价值取向，是一种话语权，其实科学本身并不重要，而被称为"掌握科学规律"的人可以获得决策权、特权或优先权，可以自高自大，固执己见，这是科学崇拜，过分夸大科学家的作用。人们给各种认识论赋予不同价值，例如有些人对数学方法坚信不疑，同样，生物、化学、物理都属于一定的认识方法，也都存在局限性。而把这些认识方法都综合起来，也不足以认识世界。

二、本体论

本体论（ontology）是什么？它本是哲学的一个领域，主要研究存在的本质是什么。把它借用在科学研究中，主要目的是考虑科学研究对象的真假，一个学科应该研究什么问题，应该研究什么方向，一个课题是否存在，它提出的问题、概念、知识是否存在，你研究的东西是真的还是假的？提出的问题是否属于该学科、领域或课题的研究对象？是否需要建立一个概念？如何定义？定义的目的是什么？是否能够建立系统知识，这些知识能够起什么作用？包括如何建立知识体框架，如何建立概念之间的关系，如何判断主要概念和次要概念，如何取舍概念，如何划分知识体系的边界，按照什么概念体系而构成相对独立的知识体？

例如，本体论包含如下一些问题的考虑。

1）工科是不是科学？这个问题又引出一个问题：什么是科学？科学存在许多含义，最基本的含义是"系统的知识"。按照这个含义，工科属于科学范畴。各个国家对科学领域的划分不同。大致说，英美的"科学"实际上指"自然科学"。德国把科学分为自然科学、技术科学和人文科学 3 类。不同科学的价值不同，研究领域不同，认识论不同，方法论也不同。自然科学的价值是认识自然，积累自然知识。技术科学价值是制造人工物品世界，西方曾称其为"第二自然界"。工科专业的价值是什么？应该去发现和解决经济与技术中的普遍性问题和难点性问题。工科都是实践性很强的专业。如果工科专业不到企业解决问题，不去深入探索技术，不从事深入系统的实验，而把解决数学问题当作核心价值，把写文章作为目的，坐在屋子里编造研究课题，把数学作为衡量论文的最重要标准，工科大学就失去存在价值，我国的企业经济发展将只好依赖外国技术，而不依赖我国自己的大学。

2）工业生产应该考虑什么问题？当前的工业生产起源于西方 200 多年前的工业革命，它依赖的是地矿资源，企业主的主要目的是为了无限利润无限效率，也就是做大做强。今后几十年中许多稀有金属矿将被开采耗尽，石油也将被耗尽，工业制造的污染将毁灭地球，这种工业生产方式不可持续。是否可以用其他生产方式代替工业？这个问题引出另一个问题：生产目的是什么？为了维持人类生存，还是为追求剩余财富？这样又涉及另一个问题：人类的生存目的是什么？人类的生存是否能够不消耗那些不可再生的自然资源，人类如何与自然界和谐生存。因此迫切需要研究与自然和谐共存的生存方式、生活方式、生产方式、新能源概念、新交通概念、新人居环境概念（不是城乡概念）等。当地矿资源被耗尽后，人类可以依赖这些新的概念与自然和谐共存。

3）计算机科学应该以什么为基础？西方存在以下几种观点。

第一种观点认为计算机是工具，必须考虑用户操作心理，因此心理学是用户界面的基础。直到 1984 年才在伦敦召开了第一界人机互动会议"INTERACT 84"，从此把用户研究也纳入计算机科学研究的问题。如果能够早 20 年如此，那么学习计算机操作也许远不像今天这样困难，图形界面或字节操作界面也许会早 20 年出现。实际上 20 世纪 90 年代以后才把动机心理学等用于计算机的人机互动的研究。

第二种观点认为数学是计算机的基础，不必考虑人的使用心理。这种观点出自西方 2000 多年的机械论。它认为人脑思维是计算，数学是人脑思维的基础，计算机在功能上可以模拟人脑活动。最初这种观点来自布尔，1854 年他发表了著名的《对思维规律的一项研究》，他说："本论文的目的是研究推理过程中，控制大脑各种操作的基本规律，用计算的符号语言去表示它们，去建立它们。在这些基础上，逻辑科学建立起描述其特性的方法……以揭示可能的征兆，并把它看为人脑的本质和组织结构。"20 世纪 50 年代以来美国计算机界一直数学算法作为核心。例如，1973 年 Donald Knuth 出版了计算机软件领域的经典著作《The art of computer programming Vol. 1：Fundamental Algorithms》，第二卷是《Seminumerical Algorithms》，第三卷是《Sorting and Searching》。这几本书是计算机软件的基础，从一开始，就只把数学算法作为软件的核心问题。软件的发展既得利于此，也偏颇于此，它忽视了人的操作心理，给使用造成困难。

在此基础上出现人工智能。在心理学中，智能的含义本身就不清楚，要把计算机智能搞清楚就更困难了，如今的人工智能似乎是人工智障的代名词。这里存在一系列本体论问题，例如什么叫理解，计算机是否能够理解，什么叫含义，什么叫创造性，计算机是否具有创造性，这些问题都是心理学或哲学的难点问题。Hubert Dreyfus（1929 年）写了一本书《计算机不能做什么》（What Computers Can't Do，以及 What Computers Still Can't Do）。他否定了用各种计算（computations）能够实现思维，他还否定简化论观点，认为可以用规则和算法建立通用的理解模型。

引起人工智能大起大落的关键是日本第五代计算机。1982 年初日本计算机工业与政府联合提出发展"第五代计算机"的 10 年计划，它是一种能够思维的人工智能系统，其目的是试图跨越式发展超越西方文明和经济，预计采用人类自然语言进行交流，有海量的知识库，能够快速查询信息，进行智能推理，得出逻辑结论，还能处理图像，按照人的方式看物体。它不仅改变计算机硬件技术，而且还打算减轻编程的困难，主要方法是创造人工智能操作系统搜出用户想做什么。这个项目采用美国人工智能的编程语言LISP。该项目成功发展了一个计算机原型，它可以并行投入 1000 个处理器进行高速推理。它引起了美国恐慌，但是日本花费了 10 年时间和 40 亿美元后，于 1992 年宣告该项目失败，由此整个计算机行业对人工智能也重新进行评价，从此人工智能走向低谷时期。如今这种观点被稍加修正，用计算机研究人脑的认知活动，20 世纪 70 年代建立的认知学主要从事这方面的研究。这是一个崭新的领域，目前还处于上升时期。然而认知学也存在两方面问题。首先是本体论问题：计算机是不是等同人脑？用计算机是否能够验证心理学实验结论？通过计算机验证的是否包含了计算机特性，而不单纯是心理学特性？其次，行为主义观点仍然对认知科学和认知心理学有影响。认知学的前景还需要许多年才能表现清楚。

4）软件专业应该研究什么？2000 年以后我国大学建立了一些软件学院。这种软件专业应该学什么，研究什么？目前主要学习编写应用程序，其实这是在培养操作工。更严重的问题是培养学生盲目崇拜和照抄西方软件，而不会从我们社会发现用户需要设计自己的软件，也不会发现国外软件存在的问题并改进它。实际上，西方的设计思想、软件标准等存在不少问题，发现并改进这些问题，就能够逐步发展我们自己的软件体系。而如今却把人培养成为心甘情愿跟着人家走，根本不考虑对错。下面具体分析西方科学存在的一系列问题。

三、以机器为本的设计思想

以什么价值观念指导人机系统的设计？当前这个问题是计算机研究领域的本体论的主要问题之一。过去主要以数学和技术问题作为主要研究方向。接近二战结束时美国军方建立工程心理学（engineering psychology）。20 世纪 50 年代出现“人因素”（human factors），或者“人机学”（ergonomics）。

1）研究人机关系目的是什么？

第一，研究人的生理极限，使飞机、雷达、火炮等性能不超过人的生理极限，以避免危险事故，培训操作员提高极限能力特性，以适应机器技术。“培训人”其实就是“设计人”，不是改进机器去适应操作员，而是使操作员适应机器，并且高喊“战争只给冠军发奖”。这是 20 世纪 50~70 年代美国和西方军用设备的主要设计目的。主要设计思想是美国的行为主义心理学。

第二，在人机关系上建立“以人为本”的设计思想，目的是劳动保护减少工伤事故，使机器的操作适应人的感知-动作链的生理特性，简化复杂操作，使“键钮柄杆”的控制适合操作员的感知-动作链。“以人为本”设计思想主要来自农业社会，由此欧洲19 世纪出现的劳动学或劳动保护。

第三，用户界面设计主要解决用户认知问题。20 世纪 70 年代以后微电子和计算机逐渐被大量使用，控制和操作的主要对象是信息，操作员主要依靠感知、记忆、处理信息和操作行动，而不是以往的感知-动作链，传统的感知心理学不再能够满足需要，认知心理学逐步成为主要工具，研究内容变为人的认知和行动特性。

2) 行为主义研究人机关系依据什么?

第一, 依据行为主义心理学。行为主义最早出现于俄国巴甫洛夫的狗的条件反射, 它的基本观点认为, 人是被动的, 是刺激反应的结果。它还认为心理学是自然科学, 应该具有客观性, 应该按照数理方法进行研究, 因此否定了对动机、意识等内心活动的研究。这些观点于 20 世纪 60 年代在美国心理学界受到彻底批判, 但是计算机系统、应用软件和用户界面迄今仍然存在行为主义影响。80 年代以后出现动机心理学, 强调人是主动的, 人的行动是由其目的意图决定的。以前美国军方主要按照行为主义心理学, 对操作员的感知和动作进行了大量研究, 1980 年美国空军航天医学实验所在国防部和美国宇航局 (NASA) 支持下, 美国空军和航天医学研究实验室开始了一个项目, 名为 "为设计师提供的知觉信息大全"。美国和加拿大 66 名教授参与此工作, 收集了 4000 多位研究人员的文章, 编写了一万多页手稿, 汇集了那些潜在有用的关于知觉与操作动作的论文, 于 1986 年出版了两卷集的《知觉和人操作手册》(Handbook of Perception and Human Performance, John Wiley and Sons, New York), 分为两卷。这部书中汇集了西方 (主要是美国) 用心理学研究用户 (操作员) 的感知、认知、操作特性的几乎全部实验和有价值的研究论文要点, 是研究和设计人机系统最重要的文献汇集, 它的主要内容如下。第一卷主要内容包括: 基础理论和方法, 颜色, 眼睛运动, 听觉系统, 空间和运动系统, 其中以视觉为主要内容。第二卷主要内容包括感知信息的处理、操作、警戒、紧张、疲劳。其中工作量 (workload) 的评价理论迄今仍然是美国计算机界和军用设备测试认知负担的主要依据。这部著作在我国北京图书馆可以看到。遗憾的是这部著作迄今在我国还不为专业人员广泛所知。这部书中的研究成果主要依据行为主义心理学对操作员和用户进行研究, 也就是把操作员看作是被动的, 外界刺激是主动的。其最典型的例子就是费茨定律 (Fitts' law)。这种行为主义特性比较适合某些军用设备的设计和操作员的培训, 不适合其他大多数场合与情景下的计算机应用。

第二, 依据数学模型。最初工程心理学把人机系统的数学模型作为主要研究问题之一。按照机器系统的传递函数, 建立人操作员的数学模型。例如, 把操作动作模拟成比例、微分和积分函数。这意味着要对操作进行非常严格的训练才能使他达到数学线条的操作精度。然而人动作的重复性并不好, 很难按照机器的数学精度进行重复。这种设计思想就是 "以机器为本" 或 "以技术为本"。20 世纪 80 年代末, 西方基本抛弃了这种方法, 转向心理学, 建立以心理学为基础的操作员模型。这是从 "以机器为本" 向 "以人为本" 的主要标志之一。

四、"以人为本" 的设计思想

"以人为本" 意味着让机器适应人的特性, 符合人的生理特性和心理特性, 因此要从心理学中寻求这些设计依据。

1. 需求理论

产品设计应该符合用户需要, 这是个很直观的想法。采用什么需要理论呢? 有些人引用 20 世纪 60 年代马斯洛提出需要层次理论, 也叫自我实现理论。这个理论只总结了美国 30 位社会精英人物的人生需要, 在大众中普及该观点引起了美国 70 年代的巨大社会动荡, 最终人们明白了追求自我实现的结果是导致孤独。我国心理学界似乎不少人也不知道美国和欧洲对自我实现理论的批判，至今还把它当作人生理想。此后，设计界又尝试采用其他一些需要理论，最终都不成功。问题在哪里？

第一，设计师原以为存在一个需要理论，能够从中知道用户需要什么东西，实际上不存在这样的理论。

第二，设计师原以为用户需要是一个简单问题，只要问"你需要什么？"用户或市场营销员就能告诉你结论。实际上，用户需要是非常复杂的问题，受很多因素影响，各个人群，在各个环境，各个时期，对各种产品的需要都是千变万化的，根本无法得出一个规律。

第三，设计者要调查用户需要。

2. 动机心理学

如今我们主要依据动机心理学建立用户模型。动机心理学（在德国被称为行动理论）是德国心理学从 19 世纪建立心理学以来的主要传统研究领域。20 世纪 60 年代后期德国心理学界对行动理论的系统研究。例如，德国在 1968 年出版了 4 卷关于行动理论的论文集。1980 年德国著名心理学家海克豪森（H. Heckhausen，1926～1988 年）出版了著作《动机与行动》（Motivation and Action），该书有英文版本，它全面系统总结了各种行动理论，包括动机、意图、行动阶段等，该书是动机心理学的代表性著作，该作者是德国马可斯-普朗克心理学研究所教授。这本书共有 15 章分别如下：①动机研究的内容和方法；②动机研究的历史趋势；③动机的各种特性理论；④行为的情景决定因素；⑤动机作为期待和诱因的函数；⑥意志实施意图；⑦焦虑；⑧成就动机；⑨利他主义；⑩进攻性；⑪社会人际关系的从属动机；⑫实力动机；⑬归属理论；⑭归属和成就行为；⑮其他观点。该书收集了当时各国对动机和行动研究的各种理论，迄今为止（2008 年）在该领域中没有其他书能够超过此书水准的。1991 年此书有英文版，由Springer 出版社发行（李乐山有此书，需用者可以与他联系）。心理学在美国和德国之间有时存在一些彼此的门户之见，这种态度从美国许多心理学著作的序言中都能看出来，表现在他们如何陈述心理学发展史，对各种理论和人物的评价，以及引用作者方面就能够看出来。希望我国读者不要受这些无谓的影响，凡有用的都应该参考，你会发现也许双方都有一些东西值得借鉴，也许双方都有些东西经受不起时间考验。

1983 年德国两位著名心理学家库尔和贝克曼出版了第一本关于行动意图的论文集《行动控制：从认知到行为》（Action Control：From Cognition to Behavior，by J. Kuhl/ J. Beckmann，Springer，1983），对行动意图和控制方法进行了比较系统研究。1986～1987 年德国心理学家海克豪森与格尔威茨（P. M. Gollwitzer）发表若干文章，建立了卢必肯行动模型（Rubicon model），从动机心理学上提出一个行动的四个阶段：意图、决断、行动实施、评价结果。这个理论提供了一般行动的基本特性。这个理论对作者有很大启发，它可以为人机关系设计提供基础。作者依据这个模型，提出计算机用户行动模型包含四个基本阶段：意图、计划、实施、评价。意图是导致行动的直接原因。行动的第二阶段是计划阶段。计划过程包含了若干心理因素，例如尝试、比较、分析、判断、意志等，也包含了决断。

在心理学中，动机指长期积淀的主观想法，它包含许多因素，其中最常见的是价值和需要，此外还包含希望、期待、定位等因素。动机发展成意图，就直接引起行动。

在这个基础上，作者提出目的动机和方式动机（instrumental motivation），目的需要和方式需要概念。其目的是把若干人提出的动机理论、价值理论、需要力量、意图理论统一起来。

这一观点使得动机概念与罗克奇（M. Rokeach）于1973年建立的目的价值和方式价值（instrumental values）一致了。同时，也与德国建立的意图概念一致了。1987年海克豪森与格尔威茨二人合作提出了目的意图和方式意图（instrumental intention）的概念。这样就形成了统一的概念框架：目的动机和方式动机，目的价值和方式价值，目的需要和方式需要，目的意图和方式意图。

用户长期积淀的动机包含价值和需要。目的价值（或目的需要）转变成为目的意图，从而建立评价行动的标准。其方式价值（或方式需要）转变成为方式意图，从而形成行动的计划。下一步就开始行动了。这样使得这些理论形成了一致的处理过程，目的价值和目的需要转变成目的意图，并确立评价行动结果的标准。方式价值和方式需要转变成方式意图，再形成行动计划。

设计人机系统应该依赖心理学，这是显而易见的道理。于是人们都认为心理学可以告诉你用户需要什么，然而心理学却没有告诉这些。经过10年思考探索，作者终于寻找到搞清楚这些问题的方法，心理学并不直接回答"用户有什么需要"，这正是我们设计师要通过用户调查搞清楚的问题，我们可以通过心理学方法建立"用户需要调查方法"去了解用户的具体需要，因此作者建立了用户调查（设计调查）的一套方法。对于设计来说，期望知道如下几方面的信息：①用户的价值观念和生活方式。今后，生态概念和可持续生存发展该很重要。②面对一个产品，用户要理解它和使用它，就出现操作需要和认知需要，以及保存维护等需要。通过用户调查发现这些信息，这些关于用户的知识就是用户模型，由此制定设计指南和测试方法。

用户模型是用户行动心理，体现在日常生活行动中，与计算机无关。用户操作计算机的行为，并不是用户固有的需要，而是学习和适应计算机后的行为。严格地说，调查用户操作计算机的行为并不一定反映用户需要。

3. 认知心理学

认知指大脑的各种有目的的活动，例如，感知、注意、记忆、理解、表达、交流、语言、思维、发现问题和解决问题、选择和决断等。瑞士的皮亚杰（Jean Piaget，1896，1980年）从20世纪50年代以后对认知发展心理学的研究引起广泛注意。70年代后认知心理学成为心理学发展的两个主要方向之一，其标志是70年代后期美国在抛弃行为主义心理学后，转向认知学（cognitive science）和认知心理学。1967年美国心理学教授奈色（Ulric Neisser，1928～现在）出版了《认知心理学》，引起了心理学界广泛注意。他把认知心理学定义为：研究人怎么学习、构成、存储和使用知识。1972年内威（Allen Newell，1927～1997年）和西蒙（Herbert Simon，1916～2001年）提出了人思维和解决问题的模型。1977年美国《Cognitive Science》杂志出版，1979年8月在圣迭哥的加州大学举行了第一届认知科学的学会会议。那时的认知心理学几乎还处于大脑神经学的阶段，在认知方面的研究成果还不多，更难以应用到设计领域中。90年代以后认知心理学的发展才给设计提供了一些有用的信息。认知学的方法论是采用计算机模拟方法研究人的思维和行动。被认知学验证的心理学内容被称为认知心理学。当然，认知学的研究中也存在如下几个问题：认知学目的是什么？认知学到底应该研究什么问题？认知学的研究方法到底对不对？这是90年代提出的一个科学哲学的问题，其目的是防止伪科学。其次，被计算机验证的东西到底属于心理学范畴，还是计算机本身的特性？例如，用计算机去验证人脑的记忆，有人认为它的结构和速度实质上是计算机的机器智能的逻辑特性，还有些人认为它反映了人脑的特性，他们甚至用计算机专业的术语作为人脑思维过程的术语。最后，认知科学和认知心理学是一个新兴的科学，处于"婴儿期"，它在本体论、认识论、方法论的许多问题仍然没有搞清楚，在一些最基本的问题上仍然存在许多分歧。例如，安德森（John J. Anderson）仍然坚持行为主义心理学的观点，认为计算机实现的人的行动过程证实了行为主义心理学的观点。同许多科学领域相似，这个领域有时候把自我成就估计过高。

20世纪80年代后期美国计算机领域逐步转变到"以用户为本"的价值上，其标志是采用动机心理学和认知心理学改进用户界面设计，其目的是让机器适应人，适应用户的行动和认知。

五、概念的含义

概念是人造的符号，它用语言或其他符号进行表达。人造概念有真有假。如何确定概念含义是认识论的核心问题之一。定义是为了确定概念的含义，当然应该是真实含义。如果确定的内容不是真实的含义，而是虚假东西或形式主义，那么定义的目的是什么？然而科学史表明人提出的有些概念的确不存在，是自己猜想的东西。此外，定义不一致是造成误解的原因之一。定义是科学研究和写论文遇到的第一个问题，其目的是保持含义一致性。有些概念似乎人人都明白，但是当你认真思考时会发现有些概念十分难定义，或者很难描述这些概念的含义。例如，什么叫用户？什么叫用户满意？什么叫用户需要？什么叫可用性？这些最基本的概念缺乏一致的理解，缺乏统一定义。作者审阅过不少学位论文，迄今没有发现一本对概念进行定义。这种不严谨的做法对科学研究造成许多潜在问题。概念定义存在如下复杂情况。

1）有些概念存在多种定义。例如"动机"存在100多个定义，"能力"等也存在多种定义。心理学和社会学中许多概念都存在这个问题，不同历史时期的定义不同，不同目的引起定义不同。有些概念从多重定义逐渐过渡到单一定义。例如，"文化"在20世纪50年代的定义有100多个，然而到90年代以后"文化"含义逐渐统一，文化指社会群体的行动方式。由于不了解这些进展，如今仍然有些书中在重复过时的文化概念。

2）定义要搞清楚目的。不同目的，定义也可能不同。例如，在设计人机系统是要了解用户需要。而需要是个广义的复杂的概念，有人把匮乏称为需要，有人把贪婪称为需要，有人的需要指基本生存的必需品，有人的需要指奢侈豪华的消费品。需要是什么含义呢？有人套用马斯洛的需要层次作为需要的定义，根本没有搞清楚这个理论针对什么问题和适用什么场合。这个需要层次模型是针对行为主义心理学的错误观点而建立的一个理论。行为主义认为外界刺激是第一位的，人的反应是第二位的，人没有主动的动机。马斯洛认为，人具有系统的动机层次，被称为需要层次模型。这个模型只研究了极少数精英人物的成功目的动机，没有研究方式目的。这并不适合大多数人的动机。美国人在20世纪70年代实践了这个理论，导致社会大动荡，家庭破裂，职业下岗。80年代以后，西方普遍认为，自我实现是极端自私的概念，自我实现的结果是得到孤独。这个需要理论不适合于设计。在设计各种产品时，要调查用户的价值观念和生活方式以及需要，这些调查是十分复杂的问题。原则上说，设计要研究用户的需要，而不是盲目满足用户需要。如果用户贪图不道德的无限享乐，设计人员就不能去满足他。例如，当前网络游戏助长不少青少年心理问题，其中问题之一是游戏设计的标准之一是吸引力，而没有对它进行道德和心理定义，这样的吸引力完全是为了商业利益而损害青少年身心健康。青少年的首要需要是什么？是身心健康成长，什么题材能够满足这种需要？中国传统文化中的《弟子规》。如果软件公司把《弟子规》全文制作一个系列游戏，可能效果完全相反，它使青少年能够学到许多良好的行为，那时家长可能都会鼓励孩子去玩《弟子规》游戏。在网上可以找到《弟子规》全文（见 http：//www. amtf. cn/printpage. asp?ArticleID=339）。

3）定义概念是建立因素结构，也就是说，是要确定它的影响因素及其各个因素之间的关系。例如定义手机用户的需要，实际上就是确定哪些因素影响手机用户需要，以及这些因素之间的关系。在定义生活方式等概念时，实际上是要搞清楚它的因素结构框架。设计中最常遇到的是对用户行动方式（生活方式、工作方式、交流方式、休闲方式、度假方式等）的调查。简单的生活方式定义对设计没有什么用处。设计各类具体产品时，涉及的生活方式的含义都不同，生活方式所包含的因素都不同。例如，在设计野营车时要定义用户需要，实际上是要搞清楚该用户人群与野营车有关的生活方式，具体讲，要调查这种生活方式包含哪些因素，以及各个因素之间的关系。

4）中西方文化差异使得有些概念适合西方文化，不一定适合我国文化。例如，中西方的文化差异之一在于，西方科学自古就受机械论影响很深，把世界看作一部机器，把人看作机器，这种含义并没有明确写在任何定义中，然而却经常出现在各种概念中和方法中。例如，"人的效率"？这明显是受机械论影响的结果。有人认为汽车驾驶的设计很符合"以人为本"，这也是受机械论影响而引起的偏见。从出现汽车以来，在车祸中死亡的人数已经超过第一次世界大战的死亡人数，这难道还不足以说明问题吗？如何判断一个设计是否符合"以人为本"？凡是符合"以人为本"的设计，就应该符合用户操作行动（用户动机、计划、操作和评价），这种设计具有两个明显特点：用户不需要很多学习，用户操作也不容易出错。再例如，设计在德文和英文中含义不同。在德文中，把英文中的工程设计（engineering design）称为构造结构（structure），而把新概念和造型创新称为设计（design）。

5）有些概念一直被使用，却没有定义。这似乎不可想象，却是现实。这表明了人类智力的贫乏或局限性。什么叫人，什么叫生命，什么叫信息，什么叫能量，时间，空间……这些都没有定义，却一直被使用。物理学中经常使用时间和空间这两个概念，可是至今没有定义，甚至缺乏对这些概念的系统描述。同样物理学中存在能量的计算公式却没有能量的定义。"满意"在心理学中没有定义。不同人往往暗含了不同含义。遇到这些概念时首先要注意作者的含义。

6）有些概念缺乏统一结构。例如，也许从来没有一门学科像情绪（emotion）心理学那样令人困惑。迄今已经出现了三种情绪心理学体系，各自建立了完全不同的概念和知识体系，彼此几乎没有一个概念是一致的，彼此之间无法交流。这种状况需要重新组合归纳概念，重新对这些概念进行分类，正如牛顿建立力学时所做的事情。

7）唯名论（nominalism）。唯名论认为抽象概念、集合名词、通用词汇不具有对应的独立的客观存在实物，只有其名字（名称）存在，例如动物、植物、衣服、工具、机器和美等，这种抽象的概念不能指代任何客观的具体事物，唯名论认为客观实在只是由个体组成。康德认为几何学中普遍认为真的命题，不是经验提供的，必定是人本性存在必然性能够看出每个事物。凡是被人们十分肯定和普遍相信的事物都必定是真的（皮尔斯，1979）。这一观点受到实用主义批判。其实，各种概念都是人为建立的符号，只有把符号与其效果联系起来才有含义。

8）概念不一致影响发展策略。当前信息成为关注的概念之一，人们从物理学、哲学和心理学对信息研究了 50 多年，有些人认为信息是熵，其他人认为信息不是熵，迄今对信息概念缺乏比较一致的认可，如何再深入研究下去？由于对概念的含义理解不同，往往导致交流表达的困难，无法深入进行研究。再例如，建立数据库结构时，首先要确定哪些东西属于信息，否则，就无法建立数据库的底层数据类型。

六、如何确定含义（如何判断真假）

真假问题始终是科学研究的首要焦点问题。从一开始探索研究，就遇到定义问题，你怎么能够知道你的概念含义是真的？你怎么知道你对概念的理解是正确的？这个问题的核心是：含义来自哪里，如何表达含义，如何验证含义。从出现科学那时起，这个问题就是最主要的困惑，至今仍然是科学认识论的第一个困惑问题，也是西方认识论研究的核心问题之一。影响含义的因素不仅仅是客观事实，还有人的价值观念的影响、感知认知能力的局限性，没有一种方法能够认识各种事物，当前西方影响定义的主要观念包括经验主义（也包含实用主义）、理性主义、机械论（包括结构主义和功能主义）和证伪论。

1）机械论（mechanism）。在哲学里，机械论是一种认识论，它认为自然界一切现象都可以用物理进行解释。它认为，宇宙是一部机器，人是一部机器，地球是一部机器，基因是机器，甚至认为国家是一部机器，因此按照力学机械运动和相互作用原理去解释各种现象。在社会学中，机械论设计了一系列规则，让每个对象最大限度发挥功效，它们之间的相互作用就能够产生确定结果。过去机械论对人机关系影响很大，20世纪 80 年代后期才转向以心理学解释人机关系。

2）理性主义（rationalism）和经验主义（empirism）。理性主义认为推理是获得知识和含义的最重要的方法，也是验证的最重要的方法，有些崇尚理性主义的人认为推理重于感性或实践经验，还有些人认为推理是获得知识的唯一途径。最常用的推理方法有：提出假设（假设就是猜想），按照演绎法、归纳法等推理方法去证明其合理性。只要假设没有被新的推理或事实推翻，就认为它是符合前提的。西方思想启蒙运动以后出现的新的科学思维方式主要指理性主义，例如莱布尼茨、康德、爱因斯坦等许多哲学家、物理学家和数学家属于理性主义。经验主义与理性主义相对立。经验主义认为感官经验和实践是获取真知的主要途径，这种认识方法是自古以来人类就具有的基本认识方法，也是最主要的验证方法。人们通过推理的确可以获取超越感官能力的许多观念和理论，但如何验证它？仍然是推理。但是人无法对外界进行完全归纳（起码无法归纳未来），因此归纳法很难成功。由此，又出现了证伪法，假如你只要能举出一个例子与通过归纳"抽象的规律"不符，就可以推翻该命题。

3）结构主义（structuralism）。结构主义方法被用于西方心理学、社会学、经济学、文学等领域。在心理学中，结构主义指德国心理学的起源，它相信心理学的目标是把心理（意识）处理过程分解为基本组成部分，把各个基本元素研究清楚，采用的研究方法包括口述法（内省法），让被试者在实验过程中报告自己的意识。法国皮亚杰的儿童认知发展心理学是采取结构主义方法。在语言学中，结构主义是指由奥地利索绪尔提出的理论，20世纪60年代以后在法国盛行，它主要分析语言的形式特性，把语言看作是一致的形式单元体系，它把各种相互关系称为结构。语言研究的任务是探索这些单元的本质和它们的各种特殊的组合排布，而不参照历史演变过程或其他语言。它认为含义不是从个别词汇获得的，而是从分析整个结构的关系中发现的，一种文化内的各种含义是由这些相互关系所产生的，习俗惯例决定含义，语言的含义是在二位对立（binary oppositions）中形成的，例如黑/白，有/无等。此外，语境对含义影响，它没有参照历史时间的演进过程，它是机械论的一种表现形式。在物理和化学中，它用原子分子结构描述物质特性。结构主义在欧洲比较流行。

4）功能主义（functionalism）。功能主义是从功能角度解释含义，被用于哲学、社会学、建筑学等领域。在社会学中，功能主义把社会看作一个系统，它由许多相互关联的部分组成，或者把社会比喻成生命体，其各部分的功能是向平衡状态发展，因此其各个组成部分的功能是要保持整体的需要。在心理学领域中，功能主义指美国心理学起源，它是在对结构主义的批判中形成的，功能主义不是研究意识的各个组成部分，而是集中研究意识（信念、愿望、痛苦等）和行为的功能，从功能作用去确定和识别大脑意识状态。也就是说，给人输入一个刺激信号，经过大脑意识处理后，会产生输出行为，从感官输入和产生的行为可以分析大脑的功能。由于从功能角度去确定大脑状态，因此可以用多种系统去证明大脑状态，甚至可以用计算机去实现大脑状态，只要计算机能完成适当的大脑功能。美国认知心理学属于功能主义。在建筑学中，功能主义认为房屋的形式应该符合其功能用途，这是机械论的一种表现形式。在物理学中，它表现为力、动量、功、能量的计算，都是从其各个变量的功能角度去描述的。功能主义在英美比较流行。

5）实用主义（pragmatism）。它是经验主义进一步发展的结果。它认为，"听其言，观其果"。要弄清楚一个思想的含义，必须设身处地思考这个思想会引起什么行动，什么后果，什么感觉，什么反应，什么影响效果等。换句话，行为后果是思想的唯一含义。如果高喊有思想差异，如果没有表现出明显的事实差异，如果没有引起实践的不同，那么就没有新含义。在思考时，要把注意力集中在实际的不同效果上，也许是眼前的近期效果，也许是长远的效果。19世纪末20世纪初美国出现实用主义，它激烈反对理性主义，称其为唯心主义、空想性质、唯智主义、教条主义等。它也反对机械论，认为它降低了人在世界中的地位。而实用主义的缺陷恰恰是过分依赖人为万物的尺度。

七、如何定义

定义是为了确定含义。然而假如定义方法不好，也可能引起虚假和不一致。如今，经常遇到以下各种定义方法。

1）文本定义文本。也就是用概念解释概念。例如什么叫必然性？有人把必然性定义为本能的能力。那么什么是本能的能力？它又被定义为某种功能，而功能又被定义为表现状态。最后，必然性就是表现状态了。这种定义方法是把一个概念转为另一个概念，把一个符号换成另一个符号，把一个抽象名词转换成另一个抽象名词，而没有阐明什么是本能、能力、功能、表现状态。有些人往往用这种方法定义抽象名词，因为这类名词往往缺乏更恰当的定义方法。这种定义方法被批评为理性主义的符号游戏。

2）实物定义。把概念与它所指的物体对象联系起来的。例如，要定义"太阳"这个词，就在旁边画一个太阳。具体名词都可以采用这种定义方法。同样，定义具体动词时，描述其表现的动作。儿童初学识字往往采用这种定义方法，学习外语也采用这种定义方法。

3）外观定义。如果一个概念的含义是从特征性面貌中推导出来的，它可以通过有代表性的范例模型表达这些特征，这种特征表现在该概念的各种实例中。例如，寻找某人或某物时，往往描述其外貌。

4）结构主义定义。结构主义在每个学科里的含义不完全相同。结构指一个整体中各个因素的确定的整体组织方式。在自然科学里，结构指"是什么组成的"。结构主义定义方法是确定或分析一个系统的基本的、稳定的组成因素，或者描述被定义对象的各个组成部分。例如，什么叫水？水是两个氢原子与一个氧原子形成的物质。结构主义在技术科学里也采取这种定义方法。什么叫计算机？计算机包含 CPU、内存、外设等。结构主义主要是欧洲传统的科学研究的认识论，例如德国心理学皮亚杰的儿童认知发展心理学、20 世纪初瑞士索绪尔的符号学等，原子分子论、门捷列夫元素周期表等。

5）功能主义定义。它从功能角度解释含义。例如，水是什么？结构主义从原子结构解释含义，而功能主义从功能角度解释：水是可以喝的解渴的液体。西方机械论从功能上把世界看作是一部机器，把人看作是一部机器。社会学中功能主义产生于 19 世纪法国社会学家涂尔干（Émile Durkheim）著作。为了搞清楚社会或文化的功效，他把社会看作一个有机体，看作一个系统，由一系列相互依赖的部分组成，它们趋向于系统的平衡状态。一个社会要正常生存，必须具有一定功能要求，一个社会里的各种机构，例如家庭、教育、法律、媒体等，具有满足其社会有机体需要的功能，类似于一个人体，一个部分的形式可以用其与其他部分的功能关系进行解释，由此各个组成部分运行在一起而形成了一个社会整体，就像一个有机体的各个组成部分形成了一个统一的功能实体。简单地说，它是通过其各个组成部分对整体的功能去定义对象。例如，牛顿第二定律 $F=ma$，力在功效上等于质量与加速度乘积。如果按照结构主义去理解它，就会认为力从本质上包含两个组成成分：质量和加速度，这就错了，力在各种具体情况下的组成部分不同，并不是只包含质量和加速度这两个部分。在建筑设计领域，功能主义含义是房屋的形式应该符合其功能用途。再例如，按照功能主义，可以把计算机定义为具有计算功能的机器。功能主义最初也产生于欧洲，后来主要成为美国英国科学研究中的认识论，例如，美国的认知心理学，计算机领域的人工智能力量，功能主义建筑思想（外形跟随功能）等。

6）比喻定义法。比喻是文学中描述含义的最常用的一种方法。比喻被分为两种：

明喻与暗喻（隐喻）。明喻指"像……一样"。暗喻是用一个较容易懂的事物（喻体）表达一个比较难懂的新概念（本体），例如"知识就是力量"。隐喻不是任意的，而是来自我们的社会和文化的经验。各种文化采用的比喻不同。比喻可以用文字表达，也可以用视觉图形表达。然而要注意，任何比喻都不是正面的含义解释，因此比喻都可能引起误解。比喻在用户界面上使用很多，"文件"，"编辑"等图标都是采用比喻。

7）专家定义。哲学、物理学、化学等许多科学概念一直沿用专家定义。例如，什么是美？什么是不美？自古以来是由一些哲学家定义的，于是大家都按照康德的定义去说什么是美。是不是你真的感觉那是美？不知道。使用康德对美的定义，实际上是用康德脑袋去思维去感受，这就是"以专家中心"或者"以专家为本"。如果这仅仅用在空谈上，也没有什么更大危害。如果在设计具体产品时要求你按照某位美学家的个人观点进行设计，那实际上只是为他个人进行设计，并不是为其他广大用户设计。

8）用户调查统计定义方法。作者针对传统的专家主观定义提出这种定义方法。用户界面设计应该符合用户的行动需要，也就是说，要调查用户的行动特性、认知特性、出错特性和学习特性。在产品设计、服装设计等领域，要调查用户的审美观念，通过统计分析归类各种美的含义和表现形式，设计人员可以按照这些统计数据进行设计。

9）因素结构定义法。在用户研究中，许多概念的定义是为了进行有关的用户调查，一个复杂的概念可以被分解成若干因素，例如用户动机在不同情况下含义不同，可以被分解为各种不同的因素组合，可能包括价值、期待、生活方式、兴趣、倾向、愿望、偏好等。把这些因素调查清楚后，再综合整体特性，这样才能搞清楚用户动机。如果其定义只描述动机含义，那么就无法按照这个定义进行实验或调查，也无法提出设计指南。为了解决这个问题，作者提出因素结构定义法（或因素框架定义法），这种定义包括建立一个完整的框架结构：①描述一个概念使用情景；②描述它们在有关情景中所包含的各个因素；③描述这些因素之间的关系；④描述整体因素。这样的定义才能够被应用。例如，生活方式、用户行动、用户认知、用户学习、用户出错等，都要采取这种定义方法。

10）操作主义（operationalism, operationism）定义方法。这种定义方法是受美国实用主义哲学影响而出现的一种定义方法。20世纪初美国实用主义反对理性主义的武断和刚愎自用，把无法解释的问题就归于必然性或本质决定。实用主义认为，实验操作（而不是数学推理）是一切自然科学理论的基础。科学、语言和理性思维都是我们的手段，只有通过实验才能知道它们是不是有成效的手段。实用主义提出，对于任何一种理论来说，最重要的是它实际上做些什么，而不是它说它做些什么，也不是它的作者认为它做些什么，因为这前后两者的确往往是大不相同的。在这种思想影响下，美国物理学家布里奇曼（Percy Williams Bridgman，1882～1961年）提出操作主义定义法，要求所有的理论术语都必须具有操作型的定义，不是用一般文字描述属性，也就是说，科学概念必须用可测量或可观察的操作方法去定义。1927年他在《现代物理学的逻辑》提出，只描述物理概念而不能观察它是没有意义的，"当测量长度的操作被规定了的时候，长度的概念也就定下来了。因此也就是说，长度的概念相当于一组操作，而且仅指一组操作；概念就是相应的一组操作的同义语"（舒尔茨，1981）。美国行为主义学派的华生（John B. Watson，1878～1958年）和斯金纳（B. F. Skinner，1904～1990年）在心理学界提倡它，因为他们把心理学看作是自然科学（德国把心理学看做经验科学）。在心理学领域中，研究的往往是比较抽象的结构，例如智力、进攻性等，他们认为应该把这些概念转化成具体的、可观察的、可测量的对象。他把这一过程叫操作化过程。例如，把一名学生是否具有进攻性可以转换成以下五个操作定义：行为的观察，家长或老师的评价，同类人的评价，测试，校长评价等。这种定义提供了可观测的测试的方法。它的依据是自然科学研究对象必须是客观的可观察的事物。然而，它又走到极端，操作主义实际要求一切理论术语必须用可测试的可观察的具体物质术语去定义，但是心理学研究的内心活动是无法直接观察测试的，有些抽象概念、微观概念或目前没有搞清楚的概念无法通过这种可操作的方法进行定义，例如人、生命、动机、意图、意识、梦、能量、物质、化合价、同位素、基因等，无法用操作主义方法进行定义，目前只能用它们在各自理论中的对其概念进行定义。

第二节　认　识　论

一、认识论是什么

这个词来自希腊语的 epistemology，其中 episteme 的含义是"知"或"知识"，logos 的含义是"理论"，"学问"。认识论是研究"知道"或"认知"的理论，"你怎么知道的？你怎么知道你知道的是正确的？"它研究人类"知"的含义是什么？"知道"的可能性，"知道"的程度和局限性是什么？是否能够认识真理？你怎么知道你所了解的是真实的、正确的、全面的？实际上，在这方面存在以下几个根本问题。①我们知道的比我们想知道的少，我们往往忽视了这一基本估计。我们总以为自己所知道的东西是真实的、本质的、全面的，并且够用了。与外部世界相比，我们知道的太少了，几乎什么都不知道。虽然人们都传播达尔文进化论，可是连身边不断出现的新的细菌都不清楚如何产生的。有人说自然科学的历史就是能者的错误史。②人以自己的感知认知作为衡量万物的尺度。人实际上只承认自己能够观察和认识到的事物，不承认无法观察和认识的事物。我们不知道我们不知道的事物。③感知对象超越人的感知能力，只靠自己的感知能力无法认识那些事物，例如，宏观宇宙极其遥远的事物，分子级的微小事物，时间跨度极长久的事物，人的内心活动，各种事情的因果关系，抽象概念等。我们是不是能够认识那些事物？这时人对自己的感知能力产生质疑，对大脑认知结果不能确认。在这种情况下，就要探讨是否能够认识，由此引起认识论。认识论主要探索以下问题。

1）科学研究中的认识论的核心是什么？核心是试图搞清因果关系。因果关系指：原因导致结果；有因就有果；无因就无果；此果必此因。几千年来人类发现这很难通过观察或经验获得，搞清楚因果关系实际上非常困难，我们甚至搞不清楚日常很多简单事情的因果关系。只好退一步，研究影响因素。影响因素可能是原因，也可能不是原因。

2）认识论研究人类感知范围是否能够超越自己的五官。面对那些无法被人全面直接观察整体或细节时，认识论考虑如何建立一种系统的认知过程，如何从间接的认知处理，反推人应该感知到什么现象（正常情况的认识过程是从干支到认知），以弥补感知的不足，去分辨或确认通过感知工具或通过认知推导出的事物是否基本符合外界事实，如何通过延伸人的感知认知能力。例如，用户调查中我们想知道用户的内心活动，这实际上超越了人的认知能力，我们无法直接看见用户的内心活动。也许从若干方面观察拼凑综合就能够认识，也许需要推理，也许还需要想象，由此，建立了各种实验观察方法、认知预演法、有声思维法、访谈法、问卷法等，这样也许能够获取一部分事实，然而我们永远无法得到全部事实。

3）认识论考虑如何建立知识结构框架？科学是系统的知识体，这个知识体的边界与外界有联系，用初始条件和边界条件代替这些联系，如何选择这些条件是认识论要解决的问题。

4）认识论考虑如何验证认识结果，例如如何验证抽象的概念？如何验证间接观察的结果？如何验证无法直接观察而通过认知反推的现象？人们实际上很担心自己的认知不正确，效度分析和信度分析就是验证认知真实性、全面性、可靠性的基本方法。心理学中现在许多抽象概念，需要得到验证。各种概念或理论需要许多验证方法。效度分析和信度分析是心理学实验和用户调查中必须采用的验证方法。没有进行效度分析和信度分析，这种用户调查和心理实验的结果是无意义的。

5）心理学中起作用的主要是功能主义和结构主义。欧洲与美洲国家之间为不同认识论相互批判，功能主义批评结构主义，结构主义批评功能主义。各种学派似乎都以为自己正确，否定对方都过高估计自己的能力了。实际上每一种观点也许都适合一定情况，也都有局限性，把它们全部综合起来也不足以弥补人类认识能力的缺陷，也不足以认识世界上的一切事务。人类会无限认识下去，但是人的感知和认识存在极限，人不知道自己不知道什么，有许多事情永远无法被人认识。几千年来物理学的发展，如今连什么是空间、时间、能量这些最基本的物理量都没有搞清楚，心理学中也有许多很简单的现象没有搞清楚，这就说明了人类认识论的幼稚。

二、经验主义（empiricism）

1. 传统经验主义

它认为感官经验和对经验的内省意识是我们获取知识和概念的最终来源，只有被实际经验证实后的知识才被接受。它与理性主义相反，理性主义认为推理是知识的来源，有些知识是无法从经验中获取的，例如原因，这些概念是通过推理获取的。经验主义在西方哲学历史中有很悠久的传统。西方现代经验主义的代表人物是英国的洛克（John Locke，1632～1704 年）、伯克利（George Berkeley，1685～1753 年）、休谟（David Hume，1711～1776 年）等。具体地说，经验主义包含以下四层含义。

第一，只有当使用者把概念与他们所经验过的事物联系起来时，才认为这些词语的含义被理解了。例如，"树"这个词与树的实物联系起来，也就是"指树（字）为树（实物）"。

第二，知识的哲学理论。依据实验和感官的观察得到的经验是知识的最终来源，正确知识是人的体验（经验）通过内省意识（introspective awareness）加工而获得的，或者通过感官感知外界信息，再经过认知处理后的结果。它已经不同于外界客观事实了。而是要自己通过一些事情验证后自己思考判断。

第三，经验主义强调人类知识的局部性、时段性以及随机（偶然）性。

第四，经验主义反对权威、直觉、想象的猜想、抽象提炼、理论推理、系统推理作为可靠信仰的来源依据。

实际上几乎没有任何哲学家是严格的彻底的经验主义者，即使经验主义之父洛克（John Locke，1632～1704 年）也认为有些知识不是从经验中推导出来的，而是从其他途径（例如推理）而获得的。

德国基本观点认为心理学属于经验科学，心理学实验不同于物理化学实验，被实验对象是人，他们在实验中会有明显行为的变化，也会有大脑认知活动和生理方面的变化，而这些非明显行为的变化无法被外界观察到，内心活动通过被测试人口述后才能被得知。按照经验主义观点，心理学的实验结论往往不能被作为普遍规律，它往往只能反映在具体条件下的案例。当时间、地点、条件改变时，可能得出不同的结论。例如，被测人在实验条件下的行为往往过分紧张或兴奋。美国心理学采取科学实证主义，从而引出行为主义心理学。20 世纪 60 年代以后美国心理学界虽然批判否定了行为主义，但是实际上有人坚持行为主义的刺激反应行为模式，有人一直在探索心理学的客观观察和验证方法，这也是美国认知学的主要目的之一。经验主义并不幼稚，它也明白只依赖口述的心理学研究方法是不可靠的。人太复杂了，比任何其他实验对象都复杂，太多的因素影响口述内省的真实性和全面性以及重复性，例如，实验后很快就遗忘了实验过程中的大脑活动的细节，人际交流的不流畅，调查问题的不全面，心情不好妨碍的表达，对环境陌生而造成的紧张，思维速度快于口头表达速度，口述表达干扰思维等，都会影响被测试人口述的真实性和全面性。因此只依靠被测试人的口述不足得到全面真实的信息，还需要其他经验和方法的比较判断，例如，问卷调查、访谈、实验观察、有声思维、实验后的评价等，其中每一种方法都只能从一个角度获取一些信息，把各种方法得到的线索进行比较判断后综合，这些方法相互验证弥补，也许能够得到比较多的判断依据，当然这仍然不是全部正确可靠的。

2. 实证主义

经验主义的进一步发展引出了实证主义。19 世纪 30 年代法国孔德（August Comte，1798～1857 年）系统提出实证主义（positivism），认为科学家应该依据可观察的事件，避免描述无法观察的事件，后来它发展成为马赫主义和科学实证主义。早期实证主义者马赫（Ernst Mach，1838～1916 年，奥地利物理学家和哲学家）认为实证主义是一种认识论，其极端的例子是："眼见为实"，提出的典型问题是："你看见它了吗？"如果你没有看见分子原子，那么也不承认其存在？

第一，实证主义的出现是对思辨哲学（例如古典德国唯心主义）无能的回答。经验主义认为，科学只涉及事实，现象是一切认识的根源，科学知识应该是"实证的"，抛弃价值的成分，并拒绝哲学研究的认知价值。一切可靠知识只能来源于经验，理论和假设的可靠性必须由经验来验证。主张从经验出发解释事物，反对理性主义，认为只有对现象的归纳可以得到科学定律。

第二，它强调精确化，发展成为定量分析。对于工科专业，数学是工具，不是目的。工科专业的价值是探索技术。失去这种价值，工科专业将无法生存。如今我国许多工科专业缺乏自身价值，而把数学作为衡量技术的唯一标准。

第三，它有科学至上和科学万能倾向，认为唯有确实根据的知识者是科学的。实证主义走到反面极端，拒绝把理论思辨作为获取知识的一种方法。实证主义宣称传统哲学关于存在、物质（substance）和原因等的一切问题、概念和命题都是无意义的，因为这些问题都不能被经验所解决或验证，因为其本质太抽象了。

第四，实证主义早期代表人物有法国的孔德（知识理论）等，英国的米尔（J. S. Mill，1806～1873 年，逻辑）和斯宾塞（Herbert Spencer，1820～1903 年）。后来引起"维也纳学术圈"（O. Neurath，Carnap，Schlick，Frank 等）的逻辑实证主义、柏林科学哲学学会（Reichenbach 等）以及逻辑原子论、詹姆斯的实用主义和符号学，以及布里奇曼（Percy Williams Bridgman，1882～1961 年）的操作主义。

这种观点有如下几个片面性：①人的感知是有限度的，人的每种感知能力甚至比不上有些动物。②人不知道自己不知道什么。③人是根据感知能力去判断事物的存在。如果人无法感知到一个事物，就不认为它存在。人把这种判断称为"客观性判断"（这其实是主观性），因此不是科学研究的对象。这种观念影响了美国心理学的新行为主义者C. 赫尔（Clark Leonard Hull，1884～1952 年）和 E. 托尔曼（E. C. Tolman，1886～1959 年），他们的行为主义看作与逻辑实证主义的行为法则相一致，而 B. F. 斯金纳的操作性行为主义则受到马赫主义的影响。一些激进的实证主义心理学家试图从科学心理学体系中废除对精神的参照，认为唯有这样的心理学才能最终避免迷信行为。在他们看来，精神是不科学的，心理活动应该是那些可以被观察到或测量出的事件，是那些可以被描述、推断和控制的行为，也就是可观察的现象。20 世纪 60 年代美国彻底批判了行为主义心理学。④眼见为实吗？不一定。不信？图 6-2-1 中线段 AB 与 $A'B'$ 一样长，由于存在视错，人可能看走眼。

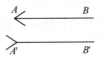

图 6-2-1   两段同样长的线段可能被看作不一样长

3. 逻辑实证主义（logical positivism）

逻辑实证主义属于经验主义，它后来被称为逻辑经验主义（logical empiricism）。它是西方从事科学研究的基本观念。它强调验证性，认为验证是不可缺少的知识。

第一次世界大战前，出现了维也纳学术圈，这个圈的讨论建立了逻辑实证主义思想。1929 年诺以拉特（Otto Neurath，1882～1945 年），哈恩（Hans Hahn，1879～1934 年）和卡纳普（Rudolf Carnap，1891～1970 年）写了一本小册子，总结了当时维也纳学术圈的观点，例如反对形而上学，尤其是本体论和综合推理命题。他们依据维特根斯坦（Ludwig Wittgenstein）的早期著作《逻辑哲学论》，提出含义评价方法。他们提出各种知识应该用单一标准的科学语言撰写，首先应该理性重建语言，把普通语言概念逐渐用更精确的标准语言的等价概念代替。逻辑实证主义的核心观点之一是"通过逻辑分析语言去消除形而上学"。1929 年维也纳学术圈发表宣言《科学世界观：维也纳学术圈》，很快传播开来。这个组织名声很大，甚至吸引了冯·诺依曼（John von Neumann，1903～1957 年）、维纳（Norbert Wiener，1894～1964 年）以及美国哲学家奎因（Willard Van Orman Quine，1908～2000 年，20 世纪最著名的分析哲学家）。爱因斯坦、波尔、博恩关注并有时参加其组织的会议，哥本哈根学派也属于其思想精神。它还与行为主义有联系。20 世纪 30 年代纳粹在德国上台，许多逻辑实证主义、自由主义、社会民主分子逃往英美，同时主要人物哈恩和施里克（Schlick）去世，逻辑实证主义运动在欧洲削弱了。这个学派以"逻辑经验主义"持续到 60 年代。

早期逻辑实证主义的影响主要来自马赫和维特根斯坦（Ludwig Wittgenstein，1889～1951 年）。马赫是物理学家和哲学家，提出"马赫数"（音速）。维特根斯坦生于维也纳，出身犹太人家庭，20 世纪最著名的哲学家之一，1903 年与希特勒在林茨（奥地利北部城市）的学校里是同学（网上有照片）。他的影响很广泛，主要研究逻辑基础、数学逻辑、思维哲学和语言哲学。马赫的影响主要表现在逻辑实证主义持久的关注形而上学、统一科学、科学理论术语的解释，以及简化论（还原论，reductionism）和现象论（phenomenalism），后者被许多实证主义者抛弃了。

英国逻辑实证主义者罗素（Bertrand Russell，1872～1970 年）和数学家、哲学家怀特海德（Alfred North Whitehead，1861～1947 年）的《数学原理》对当代在逻辑和数学基础方面有较大影响。从这些发展中得出的语言规划和句法技能被用来作为数学、哲学中的逻辑和各种简化论者的工具。罗素还建立了类型理论（theory of types），它成为数学、逻辑和计算机科学中若干形式系统之一。在编程语言中它被用于分析、研究和设计类型系统。

逻辑实证主义建立了一些基本原则。①大多数实证主义坚信一切知识都依据可观察的事实基础上的简单的"约定语句"（protocol sentences）的逻辑推理，许多逻辑实证主义者支持各种唯物主义、哲学自然主义和经验主义。②他们提倡可验证性。按照英国哲学家休谟（David Hume，1711～1776 年）的观点，验证原理如下，假如并且只有假如一个陈述完全符合纯粹形式逻辑（用抽象推理数量或数字）或者能够被经验验证（用实验论证事实和存在），这个陈述才是有意义的。延续这一观点，逻辑实证主义提出的最著名的观点：含义应该是可验证的，这就是验证论（verificationism）。其基本原则的观点是：只有当存在一个有限过程最终确定一个命题的真假时，该命题才充满认知意义。这一观点的预期后果是，形而上学、神学和伦理学陈述命题都不符合这一判据，因此实证主义认为这些陈述命题没有认知意义。认知含义对于不同人是不同的。这个问题后来被美国实证主义哲学解决了，它区分了认知含义与其他各种含义（例如感情的、表达的、比喻的），而且大多数作者承认哲学中的非认知陈述具有一些其他类型的意义和感情含义。

第一次世界大战不久，在施里克（Moritz Schlick，1882～1936 年）领导下，他们把讨论问题集中在逻辑和科学基础的方面，最后导致逻辑实证主义。其基本观点是，只允许使用逻辑重复和第一人称观察实验，抛弃了形而上学的废话和死板的傲慢的哲学传统。英国哲学家阿叶（A. J. Ayer，1910～1989 年）也提出验证方法，假如并且只有假如一个人知道如何验证一个陈述命题声称所表达的内容（也就是说，他知道在什么条件下，应该观察什么，应该接受该命题为真实的或拒绝它的错误），这个陈述对该人才确实有意义。

这个学派运动提供了获取现代知识的有效方法。奥地利哲学家 Herbert Feigl（1902～1988 年）和 Otto Neurath（1882～1945 年）集中在科学哲学上，发展了研究自然世界的系统原理。数学家 Kurt Gödel（1906～1978 年）采用复杂的推理去探索逻辑学程序的限度。

逻辑实证主义的另一个特点是研究"统一的科学"，也就是说，要建立一种共同语言，通用的语言，表达各种科学命题。这个语言的方案经常是依据各种"简约"方法，或把一门特定的科学术语解释成另一门更基础的科学的术语。例如，在当前认知科学中，往往用计算机概念解释大脑认知机理。有时候这种简约方法使用集合论的操作方法，用一组逻辑源语概念进行推理，有时候这种简约方法采用演绎推理关系式。

实证主义基本观点认为，验证性要求一个非分析的、有意义的语句要么能够被证实，要么能够被证伪。这一原理的实际可行性仍然被激烈争论着。

逻辑实证主义受到如下批评。

第一，普遍性的或全体性的断言明显不能被验证。例如，你怎么知道归纳了一切有关对象？

第二，是否能够按照归纳法原则进行有效推理？结论是：不可能。起码人无法归纳未来现象。

第三，逻辑实证主义的理性推理原则不适合道德命题的语句。爱因斯坦曾说："我不认为，科学能教给人们道德，我不相信道德哲学能够完全建立在科学基础之上"，"任何一种把伦理学归结为科学公式的企图都不可避免地遭到失败"。他断言科学不能论证道德理想。他还说："理性……比起人类的愚蠢和激情来，的确是微弱的"（库兹涅佐夫，1988）。由此，科学实证主义不研究道德，逐渐科学界出现忽视道德，甚至出现反道德。

第四，有些命题超越了人类的认知能力或认知范围，既不能被证明是真实的，也不能被证明是伪假的，这些命题不可被验证。

归纳法是一种科学推理方法，然而无法进行完全归纳，至少无法归纳未来的事实。无法归纳的命题是无法被验证的，这是实证主义没有解决的一个头疼问题。维也纳另一位哲学家波泊尔（Karl Popper，1902～1994 年）提出了证伪法。他于 1934 年出版了德文版《科学发现的逻辑》一书。在该书中他放弃实证主义对验证方法的探索，提出新的证伪法（falsifiability），而不是证实法（confirmation），即不论一个命题归纳了多少事实依据，假如你只要能举出一个例子与命题不符，就可以推翻该命题，从而可以放弃所提出的假设。

20 世纪 50 年代后实用主义在美国再次兴起，批判 30 年代以后在美国占主流的逻辑实证主义，尤其是奎恩（W. V. O. Quine，1908～2000 年）、色拉斯（Wilfrid Sellars，1912～1989 年）以及罗蒂（Richard Rorty，1931～2007 年）。

当逻辑实证主义衰落后，验证性和经验主义失去了许多追随者。一直到 20 世纪 80 年代才出现转变，Bas van Fraassen（1941～现在）发表《科学形象》，建设性的经验主义提出，科学理论目的不是真理，而是适合经验。一个理论适合经验，假如且只有假如它所说的关于可观察的实体的每一件事情都是真实的或完好建立的。建设性经验主义拒绝不可验证的问题，不是因为它们缺乏真理或含义，而是因为它们超越了适合经验所需要的条件。

4. 实用主义（pragmatism）

实用主义是经验主义的延伸。实用主义认为概念不能表达含义，实际的行动后果或真实效果是含义和真理的关键因素。实用主义反笛卡儿思想，属于激烈的经验主义、工具主义、验证论等。

它摆脱了理性主义的抽象的理论和死板绝对的原理，而强调实验。19世纪末在美国形成了实用主义体系？杜威在1925年《美国实用主义的发展》一文中说，因为19世纪末20世纪初西方对欧洲思想启蒙运动以后出现的理性主义体系的失望，例如康德主义、自由竞争思想、社会达尔文主义等。"我们已经意识到旧的信念已遭到震撼和颠覆"，"要把那样一种哲学的基调恢复过来，已经是不可能了"。"我们已经对理性失去信任，因为我们已经认识到人主要是一种受习惯和情绪支配的动物。人们认为，可以在任何社会范围内使习惯和冲动服从于理智这样一种看法，只不过是一种幻想"（涂纪亮，1945年）。美国出现了实用主义，代表人物主要有皮尔斯、詹姆斯和杜威等。

他们从语言作为切入点，西方理性主义用语言表达科学真理，美国实用主义鼻祖皮尔斯（Charles Sanders Peirce，1839～1941年）对语言的作用提出质疑，"几乎每一个本体论形而上学命题或者是毫无意义的废话（一个词被另一些词界定，这些词又被另外一些词界定，而绝没有达到任何真实的概念），或者是彻头彻尾的胡言乱语"（涂纪亮等，2006）。"一个概念，即一个词或其他表达式的理性意义，完全在于它对生活行为产生一种可以想象的影响；这样，由于任何来自实验的东西都明显地与行为有直接联系，如果我们能够精确地定义对一个概念和肯定和否定可能包含的一切可设想的实验现象，那么我们就得到这个概念的完整定义，这个概念中也就绝对没有其他意义。对于这种学说，我想出'实用主义'（pragmatism）这个名称"（涂纪亮等，2006）。"一个概念是由它的实际效果加以验证的。"（涂纪亮等，2006）"一个论断所具有的唯一意义在于它以某种方式进行某种实验，除了实验本身以外，没有其他任何东西能构成论断的意义。"（涂纪亮等，2006）"图灵测试"正好符合这种验证科学真理观点。

詹姆斯（William James，1842～1910年）于1898年开始提倡实用主义，其目的是为了批判19世纪末的伪科学，尤其是批判自由竞争观点，同年美国政府开始管理控制自由竞争的个人主义形态。他也反对机械决定论和物质决定论。他还批判了斯宾塞（Herbert Spencer提出思想与行为进化论）、赫胥黎，放弃马尔萨斯、达尔文等的思想。他说："如果某种信仰能够证明自身有益，它就是真实的。""真理是精神活动的结果。它也有规则。"（梅南德，2006）他和杜威都认为在这个世界上任何结论都无法预测，每个问题都要服从实践。他认为自然界的变化存在"偶然的结果"，这表明自然规律是逐渐得到的，而且一直在形成之中。他说，这个世界上只存在一个东西，其他一切东西都是被它造出来的，这个东西就是"纯粹的经验"，它指各种可感知对象的集合。他也是美国心理学的创始人。他对美国心理学最大的影响，是他把心理学看作为自然科学（这成为美国心理学的传统特点之一），把客观可观察的行为作为心理学研究对象，而不研究那些无法客观观察的意识、动机等认知特性。德国的经验主义传统把心理学看作为经验科学。这也正说明"科学有祖国"。从一出现心理学，德国与美国就形成了两种不同的科学，两种不同的认识论和方法论。

网上发表了詹姆斯的许多著作全文，例如《实用主义》、《真理的含义》（The Meaning of Truth）、《心理学原理》（The Principles of Psychology）等（参见 http://www.des.emory.edu/mfp/james.html 和 http://personal.ecu.edu/mccartyr/american/leap/empirici. htm)。

杜威（John Dewey，1859~1952 年）把实用主义称为工具主义，他认为观念、思想和理论都不过是假设，是人们为了达到一定目的而设计出来的工具（不是真理）。如何判断功能、思想、理论等？判断它们的标准是看它们是否适用，而不是看其真假。工具既不是真的，也不是假的，工具仅仅是有效的或无效的，适用的或不适用的，经济的或浪费的。知识是工具性的，换句话说，不是真理，是适应当前环境的工具，是排除某些特殊疑难或纠纷的工具。他还提出干中学（learning by doing）。

实用主义是 20 世纪初期美国哲学特色，也曾经受到一些批评，它把利益看作理所当然的事情。实用主义在计算机科学中却遇到困惑。人工智能目标是把人脑智力放入计算机，最终目标是让计算机像人一样行为。如何测试是否达到这个目标？1950 年图灵（Alan Mathison Turing，1912~1954 年）写了一篇文章《计算机器与智能》（Computing Machinery and Intelligence），分析智能机器的条件。他说，假如这个机器在一个知识渊博的观察人面前能够成功地假扮成人，那么你就应该认为它是具有智能的，这就是"图灵测试"。这种判断方法受实用主义影响。西方有些从事人工智能研究的人是按照这种观点进行判断的。问题是，即使通过了图灵测试，能够认为计算机有智能吗？把一段录音放到计算机里，你就无法区分录音与真人对麦克风讲话，那么你能够认为录音的机器具有智能吗？这实际上在问："计算机是否能蒙人？"即使计算机通过了智能测试，能够证实它能思维吗？图灵预言 2000 年具有 1G 内存的计算机能够实现这个目标，这正确吗？实用主义判断真理的基本观点是"用实验去验证真理"。这个观点似乎是无懈可击的，然而却存在明显的漏洞。真理的确应该是客观存在的事实。然而，人类对真理的判断最终都依靠人的感知和认知。你是否认可它，还依靠主观感知认知能力去判断。假如你感知认知到实验结果，那你就承认那是真理。如果你没有感知认知，那你就不会承认那是真理。假如你的感知认知能力出现差错，你也可能把真的当成假的，把假的当成真的。西方科学史上把人当作机器，从这一传统看，他们很容易把人与计算机等同起来。也就是说，在计算机不具有智能的时候（1950 年），就已经先入为主建立了"计算机具有智能"的概念，此后才一点一点按照实用主义观念和功能主义观念搭建计算机智能的表面现象。即使完全符合实用主义和功能主义判断，也不能判断计算机具有人的智能。

三、理性主义（rationalism）

理性主义，又叫唯理论，是西方的一种科学信念，在古希腊就已经出现了。欧洲思想启蒙运动后逐渐成为一种新思想体系，它强调逻辑性。西方科学方法论中的逻辑性来自理性主义。其主要观点如下：

理性主义认为推理和逻辑是获得真理的主要方法，把推理作为知识的主要来源检验方法，认为现实本身具有固有的逻辑结构，并认为存在的有一类真理是可以被我们智力直接认识的。这种认识论被用于认识遥远的，宏观的，微观的现象，这些现象无法直接观察，只能通过推理获得这些知识。它认为，宇宙世界是有秩序的，表现在客观的、物质的、因果联系的统一性上，其因果性是宇宙的客观理性。他们用因果性代替了上帝的位置。科学探索就是通过推理掌握其因果关系或规律，从而试图去预言未来。后来"预言"这一愿望越来越渺茫了。爱因斯坦对统一场论的研究最终没有实现。

　　西方理性主义代表人物有柏拉图、笛卡儿（Rene Descartes，1596~1650 年）、斯宾诺莎（Baruch Spinoza，1632~1677 年）、莱布尼茨（Gottfried Wilhelm Leibniz，1646~1716 年）、康德（Immanuel Kant，1724~1804 年）、费尔巴哈（Ludwig Andreas Feuerbach，1804~1872 年）、爱因斯坦（Albert Einstein，1879~1955 年）等物理学家和数学家等。笛卡儿认为我们不应该从信仰开始，而是从怀疑开始（提倡叛逆）。理性主义认为整个世界都是机械运动的，只有相对运动和相互作用，保持守恒状态，不受超然作用的影响，由此他们把上帝和人的心灵排除出去了，这成为理性主义世界观。斯宾挪莎（被称为"无神论之王"）等把相互作用和相对运动看作是道德和美的基础和典范，认为世界就是这样简单的、理性可以触及的、有秩序的因果关系的美。后来机械论成为西方正统的科学观念，导致工业革命后企业管理把工人当作机器。量化评价方法也是机械论的表现。

　　理性主义过分强调数学和推理验证，贬低忽视了其他实践认知方法。例如，古希腊毕达哥拉斯曾提出"万物皆数"。后来又出现"几何是科学的基础"。中世纪西方逐渐形成了"数学皇后论"。后来康德批判了"数学皇后论"。他说数学不是哲学的基础，因为数学是从定义出发，哲学是从概念出发。20 世纪以来西方现代科学出现了"哲学皇后论"，仍然属于理性主义基本观念。

　　理性主义积累的知识太少，迄今西方全部思想家、科学家的理性知识总和，只解释了若干零星点滴问题（如自由、平等、机械运动），并没有系统解决人生可能遇到的大多数问题。当西方思想家强调一个观念时，却忽视了所造成新的困惑问题，例如强调自由，却忽视了责任。理性主义又过分低估了社会的复杂程度。信仰西方现代思想的人，却在工业社会遇到大量矛盾的问题，例如，竞争与合作，自由与责任，个人与群体，家庭与工作，生活与职业。这些问题使许多人陷入困惑、精神崩溃和矛盾人格，在西方思想家著作中无法找到解决问题的思想或方法。

　　理性主义也许可以帮助人去猜测遥远、宏观、微观的事物，然而只是若干认识方法中的一种，它对许多事物的认识无效，迄今西方最伟大的哲学家和科学家无法解释自然界或人类社会的大量问题的因果关系。19 世纪末德国反数学化运动，更强调实践经验的作用。

　　理性主义本身就有非理性的一面。建立理性主义这一观念时并没有经过严格的理性逻辑证明，也没有经过归纳性的实验。理性主义本身就是一种信念或信仰，它认为我们可以用推理去认识我们所生存的世界。为什么不能用别的方法去认识？韦伯说："把自然科学方法用于经济领域，是'生活（生存）方法论'发展的最后一个环节。"这也意味着，如果人类掌握的科学方法无法解决人类生存问题，那么那些科学方法也失去意义了，人类对科学方法的信念也将被动摇。理性也存在如下缺陷。

　　1）在超越人感知能力时才会使用推理，认可一个理性命题是正确的，是依据逻辑推理或数学，这本身就是一种信仰，对逻辑与数学的信仰，而不是依据客观事实的验证。在计算机领域也存在这类问题。例如，布尔认为大脑思维就是逻辑运算。按照这种理性规则得出如下结论：大脑思维是一种运算，计算机能够实现这种运算，因此计算机可以进行大脑思维。这是明显错误的，然而西方一些计算机研究者却接受这种信仰，认为计算机将来能够等同人脑。

2）推理是人脑思维确认事实的一些规则，甚至推理规则本身就是人为建立起来的。这些规则符合人脑思维规则，而自然界很多事物的形成和发展与变化并不符合这些逻辑推理规则。我们按照三段论去确认事实，但是事实的形成并不是按照三段论的过程。符合逻辑，并不一定符合事实。

3）西方科学按照推理所建立的知识体（如学科）并不是按照客观真实结构或发展过程，它割裂了事实和因果关系，而建立了人为的逻辑结构、概念或定义，其中都要采用分类和划分孤立体系的方法，从而建立了一个个独立的概念和理论，这是为了能够符合人的认识能力，并不是全部客观事实。一旦划分成学科，把人分成生理人和心理人这两种人，就已经改变了人的特性，割断了许多因果关系，不符合真实的人的特性了。同样，医学用人为方法把人分为各个系统（呼吸系统、消化系统等），这就是简化论（还原论），它也是只摘取了部分事实，而忽略了整体关系，只在一个系统里寻找因果关系有时候很困难，可能会搞错，甚至找不到。

4）很多事物无法用人工建立的理性规则去控制。人受理性控制，还是受感性控制？有时受理性控制，有时受感情控制，有时失去控制。建立各种制度和规则的目的是让人受理性控制，而实际上在许多情况下，意志、动机、意图、行为等心理活动，并不受完全理性控制，而受感情或情绪控制。这也正是按照理性建立的人机模型的缺陷，因此20世纪80年代后期西方抛弃了人机关系的数学模型。

5）理性主义的最主要缺陷是认为人脑能够直接领悟真理而不需要通过感官的感知，误以为逻辑推理的结论不需要进行检验。因此，布尔在19世纪建立了布尔代数并武断说那就是人脑思维的表达方法。那个时代人类对大脑几乎没有什么了解，如今也没有搞清楚大脑的思维机理。为什么西方科学界敢于认同布尔代数是人脑思维的表达方法？很重要一点就在于那是用数学表达的东西，这符合理性主义基本观念，因此不进行验证。另外，它也符合西方科学界的简化论和功能主义。按照西方科学界的简化主义的观念，可以把复杂的问题进行简化，同样可以把大脑思维功能简化。只要提出简化，就是符合科学认识论的，甚至认为"虽然我只看一点，但是我没有错看，这一点就没有问题吧？"瞎子摸象恰恰错了。功能主义用数学表达大脑功能，这本身就是一种比喻性的片面的认识方法。按照这种方法可用得到一些局部知识，但是也得到一些偏见。近30年的动机心理学和认知心理学对人脑功能和结构才进行了一些研究，人们才明白用布尔代数只能描述很小一部分思维。在计算机领域，一直把算法作为软件的核心问题，把数学作为研究计算机软件的最重要的知识，从而根本忽视了人的生理特性和心理特性，这同样也是理性主义的影响结果，不会有人去质疑这种认识论传统。只是出现大量问题后，到20世纪80年代，才不得不承认数学不适合描述人机系统中人的认知和行动特性，从而转向人机学和心理学。

6）有些真实的信念来自偶然的幸运的理性猜测，这些并不能作为理性的普遍性规则。例如，曾经成功预测了某些地震，但是那些方法不具有普遍适用性。曾经被认为天气预报是比较成功的科学预言领域，现在发现预报正确性表现降低，甚至无法预报海啸等重大灾害，2007年中央气象台在凤凰电视台上说预报准确性大约为70%。

7）理性也许是推理科学的规则，但是它对道德无效。这也许能够从一个侧面说明西方科学发展的同时，为什么道德败落。

四、机械论的认识论

西方机械论是一种科学信念，产生于古希腊。对机械的爱好是西方文明的一大特点，这是我们中国人难以想象的。机械论的基本观点如下：

1）机械论与功能主义结合，把宇宙看成是一部机器或马达，地球是机器，人也是机器。在古希腊时代，西方的哲学认识论中就存在机械论。达·芬奇和伽利略认为人的骨骼像杠杆。机械论是西方科学传统，虽然它没有被写在西方正统的科学认识论中，但是，在西方许多科学领域都能看到它的观念影响。例如，牛顿力学就属于机械论的产物，它从自然的运动中只看到了机械运动的规律。机械论把一切运动都看作是机械运动，把细胞也看作机器。西方对基因的研究实际上把我们人都看作是生物机器，这在美国科幻电影中表现很明显。机械论对计算机的设计有很深刻的影响。尽管现在提出了"以人为本"的设计观念，但是"牵一发而动全身"，改变计算机仍然有很长的路，目前只好从用户界面角度进行修修补补。

2）机械论是西方科学认识论的传统，逐渐演变成为欧洲的结构主义和美国的功能主义认识论。简单地说，功能主义认为，把事物的功能搞清楚，就把本质搞清楚了。例如，从功能上把人看作为机器。图灵的"有限状态自动机"就是采用功能主义认识论，从功能上把人看作计算机。那个时代西方科学根本不知道人脑的运行原理。

3）机械论把人类大脑比喻成为计算机。这种观念严重影响过去对用户界面设计，例如，采用命令行操作系统，认为用户行为方式与计算机行为方式一致。20 世纪 90 年代以后把心理学用于用户界面设计，出现直接操作界面，采用菜单图标等。西方认为这就是"以人为本"的设计结果了。它虽然比过去有改变，但是按照我们中国文化的观点，用户界面采用各种形式结构很强的表格、格式、菜单、控件、按键等是明显的机器感，它来自 20 世纪 70 年代的磁带录音机，这也是受机械论的影响，人不习惯于数学性很强的表格。今后用户界面的设计要从根本上实现"以人为本"，就必须彻底超越西方科学中的机械论观念，应该采用真实物品和真实场景。从符号学角度，应该减少文字描述，减少抽象的象征（symbol）图形和描述，而采用"物化"图形（icon）。例如，按照传统的写信方式设计 E-mail，用虚拟现实表现写信所使用的实物和过程。如果在用户界面设计风格上超越了当前的象征图形，那么就会引起新一代用户界面的风格设计。这也是当前用户界面设计中所忽视的主要问题之一。

五、结构主义认识论

结构主义出自一种科学信念，认为结构决定事物本质，它实际上属于西方机械论，体现在许多学科中，下面仅分析在心理学领域的大致情况。

1）德国冯特（Wilhelm Maximilian Wundt，1832～1920 年）是西方现代心理学创始人之一，也被美国人称为实验心理学创始人，1879 年在德国莱比锡大学建立了世界上第一个心理实验室。他建立的心理学被他的英国学生铁钦纳称为结构主义（structuralism）。当时西方各国最重要的心理学家大多数是在他那里学习的。

冯特认为心理学是意识的经验科学，主要采用经验方法。如何验证经验科学的知识呢？除了依靠逻辑正确性标准外，还要依靠观察的标准。他认为心理学属于经验科学，而物理学依靠逻辑推理，是概念性的知识。

结构在这里指心理的各种结构。结构主义心理学认为，各种心理经验，包括最复杂的经验，都可以理解为它是由比较简单的事件组成，这实际是西方传统的简化论（还原论）。这种分析被称为因素（因子）分析。这种分析过程是很复杂的，要通过各种客观方法和主观方法的综合研究才能获得有效结果。这种方法的目的是发现这些因素构成复杂事件的构成原理或结构原理。作为结构主义认识方法，冯特把感情当作是一种心理因素，并提出感情三维度因素：愉快/不愉快，兴奋/沉静，紧张/松弛。

冯特提出意志心理学。那个时候的"意志"类似如今的"意图"或"动机"，这是当前动机心理学研究的主题。19 世纪研究这个主题是抓住了工业社会的社会心理的一个核心问题。美国心理学界主流从 20 世纪初期到 60 年代一直把刺激-反应的被动行为（行为主义）作为心理学研究的主题，一直到 70 年代以后才回归到"动机"这个心理学主题上。

在心理学实验中，无法直接观察内心活动时，就无法采用自然科学的客观观察法，因此冯特让被试者反思口述自己内心活动，这种方法被称为内省法。冯特认为，心理经验更依赖经验者本身的经验，对于不可观察的内心活动，要依靠自我观察，依靠内省方法，受过训练的观察者按照内省法可以准确描述思维、感觉和感情。对于可观察的行为，主要采取观察方法。心理学现象比物理现象更不稳定，为了精确研究心理现象，必须把内省与实验观察结合起来。由于内省是主观描述，难以得到验证，冯特强调要对被试者进行训练。他还强调内省法只用在简单的心理现象。至今各国心理学研究中，对于无法观察的内心活动都仍然采用内省法，例如，访谈、问卷调查都属于这种方法。

结构主义对当代欧洲的心理学研究仍然有重要影响，例如体现在皮亚杰的儿童认知发展心理学中。结构主义可能是欧洲科学界的传统。20 世纪后半叶结构主义是欧洲分析语言、文化、哲学以及社会的重要方法之一。结构主义不仅在心理学中存在，在其他科学领域也存在。例如，在符号学中，结构主义认识论认为，含义存在其结构之中，由对比而形成含义。例如，大/小，高/矮等。在化学中，研究元素周期表就可以被看作是结构主义思想的体现。

2）铁钦纳（Edward B. Titchener，1867～1927 年）的结构主义。他是英国人，也是冯特的学生，后来成为心理学教授，在美国康乃尔大学建立了心理学实验室，把冯特心理学传到美国，由于他的片面介绍，美国人不知道冯特采用客观方法研究明显行为，也不知道结构主义研究意识活动的内容，而以为冯特心理学只应用内省法。他认为心理过程可以通过内省分析为各种因素（例如感觉、感情、意象等），实际上这种分析是十分复杂的。他还把内省法用到高级心理过程，例如思维和想象等。这样，铁钦纳成为德国结构主义在美国的代表性人物，给美国心理学界造成历史性的偏见。当前德国一些书籍媒体这样解释美国对德国心理学的误解。美国把内省法称为德国心理学的结构主义，而德国人把内省法又称为"铁钦纳结构主义"。为了区别，我们把它称为铁氏结构主义。德国心理学主要批评如下三点：①铁氏结构主义采用简化论的认识方法，把复杂的意识经验简化为比较简单的心理印象。②铁氏结构主义采取了基础论观点，它把注意力集中在基础因素组合后的整体，而不是直接研究可分解的意识内容和行为。③它把心理内容限制到只依靠口述表达简单的心理内容结构，这只能在很小程度上反映意识内容，按照这种方法建立的结果往往是病人或小孩子的心理模型，而远达不到一般正常人的心理状态（Zimbardo，1996）。

3）实际上，德国与美国心理学差别不止这些。例如，德国心理学界对美国行为主义持否定态度。从 20 世纪 10 年代到 60 年代行为主义是美国心理学界主流，虽然后来被全面批判，然而如今仍然有人坚持它。

六、功能主义认识论

1）功能主义是西方哲学中的一种认识信念。功能主义被用于哲学、心理学、社会学、人类学、建筑学等。在大脑哲学中，由于大脑状态无法被直接观察，于是功能主义是通过一种系统论方法去探索大脑，它认为人的行为要通过三个过程：感官输入，大脑处理，产生行为输出。因此通过感官输入和行为输出，可以分析判断其大脑状态的功能。行为主义用行为（也就是大脑的功能输出）去鉴别大脑智力状态。功能主义认为，大脑各种智力状态是由它们与感官输入和行为输出的关系构成的。功能主义是 20 世纪分析哲学的主要理论发展，并对认知科学许多工作提供了概念基础。

美国心理学的功能主义来源之一是行为主义。功能主义认为，思维、愿望、痛苦或任何其他精神状态的决定因素不是其内部结构，而是其功能，是功能在认知系统中所起的作用。这一观点出自亚里士多德的心灵概念以及霍布斯（Thomas Hobbes，1588～1679 年）的观念。英国哲学家霍布斯从机械论原理与可比较的算术规则出发，把加法减法的计算功能看作是大脑推理的功能，从而认为大脑是计算机器。他还建议，推理与想象、感知和有准备的行动，都可以按照机械论原理进行，并可以由各种物理类型的系统去完成。他在《Leviathan》一书中说："为什么我们不能说一切自动机器（发动机用弹簧和轮子）具有人工生命？"根据这一观念，布尔（George Boole，1815～1864 年）从功能角度把大脑思维的功能看作计算。

几千年的机械论和功能主义已经把人脑本质解释为机器了。这种先入为主的观念不是科学研究的结果，而是一种信仰主导了大脑认知科学的研究，它断言人的思维是规则控制的计算，它可以按照机械论观念用各种物理类型的机构去实现。如果在中国出现这些观念，也许会被批评为迷信，而西方这种幼稚的传统观念在 20 世纪 70 年代以后又完全在美国心理学界普及，主要表现在美国认知科学用计算机研究人脑的认知活动。更精确地说，功能主义认为认知状态的特性是由对感官刺激或其他心理状态和行为的因果关系所决定的。欧洲心理学的研究方法主要采用结构主义，不十分认同功能主义。美国与德国心理学界的许多争论来自于此。

在社会学领域中，功能主义 19 世纪出现在欧洲，是由于社会危机而引起的一个理论。功能主义不强调社会冲突问题，而强调和谐社会关系的理想状态。功能主义基本出发点是，各种社会都具有基本需要——功能要求，尤其是社会稳定的需要。如果一个社会要存在，必须满足这些功能要求。功能主义关注社会各部分对这些需要的贡献（它们的功能）。各种功能主义都关注基本需要、对社会秩序的期待和对稳定的期待。功能主义在哲学、心理学、社会学、经济学和建筑学中各起不同作用。

2）功能主义是美国心理学的传统，来自美国哲学，其代表人物是美国实用主义哲学创始人之一、美国心理学创始人詹姆斯（William James，1842～1910 年）。其基本观点是，要想发现一个思想的含义，就要去看看它的结果是什么。由此，真理应该是有用的、有好处的、实际的、有实效的。因此詹姆斯学派强调行为与环境的因果关系、预测性、控制性和可观察性。他反对铁钦纳介绍的结构主义。他认为虽然分析心理因素是必要的科学方法，但是它只看到内省分析的因素，而破坏了心理整体。

詹姆斯强调心理学的用途。美国功能主义和实用主义有关。要理解一个思想的话，功能主义会问："它有什么功能？有什么好处？有什么用处？"也就是问它的功能和目的。同样，一个词汇或一个概念的含义是什么，不是看书面解释，而是看它在实际行动中的后果是什么，这是实用主义的基本观念。

詹姆斯功能主义在某些方面明显反对结构主义，他认为结构主义忽略了整体，而把注意力过多放在细节上。后来的功能主义者反对结构主义时，主要是依据铁钦纳对冯特的著作很糟糕的翻译解释，而不是依据冯特的著作本身，这样引起许多误解。例如，美国最主要的历史学家波林（E. G. Boring，1886～1968 年）在几十年中只是从铁钦纳书中了解冯特。

3）美国心理学的功能主义与机械论联系在一起，形成如下基本观点。

第一，心理学属于自然科学，其目的是掌握关于头脑各种状态（思维、感觉和知识）提供的事实、规律和关于这些头脑状态的认知。自然科学强调客观性，因此美国行为主义只研究客观的明显行为，不研究内在的大脑活动。德国把心理学看作经验科学，其主要目的是研究大脑的活动（例如动机）和行动。

第二，心理学是描述和解释人的各种意识状态的功能。也就是说，它是研究原因、条件和直接结果的，这些都是各种心理因素的功能。

第三，大脑具有功能。大脑预先就适应了我们所生活的世界的特性。每个人都有意识、思考、感觉、认识等心理活动，意识的目的是辅助个人去适应环境，这种适应性的目的是保护个人的安宁、安全和兴旺，这是依据实用主义的观点，它否认公正、真理等信仰。当某个现象对我们重要时，我们一见到它就会感兴趣和兴奋。这些大脑的意识规律与外部世界有特定的相互作用，使得大脑和宇宙动态平衡，个人与世界和谐或相互适应。以各种方式促进各种行为，增强自卫。心理活动的功能是提高人的适应性，这也是功能主义的重要观点。

第四，我们的思维方式、感觉方式和认知方式之所以成长为如今这样，因为它们具有用途，它们形成了我们对外界世界的各种反应，这也是美国心理学的功能主义基础。

第五，大脑对各种天生的处理过程不是由其机械装置（结构）确定的，而是由其总体的自然界设计的用途确定的，由功能确定的。思想活动是机械规律的结果，大脑行动的规律实际上是机械规律。

第六，智力（mind）是大脑的功能，其功能是加工（詹姆森心理学的）各种假设，一切人的认知和行为是生理过程的结果。人的认知和行为是由生理过程引起的，是生理过程的功能。

第七，按照功能主义，大脑状态的本质正如状态自动机器人（automaton state）的本质，也就是说，由它对其他状态的关系和输入输出关系所构成的。因为大脑状态像机器人状态（状态机），所以确定状态机的方法可以被用来确定大脑状态。大脑各种状态都可以用逻辑数学语言以及输入信号和行为输出来表示。这样功能主义满足行为主义的迫切需要，把大脑完全用非大脑语言表示出来了。可以用非大脑状态（机械特性、电子特性）定量实现大脑功能。一种功能状态可以用多种方法实现，这是美国计算机界某些人把计算机与人脑等同起来的主要依据。

这种机械论功能主义的解释，也许符合简化论（见下一段）的观念，能够从某些局部解释人脑的个别活动，然而当前还没有人能够从整体角度解释大脑。未来有一天，当人们需要从整体论角度解释大脑时，肯定会发现机械论功能主义的局限性。它使计算机研究走了历史弯路。

七、简化论

简化论（reductionism）以往被翻译为还原论。简化论是西方的一种科学信念，它把整体看作为低级因素的加法组合，它认为复杂的事物可以被简化成其各个部件相互作用，或更简单更基本的事物。动物可以被简化成自动机器去解释。一个复杂系统只不过是其部件的总和，因此可以简化成各个组成部件。这种观念是 1637 年由笛卡儿引入的，他说世界像一部机器，其各个部件像钟表机构。要想搞清楚钟表，就可以把它拆开，分别搞清楚每一个零件，然后把它们安装在一起。简化论是西方许多现代科学研究方法的基础之一，它往往还与机械论混合在一起，整体可以被分解成为子系统，复杂东西的本质可以简化为局部的、简单的、低级的东西。如果能够把每个被简化的成分研究清楚，那么就认为把其组成的复杂对象也搞清楚了。整体论（holism）与简化论相反。数学加法和减法就是最直观的简化论，2 可以被分解为 1 和 1，而 1 加 1 等于 2。

简化论是一种信念，认为现实是由若干基本的物质组成的，最好的科学策略是试图解释简化成最小的对象，因此它认为原子论对物质的解释比一般化学解释好，依据更小的粒子的解释更好。按照简化论思想，心理学和社会学可以被简化成生物学，生物学可以被简化成化学，化学可以被简化成物理学。

然而，简化论在分解系统时，却忽略了整体性因素，1 加 1 与 2 的整体性不一样；它还忽略了各个因素之间的关系，也忘记了单个因素的作用之和并不等于各个因素综合作用的效果。但是，这种方法论是西方过去几百年科学思想的主要倾向之一，他们用这种方法简化问题，尤其当研究问题超越人的能力时。这种方法在数学、物理学、化学、生物学等各种学科中都广泛应用，已经成为科学认识论的传统了。凡遇到研究问题超越人的能力时，就简化它！例如，布尔把人的思维简化成为逻辑运算。这种简单方法对西方科学产生了很大影响。简化论直接导致了欧洲的结构主义。美国的行为主义也采用简化论，把心理活动简化成为肌肉收缩或腺体分泌这些物理化学变化了，言语动作只不过是喉头内部一组肌肉的协调动作。简化论的缺陷是忽略了因素综合后产生的质的变化，单一因素结果的线性叠加并不等于各个因素的综合作用。简化论在研究心理学实验或者用户操作心理时忽略了以下几点：

1）简化论注重因素，却忽略了人机关系的整体性，忽视了人机关系的复杂性，忽视了心理过程的整体性和复杂性。因子分解就是简化论，因式分解后数量相等，而数学关系并不相等，把"加"的关系变成"乘"的关系。在这种"数学基础论"影响下，许多人过于简单地看待复杂的人机关系，这使得设计的人机关系也成为弱智关系，机器只完成了一些简单的功能，而把大量复杂的问题甩给操作员和用户了，用户时刻要保持高度紧张警戒，防备意外事故发生，这是给用户造成超负荷工作量的根本原因。实际上搞清楚因果关系是非常困难的，而简化论很轻易就忽略了"不重要"的因素和关系，也往往忽视了时间因素引起的变化或不稳定，忽略了"相关系数"很小的那些因素和关系。例如，在操作打印时把人机关系简化为：用户操作打印命令并安放打印纸，打印机执行命令打印文件。实际上，二者之间的关系并不是如此简单。打印过程中会出现许多其他事情和动作，例如想要立即中断打印，目前这往往是不可能的。美国有人把用户模型简化成为一个智力模型（mental model），它远远不能比较全面真实地反映用户的行动心理。

2）建立实验条件的一个目的是屏蔽外界各种干扰，从而能够从实验中剔除无关因素的影响。这样做，更多考虑的是满足研究人员对问题的认识，而不符合真实的操作环境的复杂性。在实际操作使用中往往不可避免这些外界干扰，它会导致出错、事故和人身安全问题，恰恰是不可忽略的。

3）设计实验的另一个目的是隔离多重因素的综合作用，孤立研究每个因素对实验结果的单一对于关系，这样可以搞清楚单一的因果关系。这样做也是为了使实验人员比较容易认识单一因素的效果。同时，这也隐含着一个观点，认为"各个因素的综合作用"等于"每个因素单一作用的线性和"。实际上，每一个因素的作用结果的线性算术和并不等于所有因素的综合作用结果。"驾驶汽车"与"喝酒"这两个因素综合在一起就能够得出新的"车祸"结果。

4）简化论忽略了"非正常情景"。通常进行单一因素实验时，是在"正常条件"下进行的。而实际上，用户用计算机工作时往往不是在这些正常情况下，或者说，用户操作出错往往不是在这些正常情况下，而是在"非正常情况"下出现的，这超越了实验室的研究范围。

5）任何实验室的研究都是短时间的，这往往是人们忽视的简化论的一个重要体现。现实工作中，操作计算机往往要连续进行 3～4h，而实验室里的计算机操作实验往往只有几十分钟。短时间的实验忽略了实际长时间行动存在不同的心理因素或者更多的心理因素，例如长操作时间的认知工作量不同，短时间采用集中注意，长时间容易分散注意或者要采用持续注意。

6）简化论是机械论的一种表现，机械论把用户看作机器或机器的一部分。行为主义认为对用户操作起作用的仅仅是"感知-动作"这两个因素，因此把用户简化成"眼睛"和"手"，忽略了人的大量复杂的认知心理。

7）简化论把"因果关系"研究降低为"因素效果"关系的研究。因果关系指：有 X 才有 Y，X 变化引起 Y 变化，没有 X 就没有 Y，Y 是 X 的结果。因素效果关系也被称为相关关系，X 变化时 Y 也变化，Y 变化时 X 也变化，Z 变化时 X 和 Y 也变化，那么 X 与 Y 相关。科学研究的目的之一是寻找因果关系，几千年来人们发现，很难搞清楚因果关系，因此科学研究降低要求，研究因素对效果的影响，简单地说，因素效果关系的研究可以看许多因素共同影响下的效果，而忽略了更复杂的认识问题，例如，不必确认是不是原因，也不要区分哪个因素导致什么结果。在实际应用中，当我们采用相关关系时，实际上在类比因果关系。当我们采用偏相关关系时，我们脑子里类比多因素

（3个因素或更多因素）引起的不同因果关系或多个因果关系。

8）简化论忽略的整体性因素是不可分解或简化的。例如，瞎子摸象就是比喻简化论，他们忽略了一个整体因素——大象的整体外形，因而他们感知到的不是大象整体，而只是其中一部分。简化过程都可能忽略系统的整体性因素。

9）简化论过分低估科学研究对象的复杂性。例如，简化论曾经过低估计太阳系和宇宙的复杂性，如今又过低估计人的复杂性，过高估计了计算机专家的水准，曾经简单地用数学作为研究人脑思维的主要方法，简单地认为计算机就等同人脑，而缺乏心理学和生理学基础。1848年布尔发表了一篇论文《对思维规律的一项研究》（An Investigation of the Laws of Thought），他说："本论文的目的是研究推理过程中，控制大脑各种操作的基本规律，用计算的符号语言去表示它们，去建立它们。在这些基础上，逻辑科学建立起描述其特性的方法……以揭示可能的征兆，并把它看为人脑的本质和组织结构。"这种话语其实过分夸张，当时人类的知识和实验能力无法深入研究这个问题。实际上，心理学创始人冯特于1862年才出版《感官知觉理论论文集》，1879年才创建了世界上第一个心理学实验室。那时人类对人脑并没有进行过什么研究。按照现在科学方法论观点看，这是缺乏最基本的科学态度，用文学想象代替科学研究，过低估计了人的复杂性。现在仍然没有人敢说："我已经能够用计算机描述人脑的各种操作的基本规律"。20世纪60年代以后西方某些人工智能研究过分简单估计了人的感知、认知特性和大脑的存储与学习功能。例如，人眼在视网膜上大约分布着13200万个光敏感受器，仅在中央凹那个很小的面积上就分布了500万个视觉细胞，这远超过当前数码照相机的分辨率（800万像素点）。目前没有任何一种方法能够同时模拟人脑的存储功能、学习（理解和记忆）功能和行动功能。80年代后期美国有人建立了一个用户模型，其他一些人竟然在应用中也采用那个模型，甚至不知道各个软件的用户模型是不能通用的。许多问题表明，计算机的历史是认知工具技术发展的历史，是一个过分低估人的复杂程度的历史，是不断纠正人类观念错误的历史，也是某些能者的失败史。

在计算机智能研究中，功能主义和简化论遇到困惑。计算机是否能思维？同样，美国认知学用计算机验证心理学研究结果，这也是功能主义方法的延续。即使计算机程序能够复现心理学某个结论，就能够实证这个结论吗？计算机程序实证的是心理学特性，还是计算机特性？也许都有一点，也许都不全面，也许都不是。这可以被当作目前的一种辅助研究手段之一，而不能够作为唯一标准去验证结论。仅用计算机作为心理学验证手段，这是把大脑过分简单化了，是用一个有限的已知工具去验证未知问题。

整体论与简化论相反。整体论（holism）认为：

第一，一个系统的整体特性，不是其部件特性，是全部特性（生物的、化学的、社会的、经济的、语言的等），不是各个角度特性，不能够由其部件单独决定。

第二，系统是一个整体，整体性决定了其各个部件的行为特性。

第三，系统论提供了一种整体论的思考方法，而不是简化论方法，许多科学家采取了这种整体论范式。

八、本质主义（essentialism，本质论）

人们看到的世界一切都在变化，那么各种事物是否真得变了呢？本质主义是一种信仰，坚信那些变化的现象是表面的，人类或事物具有深层的和永恒不变的"本质"。本质主义在社会学里把性别、种族或者社会阶层的划分看作为固定不变的特性。本质主义往往与简化论混在一起，表现为如下特点。

1）人的思维行为受许多因素的复杂影响，而本质主义往往只从一个角度去解释。例如，认为人的本质只由生物性决定，或只由生理性决定，或只由情绪性决定。例如，它认为男性比女性更具有进攻性，因为男性具有更多荷尔蒙。这种解释的意图是采以生理学为基础，说明特定的社会行为的差别是不可改变的。例如，布尔提出人脑思维是数学计算以来，行为主义认为人的思维行为能够用数学物理方式描述。也许人脑思维中的逻辑部分可以用数学去模拟，然而还有许多不是数学计算，其实逻辑思维在人脑思维中仅占很少一部分。此外本质论还表现在 20 世纪 50 年代以前美国心理学界的行为主义，它认为人的行为本质是外界刺激反应的结果。1990 年美、英、法、德、日、中共同开展人类基因组项目。2000 年以后这方面的研究有一些进展，也引起了本质主义的新表现，当前更多的是采用单一的基因去解释。例如，认为基因左右情绪，甚至认为基因可能影响政治态度。在这种观念下，只强调一种特性，忽略其他方面特性。

2）本质论是一种永恒性、概括性和普遍性断言。例如，有时武断某种本质或某种普遍规律，日常说话或学术文章中喜欢采用"普世"的统一概念。其实，那往往是肤浅的一时的看法，并没有经过严格的验证。几百年来许多科学领域的现实表明，人类的认识能力和概括能力存在许多局限性，往往还没有达到概括普遍性的程度，甚至还没有搞清楚什么是本质，也没有搞清楚某些事物是否存在所谓的本质。

3）本质很复杂。本质是什么含义？是否适合一切事物？也许有些事物存在所谓的本质，有些事物不存在所谓的本质。在一定因素作用下，本质可能是不变的；在另外一些因素作用下，所谓的本质是变化的。有些简单事物的确只受某个单一方面的因素影响，然而更多情况下人的思维行为受许多方面影响。在各种事物中，各种因素对各人的影响不同，不能简单认为只有某一方面因素起决定影响，而完全忽略其他方面因素的影响。也不能只按照普遍化的统一概念解释各种具体现象，必须对个例具体分析各种因素的相互关系和影响大小。非本质主义走到另一个极端，认为不存在普遍性。应该注意还存在另一种观念，叫反本质主义。例如，认为有些事物不存在所谓的本质。

九、技术科学的认识论

技术科学目的是制造物质财富，它的方法论也不同于自然科学和心理学。机械工程、电气工程、计算机科学的方法论各不相同。技术科学的方法论大致包括 3 类：

1）机械论的认识论。工业革命以来的西方各种技术科学几乎都是按照机械论去建立起来的。它也形成了以技术为本的发展策略：先开发技术，再寻找应用；先设计功能和结构，再考虑人机关系。西方（尤其是美国）的机械论、功能主义、简化论几乎都把人看作机器。这种观念导致以机器为本的设计体系。在设计机器内部功能时，自然应该以机器技术为本，然而在设计人机关系时，以机器为本就是把人看作机器，这导致用机器奴役人，引起大量的工伤事故。

2）以人为本的方法论。它起源于劳动保护，以人的知识（生理和心理知识）为基础设计人机系统。1857 年波兰教授亚司特色波夫斯基（Wojciech Bogomil Jastrzebowski，1799～1882 年）第一个建立劳动学（ergonomics）。1974 年德国开始实施了全国性的"公正对待人的技术"的设计计划，全面改造了德国各个行业的设计，从以机器为本转向以人为本。1990 年左右西方人机系统领域不再建立数学模型，而开始转变为心理学模型。1993 年英国出版《以人为本的人机学：布润腾派的人因素观》。20 世纪 90 年代以后，在设计人机系统时，先调查用户需求和特性，建立用户模型，再开发技术，设计功能和结构。

3）生态学的方法论。以人为本的负面作用是人的欲望无际，导致破坏自然。工业革命以来的许多技术将被淘汰，维护自然的生态循环已经成为一个非常严峻的问题。生态学方法把人类看作自然界的一个环节，探索如何能够维持自然界正常循环。只有自然界正常循环，人类才能正常生存。自然界循环的破坏，也导致人类生存环境的破坏。如今，应该首要发展维持自然界正常循环，减少污染的生态技术。

十、心理学基本认识方法

1）人的复杂程度超过了其他任何学科，因此对人（用户）的认识方法也必须超过对其他自然科学的。最主要的问题是：我们无法看到人脑的思维内容，我们无法看到因果关系，我们没有搞清楚许多基本概念，例如意识、注意、情感等。我们可以把以往的认识论逐一进行分析，理性主义方法在心理学范畴里几乎不起什么主要作用，经验主义在某些方面起一些作用等。即使把经验主义、理性主义、实用主义等各种认识论方法综合到一起，也不能满足对用户的观察和认识，还需要探索更实际更综合的有效认识方法。遗憾的是，迄今还没有掌握对人心理的全面真实可靠的认识方法系统，无法保证认识的有效性。不仅要采用各种客观方法，也采用各种主观方法，把各种方法获取的信息拼凑在一起，再进行理性分析和猜测，以弥补许多无法观察的东西。

2）客观认识方法。实证主义（positivism）宣称从客观获取知识的自然科学是知识的唯一来源，否认哲学研究的认知价值。它的出现是针对德国古典唯心主义思辨哲学对科学发展中哲学问题的无能，然而经验主义又走到极端，拒绝理论推测和思考作为获取知识的一种途径，认为存在、本质、原因等传统哲学问题的探索是伪题，是没有意义的。

对明显行为的调查研究可以采用客观的观察和测量方法，例如用录像、眼动仪等测试一起。对这些量的研究也可以采用定量分析。例如研究手的各种动作，感知与动作链，操作速度与操作准确度的关系，注意持续时间，记忆方式（识别和回忆）和记忆量，视觉过程，语言交流，反应速度，学习时间等。

3）主观认识方法。有些心理量无法采用客观的观察和测试方法，目前只能采用主观方法，让被测试人口述心理过程和心理感受，这种主观调查方法主要包括专家访谈、专题访谈、各种问卷调查、内省法、有声思维等。例如研究动机、价值、需要、思维过程、认知工作量、可用性、各种效度分析、行动过程等。

4）综合认识方法。心理学中的每一种研究方法只能从一个角度或一个片面获取一些信息，而每一种研究方法都无法或很难获得全面真实的信息，还有些心理量需要采用主观描述与客观观察相结合的方法，例如调查用户需要或追求的生活方式时，可以通过访谈和问卷调查，还可以在各种生活情景中观察他们的行动过程，把主观方法和客观方法结合起来，综合各方面的信息。

5）经验的意义。心理学和社会学的基本认识方法都属于经验方法，其含义是，知识主要是通过实践经验积累的，几乎不存在什么普世性的规律；只读书是难以获得经验的；当环境条件被改变时，心理因素的结果也可能发生变化；当时间改变后，心理因素的实验结果也可能发生变化；当采用另一个理论框架时，实验测试结果也会变化；当边界条件和初始条件变化时，实验结果也会改变。

6）规律与案例。什么是规律？规律是普遍存在的规则，只要符合其条件，就会出现其结论。心理学是经验科学，即使符合其出现条件，也不一定会出现其结论。这也意味着，心理学的实验结果往往不能被作为广泛适用的规律，而更倾向于作为案例，可以被广泛参考，以扩大自己的经验。

从上述分析可以看出，西方的各种认识论都是片面的，把各种认识方法综合在一起，也不足以认识外部世界。它为了针对一个目标，而忽略了其他方面，经常走到另一个极端，甚至是错误的。人的认识是无限的，然而人类的认识是有界的，这个界限就是人的价值观念、感知和认知能力的极限。人类也不知道自己不知道什么，它造成人类有许多事物无法知道。认识的最根本问题是：如何能够提高认识的客观性、完整性、真实性？

第三节 方 法 论

一、什么叫方法论（methodology）

1）方法论指研究采用什么系统方法能够符合你那个领域所要达到的目的。

第一，工业革命以来技术科学方法论主要考虑的问题是提高效率和质量，当前主要目的是探索用什么方法可以实现可持续的生存方式和生产方式。

第二，设计调查或用户调查的方法论的考虑主要是分析采用什么方法能够达到真实性、全面性、可用性（效度分析）以及稳定性和一致性（信度分析）。各种方法存在什么缺陷，有什么负面作用，如果一种方法不能实现全部目的，应该用什么方法去弥补。

第三，实验室的科研项目如何考虑在企业中进行大规模生产。当前许多实验室里成功的科研成果无法在企业里生产，其主要原因是从一开始就没有考虑企业生产。

第四，按照自然科学客观性要求，结论必须得到验证。如何验证心理学结论？这个问题在美国属于方法论问题，美国建立认知学，采用计算机方法验证心理学结论。这种方法合适吗，存在什么问题？对这些问题的考虑也属于方法论问题。

第五，自然科学主要方法论考虑如何建立一套完整的研究过程，包括假设、实验、推理、验证等方面。例如，归纳法不能进行完整验证，怎么办？提出证伪法，正是为了解决归纳法的缺陷。方法论不是研究具体方法的可行性。

2）20世纪70年代以后许多科学研究领域开始注重方法论的研究。然而有些人过分夸张，把"方法"称为"方法论"，例如，"我们采用的方法是……"却被说为："我们采用的方法论是……"。

3）一般来说，自然科学方法论主要包括以下特性：

第一，客观性。自然科学研究的对象是客观存在的，也就是说，你能观察到它，我在同样条件下也能观察到它，否则我就认为你研究的对象不符合自然科学研究范围的东西。

第二，逻辑性。理性科学知识是通过推理获取的，这些科学知识必须符合逻辑性。在没有被推翻时，就一直认为其结论符合其前提。

第三，验证性。科学研究的结论必须是能够被验证的，不承认无法验证的命题。经验主义、实用主义和逻辑实证主义都提出了验证方法。

第四，预言性。它认为自然科学的研究目的是预言未来。经过几百年实践经验，人们明白了这非常困难。天气预报曾是最有效的预言领域，如今预报正确性也在降低。

第五，科学信仰。为什么西方科学家几千年来总知道去研究什么？因为他们从事科学研究目的是反对宗教，或者验证宗教。这种科学信仰是否科学？是否符合科学认识论和方法论？缺乏对这种文化价值背景的理解，就很难自主发现科学问题和研究对象。

下面主要分析当前比较系统的自然科学方法论的基本含义。

二、客观性

客观性是经验主义的基本观点。客观性意味着：只能研究能够被人感知的事物（把它称为"客观的事物"）；这些现象必须是客观存在的，必须是可观察的。客观性是研究方法，也是验证方法。

在心理学中，客观性的要求指研究的对象应该是存在的，并且是能够被观察的。人的大脑活动是存在的，然而却无法被观察或很难被观察，因此美国行为主义不承认它属于自然科学研究内容。

德国经验主义提出内省法，让被试者回顾和口述实验中的体验。这是主观描述，当然不客观。但是，迄今没有其他任何科学实验方法能够观察被试者的内心活动了，也无法去研究内心活动。被试者的自己内省活动的描述不是被当作唯一的依据，还要用其他方法对它进行验证。把各种方法取得的信息相互拼凑，相互比较，从中可以发现问题，相互弥补。验证什么？应该验证被试者口述内容，要验证其真实性、全面性、稳定性和一致性。前二者被称为效度，后二者被称为信度。如何验证？这也正是心理学实验和调查中最困难的事情。对于被试者的口述信度有一些验证方法，然而无法直接从被试者的口述内容上去验证它的效度，因此要采用间接验证方法。

间接验证主要从以下方面进行考虑：

第一，建立多种实验和调查方法。例如访谈、焦点访谈、问卷调查、跟踪调查、重复调查、观察、实验、有声思维、回顾法等。每种方法都只能从一个角度获得有限信息，观察法可以对明显行为进行研究，问卷和口述法可以在一定程度上了解内心活动。把各种方法获得的信息或数据进行比较，可以进行相互验证。

第二，提高各种效度的主要方法是依靠多位专家。例如，可以把多位专家的访谈结果进行比较，可以让专家分析被试者的口述等。

第三，采用信度验证。调查中要验证被试者心理的稳定信度和一致信度。可以在调查过程前后中提出同样的问题，如果回答一致，说明被试者心理比较稳定。可以把相关问题的回答进行聚类分析并计算 Cronbach alpha 系数，从而判断其一致性的程度。

第四，采用次要信息验证法。例如，问卷抽样应该基本符合随机抽样。从抽样结果的次要信息，例如男女比例，各人群的年龄比例，如果这些比例数据符合该地区统计数据，那么就认为抽样基本符合随机抽样。

第五，为了验证调查结果，故意使有些调查方法获取的信息相互重叠，用各种方法相互弥补，相互验证。例如，用多种方法调查同一个问题。这也正是研究用户操作心理的复杂性，比设计其他实验更困难之处。

"客观性"是通过"主观"去确认的，其实客观性是主观性，起码有部分是由主观确定的，研究对象、度量方法、度量单位都是主观确定的。这种主观性在一般物理中的负面影响似乎不很明显，然而"客观性"的要求在心理学中却不可忽视了，内心感受无法客观观察。另外，心理感受是相对的，这也会把客观的事物变成主观的感受，例如对"冷"与"热"的心理感受的评价，温度是客观可量度的，而人对温度的感受却是主观的和相对的。例如人体先处在 0℃ 环境里，再到 30℃ 环境中，你会感到热。如果你处于40℃ 环境，再到 30℃ 环境中，你会感到凉。要避免这些问题的方法之一是消除第一次实验的心理感受后，也就是间隔一段时间后再进行第二次实验。只有积累许多经验，才能设计适当实验弥补或避免这些问题。

客观性还意味着要通过可观察的实验去显示客观性。然而在某些情况下，实验条件或者实验本身就会改变客观真实情况。许多实验表明，被测试人在实验中的表现往往与平日不一样，许多人在实验中会有超常表现，也有些人在实验中会比较紧张而行为表现比日常差。另外，实验仪器本身也可能改变客观情况。这样，为了适应客观性而进行的努力反而导致不客观了。

各种用户访谈和问卷调查都依赖这种主观方法，如何能够获取比较客观的信息呢？

第一，概率统计方法。进行大量的用户问卷调查，采取随机抽样方法，能够基本概括被调查的用户人群的特性，这样就近似把个体的主观表达变为普遍的主观表达。虽然每个用户个人填写问卷都是主观的，但是个体用户的大量集合对于设计人员来说，这些数据反映了这个人群的普遍情况。

第二，建立标准。用户心理感受是主观感受，测试可用性也是依据对用户主观感受的调查。如何能够相互比较调查结果呢？简单方法是建立测试标准，大家都按照标准进行测试。人人都按照标准测试统一的参数，按照统一测试问卷进行调查，这种方法虽然不是客观方法，但是却可以进行相互比较，局部弥补了主观方法难以相互比较的缺陷。

三、逻辑性

逻辑性就是理性。只要符合逻辑推理规则，结论必定符合其前提条件；只要没有把该结论推翻，都认为它是正确的。这是理性主义的基本观点。

最常见的推理规则是演绎法和归纳法。其实归纳法很少被实际运用，因为无法归纳未来，所以都是不完全的归纳法。也许只有牛顿二项式是少有的成功使用归纳法的例子。演绎法是科学推理中最常用的规则。演绎法中经常遇到三段论，它有三个组成部分：大前提、小前提、结论。大前提是大家都认可的"公理"，什么是"公理"？其实是没有逻辑推理标准的，而是由人来认可的，这里采取"多数人为准"或者"权威说了算"的主观原则，这不符合科学要求的真理性。例如，布尔就提出"大脑思维是计算。"谁去验证过？没人。迄今为止也无法用客观科学方法去验证。这类错误很多，例如"数学是基础"，"知识就是力量"等都没有被逻辑验证过。有一个三段论语句："大脑思维是计算，计算机可以计算，因此计算机是人脑。"这明显错了。哪里出错了？

精确的数学定量分析是逻辑性表达方式之一。以前已经分析过，数学方法只是考虑数量推理的传递性，因此被称为"数字的学问"，然而它并没有考虑传递各种"关系"，因此它没有被称为"关系学"。因此用数学方法建立人机模型只保留了各个因素的数量分析，而失去了许多因素之间的关系分析。而且迄今用数学无法描述人脑活动的复杂程度，甚至无法描述人手动作的复杂程度。例如，数学表达的人脑智力有时候仅相当于两三岁儿童或者弱智者的思维，人工智能变成人工智障。如果能够建立一门表达关系的学说，可能会比如今的数学更适合心理学和社会学应用。

还有些推理规则其实是错误了。例如，数理逻辑中有一条：全体＝Ａ＋非Ａ。这条规则在社会学或心理学中经常不成立。例如，你喜欢计算机吗？答案可能有5种：我喜欢，我不喜欢，无所谓，我有时喜欢有时不喜欢，我不知道是否喜欢。

推理是人脑认识事物认可的规则，并不是客观事物存在或变化的规则，客观事物的表现几乎都不是符合理性推理方法。换句话说，逻辑性实际上是主观性的体现。

科学理论并不都是严格的逻辑推理结果，而往往是推测、想象。爱因斯坦就曾经说过，想象对科学很重要。有时候科学理论可能是错误的或伪造的，然而却无法验证，因为超越了人的感知限度或认知能力。例如，古希腊科学家提出地球是平的，太阳围绕地球运转，当时被看作是科学论断，后来发现错误。如今人类如何能够验证科学家提出的超越人类感知能力的各种假设理论呢？仍然无法。如何能够验证面向未来的各种科学预言呢？也不能，除非到未来。在计算机界，近几十年来一直对什么是智能，计算机是否能够思维，计算机是否能够创新等问题争论不休，这些概念本身就没有严格定义，这样严谨吗？

四、验证性

验证性指命题应该是可验证的。这个问题是各种认识论渴望解决的一个重大问题。实用主义认为概念的含义必须通过实验去验证，或者叫操作主义测试法。逻辑实证主义认为只有当通过有限过程最终确定一个命题的真假时，该命题才是有意义的。验证方法主要包括数学逻辑验证和实验验证。然而心理学现象的验证往往不能够严格地重复出现。你能够复现你的紧张吗？你能够复现头疼吗？往往不能按照指令去复现。同样的心理学实验，在不同时间重复去做，可能得出不同结果，甚至完全相反的结果。哪个正确？也许都错误，也许一个正确另一个错误，也许都正确。现实的用户心理就是这么复杂。验证性是科学方法论中比较复杂的一个问题，迄今在心理学里采用如下验证方法。

1）重复验证。按照同样条件，重复实验或调查，应该能够观察到同样的现象或者得到同样数据。然而人的心理状况很难完全准确地复现。

2）逻辑验证。按照逻辑推理方式进行分析，而不是通过事实验证。这种方法往往存在不严谨问题。

3）一致性验证。你提出一个新的测试方法，它是否正确呢？可以把它的测试结果与原来已经被承认的测试方法的结果进行比较。如果两个测试的结果一致，那么就认为两种方法测试结果是一致的。在无法获得客观真实的情况下，要能够通过一致性推理保持自成体系。

4）效度验证。效度指全面性和真实性（准确度）。例如，一个结构所包含的因素和关系是否全面真实，实验结果是否真实全面等。效度分析可以参考某些数学方法，但是更通行的方法是依靠专家进行评价。

5）信度验证。信度指可靠性或重复性（精度）。信度验证主要存在两种方法：稳定性信度和同质性信度。稳定信度验证用户在实验中心理的稳定性，同质信度验证用户各种心理因素的同质性。人们用有关数学方法验证这些信度。

6）技术科学迄今缺乏验证性分析，这种漏洞不可避免被假冒伪劣和劣质产品钻了空子。如今的产品鉴定会早以失去其意义了，所谓的专家答辩也失去作用。如何杜绝或防止学术腐败？

7）证伪法检验。以上各种方法都力图去验证一个假设和理论。证伪法的思路相反，设法推翻一个假设和理论。下面把证伪法作为一个独立的问题进行分析。

五、证伪论 (falsificationism)

当很难归纳全部事实去验证一个假设时，可以尝试如何设法推翻它。如果不能推翻，就认可这个假设。这是奥地利出生的匈牙利哲学家波普尔（Karl Raimund Popper，1902～1994 年）提出的方法。他提出两个基本观点：①不可能理性判断任何归纳过程是否正确；②科学家在他们的方法论决策中并不要求归纳法。他尝试建立一种理性的科学方法论结构，代替传统的归纳法，他把这个新方法称为证伪法（falsificationism）。过去大多数科学方法论都认为归纳法逻辑是科学方法的一个重要部分，波普尔否认这个观点。他提出完全归纳是不可能的，各种理论都没有通过归纳方法受到支持，没有任何观察和实验能够按照归纳的方法支持理论。

什么是科学论述的基本标志？他提出，从逻辑角度看可能去证伪它们（也就是推翻科学论述），不是证实科学论述的假设和理论。一般在进行科学研究中，要设法从尽量多的现象中抽取假设，这是属于部分归纳法的思想，但是这并不是唯一的科学逻辑。在抽取出假设和理论后，还要从反面再进行考虑：还有什么缺陷？是否能够推翻这个假设和结论？这是科学研究中不可缺少的一个步骤。不论最初归纳了多少现象，都不可能是完全的归纳，因此，只按照归纳的思路是无法得出全面真实结论的。然而，从反面看，如果能够发现一个例子不符合归纳的假设和理论，那么这一个例子就推翻了假设和理论。因此波普尔认为，科学方法是一系列逻辑方法，它们能够从反面推翻假设和理论，宣告它们是不真实的，这就是说，科学方法并不是归纳法的科学论（inductivism），科学方法却是与证伪法（falsificationism）一致，它设法力求能够推翻部分或全部科学论述的假设和理论。如果能够推翻，则表明了那是虚假的，表明了验证方法的科学性。如果无法推翻，则验证了假设和理论迄今为止的正确性。他还认为把归纳法作为科学方法出自两个错误：

1）相信科学理论是用归纳推理发现或发明的，牛顿、培根、弥尔（John Stuart Mill，1806～1873 年，英国逻辑学家、经济学家）都如此。波普尔认为不可能通过实验进行无穷多次实验。

2）认为发明理论的过程是科学方法论的一部分。波普尔认为，科学方法论并没有研究科学家发现发明的过程。他不相信能够总结出来发现方法或发明方法。如果能够如此，那么人人都可以实现这些方法，那么人人都是科学家了。波普尔认为，科学方法论研究如何验证，最终目的是判断认可还是拒绝某个假设和理论。

按照波普尔的科学假设观点，弗洛伊德的心理分析不是科学理论，因为其内容太含混（参见 http://lucamoretti.org/Lecture5.pdf）。

证伪法有什么用处？我们验证一个假设和理论往往很困难，需要采用归纳方法，即使你列举 100 个举例，也不能完全验证它是正确的。然而，可以从另一个角度考虑，设法去推翻它，你只要能够列举一个例子不符合该假设或理论，就把它推翻了。这是用一个比较容易的方法去验证假设和理论。

六、概率论

概率论是一种方法论，它与传统的定量分析不同。作者在实际用户调查中发现这种方法存在问题。概率论说：抽样误差为 10% 时，置信度为 95%。这是很高的精度了，然而这是指"抽样次数无穷多"得出的结论，例如，抽样调查 100 次，那么有 95 次的抽样误差在 10% 以内，有 5 次抽样误差超过 10%。

然而，概率论并没有回答两个重要问题：

第一，这 5 次超过 10% 误差的数据各自误差是多大？实际误差是衡量是否可接受的最主要参数。如果超过了要求的误差范围，任何抽样都是无效的。概率论的计算并没有告诉这些误差数值，它只安慰性地告诉我们置信度为 95%，你可以放心了。置信度就是安慰度。而实际上置信度这个概念并不是科学验证中采用的概念，它缺乏科学惯例的逻辑性。

第二，实际调查时我们只抽样 1 次，不是无穷次，也不是 100 次。数学家谈论"1次"时，很容易就写个"1"字。而我们为这一次抽样要想尽办法跑断腿，要碰很多钉子，顾不上饥渴，我们首要关心的问题是"这次抽样的真实误差是多大呢?"概率论却不告诉我们这个答案，按照概率论无法估计其误差大小。我们也许永远不知道真假！这也是采用概率论后共同困惑的问题。作者带领 3 名研究生用计算机程序对这个问题进行了 3 组模拟实验。例如，被调查的人数总量为 980 人，假设喜好橙色的人数比例真值为 20%，抽样 180 人时，进行了 700 次抽样实验，在这些抽样中，最大误差为 12.22%。也就是说，喜欢橙色的人数为 20%＋12.22% ＝ 32.22%。假如只抽样一次，正好得到这个结果，那么我们这个数据当作是唯一真实有效的，而上述概率论的数据都是无效的。如果企业按照概率论方法去决定衣服的染色比例，岂不要造成严重损失？因此作者认为，仅用概率论抽样是不够的，用概率论方法抽样结果的误差必须能够被验证。其实，波普尔恢复了休谟的经典论点，反对概率理论的验证方法。

七、探索能力

从事心理学实验和调查，要求比较高的人文素质，还需要全面的行动能力和认知能力，因此当前学校改革应该把人格人文素质教育放到第一位，在这个基础上，才能进一步探索研究能力，主要包括发现问题及选题能力，概念提取和定义能力，路径寻找能力，分类能力，划分边界能力，设计实验能力，建立模型能力，探索发现式思维能力，认知排练预演能力，产生新想法的能力，解脱认知困境的能力等。这些都属于高难度的能力。应该由学生自己通过干各种事情激发这些努力。

1）发现问题往往比解决问题更难，只有通过实践才能发现问题。只有发现问题后才会选题。我们大学缺乏对学生的这些实际能力的训练，许多人在工作中不会发现问题，不会选题，只会模仿别人的研究课题。

2）概念提取和定义能力。研究时遇到的一个问题往往就是提取概念和进行定义。某些概念定义时还要考虑可操作性，否则建立的概念会给下一步实验或统计造成困难。

3）路径寻找能力。"好棋手看三步"，新手往往只看一步，遇到问题就无奈了。它的典型问题是："方向在哪里？""下一步我该干什么？""什么方向是错的？"对于新手来说，几乎每一步都钻到岔路去或钻牛角尖。你告诉他："瞧，路在那里。"他却看不见。

4）分类能力。建立一个模型或理论，就是要把各个因素进行分类，形成一个系统结构。如果分类不恰当，会造成推理（查找）困难，甚至矛盾。许多研究过程中的因素分类或建立知识结构是比较困难的。

5）划分边界能力。建立一个孤立系统时，首先要划分概念边界、系统边界或知识体边界。如何划分概念的边界，如何确立知识体的边界，这是建立理论描述时常常遇到的困难问题。要建立概念代替边界上的复杂关系，使它符合你的使用需要。如果边界划分不恰当，可能陷入无底洞或面对一团乱麻。

6）策划实验能力。以往在心理学实验室的实验主要考虑的问题之一，是如何能够通过实验把各个单一因素的因果关系显现出来。现实中往往许多因素交织在一起，使我们搞不清楚自变量与函数的关系，因此理想的实验设计需要发现比较巧妙的方法，把各个自变量区分开，每次只有一个自变量影响函数。20世纪90年代后人们提出现场真实情景中的实验要求，从中需要了解各种因素作用下的综合效果。

7）调查分析能力。主要包括访谈、问卷调查、实验、分析和归纳等能力。这实际上看你的理解能力、交流能力和对含义的捕捉能力。

8）建立模型能力。许多科学研究的核心目的是建立模型。20世纪50年代受机械论影响很深，人机系统采用数学模型。经过几十年实践后发现数学并不能描述人的行为和行动特性。90年代后期，人机系统趋于建立心理模型，这意味着以用户为本，使系统设计尽量满足用户需要。

9）认知排练预演能力。这是前瞻性的计划能力。制订计划时最起码要考虑以下方面：可行性、灵活性、不可抗拒因素等。任何研究前都可能出现无法预料的过程和结果。有经验的人往往先在头脑中把整个研究过程演练一遍，就好像军事演习一样，假设各种意外情况，思考处理解决问题的办法，把整个研究过程考虑通，这种方法叫认知预演。

10）产生新想法的能力。解决问题的核心是产生新想法，包括对问题敏感性、想象能力、命名能力、简化问题、解决问题能力、语言描述表达能力等。

11）解脱认知困境的能力。在进行研究中经常会遇到困难。在最困难的时候，往往也是即将突破问题的时候。解脱困境需要信念，还需要自我解脱认知困境的能力。当你用尽一切办法而无法解决应该能够解决的问题时，正说明这个问题不符合正常逻辑或正常方法，而是反常方法，这需要认知灵活性。

八、探索发现式思维

理工科都强调逻辑思维。它的主要作用是验证。逻辑推理实际上是模仿性的，很难导致创新。探索未知不是验证而是创新，它的价值是"事先人人都想不出来，事后人人都感到简单"。

有人说创新主要依靠灵感。心理学至今搞不清楚灵感的心理过程。只有极少数人具有灵感。没有任何规则可以把其他人培养成天才。灵感可能被激发，可能被扼杀。天才也可能变成精神病。这些心理因素只能在一定环境条件中被激活。如果强迫人人都创新，必然导致学术上的假冒伪劣。回顾历史，有些智力天才有严重心理缺陷，例如，同性恋、抑郁症、自杀等。当前存在的误区之一就是在设计中过分强调灵感。

20 世纪 50 年代后期冷战时期，美苏进行智力竞争。美国匆匆忙忙进行智力研究，提出了所谓的发散式思维和收敛式思维等，这些都没有得到科学验证。1970 年认知心理学否定了发散式和收敛式等思维方式的操作。人们试图把科学家的创新思维方式总结出来，但是失败了。认知心理学粗略发现了一类可能导致创新的思维方式，那就是探索寻找式思维（heuristics）。这个词来自希腊语，原义是 searching and finding。当进行探索时，面对未来，面对陌生现象，无据可寻，甚至连问题也很难发现，更无法用演绎思维方式进行推理，这时的主要思维方式是探索发现式思维。这种思维方式没有确定的形式推理方法，也不一定能够得到答案，然而可能发现问题，可能解决问题，可能导致创新。迄今为止，认知科学和认知心理学发现了一系列探索发现式思维方式和推理方式，例如尝试法（trial-and-error），通过尝试，发现问题，修正偏差，再设定目标，改换角度再尝试，逐步接近目标。此外，还研究了如下探索寻找方式：逆向寻找思维（working-backward）、目标差异法（means-ends）、减少差别法（difference-reducing）、机会计划法（opportunistic planning）、双向寻找（bi-directional search）、宽度优先（width-first search）、深度优先（depth-first search）、路径寻找（pathfinding）等。我们在实践中又发现了对比法和反常法。

第四节 计算机发展的可能前景

一、计算机发展存在的几个问题

1）科学预测不是算命。西方科学界最经常犯的一个错误是过高估计科学的预测能力。

2）美国计算机界在人机关系的研究方面受行为主义心理学影响比较深。19 世纪后期波兰教授亚司特色波夫斯基（Wojciech Bogomil Jastrzebowski）于 1857 年提出了以人为本的设计观念。100 多年后美国在计算机用户界面设计上才提出了"对用户友好"的观念。我国心理学界和计算机界对这个问题不很了解。

3）如何从用户学习时间粗略估计用户界面的设计水准？学习骑自行车大约需要 10h。汽车驾驶需要 20～40h。学习键盘操作大约需要 100h，任何一个应用软件都大约需要 100h 的学习时间。计算机的操作学习时间远超过以往任何一个工具机器，从用户学习时间就可以看出计算机用户界面设计存在比较多的缺陷。

4）从用户界面的稳定性判断设计水准。一个比较成熟的工具的用户界面不会有很大变化。100年来汽车技术发展很快，但是汽车的驾驶方式几乎没有什么变化。同样，自行车、各种机床、日常用品等的使用方式都保持基本不变。计算机的用户操作界面的每次升级都变化很大，这说明它基本不成熟，因为设计者拿不定主意，他们的设计观念总在变化。为了商业利润而不断改变用户界面，这更说明设计决策和市场策略的低能。假如汽车的驾驶方法不断被改变，三年一升级，五年一换代，搞得驾驶方式面目皆非会引起什么问题？会造成安全事故成上升，开汽车的人不会去买新汽车，这种设计思想本身就是很滑稽的。

5）对"新技术"观念的重新估计。"新技术"被分为"以机器为本"和"以人为本"以及"以自然为本"的新技术。如今计算机主要是"以技术为本"，一旦软件硬件升级，就把许多专家变成外行。这在其他任何技术领域内是很少有的现象。应该研究以人为本的新技术，代替以机器为本的技术，使机器适应人，减少用户界面复杂性，减少用户的学习，适应人的行动心理和认知心理，使用户界面更简单灵活。今后还要研究以自然为本的科学技术，在维护自然循环的前提下人类才能持续生存。

6）计算机技术受机械论影响很大。

第一，从古希腊至今，西方科学技术界存在着一个潜规则：人是机器，世界是机器。牛顿力学就是机械论的结晶，它从外部世界里只看到了机械运动。这并不是世界的全部运动规律。美国从计算机初级阶段，就认为数学是描述人脑思维的工具。20世纪40年代末冯·诺依曼就反对这种观点，他认为人脑思维不是按照数学规律。人脑的认知是非常复杂的过程，机械论和数理逻辑把它估计得过分简单。机械论的认识论在人机系统中主要导致两个问题：过分低估了人的复杂性；采用了片面的或错误的系统。人脑具有记忆功能，但是它远比计算机的内存器复杂得多。出自机械论观念，布尔代数把人脑比喻成计算，把计算机等同于人脑，混淆了"人智能"和"机器智能"。这种观念使得计算机专业人员对用户界面许多问题已经不敏感了，往往新手用户能够提出一些值得思考的问题，例如："为什么不能一笔写出一个字？""为什么要键盘？"而这些问题恰恰是今后改变设计的主要问题之一。

第二，西方以为控件操作界面已经基本实现了"以人为本"的设计观念，控件实际上模拟电子录音机上的操作按键，那本身就是机器概念，我们日常写信并不是采用这种概念，因此如今的E-mail仍然是以机器为本的操作概念，同样，文字编辑等许多应用软件，都改变了用户的行动方式，用户都必须花费大量时间去学习，这就是以机器为本的负面后果。

第三，计算机用户界面主要存在两方面问题。首先，人的行动过程不同于计算机操作过程，用户要把行动计划翻译成机器操作过程。其次，计算机提供的反馈信息不同于人日常感受到的信息，因此用户不得不把反馈信息进行翻译。

第四，受简化论（还原论）影响，认知心理学过分简单估计人的复杂性，过低估计人脑的功能和结构的复杂性，过低估计人的行动特性和认知特性。

7）设计过程导致的缺陷。在机械论观念影响下，程序员习惯于优先考虑机器的功能和结构，最后才把用户界面添上去，这样设计的系统在用户界面上不会符合用户要求的，而且往往把许多问题堆积到最后无法解决，几乎要修改全部程序的结构。如何减少或避免这种问题？采用"以用户为本"设计观念，它改变了传统的设计过程。首先进行用户调查，建立用户模型，建立设计指南，然后再分析系统功能和结构，之后再写代码，最后进行用户可用性测试。这样的设计过程能够更多符合用户需要，也会使程序员少走弯路。

8）过分简单估计人类思维的载体。认为"人脑思维依靠语言"是很简单片面的观点，计算机领域把人的语言看得更简单，把极少数符号当作人机对话的语言，也许猴子的语言比它还复杂。人类思维依靠语言，然而还依靠其他许多类型的符号。如何验证这个观点？你只要回想几个片段就明白了。当你思考一件事情时，会在眼前出现许多图像、人物、具体对象，还会有人物之间的对话、表情、语气、节奏等各种符号。其中语言仅仅是一部分，甚至不是主要部分，不是大部分，除了语言符号外，我们思维还使用画面、情景、声音、温度、光线、颜色等许多符号。这些符号也许可以被归为写实、索引、信号、象征、寓言等。无论如何，绝不仅仅是文字语言。

9）"智能"与"智障"。智能指大脑的认知能力。什么叫智障？一般有三个特点：

第一，智障指现有智力功能重大限制，显著低于一般人的智力功能，并影响互为相关的、至少两个或多个适应技能领域，例如沟通、自我照顾、居家生活、社交技能、社区使用、健康与安全、休闲与工作等，一般出现在 18 岁以前（见美国智障协会出版的《智能障碍定义分类及支撑辅助系统》（中文版，台湾财团法人双溪启智文教基金会印，1998 年）。计算机智能符合这一特征。

第二，智商测试值小于 70，就被称为智障。智商值与人生的成功或失败有一定相关性。然而假如把计算机的某些 IQ 测试值制造得很高，这个值与它相应的用途却没有任何关系。

第三，有一部分智障人具有超越一般人的特长。作者见过具有很高的绘画技能智障人，有的是优秀的鼓手，还有的一听到音乐就能翩翩起舞。我们再看当前的计算机智能或机器智能，恰恰具备这三个特点，因此可以被称为"人工智障"。所谓的"人工智能"实际上是"人工智障"，是"机器智能"，它像三岁儿童的智力，它只是用机器模拟了一部分人的智能。

10）过高估计人工智能的成就。一种观点认为计算机是认知工具。另外一些研究者认为计算机可以模拟人脑功能，人工智能目标是把人脑智力放入计算机，最终目标是让计算机像人一样解决问题。人工智能的分支主要包括定理证明、模式识别、表达事实、推理（演绎法推理和常识推理）、学习经验、计划、逻辑智能（按照目的推理应该采取的行动）认识论（研究解决某些问题需要什么类型的知识）、本体论（研究各种存在的事物的类型、人工智能处理各种类型对象，我们要研究这些是什么类型，其基本特性，20 世纪 90 年代开始强调本体论）。人工智能的应用范围主要包括下棋、语音识别、理解自然语言、计算机视觉、专家系统、探索发现式信息分类。虽然国际象棋很轰动，但是计算机围棋水准很低。

在说到人工智能概况时，不能不提到日本第五代计算机。1982 年日本政府和企业界联合制定了"第 5 代计算机"的雄伟计划（第一代是真空管计算机，第二代是晶体管计算机，第三代是集成电路计算机，第四代是大规模集成电路计算机）。基本目的是：供知识处理的推理计算机综合技术，处理大规模知识库的计算机综合技术，高性能的工作站，分布式计算机综合技术，科学计算用的超级计算机。它是人工智能的全面应用，能够理解话语和图片，能够用自然语言与人对话，能够学习、联系、推理判断和决断，日本打算花巨额资金开发它。这个计划被公布以后，对美国人工智能界和计算机界产生很大冲击。20世纪80年代美国许多人工智能研究者发表一系列书文，全面批评日本的第五代计算机。1992年日本东京新一代计算机技术研究所的主任宣布："某些人认为我们在10年中正在尝试解决一些人工智能领域最困难的问题……近来我们不得不面对批评，由于依据错误的想象，它成为不计后果的项目，试图解决不可能的目的。现在我们从国内和国外都遇到批评，这个项目失败了，因为它不可能实现这些主要目的"（参见 http://findarticles.com/p/articles/mi_m1511/is_n1_v14/ai_13670100）。

从此轰动一时的人工智能领域走向低谷时期。人工智能真正能够投入使用的系统很少。例如医生专家系统可以正确诊断99%的病理，但是还会犯很幼稚的错误，这应该由计算机负责，还是其程序员负责？过去把它称为"人工智能"，是因为过低估计人的智力，过高估计计算机科学的成就，有学术浮躁、弄虚作假、自我吹嘘之嫌。"程序语言"能够被称为是一种"语言"吗？一般语言需要用3000个词汇去表达最基本的口语，计算机语言有多少词汇？能表达多少事物？把它叫"机器代码"更合适。计算机外设主要是键盘和鼠标。键盘早已被有些人称为人类最糟糕的设计之一（另一个是汽车）。全世界多少人为计算机投入了自己的青春年华和生命？想一想是不是觉得有些奇怪？这么讲是为了提醒读者，不要再被计算机界的"主导话语权"牵着鼻子走了。我们需要用自己的头脑思考一下，计算机到底怎么样，好在哪里，差在哪里，今后如何发展！如果心甘情愿地跟着别人走，那么永远不会自己考虑如何设计计算机。

二、计算机发展的若干可能性

当前我国许多大学的计算机系仍然以传授国外过时的知识为主，这种教育思想培养了大量的工具，很难能够独立设计计算机。多少人能够去大胆思考外国设计的计算机存在什么观念性缺陷？系统结构上如何能够改进？软件学院花费4年时间只传授编程，这值得吗？要想改进软件，就不能被程序搞昏。要想开发软件，不能只学习编程，更要发现存在的不足和问题。

1）计算机系统结构本身就是以机器为本。系统控制具有最高权限，它控制文件系统、内存系统、CPU和输入输出以及用户界面（用户界面管理系统）。在这种系统结构中，实际上根本无法实现"以用户为本"，以为用户操作要受控于计算机的系统控制，例如通过中断或分时方法给用户操作时间。如果计算机不允许用户中断，或者不给用户分时，那么用户就只好等待，而无法操作。要实现以用户为本，必须改变计算机的系统结构和系统的控制功能，就要把用户控制放到最高控制权限的位置，由用户操作去掌控计算机系统的控制系统，然后由计算机控制系统再向下控制CPU、外设、内存和文件系统。此外，还要把很长的数据流分段传送，例如给打印机传送数据要大致符合它的打印速度，这样当用户要中断打印时就不必等待很长时间了。

2）当前编译原理过分简单，低估了人际交流语言表达的复杂性。最起码可以增加同义词，这样就能降低用户记忆准确度。另外，编译原理依据的是语言学。它假设人的认知是依据语言，这过分低估了人脑思维和人际交流的复杂性（西方科学界受简化论影响）。实际上，人的认知活动依据的是符号，依据各种类型的符号。语言是抽象符号（象征），通常的交流符号还有画面（icon）、信号、索引等。例如，我们回顾事情时，大脑里出现的是"电影"场面，有动画，还有语音和声音。文字只用于很有限的情景。如果按照用户具体用途改进编译原理，就能够提高软件的可用性。

3）网上搜寻信息时往往搜到许多无用的信息。如何提高搜寻准确性呢？许多人把焦点集中在搜索引擎上，认为它的识别能力差。是否可以从另一个角度思考？从符号形式，从信息设计角度是否改进搜索效率呢？如果把搜索主题词进行分类，例如，把主题词按照图书馆分类方法，把搜寻识别符号增加分类词，是否可以屏蔽掉与此无关的搜索。

4）数据库信息类型和结构过分简单。例如，当前 ERP 软件只包含了财务专业的信息格式。而企业里更需要的是综合的管理软件，例如能够把财务管理、人事管理、生产过程管理、库房管理、市场管理综合在一起的管理软件。或者，采取一种技术，能够在底层数据结构中把不同专业、（职业）不同类型数据的库结构合并或综合在一起。

5）儿童游戏价值定位错误。当前的游戏软件评价标准是以诱惑为主，只为了商业利益，而冲击道德。如果一个游戏软件使儿童越上瘾，受教育越多，人品、能力和知识收获越大，家长儿童和教师都会很高兴。例如，设计一个日常家庭劳动游戏，还可以设计一个做饭游戏。此外，在社会公共道德，尊老携幼，团队合作，解决家庭冲突，调节邻里关系，从事家务劳动等方面都可以编写游戏软件。这些软件可以提高各种人文素质和生活技能，玩得越多，人文素质提高越多，越孝顺，这样的游戏会得到广泛喜爱。

6）计算机外设太薄弱。计算机使用数字量，而人的行动和认知是模拟量。当前主要的输入工具是键盘和鼠标，缺乏模拟输入器件。这也正是计算机的先天不足，也许是计算机的根本错误，也许能够找到一种途径转换这二者，也许未来的计算机应该综合数字量和模拟量，就像人体内那样把这二者有机融合在一起。只有充分发展各种外部设备，才能把计算机变为"隐形"的计算机，才能成为各种可用的工具。

7）改进用户角色。用户在操作中的角色不单一，与计算机存在多种角色关系，有时用户不知道该自己行动，还是该计算机行动，不知道谁配合谁，谁控制谁。

8）用户难以把行动计划转换成计算机操作过程。由于人与计算机的行动方式不同，计算机操作是微操作，每一步太琐碎，计算机需要多个步骤才能完成用户的一个正常动作。用户往往需要用逆向思维方式把行动计划转换成为操作步骤。

9）用户难以理解计算机反馈信息。计算机显示的各种信息都是软件人员设计出来的人造信息，并不是用户现实生活中积累的自然信息，它往往不符合人们日常的生活经验，因此用户要花很多时间记忆各种信息符号，各种因果关系的显示符号和各种操作的反馈符号。如果采用人们经验内的信息及符号，那么用户就不必要学习这些符号及信息与任务的关系了。

参 考 文 献

杜威 J. 2006. 杜威文选. 涂纪亮编译. 北京:社会科学文献出版社

林宏德. 1999. 人与机器. 南京:江苏教育出版社

库兹涅佐夫 Б Г. 1988. 爱因斯坦. 刘盛际译. 北京:商务出版社. 317

李乐山. 2004a. 人机界面设计. 北京:科学出版社

李乐山. 2004b. 工业设计心理学. 北京:高等教育出版社

梅南德 L. 2006. 哲学俱乐部——美国观念的故事. 南京:江苏人民出版社. 296

皮尔斯 C S. 2006. 皮尔斯文选. 涂纪亮编;涂纪亮,周兆平译. 北京:社会科学文献出版社. 79

舒尔茨 D. 1981. 现代心理学史. 沈德灿等译. 北京:人民教育出版社. 246~248

涂纪亮. 2006. 杜威文选. 北京:社会科学文献出版社

涂纪亮,周兆平. 2006. 皮尔斯文选. 北京:社会科学文献出版社

Agarwal R, Karahanna E. 2000. Time flies when you're having fun: cognitive absorption and beliefs about information technology usage. MIS Quarterly, 24(4): 665~694

Ajzen I. 1991. The theory of planned behavior. Organizational Behaviour and Human Decision Processes, 50: 179~211

Ajzen I, Fishbein M. 1980. Understanding attitudes and predicting social behavior. Englewood Cliffs. NJ: Prentice-Hall

Allanson J, Wilson G M. 2002. Workshop on physiological computing. Extended abstracts of ACM Conference on Human Factors in Computer Systems. New York: ACM Press, 912~913

Bailey J E, Pearson S W. 1983. Development of a tool for measuring and analyzing computer user satisfaction. Management Science, 29(5): 530~545

Bandura A. 1986. Social Foundations of Though and Action. Englewood Cliffs. NJ:Prentice-Hall

Barendregt W, Bekker M M, Bouwhuis D G. 2006. Identifying usability and fun problems in a computer game during first use and after some practice. International Journal of Human-Computer Studies, (9):830~846

Bastien C, Scapin D, Leulier C. 1999. The ergonomic criteria and the ISO/DIS 9241-10 dialogue principles: a pilot comparison in an evaluation task. Interacting with Computers, 11:299~322

Bennett J L. 1972. The user interface in interactive systems. Annual Review of Information Science, 7:159~196

Bennett J L. 1979. The commercial impact of usability in interactive systems. 1~17. Shackel B. Man-computer Communication: Infotech State of the Art Report, vol. 2. Infotech International, Maidenhead, UK

Bernard M L, Chaparro B S, Mills M M. 2003. Comparing the effects of text size and format on the readability of computer-displayed. Times New Roman and Arial text, International Journal Human-Computer Studies, 59: 823~835

Bevan N. 1995. Measuring usability as quality of use. Software Quality Journal, 4: 115~150

Bevan N, Macleod M. 1994. Usability measurement in context. Behavior & Information Technology, 13(1/2): 132~145

Bhattacherjee A. 2001a. Understanding information systems continuance: an expectation-confirmation mode. MIS Quarterly, 25(3): 351~370

Bhattacherjee A. 2001b. An empirical analysis of the antecedents of electronic commerce service continuance. Decision Support Systems, 32(2): 201~214

Blackmon M H, Polson P G, Kitajima M, Lewis C. 2002. Cognitive walkthrough for the Web. CHI Letters, 4:463~470

Blankertz H. 1982. Die Geschichte Der Paedagogik von der Aufklaerung bis zur Gegenwart. Buechse der Pandora GmbH

Boff K R, Kaufman L, Thomas J P. 1986. Handbook of Perception and Human Performance. John Wiley and Sons

Boles D B, Adair L P. 2001. The multiple resources questionnaire (MRQ). http://members. aol. com/DBBoles/ hfes2001a. html

Bommer W H, Johnson J L, Rich G A, Podsakoff P M, Mackenzie S B. 1995. On the interchangeability of objective and subjective measures of employee performance: a meta-analysis. Personnel Psychology, 48:587~605

Bradley R. 2002. HESDA Briefing Paper 98, HESDA, Sheffield

Briem G S E. 2002. How to arrange text on web pages. Sassoon R, Editor. Computers and Typography, 2:10~20

Brünken R, Plass J L, Leutner D. 2003. Direct measurement of cognitive load in multimedia learning. Educational Psychologist, 38: 53~61

Calisir Fethi, Calisir Ferah. 2004. The relation of interface usability characteristics, perceived usefulness, and perceived ease of use to end-user satisfaction with enterprise resource planning (ERP) systems. Computers in Human Behavior, 20: 505~515

Carroll J, Thomas J. 1998. Fun. SIGCHI Bulletin, 19(3): 21~24

Chevalier A, Kicka M. 2006. Web designers and web users: influence of the ergonomic quality of the web site on the information search. International Journal of Human-Computer Studies, 64(10):1031~1048

Chin J P, Diehl V A, Norman K L. 1988. Development of an instrument for measuring user satisfaction of the human-computer interface. Proceedings of ACM Conference on Human Factors in Computing Systems. New York: ACM Press, 213~218

Chiu C, Hsu M, Sun S, et al. 2005. Usability, quality, value and e-learning continuance decisions. Computers & Education, 45(4): 399~416

Christie J, Klein R M, Watters C. 2004. A comparison of simple hierarchy and grid metaphors for option layouts on small-size screens. International Journal of Human-Computer Studies, 60(5-6):564~584

Clanton C. 1998. An interpreted demonstration of computer game design. Proceedings of the Conference on CHI 98 Summary: Human Factors in Computing Systems, 1~2

Cockton G, Lavery D. 1999. A framework for usability problem extraction. In M. A. Sasse and C. Johnson(eds.), INTERACT'99 Proceedings. Amsterdam:IOS Press, 347~355

Czerwinski M, Horvitz E, Cutrell E. 2001. Subjective duration assessment: an implicit probe for software usability? Proceedings of IHM-HCI 2001 Conference vol. 2, Cépaduès-Editions, Toulouse, France , 167~170

Davidov A. 2002. Computer screens are not like paper: typography on the web. Computers and Typography, 2:21~41

Davis F D. 1989. Perceived usefulness, perceived ease of use, and user acceptance of information technology. MIS Quarterly, 13(3): 319~340

Davis F D. 1993. User acceptance of information technology: system characteristics, user perceptions and behavioral impacts. International Journal of Man-Machine Studies, 38: 475~487

Davis F D, Bagozzi R P, Warshaw P R. 1989. User acceptance of computer technology: a comparison of two theoretical models. Management Science, 35(8): 982~1002

Delone W H, McLean E R. 1992. Information systems success: the quest for the dependent variable. Information Systems Research, 3: 60~95

Dillon A. 2001. Beyond usability: process, outcome and affect in human computer interactions. Canadian Journal of Information Science, 26(4): 57~69

Dillon A, Richardson J, McKnight C. 1990. The effect of display size and text splitting on reading lengthy text from the screen. Behavior and Information Technology, 9(3): 215~227

Doll W J, Torkzadeh G. 1988. The measurement of end user computing satisfaction. MIS Quarterly, 12 (2): 259~274

Drucker S M, Glatzer A, De Mar S C. Wong C. 2002. Smartskip: consumer level browsing and skipping of digital video content. *Proceedings of ACM Conference on Human Factors in Computer Systems*. New York: ACM Press, 219~226

Duchnicky R L, Kolers P A. 1983. Readability of text scrolled on visual display terminals as a function of window size. Human Factors, 25: 683~692

Duyne D K van, Landay J A, Hong J. 2002. The design of Web Sites: Principles, Processes, and Patterns for Crafting a Customer-Centered Web Experience. MA: Addision-Wesley

Dyson M C, Haselgrove M. 2001. The influence of reading speed and line length on the effectiveness of reading from screen. International Journal of Human-Computer Studies, 54: 585~612

Faulkner L. 2003. Beyond the five-user assumption: benefits of increased sample sizes in usability testing. Behavior Research Methods, Instruments, & Computers, 35(3): 379~383

Federoff M A. 2002. Heuristics and usability guidelines for the creation and evaluation of fun in video games. Department of Telecommunications of Indiana University

Feng J, Karat C M, Sears A. 2005. How productivity improves in hands-free continuous dictation tasks: lessons learned from a longitudinal study. Interacting with Computers, 17(3):265~289

Feng J, Sears A. 2004. Using confidence scores to improve hands-free speech-based recognition error specification. ACM Transactions on Computer-Human Interaction, 11(4): 1~28

Feng J, Sears A, et al. 2006. A longitudinal evaluation of hands-free speech-based navigation during dictation. International Journal of Human-Computer Studies, 64(6):553~569

Fishbein M, Ajzen I. 1975. Belief, Attitude, Intentions, and Behavior: an Introduction to Theory and Research. Boston: Addison-Wesley

Frese M, Zapf D. 1991. Fehler bei der Arbeit mit dem Computer, Ergebnisse von Beobachtungen und Befragungen im Burobereich (Errors in Working with Computers, Results of Observations and Interviews in the Office Field). Hans: Verlag

Frey P R, Rouse W B, Garris R D. 1992. Big graphics and little screens: designing graphical displays for maintenance tasks. IEEE Transactions on Systems, Man, and Cybernetics, 22(1): 10~20

Frøkjær E, Hertzum M, Hornbæk K. 2000. Measuring usability: are effectiveness, efficiency, and satisfaction really correlated. Proceedings of ACM Conference on Human Factors in Computer Systems. New York: ACM Press, 345~352

Gorsuch R L. 1983. Factor Analysis. Hilsdale, NJ: Erlbaum Associates

Gray W D, Salzman M C. 1998. Damaged merchandise? A review of experiments that compare usability evaluation methods. Human-Computer Interaction, 13(3): 203~261

Grosvenor L. 1999. Software usability: challenging the myths and assumptions in an emerging field. University of Texas, Austin

Hamborg K C, IsoMetrics. 2008. Development of a software usability instrument. http://www. isometrics. uni-os-nabrueck. de/isometr2/abstr. htm

Hart S G, Childress M E, Hauser J R. 1982. Individual definitions of the term "workload". Proceedings of the 1982 Psychology in the DOD Symposium. USAFA, CO, 478~485

Hart S G, Staveland L E. 1988. Development of NASA-TLX: results of empirial and theoretical research. Hancock P A, Meshkati P. Human Mental Workload. Amsterdam: Elsevier, 139~183

Hayashi A, Chen C, Ryan T, et al. 2004. The role of social presence and moderating role of computer self efficacy in predicting the continuance usage of e-learning systems. Journal of Information Systems Education, 15(2): 139~154

Hertzum M, Jacobsen N E. 2001. The evaluator effect: A chilling fact about usability evaluation method. International Journal of Human-Computer Interaction,13(4): 421~443

Holcomb, Tharp. 1991. Design for successful guessing. In: Holcomb R, Tharp A L. 1991. What users say about software usability. International Journal of Human-Computer Interaction, 3(1): 49~78

Hornbæk K. 2006. Current practice in measuring usability: challenges to usability studies and research. International Journal of Human-Computer Studies, 64(2):79~102

Jones M, Marsden G, Mohd-Nasir N, et al. 1999. Improving web interaction on small displays. Proceedings of the WWW8 Conference, Toronto, Canada, May, 11~14, 51~59

Igbaria M, Tan M. 1997. The consequences of the information technology acceptance on subsequent individual performance. Information & Management, 32 (3): 113~121

ISO. 1998. Ergonomic requirements for office work with visual display terminals (VDTs)-Part 11: guidance on usability-Part 11: guidance on usability (ISO 9241~11:1998),5

Isokoski P, Käki M. 2002. Comparison of two touchpad-based methods for numeric entry. Proceedings of ACM Conference on Human Factors in Computing Systems. New York: ACM Press, 25~32

Ives B, Olson M H, Baroudi J J. 1983. The measurement of user information satisfaction. Communications of the ACM, 26(10): 785~793

Jabbar H S, Gopal T V, Aboud J. 2007. An adjustable sample size estimation model for usability assessment. American Journal of Applied Sciences, 4(8): 525~532

Kaiser H F. 1960. The application of electronic computers to factor analysis. Educational and Psychological Measurement, 20: 141~151

Karat C M, Pinhanez C, Karat J, et al. 2001. Less clicking, more watching: results of the interactive design and evaluation of entertaining web experiences. Proceedings of IFIP TC. 13 International Conference on Human Computer Interaction. Amsterdam: IOS Press, 455~463

Kirakowski J. Background to SUMI by jurek kirakowski, www. improveqs. nl/pdf/SUMIbackground. pdf

Kirakowski J, Corbett M. 1988. The computer user satisfaction inventory (CUSI) manual and scoring key. Cork, University College

Kjeldskov J, Stage J. 2004. New techniques for usability evaluation of mobile systems. International Journal of Human-Computer Studies, 60(5~6):599~620

Konradt U, Christophersen T, Schaeffer-Kuelz U. 2006. Predicting user satisfaction, strain and system usage of employee self-services. International Journal of Human-Computer Studies, 64(11):1141~1153

Kurosu M, Kashimura K. 1995. Determinants of apparent usability. IEEE International Conference on Systems, Man and Cybernetics, 1509~1513

Lewis C. 1982. Using the "thinking-aloud" method in cognitive interface design. IBM Research Report RC9265 (# 40713). Yorktown Heights, New York: IBM Thomas J. Watson Research Center

Lewis C, Polson P, Wharton C, et al. 1990. Testing a walkthrough methodology for theory-based design of walk-up-and-use interfaces. Proceedings of the ACM CHI'90 Conference. New York: ACM Press, 235~242

Lewis J R. 1991. Psychometric evaluation of an after-scenario questionnaire for computer usability studies: the ASQ. SIGCHI Bull, 23(1): 78~81

Lewis J R. 1994. Sample sizes for usability studies: additional considerations. Human Factors, 36(2): 368~378

Lewis J R. 2005. Sample size for usability tests: mostly math, not magic. User Experience, 4(4): 29~33

Lin C S, Wu S, Tsai R J. 2005. Integrating perceived playfulness into expectation-confirmation model for web portal context. Information & Management, 42(5): 683~693

Ling J, van Schaik P. 2002. The effect of text and background colour on visual search of Web pages. Displays, 23: 223~230

Ling J, van Schaik P. 2006. The influence of font type and line length on visual search and information retrieval in web pages. International Journal of Human-Computer Studies, 64(5): 395~404

Malone T W, Lepper M R. 1987. Making learning fun: a taxonomy of intrinsic motivations for learning. Snow R E, Farr M J, Aptitude, Learning and Interaction III Cognitive and Affective Process Analysis. Lawrence Erlbaum, Hillsdale, NJ

Mankoff J, Dey A K, Hsieh G, et al. 2003. Heuristic evaluation of ambient displays. Proceedings of ACM Conference on Human Factors in Computing Systems. New York: ACM Press, 169~176

Marchionini G, Dwiggins S, Katz A, et al. 1993. Information seeking in full-text end-user-oriented search systems: the roles of domain and search expertise. Library & Information Science Research, 15: 35~69

van Merriënboer,J J G, Sweller J. 2005. Cognitive load theory and complex learning: recent developments and future directions. Educational Psychology Review, 17(2): 147~177

Miller G A. 1956. Magical number seven, plus or minus two: some limits on our capacity for processing information. Psychological Review, 63: 81~97

Miller R B. 1971. Human ease of use criteria and their tradeoffs. IBM Technical Report TR 00. 2185. IBM Corporation, Poughkeepsie, NY

Molich R. 2000. Usable Web design, Ingeniøren|bøger (in Danish). Kjeldskov & Stage, 2004, New techniques for usability evaluation of mobile systems. International Journal of Human-Computer Studies, 60(5—6):599~620

Molish R, Nielsen J. 1990. Improving a human-computer dialogue. Comm ACM, 33(3): 338~344

Monk A. 2002. Noddy's guide to usability. Interfaces, 50:31~33

Moon J W, Kim Y G. 2001. Extending the TAM for a World-Wide-Web context. Information & Management, 38 (4): 217~230

Moray N. 1982. Subjective mental workload. Human Factors, 24: 25~40

Morkes J, Nielsen J. 1997. Concise, scannable and objective: how to write for the Web. [2003-09-14]http://useit. com/papers/webwriting/writing. html

Navarro-Prieto R, Scaife M, Rogers Y. 1999. Cognitive strategies in Web searching. Proceedings of the Human Factors and the Web, Gaithersburg, Maryland, June

Nielsen J. 1992. Finding usability problems through heuristic evaluation. Proc. ACM CHI'92 (Monterey, CA, 3-7 May), 373~380

Nielsen J. 1995. http://www. useit. com/papers/heuristic/severityrating. html

Nielsen J. 2000a. Why you only need to test with 5 users. Alertbox. http://www. useit. com/alertbox/20000319. html

Nielsen J. 2000b. Designing Web Usability. Indianapolis:New Riders Publishing

Nielsen J. 2002. Let users control font size. [2004-07-14]Web: http://www. useit. com/alertbox/20020819. html

Nielsen J. 2004. 可用性工程. 刘正捷等译. 北京:机械工业出版社

Nielsen J. 2006a. http://www. useit. com/alertbox/outlier_performance. html

Nielsen J. 2006b. http://www. useit. com/alertbox/quantitative_testing. html

Nielsen J, Landauer T K. 1993. A mathematical model of the finding of usability problems. Proceedings of ACM INTERCHI'93 Conference (pp. 206~213). Amsterdam, the Netherlands: ACM Press

Norman D A. 1981. Categorisation of action slips. Psychological Review, 88: 1~15

O'Donnell C R D, Eggemeier F T. 1986. Workload assessment methodology. Boff K R, Kaufman L, Thomas J P. Handbook of perception and human performance. Volume 2: Cognitive processes and performance. New York: John Wiley and Sons

Ogden G D, Levine J M, Eisner E J. 1979. Measurement of workload by secondary task. Human Factors, 21: 529~548

Oliver R L. 1980. A cognitive model for the antecedents and consequences of satisfaction. Journal of Marketing Research, 17: 460~469

Oviatt S, MacEachern M, Levow G A. 1998. Predicting hyperarticulate speech during human-computer error resolution. Speech Communication, 24(2): 87~110

Ozok A A, Salvendy G. 2004. Twenty guidelines for the design of Web-based interfaces with consistent language. Computers in Human Behavior, 20(2): 149~161

Paas F, Tuovinen J E, Tabbers H K, van Gerven, et al. 2003. Cognitive load measurement as a means to advance cognitive load theory. Educational Psychologist, 38: 63~71

Parasuraman A, Zeithaml V A, Berry L. 1985. A conceptual model of service quality and its implications for future research. Journal of Marketing, 49: 41~50

Pearson R, van Schaik P. 2003. The effect of spatial layout of and link colour in web pages on performance in a visual search task and an interactive search task. International Journal of Human-Computer Studies, 59(3): 327~353

Perfetti C, Landesman L. 2002. Eight is not enough. [2003-04-14] http://world.std.com/~uieweb/Articles/eight_is_not_enough.htm

Pratt J A, Mills R, Kim Y. 2004. The effects of navigational orientation and user experience on user task efficiency and frustration levels. Journal of Computer Information Systems, 44(4): 93~100

Prümper J, Zapf D, Brodbeck F C, et al. 1992. Some surprising differences between novice and expert errors in computerized office work. Behaviour & Information Technology, 11:319~328

Rasmussen J. 1982. Human errors: a taxonomy for describing human malfunction in industrial installations. Journal of Occupational Accidents, 4: 311~335

Ravden, Johnson. 1989. Evaluation check list for software inspection. Ravden S J, Johnson G I. Evaluation usability of human-computer interfaces: a practical method. New York: Ellis Horwood Limited

Reason J T. 1990. Human Error. New York: Cambridge University Press

Reid G E, Nygren T E. 1988. The subjective workload assessment technique: a scaling procedure for measuring mental workload. Hancock P A, Meshkati N. Human mental workload. Elsevier Science Publishers B. V. (North-Holland)

Roca J C, Chiu C M, Martinez F J. 2006. Understanding e-learning continuance intention: an extension of the technology acceptance model. International Journal of Human-Computer Studies, 64(8): 683~696

Rollins A. 1985. Speech recognition and manner of speaking in noise and in quiet. In: Proceedings of CHI'85, 197~199

Rokeach M. 1973. The Nature of Human Values. New York: Free Press

Rossiter J R. 2002. The C-OAR-SE procedure for scale development in marketing. International Journal of Research in Marketing, 19:305~335

Rouet J F. 2003. What was I looking for? The influence of task specificity and prior knowledge on students' search strategies in hypertext. Interacting with Computers, 15(3):409~428

Rouet J F, Tricot A. 1996. Task and activity models in hypertext usage. van Oostendorp H, de Mul S. Cognitive Aspects of Electronic Text Processing, Ablex, Norwood, NJ, 239~264

Rouet J F, Tricot A. 1998. Chercher de l'information dans un hypertexte: vers un modèle des processus cognitifs. Hypertextes et Hypermédias, hors série, 57~74

Rubin J. 1994. Handbook of Usability Testing. New York: Wiley

Sauro J, Lewis J R. 2005. Estimating completion rates from small samples using binomial confidence intervals: comparisons and recommendations. Proceedings of the Human Factors and Ergonomics Society 49th Annual Meeting (pp 2100-2104). Santa Monica, CA: Human Factors and Ergonomics Society

Sauro J, Lewis J R. 2006. When 100% really isn't 100%: improving the accuracy of small-sample estimates of completion rates. The Journal of Usability Studies, 3(1):136~150

Scott D. 1993. Visual search in modern human-computer interfaces. Behaviour and Information Technology, 12: 174~189

Sears A, Karat C M, Oseitutu K. 2001. Productivity, satisfaction, and interaction strategies of individual with spinal cord injuries and traditional users interacting with speech recognition software. Universal Access in the Information Society, 1: 4~15

Sears A, Lin M, Karimullah A S. 2002. Speech-based cursor control: understanding the effects of target size, cursor speed, and command selection. Universal Access in the Information Society, 2(1):30~43

Sears A, Feng J, Oseitutu K, et al. 2003. Speech-based navigation during dictation: difficulties, consequences, and solutions. Human-Computer Interaction, 18(3): 229~257

Seddon P B. 1997. A respecification and extension of the DeLone and McLean model of IS success. Information Systems Research, 8(3): 240~253

Sekey A, Tietz J. 1982. Text display by saccadic scrolling. Visible Language, 17: 62~77

Shackel B. 1981. The concept of usability. Proceedings of IBM Software and Information Usability Symposium. Poughkeepsie, New York: IBM Corporation, 1~30

Shackel B. 1991. Usability—context, framework, design and evaluation. Shackel B, Richardson S. Human Factors for Informatics Usability. Cambridge: Cambridge University Press. 21~38

Shelley B. 2001. Guidelines for Developing Successful Games. http://www.gamasutra.com/features/20010815/shelley_01.htm

Shneiderman B. 1998. Designing the User Interface. MA: Addison-Wesley. 134~143

Shneiderman B. 2000. Universal design. Communication of ACM, 43:84~91

Shneiderman B, Byrd D, Croft B. 1998. Sorting out searching: a user-interface framework for text searches. Communications of the ACM, 41(4): 95~98

Soloway E, Guzdial M, Hay K E. 1994. Learner-centered design. Interactions, 1(2): 36~48

Spencer H. 1968. The Visible Word. London: Royal College of Art

Spool J M, Scanlon T, Schroeder W, Snyder C, DeAngelo T. 1999. Web Site Usability: A Designer's Guide. San Francisco: Morgan Kaufmann

Staufer M J. 1987. Programme for Computer. New York: de Gruyter

Sternberg S. 1966. High-speed scanning in human memory. Science, 153: 652~654

Sweller J. 1988. Cognitive load during problem solving: effects on learning. Cognitive Science, 12: 257~285

Sweller J. 1999. Instructional Design in Technical Areas. Melbourne: ACER Press

Tattersall A J, Foord P S. 1996. An experimental evaluation of instantaneous self assessment as a measure of workload. Ergonomics, 39: 740~748

Tractinsky N. 1997. Aesthetics and apparent usability: empirically assessing cultural and methodological issues. Proceedings of ACM Conference on Human Factors in Computing Systems. New York: ACM Press, 115~122

Tractinsky N, Meyer J. 2001. Task structure and the apparent duration of hierarchical search. International Journal of Human-Computer Studies, 55: 845~860

Tsang P S, Velazquez V L. 1996. Diagnosticity and multidimensional subjective workload ratings. Ergonomics, 39: 358~381

Tullis T S, Stetson J N. 2004. A comparison of questionnaires for assessing website usability. Usability Professionals Association (UPA) 2004 Conference, Minneapolis, MN, http://www.members.aol.com/TomTullis/prof.htm

Underhill P. 2000. Why We Buy: The Science of Shopping. NewYork: Simon&Schuster

Vermeeren A P O S, den Bouwmeester K, Aasman J, et al. 2002. DEVAN: a detailed video analysis of user test data. Behaviour & Information Technology, 21: 403~423

Virzi R A. 1992. Refining the test phase of usability evaluation: how many subjects is enough? Human Factors, 34 (4): 457~468

W3C. 2004. Web content accessibility guidelines 2.0. http://www.w3.org/TR/WCAG20/

Wallace D, Anderson N, Shneiderman B. 1987. Time stress effects on two menu selection systems. Proceedings of the Human Factors Society, Thirty-first Annual Meeting. Santa Monica, CA, 727~731

Wickens C D. 1984. Engineering psychology and human performance. Columbus, OH: Charles E. Merrill Publishing Co.

Wickens C D, Derrick W. 1981. The processinbg demands of second order manual control: application of additive factors methodology. Champaign, Ill.: University of Illinois, Engineering Psychology Lab.

Williges R C, Wierwille W W. 1979. Behavioral measures of aircrew mental workload. Human Factors, 21: 549~574

Wolfe J M. 1994. Guided search 2.0: a revised model of visual search. Psychonomic Bulletin and Review, 1:202~238

Wong G K, Rengger R. 1990. The validity of questionaires designed to measure user satisfaction of computer systems. National Physical Laboratory report DITC 169/90, Teddington, Middx, UK

Woodruff A, Faulring A, Rosenholtz R. 2001. Using thumbnails to search the web. Proceedings of ACM Conference on Human Factors in Computing. New York: ACM Press, 198~205

Woolrych A, Cockton G. 2001. Why and when five test users aren't enough. Proceedings of IHM-HCI 2001 Conference: Volume 2. Vanderdonckt J, Blandford A, Derycke A. Cépadèus Éditions: Toulouse, 105~108

Woszczynski A B, Whitman M E. 2004. The problem of common method variance in IS research. The Handbook of Information Systems Research, Hershey, PA: Idea Group Inc. , 66~77

Wulf V, Golombek B. 2000. Direct activation: a concept to encourage tailoring activities. Behaviour and Information Technology, 20(4): 249~263

Zapf D, Brodbeck F C, Frese M, et al. 1992. Errors in working with office computers: a first validation of a taxonomy for observed errors in a field setting. International Journal of Human-Computer Interaction, 4:311~339

Zimbardo P G, Gerrig R J. 1996. Psychologie. Springer